KB051999

중심키워드를 활용한

고급 영양학

최향숙 · 이영순 · 이현옥 · 김미옥 · 김서현 공저

光文閣
www.kwangmoonkag.co.kr

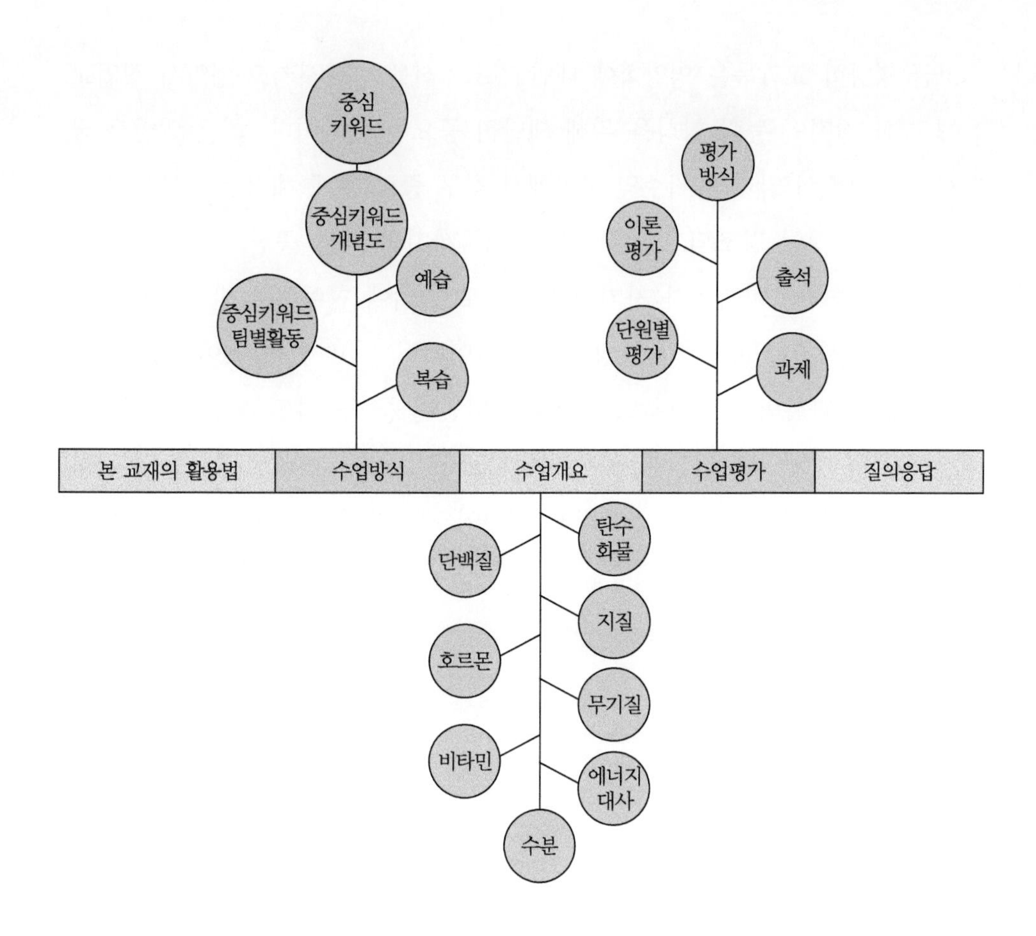

1. 이 책의 구성

본 교재는 "교과목 중심키워드를 활용한 SDAL(Self-Directed Action Learning, 자기주도실천학습) 모형의 개발 및 적용"[2012년 한국전문대학교육협의회 교수학습연구대회 우수 사례집 자료 제2012-18호(자연과학), 대구보건대학교 김미옥 교수]에 관한 연구결과 일부를 적용하여 직업교육의 질적 향상과 창의적 교수법 발굴을 위해 새로운 형식으로 구성하였다.

고급 영양학 교과목은 영양학에 대한 기초지식을 향상시키고 영양사 직업교육에 대한 질적인 능력 향상을 위해 대단히 중요한 분야이다. 최근 영양사 국가시험은 기존의 암기형 위주의 문항에서 직무 중심 문제 해결형의 문항 개발에 대한 필요성이 강조되고 있다. 이는 지금까지의 이론 중심 수업의 수동적인 학습이 아니라 학습자가 자기 주도적으로 수업에 참여하고 발표하여 학습 효과를 증가시키는 교수 학습 방법의 개발이 요구되고 있는 것이다. 따라서 본 교재는 교과목의 중심키워드를 활용한 단원별 중심키워드 개념도를 완성하여 학습자의 자기 주도적인 학습이 이뤄지고 교수자의 개념 전달 교육이 강화되며 교수자와 학습자 간의 상호작용 수업이 가능한 창의적인 교재로 개발되었다.

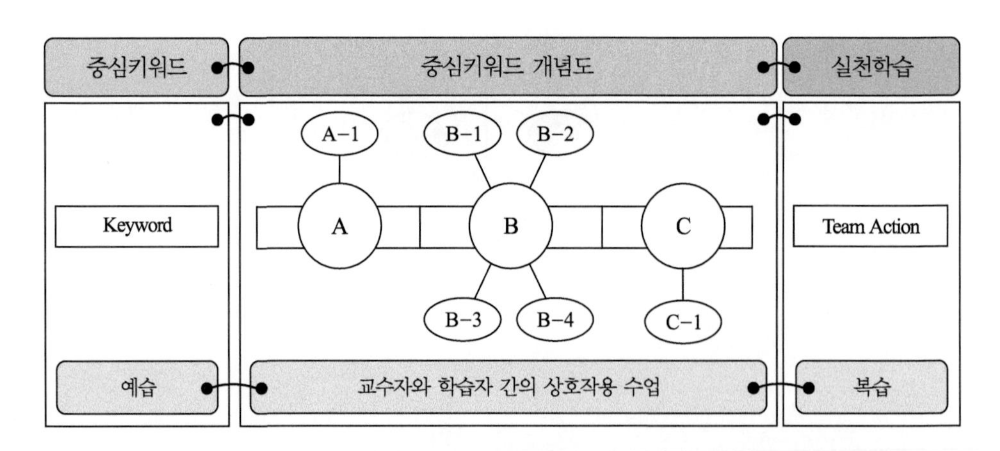

【그림 1】 교과목 중심키워드를 활용한 중심키워드 개념도

본 교재는 기존의 교재와는 다르게 단원별 중심키워드와 중심키워드 개념도를 완성하여 제시하고 있다(그림 1). 특히 교재에서 제시하는 중심키워드 이외에 학습자가 미리 중심키워드를 선별하여 예습하고 수업이 시작되면 중심키워드 개념도를 통하여 교수자와 학습자가 상호작용 수업이 진행되도록 하였으며, 수업의 마무리에는 수업시간에 학습한 중심키워드를 활용하여 학습자 간의 팀별 문제 해결 활동을 통해 복습 효과를 유도하도록 구성하였다.

2. 수업 활용 방안

본 교재의 수업 활용 방안은 1단계(수업 전), 2단계(수업), 3단계(수업 마무리)로 구성하여 다양한 방법으로 활용할 수 있다(그림 2).

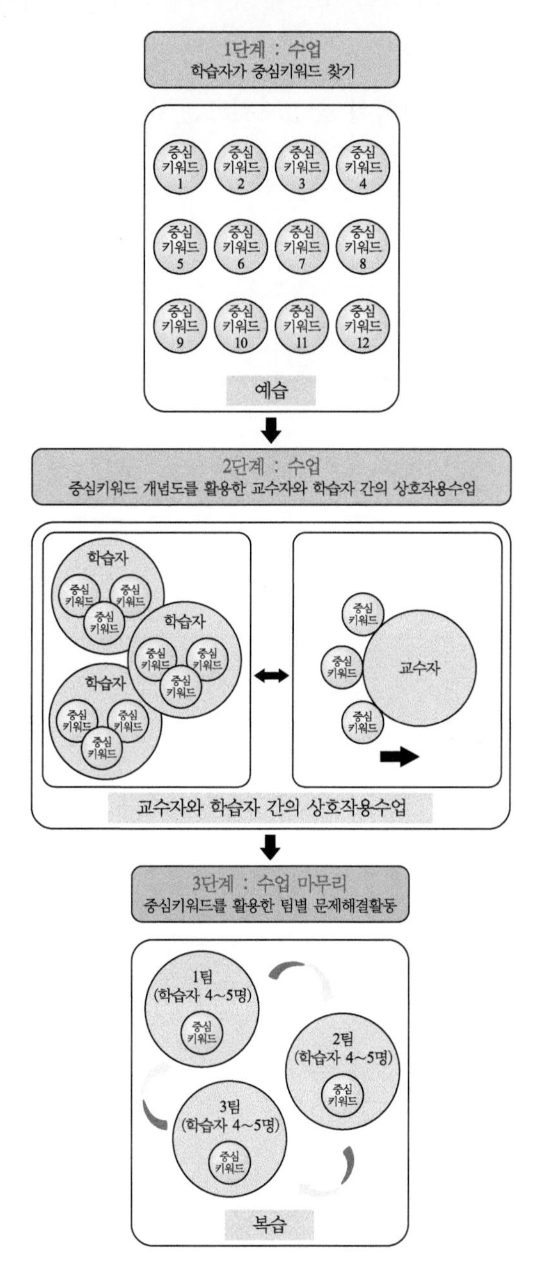

【그림 2】 본 교재의 수업 활용 방안

■ 1단계 : 수업 전

단원별 첫 페이지에 "교수자용과 학습자용 중심키워드 박스, 중심키워드 한줄지식"이 마련되어 있다. 학습자는 단원별로 주어진 교수자용 중심키워드 박스를 기본으로 다음 수업의 학습 목표에 대한 별도의 중심키워드를 찾아 학습자용 중심키워드 박스를 채워넣고, 중심키워드 한줄지식을 기입한다. 학습자의 자유로운 의지에 따라 선택된 중심키워드는 수업시간에 발표와 참여가 이뤄지도록 미리 예습의 효과를 유도한다(예 1).

【예 1】

교수자용 중심키워드 박스

필수아미노산, 완전단백질, 제한아미노산, 펩신, 탈아미노반응, 아미노기전이반응, 요소, 탈탄산반응, 알파케토산, 케토원성아미노산, 페닐케톤뇨증, 마라스무스, 콰시오커, 질소평형, 생물가

학습자용 중심키워드 박스

중심키워드 한줄지식

중심키워드	한줄지식

■ 2단계 : 수업

단원별 첫 페이지에 "중심키워드 개념도"를 제시하고 있다. 단원별 학습 목표를 쉽게 이해하고 교과목에 대한 흥미를 높일 수 있도록 교수자와 학습자가 중심키워드를 활용하여 상호작용 수업이 가능하도록 구성하였다. 수업을 통하여 학습자가 미리 예습해온 중심키워드를 발표하고, 교수자는 지식에 대한 제공과 피드백을 통해 함께하는 수업을 진행할 수 있다(예 2).

【예 2】

■ 탄수화물 단원의 중심키워드 개념도

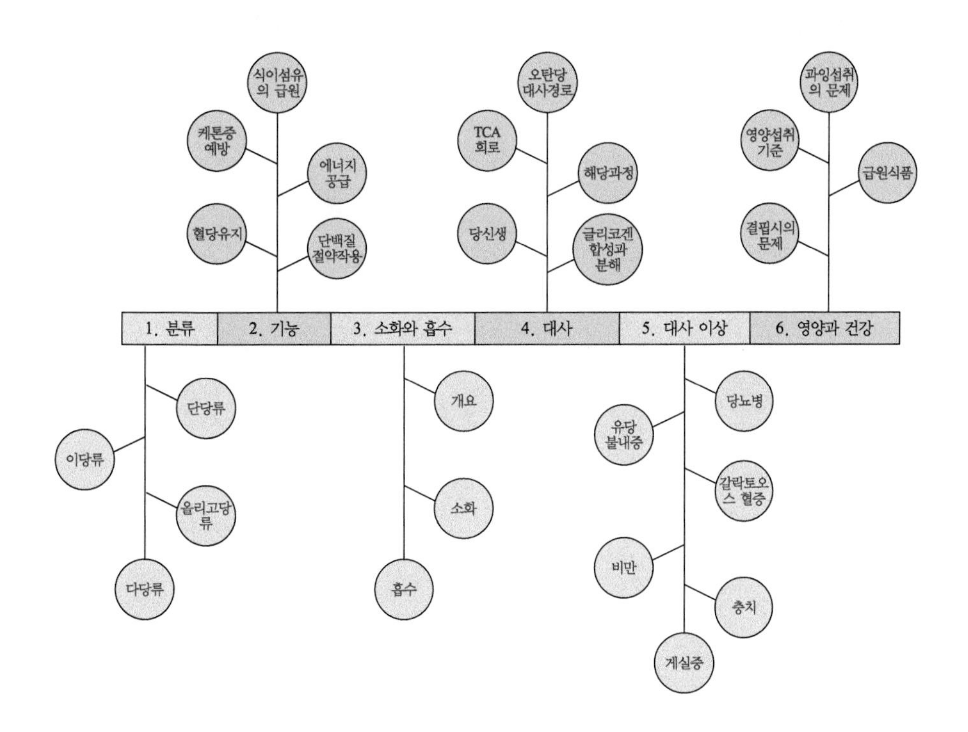

■ 3단계 : 수업 마무리

단원별 마지막 페이지에 "중심키워드를 활용한 팀별 문제 해결 활동카드"를 제시하고 있다. 수업시간을 통해 학습한 내용을 중심키워드를 활용하여 학습자 4~5명으로 팀을 구성하고 중심키워드를 선택하여 팀 간의 중심키워드 문제를 상호교류하는 데 활용하는 카드이다. 이때 중심키워드를 활용하여 제시하는 문제와 형식은 학습자 간의 협동학습으로 자유롭게 작성하도록 하며 교수자는 활동에 대한 훌륭한 조력자 역할을 담당한다. 팀별 활동이 마무리되면 질의응답을 통해 피드백하고, 중심키워드를 활용한 과제를 제시하여 학습자만의 중심키워드 개념도를 만들 수 있다(예 3).

【예 3】

■ 중심키워드를 활용한 팀별 문제 해결 활동카드[예시]

[탄수화물] 문제해결 활동

- 이름 :
- 학번 :
- 팀명 :

- 중심키워드 :
- 중심키워드 한줄지식 :

정답을 맞힌 팀 :

[탄수화물] 문제해결 활동

맞춤 선을 그어주세요.

중심키워드 •	• 한줄지식
•	•
•	•
•	•

정답을 맞힌 팀 :

▶▶▶ 문제해결을 위한 팀별 경쟁학습 방법

① 팀을 구성한다.(4~5명)

② 단원별 중심키워드로 팀명을 정한다.

③ 팀원이 협동학습으로 문제를 작성한다.

④ 교수자에게 확인받은 문제를 다른 팀에게 제시하고 정답 팀을 기록한다.

⑤ 질의응답 후, 교수자는 최종 피드백을 실시한다.

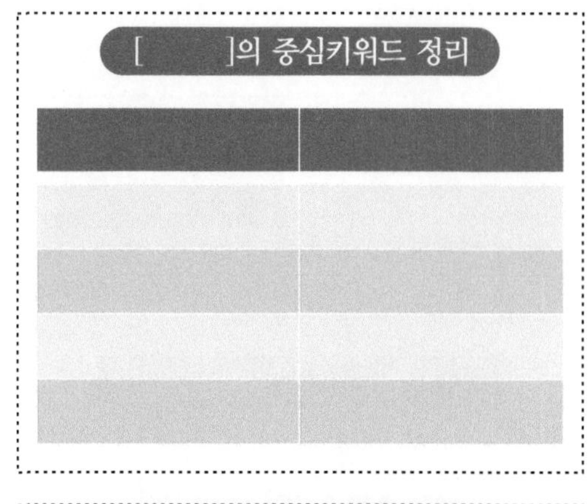

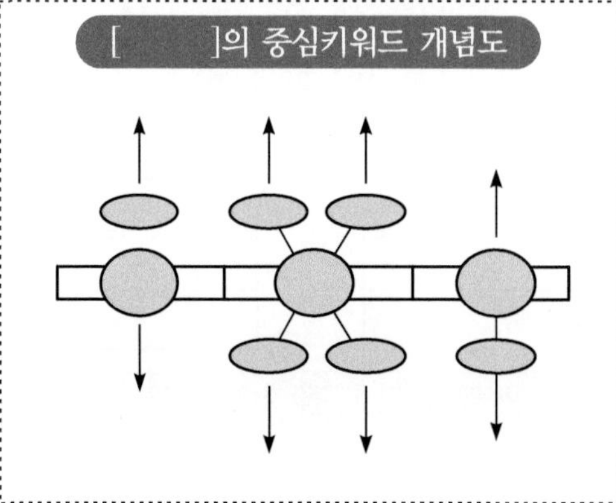

▶▶▶ 과제해결 방법

① 학습이 완료된 단원별 내용을 중심키워드와 한줄지식 중심으로 정리한다.

② 정리한 내용을 기초로 학습자만의 자유로운 중심키워드 개념도를 작성한다.

③ 우수한 과제를 학습자 간에 공유하고 교수자는 과제에 대한 피드백을 실시한다.

차례

차례

차례

고급 영양학의 개요

1. 개요
2. 영양
3. 영양섭취기준
4. 영양섭취기준의 적용
5. 인체구성 조직세포와 세포소기관

제1장

고급 영양학의 개요

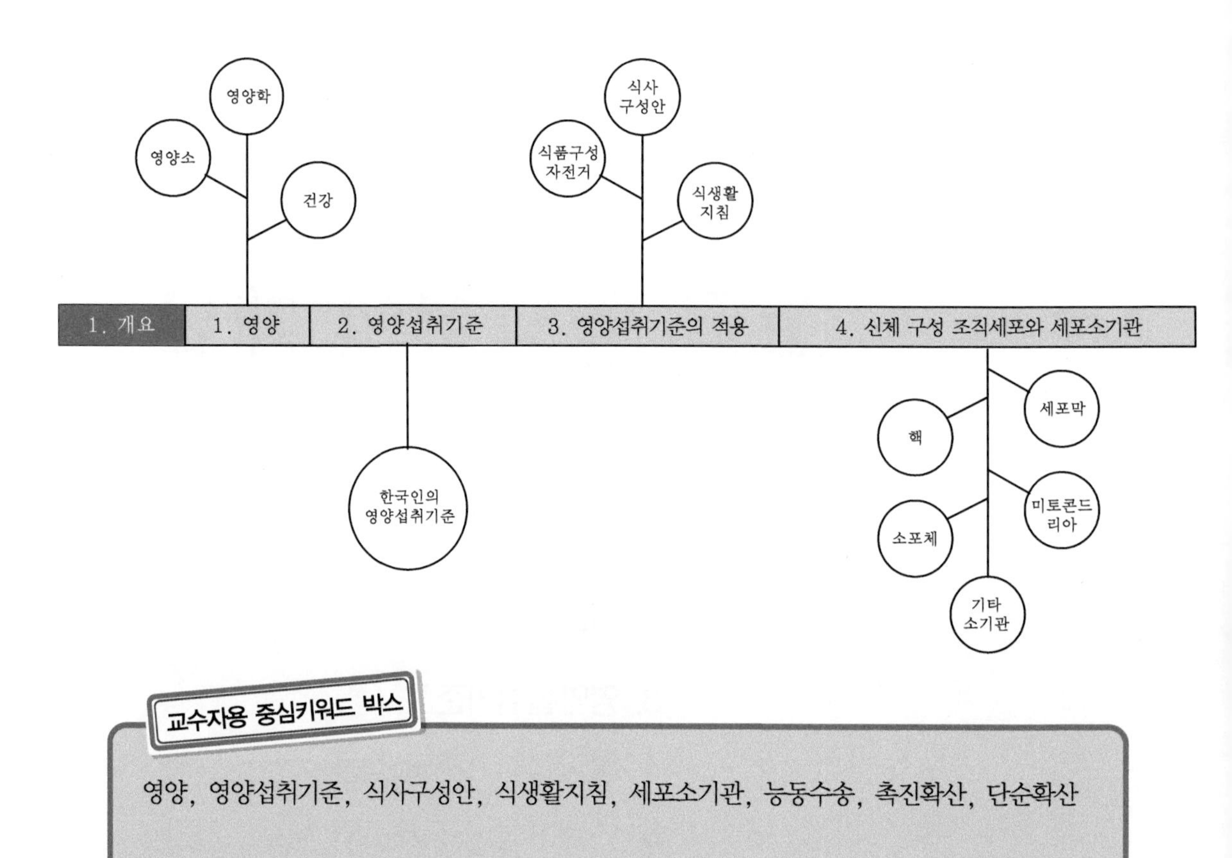

교수자용 중심키워드 박스

영양, 영양섭취기준, 식사구성안, 식생활지침, 세포소기관, 능동수송, 촉진확산, 단순확산

학습자용 중심키워드 박스

중심키워드	한줄지식

제 1 장

고급 영양학의 개요

1. 개요

식품은 인체에 필요한 필수영양소들을 공급하며 인간은 매일의 식사를 통해 심리적 안정감과 사회적 유대감을 쌓아간다. 최근 웰빙(well-being), 웰니스(wellness), 로하스(LOHAS) 등의 식품영양 관련 문구들은 사회의 주요 문화를 형성하는 트렌디한 용어들로 자리매김하고 있을 정도이다.

웰빙(well-being)은 '육체적, 정신적 건강의 조화를 통해 행복하고 아름다운 삶을 추구하는 삶의 유형이나 문화'를 통칭하는 용어로 1980년대에 등장하였다. 2000년 이후 본격적으로 해당 용어의 사용이 확산되면서 육체적, 정신적 삶의 조화를 추구하며 유기농 식품을 적극적으로 애용하고 슬로 푸드(slow food)를 즐기는 형태의 식생활문화를 지칭하는 용어로 널리 이용되었다.

웰니스(wellness)는 1970년대 미국에 널리 알려진 개념으로 신체 건강은 물론 정신적, 사회적 건강을 함께 추구하는 라이프 스타일을 말하며 웰빙보다 더욱 체계적이고 실질적으로 생활영역에 영향을 미치는 실천적 개념들을 담고 있다. 세계보건기구(WHO, world health organization)는 웰니스의 3요소를 운동, 휴양, 영양으로 규정하며 질병에 걸리지 않는 예방 프로그램의 일환으로 5S(salt, sugar, snack, smoking, sitting) 추방 운동을 전개하였다.

로하스(LOHAS, lifestyles of health and sustainability)는 미국 내추럴마케팅연구소에서 2000년에 처음 사용하게 된 용어로 '건강과 지속 성장을 추구하는 라이프 스타일'을 의미한다. 건강한 삶을 추구하고 동시에 지구 생태계의 질서 회복을 염두에 두는 사회적 웰빙이라 할 수 있다. 단순한 유기농 식품의 섭취가 아니라 유기농 재배의 바른 방법까지 생각하는 의식 있는 생활을 강조하는 개념이다.

따라서 영양학 학습자들은 식품, 영양, 영양소, 건강 등의 용어에 대한 바른 정의를 통하여 개개인의 최적 신체 건강 유지는 물론 사회적 건강을 책임질 수 있도록 영양학에 대한 포괄적인 이해와 학습이 필수적이며, 적절한 영양소 섭취가 무엇인지에 대한 이해도 필요하다. 더불어 영양대사와 관련된 신체조직기관과 대사작용이 벌어지는 인체 최소단위인 세포에 대한 사전 탐구 학습이 필수적이다.

2. 영양

영양학(nutritional science 또는 nutrition)은 영양소 섭취 후 체내에서 발생하는 소화, 흡수과정과 일련의 생화학 대사과정을 다루는 학문이다. 영양소의 특성, 신체에 미치는 작용, 영양필요량, 결핍 시 또는 과잉섭취 시의 건강문제, 소화와 흡수 관련 문제 등을 다룬다.

영양소(nutrients)는 영양작용을 하는 물질을 말하여, 성장과 생명유지에 기여한다. 인체가 필요로 하는 영양소 중 일부는 체내 합성이 가능하며 합성하지 못하거나 그 합성량이 충분치 않은 경우에는 필수영양소로 분류하여 섭취의 필요성을 강조하게 된다. 인체가 필요로 하는 6대 영양소는 탄수화물, 지질, 단백질, 무기질, 비타민, 수분으로 체조직 구성을 하거나 에너지 공급, 생리적 기능조절 등의 기능을 가진다.

영양(nutrition)이란 신체가 식품을 섭취한 후 식품 속 성분을 이용하여 성장, 생명유지 및 활동을 지속하는 과정으로 소화, 흡수시킨 영양소를 건강유지에 활용하는 것을 의미한다.

도시 생활을 하는 대부분의 현대인들은 잘못된 생활습관과 식생활로 인하여 영양 과잉(overnutrition) 상태에 빠지기 쉽다. 반면에 경제적, 환경적 문제가 심각한 제3 세계에서는 아직도 많은 성장기 어린이들이 영양 부족(under-nutrition)으로 고통 받고 있다. 영양 과잉이나 영양 부족이 극단적인 상태로 지속되게 되면 신체는 영양불량(malnutrition)에 이르게 된다.

1차적 영양불량은 적절하지 못한 식품섭취 때문에 발생하게 되며, 2차적 영양불량은 식품이 아닌 그 외의 질병 등의 요인으로 말미암아 발생하는 불균형 상태를 말한다. 따라서 개인은 적절한 영양 상태를 위하여 필수영양소를 필요한 만큼만 섭취하도록 노력하여 최적의 신체 건강 상태를 유지하여야 한다.

세계보건기구(WHO)에서 정의하는 건강은 "신체에 질병이 없고 몸이 허약하지 않은 상태일 뿐만 아니라 육체적, 정신적으로 건전하고 나아가서는 사회적으로 잘 적응하고 봉사하여 사회복지에 기여할 수 있는 상태"라고 정의하고 있다.

성장이 끝난 성인은 약 60조에 달하는 세포로 구성되어 있으며 매순간 수천만 개의 세포가 파괴되고 새로운 세포로 교체되어야 한다. 이를 위해 신체는 끊임없이 세포구성에 필요한 영양소를 필요로 하게 되며 이를 충분히 공급받지 못할 때에 인체는 다양한 건강 위협 상황에 직면하게 된다.

3. 영양섭취기준

영양섭취기준은 미국 국립과학원에서 당시의 영양 부족과 영양 결핍 문제를 해결하기 위하여 영양권장량(RDA : recommended daily allowance)을 최초로 설정하고 매 5년마다 개정하였다. 그러나 영양권장량만으로는 제한이 많아 1994년에 영양학자들이 모여 영양섭취기준으로 개정하였다. 영양필요량은 개인의 성장 환경, 식생활 습관, 나이, 성별, 활동량, 스트레스 정도 등에 따라 조금씩 차이가 있다. 또한, 각 나라마다 고유한 영양 설정 기준과 목표를 지니게 된다.

한국에서는 1962년 국제연합 식량농업기구 한국협회에서 영양권장량을 처음 설정하였다. 최초에는 에너지, 단백질, 칼슘, 철분, 비타민 A, 티아민, 리보플라빈, 니아신, 비타민 C, 비타민 D의 10개 영양소로 시작했던 권장량은, 1995년 6차 개정 때 비타민 E, 비타민 B_6, 엽산, 인, 아연이 추가되어 15개로 증가하였다. 그러나 2005년도 8차 개정 때 영양필요량 충족과 영양소 과다 섭취 예방을 동시에 고려하는 한국인 영양섭취기준이 마련되었다. 이후 2010년 한 차례 더 개정되어 오늘에 이르고 있다(표 1-1).

【표 1-1】 한국인 영양섭취기준(KDRIs)

구성	개념
평균필요량 (EAR)	건강한 사람들의 1일 영양필요량의 중앙값 인구집단 절반의 1일 영양필요량을 충족시키는 값
권장섭취량 (RNI)	평균필요량에 표준편차의 2배를 더하여 정한 값(개인차 감안) 인구집단 97.5%의 영양필요량을 충족시키는 값
충분섭취량 (AI)	평균필요량을 산정할 자료가 부족하여 권장섭취량을 정하기 어려운 경우에 제시하기 위한 값 건강한 인구집단의 영양섭취량을 추정 또는 관찰하여 정한 값
상한섭취량 (UL)	과량 섭취 시 독성을 나타낼 위험이 있는 영양소를 대상으로 선정 인체 건강에 유해한 영향을 나타내지 않을 최대 영양소 섭취 수준

- KDRIs : dietary reference intakes for Koreans
- EAR : estimated average requirements
- RNI : recommended nutrient intake
- AI : adequate intake
- UL : tolerable upper intake level

[참조] 에너지 섭취기준은 에너지필요추정량(EERs) : estimated energy requirements

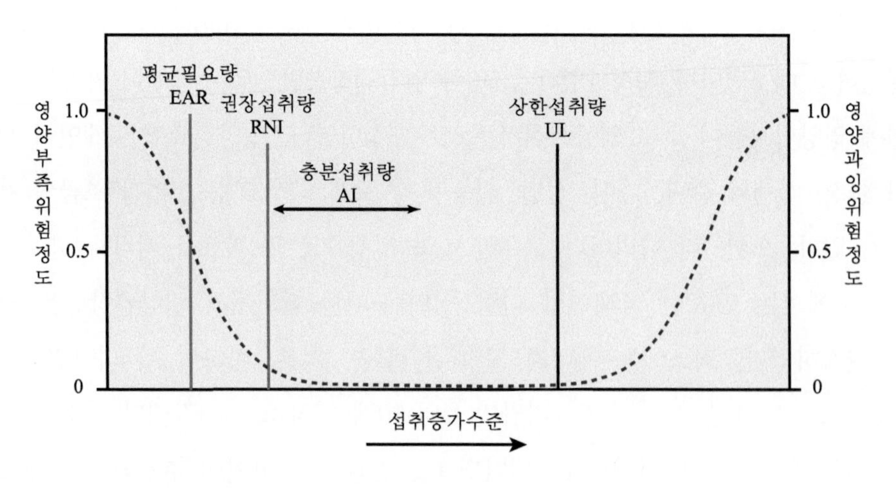

【그림 1-2】 영양섭취기준

【표 1-2】 2010년 19~29세 한국 성인의 영양섭취기준

영양소		남자(173cm, 65.8kg)				여자(160cm, 56.3kg)			
		평균 필요량	권장 섭취량	충분 섭취량	상한 섭취량	평균 필요량	권장 섭취량	충분 섭취량	상한 섭취량
다량 영양소	에너지(kcal/일)	2,600[1]				2,100[1]			
	단백질(g/일)	45	55			40	50		
	식이섬유(g/일)			25				20	
	수분(mL/일)			2,600				2,100	
	탄수화물 : 단백질 : 지질[2]	55~70% : 7~20% : 15~25%							
	ω-6계 지방산[2]	4~8%							
	ω-3계 지방산[2]	1% 내외							
지용성 비타민	비타민 A(μg RE/일)	540	750		3,000	460	650		3,000
	비타민 D(μg/일)			5	60			5	60
	비타민 E(mg α-TE/일)			12	540			10	540
	비타민 K(μg/일)			75				65	
수용성 비타민	비타민 C(mg/일)	75	100		2,000	75	100		2,000
	티아민(mg/일)	1.0	1.2			0.9	1.1		
	리보플라빈(mg/일)	1.3	1.5			1.0	1.2		
	니아신(mg, NE/일)	12	16		35	11	14		35[3]
	비타민 B_6(mg/일)	1.3	1.5		100	320	400		1,000
	엽산(μg DFE/일)[4]	320	400		1,000	320	400		1,000
	비타민 B_{12}(μg/일)	2.0	2.4			2.0	2.4		
	판토텐산(mg/일)			5				5	
	비오틴(μg/일)			30				30	
다량 무기질	칼슘(mg/일)	620	750		2,500	530	650		2,500
	인(mg/일)	580	700		3,500	580	700		3,500
	나트륨(g/일)			1.5	2.0[5]			1.5	2.0
	염소(g/일)			2.3				2,3	
	칼륨(g/일)			3,5				3,5	
	마그네슘(mg/일)	285	340		(350)[6]	285	340		(350)[6]

영양소		남자(173cm, 65.8kg)				여자(160cm, 56.3kg)			
		평균 필요량	권장 섭취량	충분 섭취량	상한 섭취량	평균 필요량	권장 섭취량	충분 섭취량	상한 섭취량
미량 무기질	철(mg/일)	7.7	10		45	10.8	14		45
	아연(mg/일)	8.1	10		35	7.0	8		35
	구리(μg/일)	600	800		10,000	600	800		10,000
	불소(mg/일)			3.5	10			3.0	10
	망간(mg/일)			4.0	11			3.5	11
	요오드(μg/일)	95	150		2,400	95	150		2,400
	셀레늄(μg/일)	45	55		400	45	55		400
	몰리브덴(μg/일)				600				600

1) 에너지의 경우 필요추정량(ERR) 값임
2) 탄수화물, 지질, 단백질, ω-6계 지방산, ω-3계 지방산의 경우 에너지 적정비율로 제시
3) 니코틴아미드로는 남 · 여 모두 1,000mg/일임
4) DFE : Dietary Folate Equivalent(식이엽산당량) 가임기 여성의 경우 400μg/일의 엽산 보충제 섭취를 권장함. 엽산의 상한섭취량은 보충제 또는 강화식품의 형태로 섭취한 μg/일에 해당됨
5) 목표섭취량
6) 식품 외 급원의 마그네슘에만 해당

4. 영양섭취기준의 적용

영양섭취기준을 실생활에 적용하는 대표적 예는 식사계획 시 활용하는 것이다. 권장섭취량이 설정되지 않은 영양소는 충분섭취량을 적용하여 섭취계획을 세우도록 한다. 다만, 영양섭취기준의 적용은 건강인을 대상으로 하는 것이므로 영양 불량 상태이거나 영양소 섭취 관련 질환자의 경우에는 적용하지 않는다.

1) 식사구성안

영양섭취기준은 일반인들이 실질적으로 식생활에 적용시켜 적절한 식품과 영양소를 섭취하도록 실천하기에 쉽지 않은 편이다. 그러므로 직관적으로 쉽고 편리하게 필요한 식품 선택이 가능하도록 식사구성안이 고안되었다. 식사

식품군	1인 1회 분량
곡류 및 전분류	【I】 300 kcal: 밥 1공기(210g), 국수 1대접 (또는 건면 90g), 식빵 2쪽(100g), 떡 2편(절편 50g) 【II】 100 kcal: 밤(대) 3개(60g), 씨리얼 1접시(30g)
고기, 생선, 달걀, 콩류	육류 1접시(생60g), 닭고기 1조각 (생60g), 생선 1토막(생50g), 콩(20g), 두부 2조각(80g), 달걀 1개(50g)
채소류	콩나물 1접시(생70g), 시금치나물 1접시(생70g), 배추김치 1접시 (생40g), 오이소박이 1접시 (생60g), 버섯 1접시(생30g), 물미역 1접시(생30g)
과일류	사과(중) 1/2개(100g), 귤(중) 1개(100g), 참외(중) 1/2개(200g), 포도 1/3송이(100g), 오렌지주스 1/2컵 (100g)
우유 및 유제품류	우유 1컵(200g), 치즈 1장(20g)**, 호상요구르트 1/2컵 (110g), 액상요구르트 3/4컵 (150g), 아이스크림 1/2컵 (100g)
유지, 견과 및 당류	식용유 1작은술(5g), 버터 1작은술(5g), 마요네즈 1작은술 (5g), 땅콩(10g), 설탕 1큰술(10g)

【그림 1-3】 식품군별 대표 식품의 1인 1회 분량

구성안은 건강한 일반인들이 쉽게 영양섭취기준을 충족시킬 수 있도록 6가지 식품군을 분류해 두고 1인 1회 분량을 제시해 두었다(그림 1-3). 동일한 식품군 내에서는 1회 분량당 칼로리 함량이 같으므로 식단을 짤 때 대체 식품으로 교환하여 사용하기에 편리하다. 단, 시리얼, 감자, 묵, 견과류, 치즈의 경우 1

회분 양이 동일 식품군 열량의 1/2에 해당하므로 식사구성 시 1회가 아닌 0.5회로 간주하여 계산하도록 한다. 견과류라 할지라도 식품 성분에 따라 밤(60g)은 곡류에 속하고, 땅콩(10g)은 유지류에 속하므로 식단구성 시 주의가 필요하다.

2) 식품구성 자전거

식품구성 자전거는 균형 잡힌 식생활의 중요성을 알리기 위해 식품군의 종류와 상대적 섭취 중요도를 원판형의 그림으로 구성하여 제시한 것이다. 자전거는 운동의 중요성을 강조하며 앞바퀴의 물컵은 인체에 필수적인 수분의 중요성을 강조하여 배치된 것이다. 뒷바퀴의 식품구성 패널은 각각 해당 식품군의 섭취 횟수와 분량에 비례하여 면적이 배분되어 있다(그림 1-4).

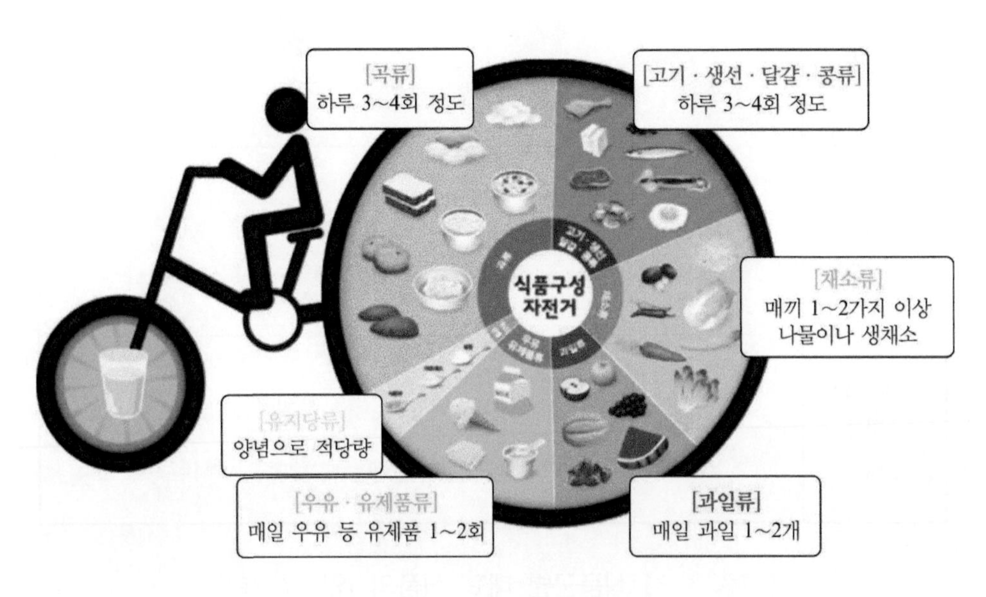

【그림 1-4】 식품구성 자전거

3) 식생활지침

보건복지부는 2003년 식생활지침을 처음 설정하였고 이후 국민의 건강 문제, 영양상태, 신체활동, 식생활 습관 등의 변화를 반영하여 2009년에 개정

발표하였다. 국민건강영양조사의 영양소 섭취량, 식품 섭취량, 비만율 등의 자료를 분석해 생애 주기별로 도출된 문제를 해결하기 위한 실천 방안을 제시함으로써 누구나 쉽게 이해하고 실생활에 적용할 수 있도록 하였다.

2009년도에 개정된 지침들은 내용을 조금 더 구체적으로 제시하고 있다. 예를 들어 영유아는 과일, 채소, 우유 및 유제품 등을 매일 2~3회 규칙적으로 먹이도록 횟수를 제시하였다. 이유식도 생후 만 4개월에서 6개월 사이에 시작하도록 하는 등 구체적인 개월 수를 제시하였다. 식생활지침은 임신·수유부, 영유아, 어린이, 청소년, 성인, 어르신 등 생애 주기별로 세분화해 두었다(표 1-4).

개정된 '성인을 위한 식생활 지침'은 국민건강증진 종합계획 2010의 목표를 반영한 4가지 영역(영양소와 식품의 적절한 섭취, 에너지 균형과 신체활동, 식품 안전성과 영양 서비스, 알코올 섭취)에 맞추어 권장사항 3항목, 제한사항 3항목으로 구성하였다. 나트륨과 지방 섭취 증가로 인한 성인병 발생률 감소를 위하여 조리법과 식생활 행태의 개선 내용을 담아 짠 음식과 튀긴 음식을 적게 먹도록 지침을 강화하였다(그림 1-5).

【표 1-4】 생애 주기별 식생활지침

생애주기	식생활지침
임신 수유부	• 우유 제품을 매일 3회 이상 먹자. • 고기나 생선, 채소, 과일을 먹자. • 청결한 음식을 알맞은 양으로 먹자. • 짠 음식을 피하고 싱겁게 먹자. • 술은 절대로 마시지 말자. • 활발한 신체활동을 유지하자.
영유아	• 생후 6개월까지는 반드시 모유를 먹이자. • 이유 보충식은 성장 단계에 맞추어 먹이자. • 유아의 성장과 식욕에 따라 알맞게 먹이자. • 곡류, 과일, 채소, 생선, 고기, 유제품 등 다양한 식품을 먹이자.
어린이	• 음식은 다양하게 골고루 • 많이 움직이고, 먹는 양은 알맞게 • 식사는 제때에, 싱겁게 • 간식은 안전하고, 슬기롭게 • 식사는 가족과 함께 예의바르게
청소년	• 각 식품군을 매일 골고루 먹자. • 짠 음식과 기름진 음식을 적게 먹자. • 건강 체중을 바로 알고, 알맞게 먹자. • 물이 아닌 음료를 적게 마시자. • 식사를 거르거나 과식하지 말자. • 위생적인 음식을 선택하자.
성인	• 각 식품군을 매일 골고루 먹자. • 활동량을 늘리고 건강 체중을 유지하자. • 청결한 음식을 알맞게 먹자. • 짠 음식을 피하고 싱겁게 먹자. • 지방이 많은 고기나 튀긴 음식을 적게 먹자. • 술을 마실 때는 그 양을 제한하자.
어르신	• 각 식품군을 매일 골고루 먹자. • 짠 음식을 피하고 싱겁게 먹자. • 식사는 규칙적이고 안전하게 하자. • 물은 많이 마시고 술은 적게 마시자. • 활동량을 늘리고 건강한 체중을 갖자.

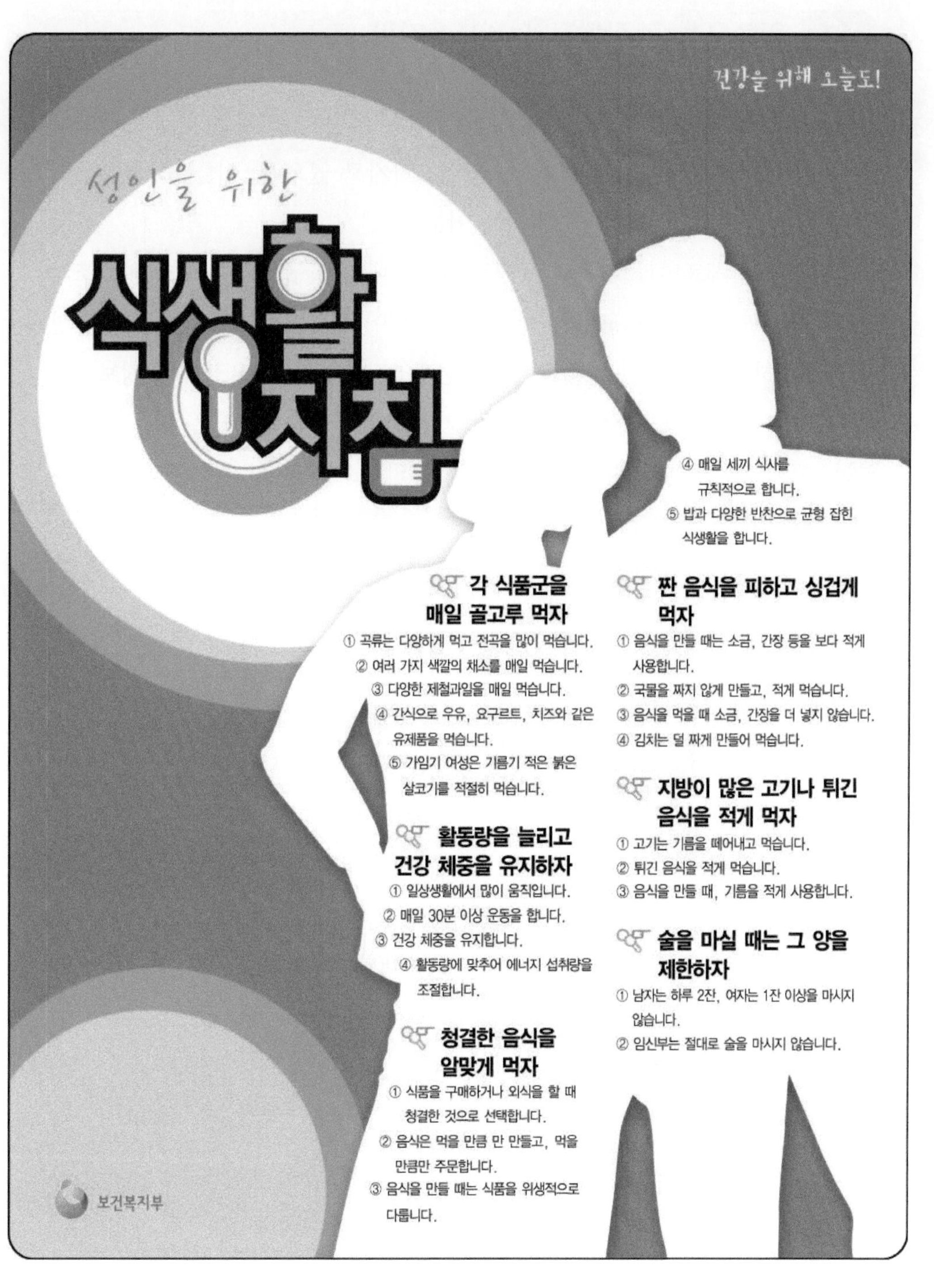

건강을 위해 오늘도!
성인을 위한
식생활지침
④ 매일 세끼 식사를 규칙적으로 합니다.
⑤ 밥과 다양한 반찬으로 균형 잡힌 식생활을 합니다.
각 식품군을 매일 골고루 먹자
① 곡류는 다양하게 먹고 전곡을 많이 먹습니다.
② 여러 가지 색깔의 채소를 매일 먹습니다.
③ 다양한 제철과일을 매일 먹습니다.
④ 간식으로 우유, 요구르트, 치즈와 같은 유제품을 먹습니다.
⑤ 가임기 여성은 기름기 적은 붉은 살코기를 적절히 먹습니다.
활동량을 늘리고 건강 체중을 유지하자
① 일상생활에서 많이 움직입니다.
② 매일 30분 이상 운동을 합니다.
③ 건강 체중을 유지합니다.
④ 활동량에 맞추어 에너지 섭취량을 조절합니다.
청결한 음식을 알맞게 먹자
① 식품을 구매하거나 외식을 할 때 청결한 것으로 선택합니다.
② 음식은 먹을 만큼 만 만들고, 먹을 만큼만 주문합니다.
③ 음식을 만들 때는 식품을 위생적으로 다룹니다.
짠 음식을 피하고 싱겁게 먹자
① 음식을 만들 때는 소금, 간장 등을 보다 적게 사용합니다.
② 국물을 짜지 않게 만들고, 적게 먹습니다.
③ 음식을 먹을 때 소금, 간장을 더 넣지 않습니다.
④ 김치는 덜 짜게 만들어 먹습니다.
지방이 많은 고기나 튀긴 음식을 적게 먹자
① 고기는 기름을 떼어내고 먹습니다.
② 튀긴 음식을 적게 먹습니다.
③ 음식을 만들 때, 기름을 적게 사용합니다.
술을 마실 때는 그 양을 제한하자
① 남자는 하루 2잔, 여자는 1잔 이상을 마시지 않습니다.
② 임신부는 절대로 술을 마시지 않습니다.
보건복지부

【그림 1-5】 성인의 식생활지침

5. 인체구성 조직세포와 세포소기관

인체를 구성하는 약 60조 개의 세포들은 조직에 따라 다양한 형태의 세포들로 구성되어 있다. 인체는 4종류의 조직을 가지고 있으며, 이들 조직은 40개의 기관을 구성하고 11개의 기관계를 이룬다.

상피조직은 체표면과 기관의 표면층, 체강 내면을 구성하고 보호하는 조직으로 구형 또는 납작한 모형의 세포로 구성되어 있다. 결합조직은 신체의 형태를 구성하고 지지하는 기능을 한다. 신경조직은 뉴런으로 불리는 정보전달 조직으로 신경세포에도 핵 등의 세포소기관이 있다. 근육조직은 운동을 담당하는 조직으로 핵, 미토콘드리아, 소포체 등의 소기관을 가지며 근세포막으로 둘러싸여 있다(그림 1-6).

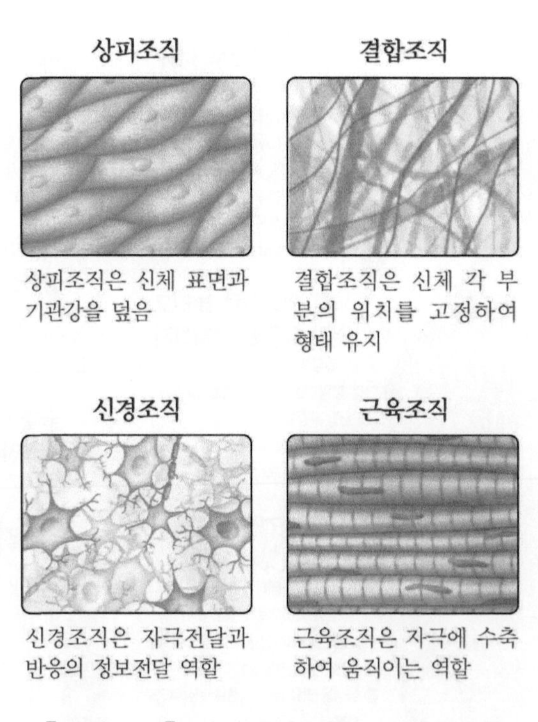

【그림 1-6】 인체구성 기본 조직 4종류

인체 조직마다 세포의 형태는 다양하지만 대부분의 세포들은 기능 유지를 위해 다음의 소기관들을 유사하게 가지고 있다(그림 1-7, 표 1-5).

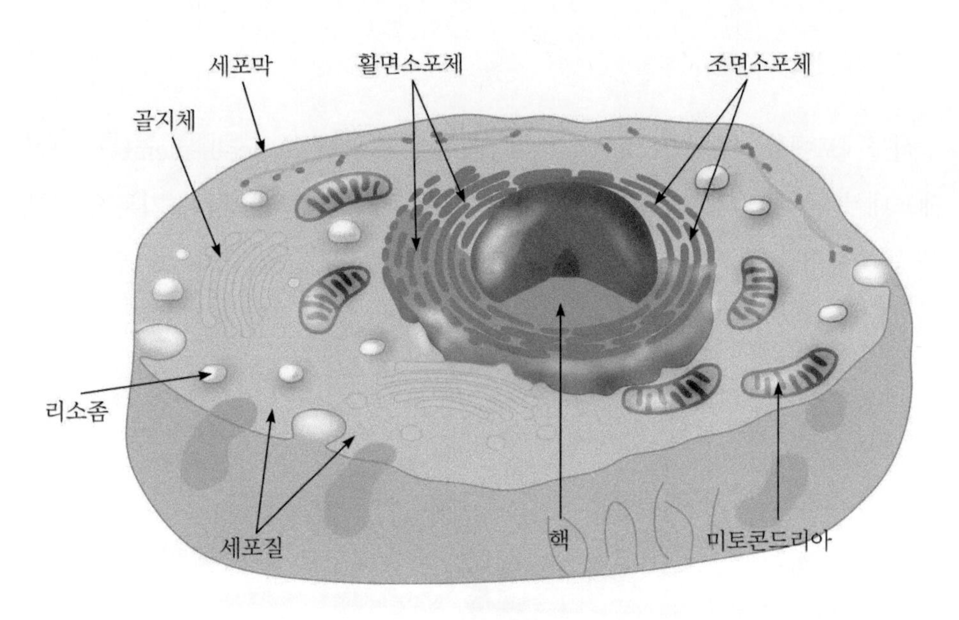

【그림 1-7】 세포

【표 1-5】 주요 세포 소기관의 영양대사

세포소기관	영양대사 기능
세포막	인지질의 이중 층으로 된 막으로 탄수화물, 지질, 단백질로 구성되어 있으며 외부로부터의 자극에 반응하는 수용체 역할을 하고, 세포 내외로 물질의 이동을 조절
핵	세포핵에는 유전정보를 담고 있는 DNA가 있고, DNA는 단백질 합성에 필요한 정보를 제공
미토콘드리아	에너지(ATP) 생산의 핵심이 되는 소기관
활면소포체	리보솜이 없어 표면이 매끄럽고 지방합성에 관련하는 평활의 내형질세망
조면소포체	단백질 합성하는 리보솜이 표면에 위치한 거친 면의 내형질세망
세포질	세포 소기관이 자리하는 공간으로 단백질, 전해질 등이 존재
골지체	합성된 단백질을 처리하고 외부로 방출하는 주머니 형태의 막
리보솜	RNA와 단백질의 복합체로 단백질 합성에 관여
리소좀	단백질, 지방, 핵산을 분해하는 효소가 들어 있어 낡은 폐기물을 분해하여 제거

1) 세포막

식물세포에는 세포벽(cell wall), 동물세포에는 세포막(cell membrane)이 세포내부 물질 성분들을 외부로부터 구분하는 경계 역할을 한다. 기본적 역할은 비슷하지만 세포막은 세포벽과 달리 구성 성분과 구조적 차이로 말미암은 몇 가지 특징이 있다.

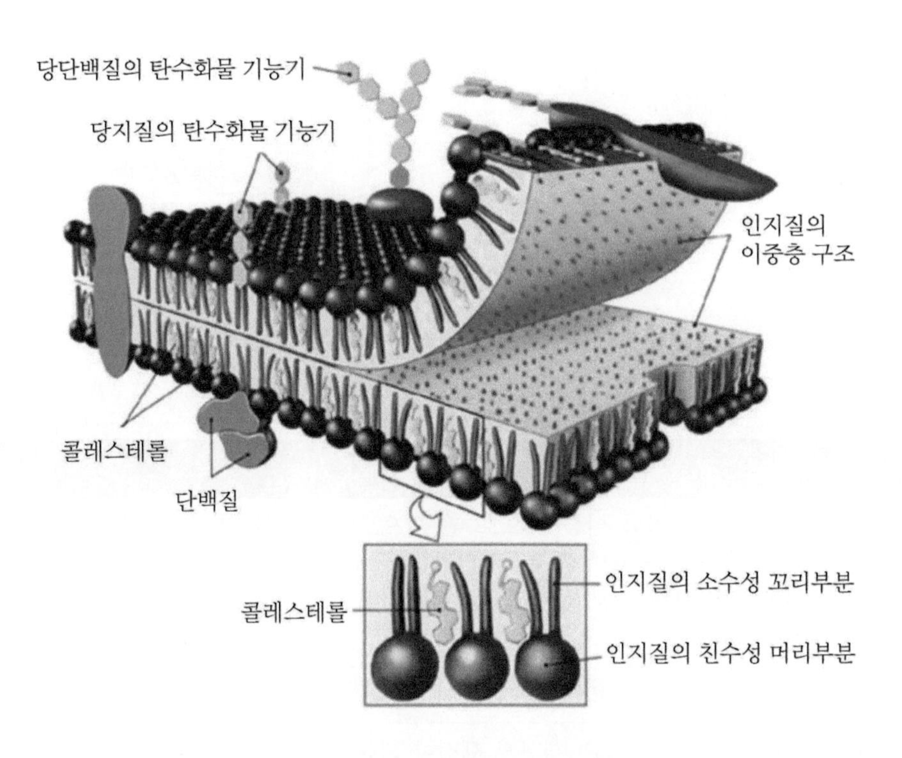

【그림 1-8】 세포막의 구조

인지질은 세포막을 구성하는 이중 층 구조의 핵심 성분으로 세포 안팎의 수성 환경과 접하는 친수성 머리 부분과 이중 층 안쪽을 향해 맞닿아 있는 소수성 꼬리 부분으로 이루어져 있어 세포막의 구조적 안정성에 기여한다. 인지질과 나란히 사이사이 틈새에 박혀 있는 콜레스테롤도 세포막의 안정성에 기여하며 막의 유동성 향상에도 영향을 준다. 단백질도 세포막의 구조적 안정성에 기여하지만 기능적 역할이 더욱 크다. 막을 가로질러 위치한 내재단백질들은 세포 내외로 물질을 이동시키는 통로 역할을 하고 세포막의 표면에 위치한 표재단백질들은 다른 물질의 수용기로 작용하여 세포간의 정보교환에 활용된다. 세포표면에는 탄수화물이 위치하여 세포 간의 상호간 신호를 감지하는 안테나 같은 역할을 한다(그림 1-8).

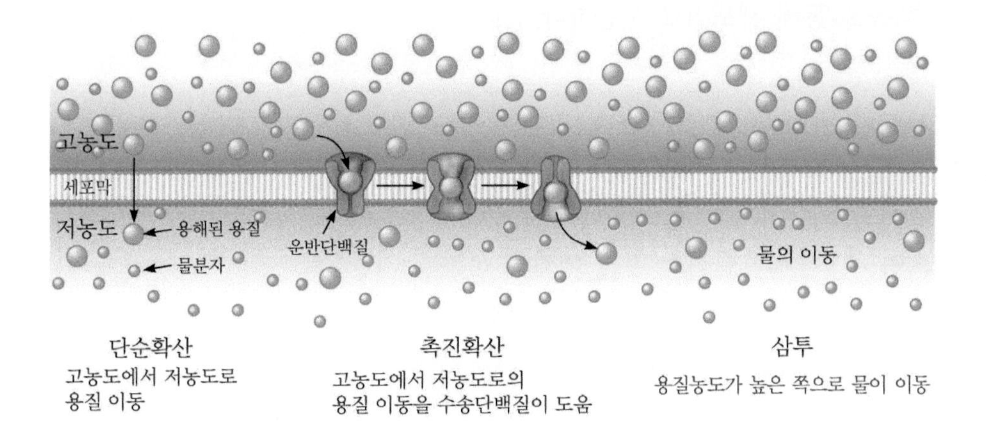

【그림 1-9】 세포막의 수동수송 기전

세포막을 통한 물질 운반의 형태는 다양하다. 에너지를 필요로 하지 않는 수동수송 기전으로 단순확산(simple diffusion), 촉진확산(facilitated diffusion), 삼투(osmosis)가 있다(그림 1-9). 물질 통과 시 에너지인 ATP 소모를 필요로 하는 능동수송 기전으로는 운반 단백질이 매개체가 되거나 소낭을 형성하여 세포내외로 수송하는 방식이 있다(그림 1-10).

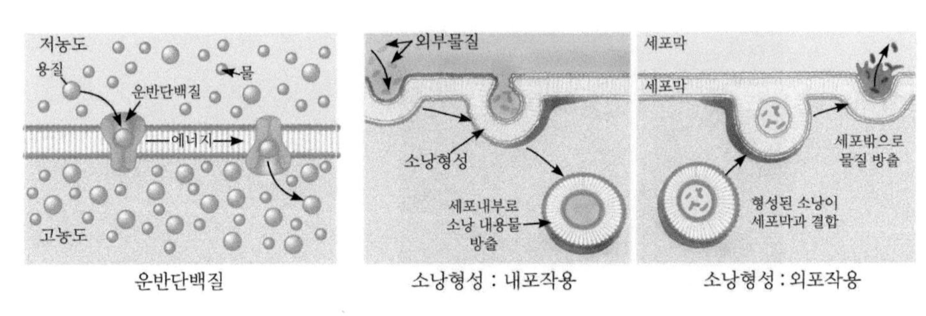

【그림 1-10】 세포막의 능동수송 기전

2) 핵

유전물질인 DNA를 가지고 있으며 핵막도 세포막처럼 인지질의 이중 층 형태로 되어 있다. 핵(nucleus) 내부에서 형성된 메신저 RNA는 핵막에 뚫려 있는 핵공을 통해 세포질로 이동한다.

3) 미토콘드리아

간세포 1개 속에는 약 1,000~3,000여 개의 미토콘드리아(mitochondria)가 있으며 세포 내의 발전소 같은 역할을 하는 소기관으로 열량 영양소로부터의 ATP 생산에 중추적 역할을 한다. 미끈한 외막과 주름이 많은 내막으로 구성되어 있으며 미토콘드리아의 막도 세포막과 같은 인지질의 이중 층으로 형성되

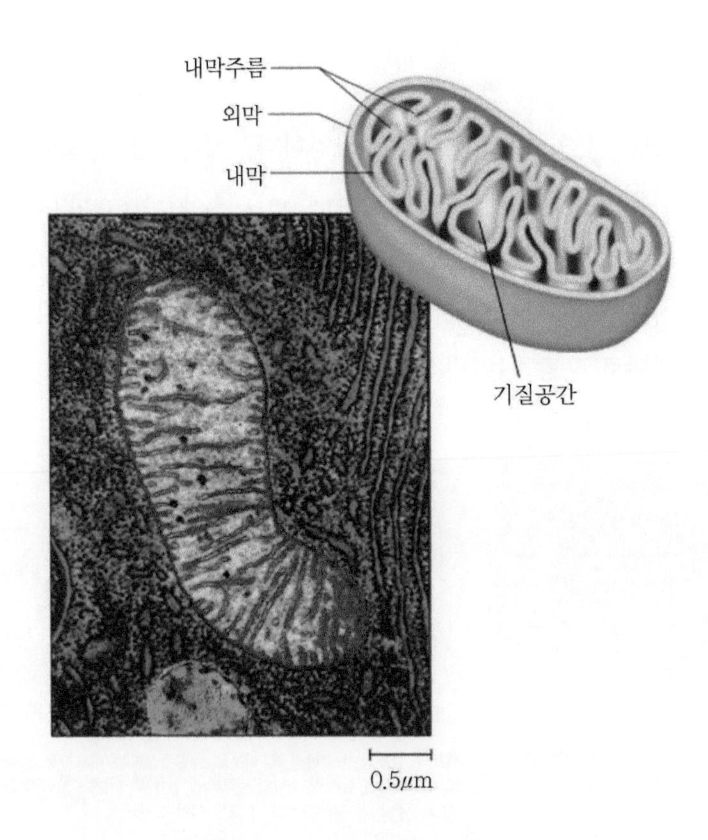

【그림 1-10】 미토콘드리아

어 있다(그림 1-10). 내막 안쪽의 기질공간(matrix)에서는 시트르산회로, 지방산연소 등의 작용이 일어난다. 내막의 주름인 크리스타(cristae)에는 전자전달계 효소 복합체가 위치해 있으며 ATP 형성에 관여하는 ATP 합성효소와 열생산에 관여하는 UCP(uncoupling protein)가 있어 열량 영양소의 일부를 ATP 합성이나 체온유지를 위한 열 생산에 사용한다.

4) 소포체

주름진 막 구조로 핵막의 바깥쪽에 연결되어 있으며 액포, 소포, 세관 등의 그물형 형태를 띤다(그림 1-11). 조면소포체(rough endoplasmic reticulum)에는 단백질 합성에 관여하는 리보솜(ribosome)이 붙어 있어 단백질 합성의 장소로 이용된다. 활면소포체(smooth endoplasmic reticulum)에는 리보솜이 붙어 있지 않아 표면이 매끄러우며 지질과 스테로이드계 호르몬 합성 등을 담당한다.

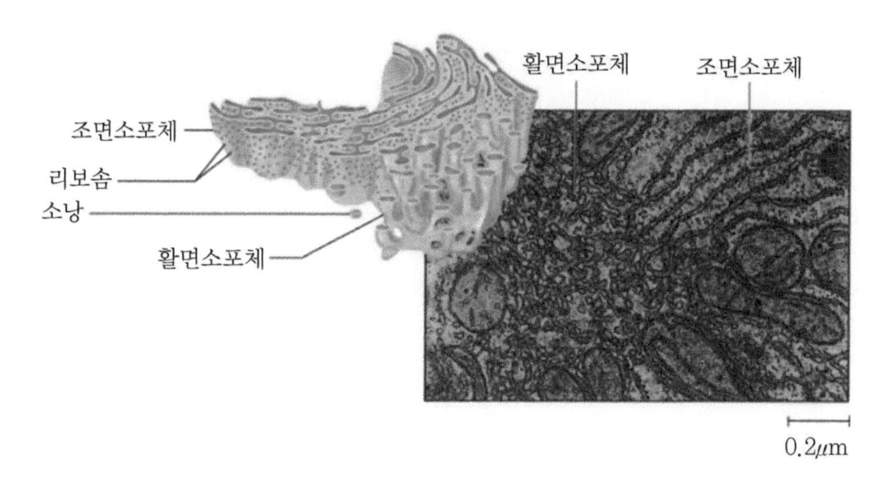

【그림 1-11】 **소포체**

5) 기타 소기관

세포질(cytosol)은 세포 내부의 바탕 질로 세포막 안쪽 공간을 이루고 있으며 세포소기관들이 위치한 공간이기도 하다. 골지체(golgi body)는 여러 개의 소포가 겹친 층상 구조를 하고 있으며, 소포체에서 합성된 단백질을 세포 외부로 방출하는 등의 분비작용을 주로 담당한다.

리보솜(ribosome)은 단백질 합성에 관여하며 과립형의 구조적 특징이 있다. 퍼옥시좀(peroxisome)도 과립 형태의 구조이며, 지방산 길이를 짧게 만들어 미토콘드리아의 지방산 연소를 돕거나 독성물질의 해독 등에 관여한다. 리소좀(lysosome)은 단일막으로 된 된 망상 구조 형태이며, 가수분해효소를 갖고 있어 불필요해진 세포 내부 물질이나 침입한 외부 세균 등을 소화시키는 작용을 한다.

[고급 영양학의 개요] 문제해결 활동

- 이름 :
- 학번 :
- 팀명 :

- 중심키워드 :
- 중심키워드 한줄지식 :

정답을 맞힌 팀 :

[고급 영양학의 개요] 문제해결 활동

맞춤 선을 그어주세요.

중심키워드 •	• 한줄지식
•	•
•	•
•	•

정답을 맞힌 팀 :

▶▶▶ 문제해결을 위한 팀별 경쟁학습 방법

① 팀을 구성한다.(4~5명)

② 단원별 중심키워드로 팀명을 정한다.

③ 팀원이 협동학습으로 문제를 작성한다.

④ 교수자에게 확인받은 문제를 다른 팀에게 제시하고 정답 팀을 기록한다.

⑤ 질의응답 후, 교수자는 최종 피드백을 시행한다.

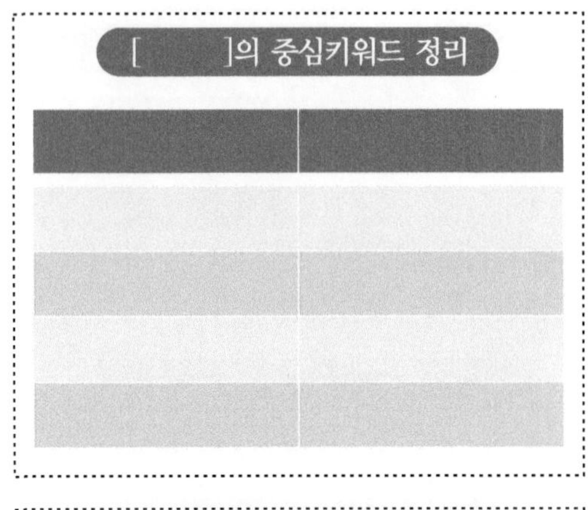

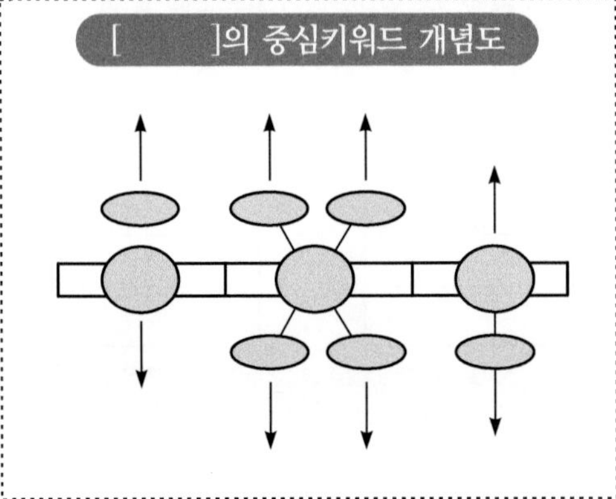

▶▶▶ 과제해결 방법

① 학습이 완료된 단원별 내용을 중심키워드와 한줄지식 중심으로 정리한다.

② 정리한 내용을 기초로 학습자만의 자유로운 중심키워드 개념도를 작성한다.

③ 우수한 과제를 학습자 간에 공유하고 교수자는 과제에 대한 피드백을 시행한다.

제2장

탄수화물

1. 탄수화물의 분류
2. 탄수화물의 기능
3. 탄수화물의 소화와 흡수
4. 탄수화물의 대사
5. 탄수화물의 대사 이상
6. 탄수화물의 영양과 건강

제2장

탄수화물

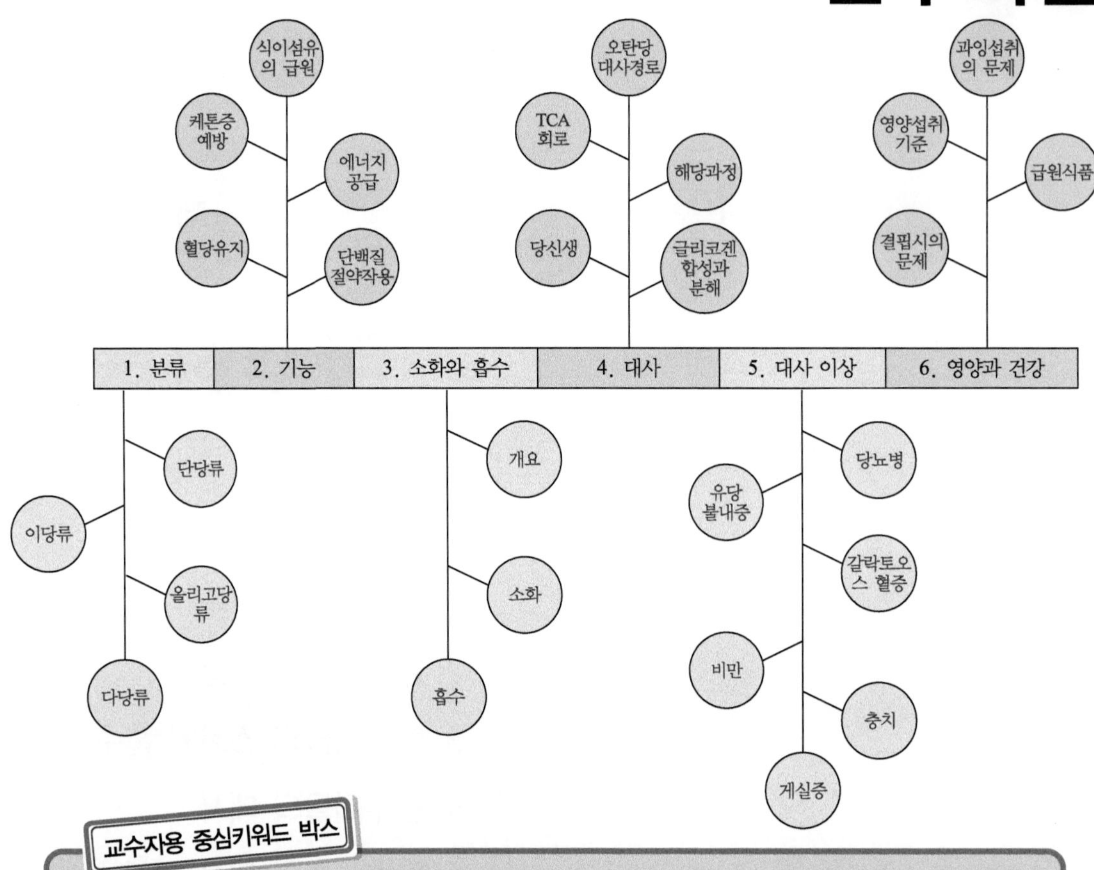

교수자용 중심키워드 박스

포도당, 혈당, 글리코겐, 식이섬유, 아밀라아제, 유당불내증, 해당과정, 당신생, 오탄당인산경로, TCA경로, 케톤증, 인슐린, 단백질 절약작용

학습자용 중심키워드 박스

중심키워드	한줄지식

제2장

탄수화물

탄수화물은 한국인의 주된 열량 영양소로 성인의 경우 하루 에너지의 55~70%를 차지하고 있다. 식물성 식품에 함유된 탄수화물은 주로 전분과 서당으로 광합성에 의해 만들어진다. 광합성에 의해 생성된 탄수화물은 식물의 생명 유지와 성장에 쓰이며 식물의 뿌리, 줄기, 씨앗, 과실 및 잎에 저장된다.

탄수화물은 단백질 및 지방과 함께 생명체를 구성하고 있는 중요 화합물의 하나로 생명을 유지하는데 기본적인 역할을 담당하는 에너지를 공급해줄 뿐만 아니라 세포의 구성 물질이기도 하다. 탄수화물 섭취량은 사회·문화적 요인 및 경제 상태에 의해서도 결정되는데, 서구의 여러 나라에서는 섭취 열량의 50% 정도가 탄수화물로부터 공급되고 있다.

1. 탄수화물의 분류

탄수화물은 가수분해에 의해 더는 분해할 수 없는 가장 간단한 단당류(monosaccharide), 2개의 단당류로 이루어진 이당류(disaccharide), 단당류가 3~10개 축합된 올리고당류(oligosaccharide), 다수의 단당류가 탈수 축합한 다당류(polysaccharide)로 구분하며, 소화성 탄수화물(당류)과 비소화성 탄수화물(식이섬유)로 분류할 수 있다.

1) 단당류

단당류는 다당류나 올리고당류가 더는 가수분해되지 않는 기본 단위인 당류로, 폴리알코올의 1- 또는 2- 위치의 탄소가 산화되어 알데히드기 또는 케톤기를 가진 화합물이다. 알데히드기를 가진 단당류를 알도오스(aldose), 케톤기를 가진 것을 케토오스(ketose)라 한다.

단당류는 탄소 원자의 수에 따라서 삼탄당(triose), 사탄당(tetrose), 오탄당(pentose), 육탄당(hexose) 등으로 분류된다. 천연에는 D-glucose, D-fructose를 제외한 대부분의 단당류는 올리고당류, 다당류나 각종 배당체, 당단백질 등의 구성 성분으로 존재한다. 이들 단당류의 최소단위는 삼탄당이며 알데히드기를 함유하는 삼탄당은 글리세르알데히드(glyceraldehyde)이고, 케톤기를 함유하는 삼탄당은 디히드록시아세톤(dihydroxyacetone)이 있다.

글리세르알데히드는 1개의 비대칭탄소를 가지고 있어서 광학적으로 활성인 2개의 거울상 이성체(enantiomer)가 존재한다. 이 경우 $-CH_2OH$에 가장 가까운 탄소 원자에 붙어 있는 -OH기가 오른쪽에 있는 것을 D-형, 왼쪽에 있는 것을 L-형으로 정의한다(그림 2-1).

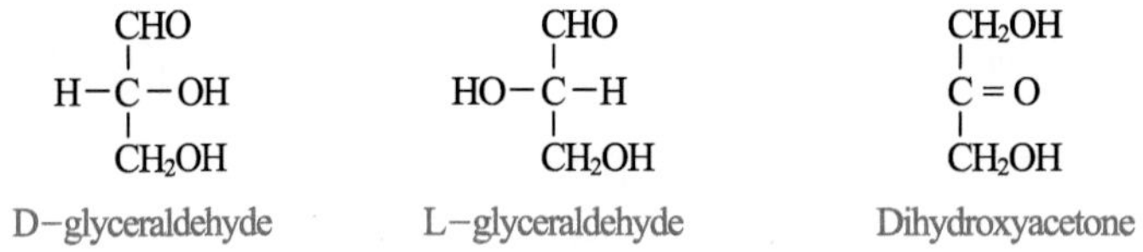

CHO H-C-OH CH_2OH	CHO HO-C-H CH_2OH	CH_2OH C=O CH_2OH
D-glyceraldehyde	L-glyceraldehyde	Dihydroxyacetone

【그림 2-1】 Triose의 구조

(1) 단당류의 종류

① 오탄당

오탄당(pentose)인 아라비노스(arabinose)는 천연에서 대부분 L형으로 존재하며 식물의 헤미셀룰로오스(hemicellulose), 침엽수의 아라비노갈락탄(arabinogalactan), 아라비아 고무 등의 점질물 또는 식물의 펙틴질의 구성 성분이다. 리보오스(ribose)와 데옥시리보오스(deoxyribose)는 모두 동식물

세포의 DNA 및 RNA의 구성 성분이다. 또 리보오스는 리보플라빈 등 몇 가지의 보효소의 성분으로도 존재한다. 결핵균 등 미생물의 항원 다당체에서는 아라비노스가 발견된다. 자일로스(xylose)는 헤미셀룰로오스의 주성분인 자일란(xylan)을 구성하고 있다.

② 육탄당

육탄당(hexose)인 포도당(glucose)은 덱스트로스(dextrose)라고도 하며 영양 생리상 가장 중요한 당이다. 자연계에 가장 많이 존재하며 유리 상태로 혈액이나 벌꿀, 과실 등에 존재하고 서당, 유당 등의 올리고당과 셀룰로오스(cellulose), 글리코겐(glycogen), 전분 등의 다당류를 구성하고 있다.

체내에 있는 포도당은 D형으로 혈액에서는 70~110mg/dℓ의 혈당을 유지한다. 따라서 혈액 중에 약 0.1%의 농도로 존재하며 혈액 중의 포도당이 과잉으로 되면 주로 간에서 글리코겐으로 축적되고 필요에 따라 분해되어 혈액 중의 포도당 농도를 일정하게 유지한다. 성인의 경우 두뇌와 적혈구의 에너지원으로 소요되는 포도당은 하루에 180g 정도가 된다. 체내 탄수화물은 성인 남자의 경우 글리코겐으로 간에 100g, 근육에 200~300g 저장되어 있으며, 혈액에 혈당으로 10g 정도가 있다.

갈락토오스(galactose)는 유리 상태로 거의 존재하지 않고 포도당과 결합하여 유당을 만드는 젖의 중요한 성분이다. 뇌, 신경조직에 있는 지질의 일종인 세리브로시드(cerebrosides)에도 함유되어 있으며 당단백질의 구성 성분이기도 하다. 또한, 당지질의 성분이기도 하며 유당, 라피노스(raffinose) 등의 올리고당, 그리고 한천이나 카라기난(carrageenan) 등 해조 다당류의 성분이다. 감미는 포도당보다 약하고 물에 녹기 어려우며 단당류 중 장내 흡수 속도가 가장 빠르다.

만노오스(mannose)는 식용식물 근경인 곤약에 글루코만난(glucomannan)의 형으로, 참마의 점질물에 만난(mannan)의 형으로 함유되어 있다. 기타 여러 가지 식물 점질물이나 헤미셀룰로오스의 성분이기도 하며 효모 등 미생물의 세포벽 성분으로도 발견된다.

과당(fructose)은 과즙이나 벌꿀 중에 유리 상태로 존재하며 돼지감자나 다알리아의 근경 중에 이눌린(inulin)이라는 다당류로 저장되어 있다. 과당의 감미는 천연 당류 중에서 가장 강하여 설탕 100에 대하여 약 173 정도 된다. 과당은 저온에서 상쾌한 감미를 나타내며 체내에서 대사되기 어려운 점 등 때문에 감미료로 많이 이용되고 있다. 과당은 소량을 섭취할 경우에는 인슐린 분비를 촉진하지 않으므로 포도당 내성을 증진시키는 효과가 있다. 최근 당뇨병을 예방하기 위해 포도당이나 설탕 대신 과당을 이용하는 경우가 많은데 과잉 섭취하게 되면 포도당보다 빠르게 지방산을 합성할 수 있고 혈중 중성지질과 콜레스테롤의 농도를 증가시킬 수 있으므로 설탕이나 과당을 첨가당 형태로 과량 섭취하는 것은 바람직하지 않다.

헤미아세탈 또는 헤미케탈

단당류는 분자 내의 알데히드기 또는 케톤기와 특정 위치의 히드록시기(–OH) 사이에 헤미아세탈(hemiacetal) 또는 헤미케탈(hemiketal)을 형성하여 고리구조를 하고 있다. 단당류가 이러한 고리구조를 가지면 알데히드기나 케톤기는 새로운 히드록시기를 형성하는데 이 히드록시기를 헤미아세탈성 또는 헤미케탈성 히드록시기라고 한다. 이들은 다른 탄소 원자에 결합된 히드록시기보다 반응성이 크다.

포도당은 1번 위치의 알데히드기가 5번 위치의 히드록시기와 분자 내에서 헤미아세탈을 만들어 육각형 고리구조를 만드는데, 이때 1번 위치의 탄소에 붙어 있는 헤미아세탈성 히드록시기의 입체배위에 따라 새로 생기는 이성체를 아노머(anomer)라 하며 α, β로 구별한다.

2) 이당류

(1) 맥아당

맥아당(maltose)은 포도당 2분자가 α-1,4 결합한 이당류로 전분의 기본 구성 단위이다. 천연식품 중에는 적고 맥아와 같은 발아 종자에 많이 있다. 사람이 탄수화물을 소화시킬 때 전분이 가수분해되면 생성되거나 호화된 전분을 엿기름으로 가수분해했을 때 생성된다. 맥아당은 아밀로오스(amylose)를 베타-아밀라아제(β-amylase)로 분해하면 생성되고, 말타아제(maltase)에 의해 2분자의 포도당으로 가수분해된다.

소화관 내에서 쉽게 포도당으로 분해되므로 체내에서 소화흡수가 잘된다. 소화기가 약한 환자에게는 소화관의 자극이 적으므로 많이 사용된다.

(2) 서당

서당(sucrose)은 포도당과 과당이 α-1, β-2 결합한 이당류로 식물계에 널리 존재한다. 서당은 식물체의 줄기, 뿌리, 잎, 씨앗 등에 분포되어 있는데, 특히 사탕수수와 사탕무에 다량 함유되어 있다. 산으로 가수분해하면 동량의 포도당과 과당을 생성하며, 이때 선광도가 변화하므로 전화당(invert sugar)이라 한다. 전화당은 환원력을 가지며 당도는 130을 나타내어 서당보다 더 달다.

(3) 유당

유당(lactose)은 갈락토오스와 포도당이 β-1,4 결합한 이당류로 포유동물의 유즙에 존재하므로 젖당이라고도 한다. 모유에는 5~7%, 우유에는 4~5% 함유되어 있다. 유당은 산이나 효소(lactase)에 의해 갈락토오스와 포도당으로 가수분해되며, 이 효소가 결핍되면 유당불내증(lactose intolerance)으로 된다.

유당은 대장 내에서 내산성 세균을 잘 자라게 하고 칼슘의 흡수와 이용을 돕는다. 또한, 영·유아의 뇌 발달에 필수적인 갈락토오스를 제공하며, 위 속에서 발효가 잘 안 되어 많이 먹어도 위의 점막을 자극시키는 일이 적다. 유당은 효모에 의하여 발효되지 않으며 유산균에 의해 분해되어 젖산을 형성한다. 식품 중에 적당량의 유당이 존재하면 유산균의 발육을 왕성하게 하여 장내에 유용한 세균의 발육을 촉진시켜 장내 유해 세균들의 번식을 억제한다. 따라서 정장작용을 지니고 있으며 또한 장내의 pH를 산성으로 변화시켜 칼슘의 흡수를 좋게 한다.

3) 올리고당류

올리고당류(oligosaccharide)는 3~10개의 단당류로 구성되며 당단백질이나 당지질의 구성 성분으로서 세포 내에서는 주로 생체막에 부착되어 있고, 소포체와 골지체 등의 단백질과도 결합되어 있다.

대부분의 올리고당은 난 소화성으로 소화효소가 없으므로 단당류로 분해되지 않으나, 대장에서 박테리아에 의해 분해되어 약간의 에너지를 생성(약 1.6kcal/g)한다. 올리고당은 저칼로리 감미료로서 부드러운 단맛을 가지면서 혈당을 빠르게 올리지 않아 당뇨환자의 혈당조절을 위해 설탕 대용으로 이용된다. 이 외에도 장내 유익균의 성장을 돕고 혈중 지방과 콜레스테롤 함량을 낮추고 충치를 예방하는 등 건강에 이로운 기능을 지니고 있다.

올리고당의 성질 및 기능

- 프락토올리고당 : 난 소화성, 비피더스 증식 인자, 충치방지, 지질대사 개선
- 이소말토올리고당 : 저감미, 보습성, 전분 음식의 노화방지, 충치예방, 비피더스 증식 인자
- 갈락토올리고당 : 난 소화성, 비피더스 증식 인자
- 대두올리고당 : 스타키오스, 라피노오스 등이 주성분, 비피더스 증식 인자

4) 다당류

다당류는 단당류 또는 그 유도체가 10개 이상 결합된 중합체를 말하며, 같은 종류의 단당류가 탈수 축합하여 생성된 전분, 글리코겐, 셀룰로오스, 덱스트린, 이눌린 등의 단순다당류(homopolysaccharide)와 다른 종류의 단당류로 구성된 펙틴(pectin), 검(gum) 등의 복합다당류(heteropolysaccharide)가 있다. 다당류는 동식물에서 탄수화물의 저장고 역할을 하거나 구조를 지탱하는

역할을 담당한다.

(1) 전분

전분은 포도당으로 구성된 다당류로 식물의 종자, 근경 등의 저장기관에 다량 함유되어 있다. 보통 전분은 α-1,4 결합으로만 연결되어 있는 아밀로오스(amylose, 20~25%)와 α-1,6 결합의 측쇄를 포함하는 아밀로펙틴(amylopectin, 75~80%)의 복합체이다.

(2) 글리코겐

글리코겐(glycogen)은 동물세포에 저장되어 있으며 동물성 전분이라고도 한다. α-1,4 결합의 주사슬에 비교적 촘촘한 가지를 형성하고 있다. 아밀로펙틴보다 더 많은 분지를 가지고 있고 길이가 짧기 때문에 요오드-전분반응은 적갈색(최대흡수 파장 460nm)을 나타낸다. 포도당이 흡수되어 혈액에 들어가면 간과 근육에서 글리코겐으로 합성하여 저장한다. 성인의 체내에는 체중의 0.5% 정도인 약 350g의 글리코겐이 있으며 간에 약 100g, 골격근에 약 250g 존재한다.

【그림 2-2】 글리코겐의 구조

글리코겐은 잠자는 동안이나 굶을 경우에 혈당을 조절해 주고, 운동선수와 같이 근육운동을 하는 경우에 에너지로 쓰인다. 즉 혈당량이 저하되면 글리코겐이 포도당으로 분해되어 이용된다. 간에서 글리코겐이 가인산분해효소(phosphorylase)에 의해 분해되면 포도당-6-인산(glucose-6-phosphate)을 거쳐 포도당으로 되어 혈당공급에 이용되며, 근육에서는 glucose-6-phosphatase가 존재하지 않으므로 혈당조절보다는 운동 에너지로 이용된다.

(3) 식이섬유

식이섬유(dietary fiber)는 식물체의 세포벽을 구성하고 있는 것으로서 인체 내의 소화효소에 의하여 분해되지 않는 다당류로 가용성과 불용성 식이섬유가 있으며 셀룰로오스, 헤미셀룰로오스, 리그닌(lignin), 펙틴(pectin), 검(gum), 점질물(mucilages) 등의 다당류로 구성된다.

2. 탄수화물의 기능

탄수화물은 우리 식생활에서 주요한 에너지 공급원으로 작용하는 주 기능 외에 신체의 정상적인 기능을 위해 반드시 필요한 영양소이다. 또한, 탄수화물 고유의 기능을 수행하는 것 외에 지방 및 단백질과 유기적으로 연계되어 다양한 신체적 기능을 발휘한다.

1) 에너지 공급

탄수화물은 경제적인 에너지원으로 1g당 4kcal의 에너지를 공급한다. 탄수화물은 소화 흡수율이 98%로, 섭취한 탄수화물 거의 전부가 체내에서 이용된다. 포도당은 각 조직에서 에너지원으로 사용되는데, 특히 중추신경계의 중심부인 뇌, 적혈구, 신경세포의 에너지 공급을 위한 주된 급원이다. 필요 시 혈당(0.1%)을 유지하기 위해 글리코겐에서 포도당이 방출되며 근육 글리코겐은 근육에서 필요한 에너지를 위해 쓰인다. 심장 근육의 글리코겐은 수축 에너지 필요 시에 주 급원으로 쓰인다.

2) 케톤증 예방

탄수화물을 제한하면 지방대사에 이상이 생기는데, 지방산이 완전히 분해되지 못하고, 케톤체(ketone body)라는 중간 대사산물이 생긴다. 케톤체는 산성물질로 체내의 정상적인 산-염기 평형을 잃게 하여 케톤증(ketosis)을 유발한다.

저탄수화물 식사로 인슐린 분비가 감소하면 지방 분해가 일어난다. 이로 말미암아 아세틸-CoA가 다량 생성되는데 포도당 부족으로 충분한 옥살로아세트산이 생성될 수 없으므로 전부 TCA 회로에 들어갈 수 없어 간에서 지방산화가 불완전하게 된다. 이에 아세틸-CoA는 서로 결합하여 아세토아세트산(aceto-acetic acid)을 형성하고 이어서 베타-히드록시부티르산(β-hydroxybutyric acid), 아세톤(acetone) 등의 케톤체를 형성하게 된다. 이러한 케톤체가 다량 생성되면 혈액과 조직에 축적되는데, 케톤체는 산성이므로 체내에서 산증(acidosis)이 나타나게 된다. 이를 방지하기 위하여 탄수화물은 1일에 최소 50~100g 섭취하는 것이 좋다.

기아 상태의 경우 탄수화물 섭취가 부족하므로 지방분해가 활발히 진해되어 혈액에 케톤체가 증가한다. 이는 체내의 에너지원이 부족한 경우의 정상적인 대사반응으로 이 상태에서 케톤체는 유리지방산보다 조직에서 이용하기 쉬운 에너지 형태이다. 기아 상태와 같은 비상시에는 뇌와 심장 등 일부 조직은 케톤체를 에너지원으로 사용하여 생체단백질 손실을 1/3 정도 줄여준다. 일부 뇌조직이 케톤체를 사용하지 못한다면 뇌에 에너지를 공급하기 위해 생체단백질을 분해하여 포도당을 합성할 것이다. 즉 근육, 심장 등의 주요 기관의 단백질을 스스로 분해하여 생물체의 생존능력을 감소시켜 생명유지에 위험을 초래할 수 있다. 당뇨병환자가 적절한 치료를 받지 못하면 혈당대사에 관여하는 인슐린 부족으로 혈액에 케톤체가 증가되어 여러 합병증이 나타날 수 있다.

3) 단백질 절약작용

인체가 생리적 기능을 수행하는데 우선 에너지가 필요하다. 따라서 탄수화물 섭취가 부족하면 지방과 단백질 조직에서 에너지를 공급받게 되어, 체구성과 보수에 사용되어야 할 단백질이 에너지로 쓰이게 된다. 포도당은 뇌신경계와 적혈구의 유일한 에너지원이므로, 이들 세포의 원활한 기능유지를 위해 항상 혈당을 일정하게 유지하려는 신체의 적응 현상이 일어난다. 당질 섭취가 부족한 경우 당질이 아닌 물질로부터 포도당을 합성해 내는 포도당 신생 과정이 활발하게 일어나므로 체구성과 보수작업에 사용되어야 할 단백질이 포도당으로 전환되어 혈당유지 및 에너지원으로 쓰이게 된다. 따라서 적당한 탄수화물 섭취는 체내단백질이 에너지원이나 포도당 합성에 사용되는 것을 막아 주므로 단백질을 절약할 수 있다. 1일 50~100g의 탄수화물 섭취는 조직 단백질의 과잉 분해를 막아준다.

4) 혈당유지

혈당은 항상 0.1%를 유지한다. 즉 혈액 100ml에 포도당 70~110mg을 정상으로 본다. 혈당유지를 위해 주로 전분이나 이당류가 가수분해되어 포도당, 과당 및 갈락토오스로 되는데, 과당과 갈락토오스는 간으로 보내져서 포도당으로 전환되어 혈당유지에 이용된다. 필요에 따라 간에 저장된 글리코겐의 분해에 의해 포도당이 방출되어 혈당을 유지하고 아미노산, 젖산 및 글리세롤을 이용하여 당 신생을 통해 포도당을 생성하기도 한다. 혈당이 80mg/dℓ 이하로 내려갈 때 간의 글리코겐이 포도당으로 분해된다.

혈당이 170mg/dℓ 이상이 되면 소변으로 배설되기 시작하고 공복과 갈증을 느끼게 되며, 장기간 계속되면 체중이 감소한다(고혈당증). 반면 혈당이 40~50mg/dℓ 이하로 떨어지면 신경이 불안해지고 공복감과 더불어 두통이 나타나고 심하면 쇼크를 일으킨다(저혈당증).

정상인의 혈당은 식후 30분~1시간에 최고치에 달하고 2~3시간 후에는 정상으로 되돌아가며 이는 호르몬에 의해 조절된다. 인슐린은 췌장의 베타세포에서 합성되며, 간의 글리코겐 합성을 촉진하고, 근육이나 피하조직 등의 세포로 혈당을 이동시킨다. 이로 인해 혈당은 감소하고 식사 후 수 시간 이내에 공복 시의 혈당치로 낮아진다. 또한, 인슐린은 간에서 포도당 신생합성을 감소시킨다. 인슐린과 길항작용을 하는 글루카곤은 췌장의 알파세포에서 분비되며, 혈당이 낮아진 경우 간의 글리코겐을 분해하여 정상치로 유지시킨다. 또한, 간의 포도당 신생합성을 증가시켜 혈당치를 정상으로 회복시키게 된다. 글루카곤 외에도 에피네프린(epinephrine), 글루코코르티코이드(glucocorticoid), 성장호르몬, 갑상선호르몬, 노르에피네프린(norepinephrine) 등은 혈당을 올리는 작용을 한다(표 2-1).

【표 2-1】 혈당조절에 관여하는 호르몬

혈당	호르몬	분비기관	작 용	작용기관
감소	인슐린	췌장	• 글리코겐 합성 증가 • 포도당의 신생합성 억제 • 근육과 피하조직으로 당의 유입 증가	간, 근육, 피하조직
증가	글루카곤	췌장	• 글리코겐 분비 증가 • 포도당 신생합성 증가	간
	에피네프린 노르에피네프린	부신수질 교감신경 말단	• 인슐린 분비 저해 • 글리코겐을 분비 증가 • 포도당 신생합성 증가 • 근육의 포도당 흡수 억제 • 체지방 사용 촉진 • 글루카곤 분비 촉진	간, 근육
	글루코코르티코이드	부신피질	• 포도당 신생합성 증가 • 근육에서의 당의 사용 억제	간, 근육
	성장호르몬	뇌하수체 전엽	• 간의 당 방출 증가 • 근육으로 당 유입 억제 • 지방의 사용 증가	간, 근육, 피하조직
	갑상선호르몬	갑상선	• 포도당 신생합성 증가 • 글리코겐 분해 증가 • 소장의 당 흡수 촉진	간, 소장

5) 식이섬유의 급원

식이섬유는 인체에 영양소를 공급하지 못하고 장 내용물의 용적을 증가시킨다. 적당한 섭취는 고지혈증을 예방하고 발암 물질을 생성하는 미생물군과의 접촉을 감소시켜 직장암과 대장암의 발생을 예방한다. 또한, 섬유질은 장을 자극함으로써 변통을 돕고 비타민 B군의 장내 합성을 촉진시키며 혈청 콜레스테롤 농도를 저하시키는 작용이 있다. 정상적 변통을 유지하기 위하여 성인은 체중 kg당 최소 100mg 정도가 필요하다. 우리나라 성인의 식이섬유의 1일 권장량은 20~25g이다. 식이섬유는 내당성을 향상시켜서 당뇨병에 효과가 있으나 고섬유 식이를 할 경우 무기질의 손실을 가져올 수 있다. 식이섬유의 기능은 대부분 물에 팽윤되어 부피가 늘어난 후 이루어지므로 고섬유 식사를 할 경우에는 수분을 충분히 섭취해야 한다.

가용성 식이섬유는 과일류, 곡류, 두류 등에 함유되어 있으며, 식물세포간 충진물이나 세포 내부 구조물로 존재한다. 펙틴, 해조 다당류, 검류, 점액질, 베타-글루칸 등이 수용성 식이섬유에 속하며 과일, 호밀, 보리, 말린 콩, 김, 미역, 다시마 등에 많이 들어 있다. 펙틴, 검류와 같은 가용성 식이섬유는 점착제 역할을 한다. 이들은 물과 친화력이 커서 쉽게 용해되거나 팽윤되어 겔을 형성한다. 따라서 콜레스테롤, 당, 무기질과 같은 여러 영양 성분들의 흡수를 지연시키거나 방해하는 효과가 있으며, 대장 미생물에 의해 발효되어 초산(acetic acid), 프로피온산(propionic acid), 부티르산(butyric acid) 등의 저급지방산을 합성한다. 특히 부티르산은 세포 속으로 들어가 에너지원으로 사용된다. 가용성 식이섬유소는 약 3kal/g의 열량을 내는 것으로 알려져 있다.

불용성 식이섬유는 식물세포벽의 기본 구조 성분으로 겨나 밀짚 등에 많은 셀룰로오스, 밀기울에 많은 헤미셀룰로오스, 브로콜리 줄기나 당근심, 딸기씨, 우엉 등에 많은 리그닌, 새우와 게 등 갑각류의 껍질이나 버섯의 세포벽에 함유된 키틴이나 키토산이 포함된다.

(1) 식이섬유의 종류

식이섬유는 사람의 소화효소로는 분해되지 않는 고분자 화합물로서 가용성과 불용성 식이섬유로 구분되며, 주로 식물성 식품으로부터 섭취한다.

가용성 식이섬유에는 아라비아검, 구아검, 펙틴 등이 있으며 일반적으로 과실과 채소류, 콩류 등에 함유돼 있다,

불용성 식이섬유는 물과 친화력이 적어 겔 형성력이 낮으며, 장내 미생물에 의해서도 분해되지 않고 배설되므로 배변량과 배변 속도를 증가시키는 작용이 있다. 대표적인 예로 셀룰로오스를 들 수 있는데, 이들은 주로 전곡류에 함유되어 있다.

즉 식이섬유는 장 근육의 운동을 활발하게 하며 장의 음식 내용물의 부피를 크게 하여 변비를 예방한다. 또한, 음식물이 대장에 머무르는 시간을 짧게 하여 여러 가지 성인병을 예방한다. 그러나 식이섬유가 많이 들어 있는 식품을 섭취하면 질감이 나쁘고 위장관에 부담을 주며 미량 영양소의 흡수를 저하시키기도 한다(표 2-2).

【표 2-2】 식이섬유의 분류 및 기능

분류	종류	기능	함유식품
불용성 식이섬유	셀룰로오스 헤미셀룰로오스 리그닌 키틴	• 장 내용물의 신속한 대장 통과 • 변비예방 • 대변량 증가 • 정장효과	현미, 통밀, 두류, 새우, 게 등
가용성 식이섬유	펙틴 식물성 검류 해조 다당류	• 포만감 증진 • 포도당 흡수 지연 • 혈청콜레스테롤 농도 저하	귤, 바나나, 귤, 사과 등의 과실류, 근채류, 두류, 보리, 미역, 다시마, 한천 등의 해조류

(2) 식이섬유의 긍정적 효과

① 체중조절

식이섬유가 많은 식품은 열량이 적고, 물을 흡착하여 포만감을 주기 때문에 체중감소에 효과적이다.

② 대장암 방지

식이섬유는 대장 내 발암물질과 결합하여 대장 밖으로 배출시키므로 대장암 방지에 효과적이다.

③ 변비 개선

식이섬유는 대장을 부드럽게 하고 배출을 용이하게 하므로 변비 개선에 효과적이며, 치질 및 게실염을 방지한다.

④ 혈중 콜레스테롤 함량 저하

가용성 식이섬유는 담즙과 결합하여 혈중 콜레스테롤 수치를 낮춘다. 담즙은 지방과 콜레스테롤의 흡수를 돕기 때문에 담즙이 적으면 지방과 콜레스테롤 흡수가 낮아져서 혈중 지방함량이 낮아진다.

⑤ 혈당조절

가용성 식이섬유는 소장 내에서 포도당을 서서히 흡수하도록 하여 인슐린에 대한 반응과 혈당상승을 적절하게 조절한다.

(3) 식이섬유의 부정적 효과

식이섬유를 과잉 섭취하는 경우, 약간의 영양소들과 무기질 흡수가 장애를 받는다.

① 아연과 철의 흡수 방해

식이섬유와 피틴산을 다량 함유한 식사 시에는 아연과 철의 흡수 부족이 일어나기 쉽다.

② 가스 생성

고식이섬유 식품을 급격히 증가하여 섭취하는 경우 장내에 가스가 생기고 복부에 불편감을 느낄 수 있다. 따라서 섬유소 섭취의 증가는 서서히 하고 수분을 충분히 섭취해야 한다.

3. 탄수화물의 소화와 흡수

소화란 고분자 화합물인 영양소를 체내에 흡수되기 쉬운 상태로 변화시키는 과정으로 탄수화물은 단당류로, 지질은 모노글리세리드나 지방산 또는 글리세린으로, 단백질은 아미노산으로 분해되어 흡수된다. 그러나 물, 비타민, 무기질 등은 그대로도 흡수된다.

1) 소화의 개요

(1) 소화기관 및 소화액

소화기관은 입, 인두, 식도, 위, 소장, 대장, 항문의 소화관과 타액, 간, 담당, 췌장의 선세포를 포함하며 성인의 소화기관은 약 9m에 달한다(그림 2-3).

소화액은 크게 타액, 위액, 췌액, 장액 및 담즙이 있고 여기에는 소화효소가 함유되어 있다. 이 외에 소화기관에는 소화를 돕는 여러 분비물이 함유되어 있다. 소화액의 분비량은 성인을 기준으로 하루에 타액은 1.0~1.5ℓ, 위액은 1.5~2.5ℓ, 췌액은 0.7~1.0ℓ, 담즙은 0.6ℓ, 장액은 3.0ℓ이다. 담즙은 소화효소를 함유하고 있지 않지만 지질의 소화를 돕는 중요한 기능을 지닌다. 소화관에서 분비되는 점액은 소화관 점막을 보호한다(표 2-3, 표 2-4).

【표 2-3】 주요 소화효소

분비기관	분비 효소	기질
타액선	salivary amylase	전분
위선	pepsin gastric lipase rennin	단백질 지방 단백질
췌장	trypsin chymotrypsin pancreatic amylase lipase	단백질 단백질 전분 지방
소장	maltase sucrase lactase	맥아당 서당 유당

【표 2-4】 소화를 돕는 주요 분비액

분비액	생성부위	기능
타액	구강	전분을 소화시키고 윤활제 역할
점액	구강, 위, 소장, 대장	세포보호와 윤활제 역할
효소	구강, 위, 소장, 대장	흡수에 알맞은 작은 입자로 분해
산	위	단백질 소화 촉진
담즙	간	소장에서 지방 흡수를 돕기 위해 유화작용
중탄산나트륨	췌장	소장에서 위산 중화

(2) 소화관의 운동 및 소화작용

구강에서는 저작작용이 주로 일어나며, 위에서는 연동운동이, 소장에서는 연동운동 및 분절운동이 일어난다. 연동운동은 파도의 움직임과 같이 근육이 수축 및 이완되면서 일어나며, 분절운동은 위장관에서 음식물을 앞뒤로 이동시켜서 혼합하는 역할을 한다. 이러한 운동에 따라서 소화액이 내용물과 혼합되어서 소화작용을 촉진하며, 이러한 소화관의 운동은 교감신경과 부교감신경에 의해 지배된다.

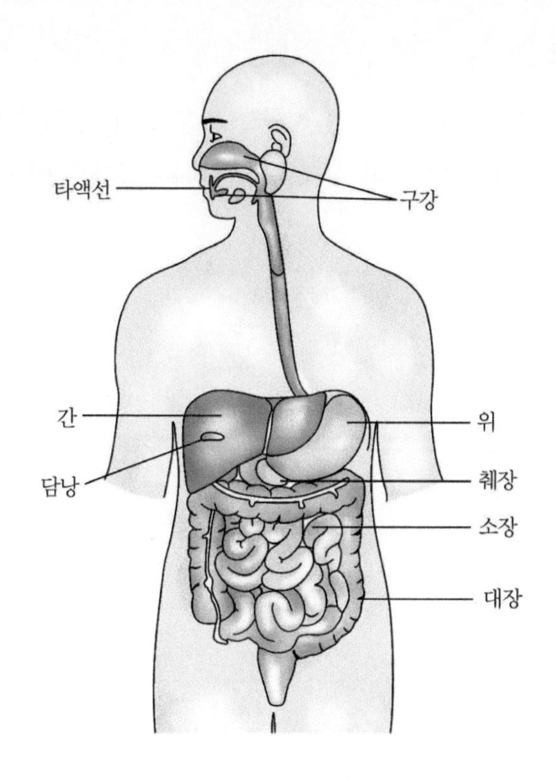

【그림 2-3】 소화기관의 구조

소화작용은 기계적인 것과 화학적인 것으로 구분되는데, 기계적 소화는 구강의 저작운동, 위에서의 압박, 수축, 연동운동 및 소장에서의 연동, 분절운동 등을 말한다. 화학적 소화는 소화액으로 분해시키는 효소작용을 말하며, 그 밖에 대장 내에 많이 존재하는 세균류에 의한 발효작용을 말한다.

(3) 소화 과정

① 입

입에서는 저작작용이 일어나는데 이는 큰 음식물을 세분화하고 소화액과 혼합되기 쉽게 하여 음식이 식도를 쉽게 통과하게 한다. 타액은 99.5%가 수분이고 하루 분비량은 1.2~1.5 ℓ 이며, pH는 6.8 정도이다. 타액에는 다당류를 작은 입자로 분해하는 아밀라아제가 함유되어 있다.

② 인두와 식도

인두는 소화작용 없이 씹혀진 음식물을 위로 보내는 역할을 하며, 식도는 25cm 정도의 길이로 음식물이 식도를 통과하는 시간은 액체는 0.5~1.5초, 고형물은 5~10초이다.

③ 위

식도에 연결된 부분을 분문, 분문보다 상부는 위저부, 위의 중앙부는 위체부, 십이지장에 연결된 부위를 유문이라고 한다. 성인의 위 크기는 0.8~1ℓ 정도이다(그림 2-4).

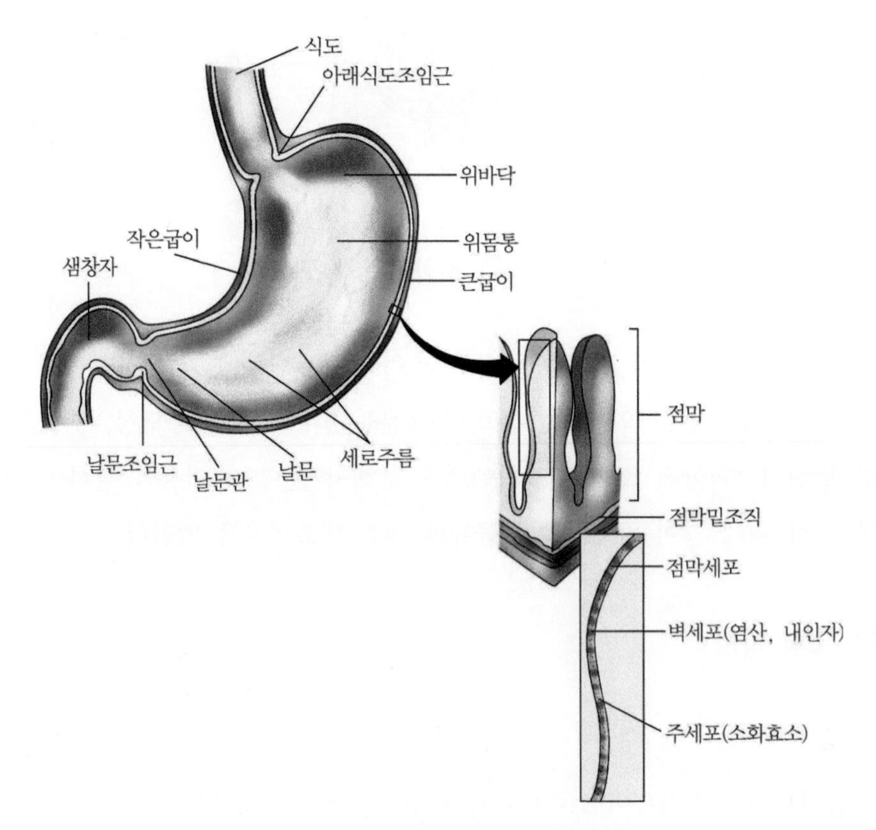

【그림 2-4】 위의 구조

위액은 위점막에 있는 선세포로부터 분비되는 혼합물로 단백질분해효소인 펩신, 염산, 점액, 내인성 인자(intrinsic factor) 및 일종의 호르몬인 가스트린 등을 분비하며 강산성을 띠고 있다. 그 외에 레닌이 소량 분비된다. 펩신은 위점막의 주세포에서, 염산은 벽세포로부터, 점액은 점액세포에서 분비된다. 염산은 펩시노겐을 펩신으로 활성화하고 세균의 증식을 방지한다. 뮤신(mucin)은 위점막의 윤활제 역할을 하며, 펩신 및 염산에 의한 손상을 방지해 준다. 내인성 인자는 비타민 B_{12}의 흡수에 필수적이다.

위의 작용으로는 음식물을 일시적으로 저장하는 저장작용, 음식물의 분해작용, 위의 내용물을 죽(chyme)의 상태로 소장으로 보내는 이동작용, 위산이 세균의 성장을 저지하므로 살균작용을 지닌다고 볼 수 있다.

④ 소장

소장은 6m의 길이이며, 소화흡수의 중심 기관으로 십이지장, 공장, 회장의 세 부분으로 이루어져 있다. 십이지장 상부에는 췌액을 수송하는 췌관과 담즙을 수송하는 담관이 연결되어 있다. 소장의 점막 표면에는 약 500만 개 정도의 많은 융모가 있는데 융모는 소장의 표면적을 넓게 하여 영양소의 흡수를 증가시킨다. 위의 내용물이 유문에서 십이지장으로 운반되면 췌장에서 췌액이, 담낭에서는 담즙이 십이지방 상부에서 분비되고 이어 장액도 분비된다. 이들 소화액 중의 효소에 의해 영양소는 소장을 통과하면서 저분자의 물질로 소화된다.

췌액은 소화액 중에서 가장 중요한 것으로 소화의 중심적인 역할을 한다. 하루에 0.7~1ℓ를 분비하며 약알칼리성으로 당질, 지질, 단백질을 분해하는 효소가 함유되어 있다. 췌액의 분비는 세크레틴에 의해 촉진된다.

담즙은 간에서 만들어지고 담낭에서 농축되어 십이지장에서 분비되는 약알칼리성 소화액으로 하루에 0.5~1ℓ 정도 분비된다.

장액은 장벽의 분비세포로부터 분비되는 소화액이다. 췌액과 마찬가지로 알칼리성인 탄산수소나트륨을 함유하고 있으며 하루에 0.7~3ℓ 정도 분비된다.

⑤ 대장

대장은 맹장, 상행결장, 횡행결장, 하행결장, S상결장, 직장으로 이루어진 두께 약 5cm, 길이 약 1.5m의 소화관이다. 대장에서는 주로 수분흡수가 일어나고 소화효소가 함유되어 있지 않다. 소장에서 보내진 물질들은 대장의 미생물의 효소작용에 의해 발효 및 부패작용 등을 일으켜 가스나 유기산 등을 생성하거나 비타민 B군을 합성하기도 한다.

2) 탄수화물의 소화

대부분 고분자 화합물인 영양소를 체내에 흡수되기 쉬운 상태로 변화시키는 것을 소화라고 한다. 소화기관은 입, 식도, 위, 소장, 대장, 항문의 소화관과 타액, 간, 담낭, 췌장의 선세포를 포함한다. 성인의 소화기관은 약 9m에 이른다.

탄수화물의 소화는 저작작용 중 타액과 섞이면서 시작되는데 타액 중의 알파-아밀라아제(α-amylase)에 의해 분해되어 맥아당 및 덱스트린 등을 생성한다. 위에서는 위산에 의해 음식물의 pH가 저하되므로 아밀라아제의 작용은 멈춘다.

위를 거쳐서 소장의 십이지장에 이르면 췌장에서 분비되는 중탄산염에 의해 다시 액성이 중성으로 되고 췌장의 알파-아밀라아제에 의해 더욱 분해를 받아 맥아당으로 분해된다. 이어서 맥아당은 소장 점막상의 미세융모막에 있는 말타아제(maltase)에 의해 단당류인 포도당으로 분해되어 장벽에서 흡수된다. 마찬가지로 서당은 포도당과 과당, 젖당은 포도당과 갈락토오스로 분해된 후 각각 장벽에서 흡수되고 문맥을 거쳐서 간으로 들어간다. 인체에는 β-1,4 결합의 셀룰로오스나 헤미셀룰로오스 등 비전분계의 다당류를 분해하는 효소는 존재하지 않으므로 대부분이 그대로 배설된다(그림 2-5).

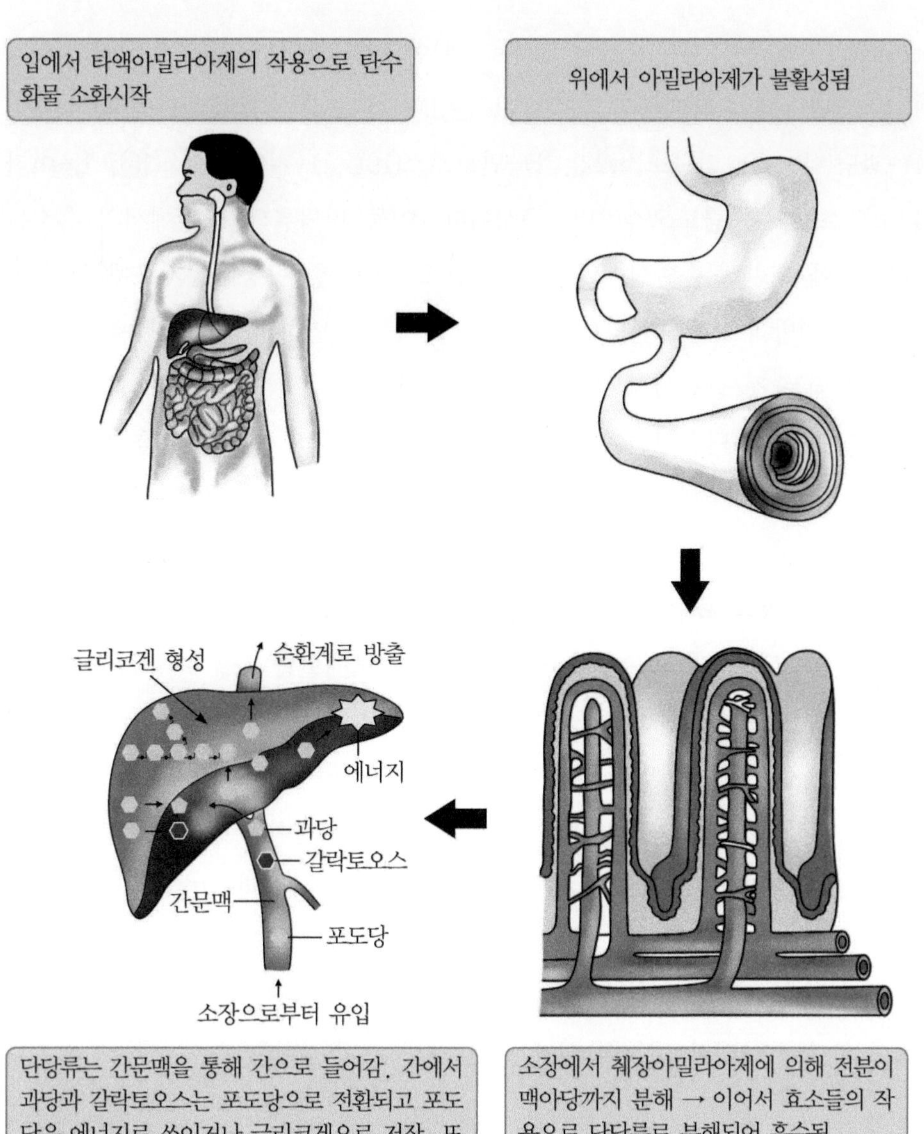
입에서 타액아밀라아제의 작용으로 탄수화물 소화시작
위에서 아밀라아제가 불활성됨
글리코겐 형성
순환계로 방출
에너지
과당
갈락토오스
간문맥
포도당
소장으로부터 유입
단당류는 간문맥을 통해 간으로 들어감. 간에서 과당과 갈락토오스는 포도당으로 전환되고 포도당은 에너지로 쓰이거나 글리코겐으로 저장, 또는 혈류로 방출
소장에서 췌장아밀라아제에 의해 전분이 맥아당까지 분해 → 이어서 효소들의 작용으로 단당류로 분해되어 흡수됨

【그림 2-5】 탄수화물의 소화 및 흡수

3) 탄수화물의 흡수

소장점막의 영양소가 소장점막의 상피세포에서 체내로 들어가는 과정을 흡수라고 한다. 위점막에서는 물 또는 알코올 등이 비교적 잘 흡수되며, 소장에서는 대부분의 영양소가 흡수된다. 흡수 방법에는 크게 수동수송(passive transport)과 능동수송(active transport)이 있다(그림 1-8, 그림 1-9).

여러 단당류의 장에서의 흡수 속도는 D-갈락토오스(110), D-포도당(100), D-과당(43), D-리보오스(22), D-만노오스(19), D-자일로오스(15), L-아라비노오스(9), L-람노오스(8)의 순서이다. 이들 단당류의 소장에서의 흡수는 농도 차에 의한 단순확산이나 나트륨 펌프를 이용한 능동수송기구에 의해 일어난다. 일반적으로 오탄당류는 에너지 소비를 수반하지 않는 단순확산에 의해 흡수되는 것으로 생각되며 포도당, 갈락토오스는 장점막 세포 외의 당 농도가 높을 때는 단순확산에 의해 흡수되고 세포 외의 농도가 낮을 때는 능동수송에 의해 흡수된다. 포도당이나 갈락토오스는 구조적으로 2번 탄소에 OH기가 있고 피라노스 고리구조를 가지고 있으며 5번 탄소에 CH_3기를 가지고 있으므로 능동적 흡수를 하나, 과당은 이러한 구조적 특성이 없으므로 확산에 의하여 흡수된다. 과당은 촉진 확산에 의하여 모세혈관에 흡수되며 문맥을 통해서 간장으로 운반되어 포도당으로 전환된다.

단당류들은 소장 표면의 융모에 붙어 있는 미세융모를 통과해 소장점막세포로 흡수된다. 소장표면의 융모와 미세융모는 흡수면적을 증가시키는 역할을 하며, 소장 점막세포 내로 흡수된 단당류는 기저막을 통과하여 장을 둘러싸고 있는 모세혈관으로 들어간 후 문맥을 통해 간으로 운반된다. 장관에서 흡수된 단당류는 거의 혈중에 들어가 문맥을 통해 간장으로 가는데 과당과 갈락토오스도 포도당으로 변화된 후 혈당으로서 혈액 중을 순환한다.

4. 탄수화물의 대사

당질은 먼저 소화관에서 소화되고 이들 가수분해물은 소장에서 흡수된 다음 혈류로 들어가서 각 조직의 세포로 운반된다. 세포에서 당질은 에너지 생성을 위하여 혐기적 조건에서 해당 경로를 통해 대사되고 다음에 TCA 회로에서 호기적으로 대사된다. 또한, 글리코겐을 합성하거나 지방, 아미노산 및 핵산 등을 합성할 수 있는 전구체로도 전환된다. 탄수화물 섭취가 부족한 경우에는 혈당을 정상적으로 유지하기 위해 당 신생 경로를 통하여 비탄수화물 전구물질로부터 포도당을 새로 합성하기도 한다. 당질은 체내에서 서로 전환될 수 있으며 오탄당 인산 경로(HMP 경로), 유노네이트(uronate) 경로 등을 거쳐 다양한 생체 구성 분자 합성을 위한 원료를 공급한다.

1) 해당 과정

식이로 섭취된 여러 가지 당질은 체내에서 최종적으로 포도당으로 전환된 후 해당 경로(Embden-Meyerhof pathway, glycolysis)로 들어가 대사된다.

해당이란 포도당이 연속된 반응을 통하여 두 개의 피루브산으로 분해되면서 포도당의 자유 에너지가 ATP와 NADH 형태로 전환되는 과정이다. 포도당이 피루브산으로 되기 위해서는 여러 단계를 거쳐야 한다(그림 2-6).

(1) 해당 과정의 반응

해당 과정은 ATP 생산 없이 소모만 이루어지는 전반부와 ATP가 생산되는 후반부로 나누어진다. 호기적 해당 과정은 총 10개의 효소반응이 포함되며 모든 효소는 세포질에 존재하고 이 과정에서 2분자의 ATP와 2분자의 $NADH_2$가 생성된다. 다음 과정 중 ①~③은 전반부에 ④~⑩은 후반부에 해당된다.

① 반응 1 : 해당 과정의 최초 단계는 인산화를 통해 활성화되는 단계이다. 즉 포도당이 ATP의 존재하에서 생체 내에 널리 분포하는 헥소키나아제(hexokinase) 또는 간에 존재하는 글루코키나아제(glucokinase)의 작용으로 포도당-6-인산(glucose-6-phosphate)으로 된다. 이 반응은 비가역 반응으로 해당의 속도조절 반응에 해당된다.

② 반응 2 : 생성된 포도당-6-인산은 포스포헥소오스 이성화효소(phosphohexose isomerase)의 작용으로 과당-6-인산(fructose-6-phosphate)으로 변환된다. 이 반응은 가역반응에 해당된다.

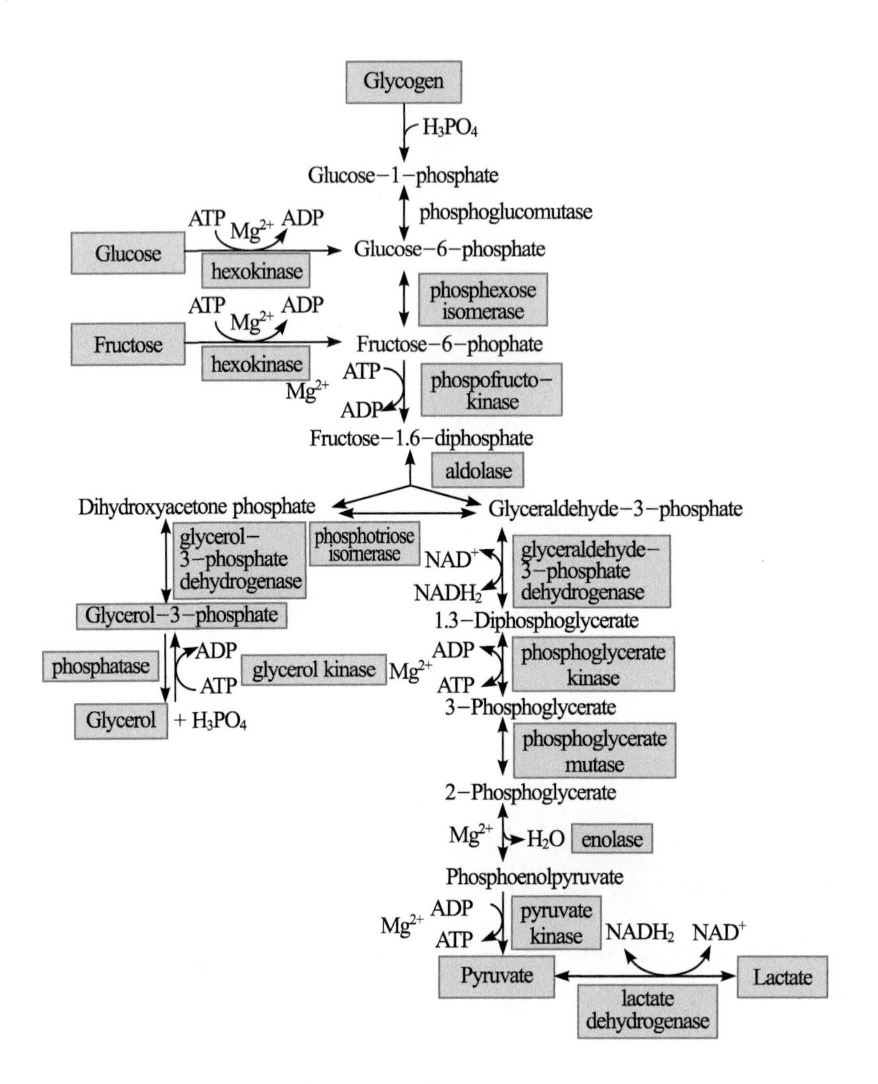

【그림 2-6】 해당 과정

③ 반응 3 : 과당-6-인산은 포스포프럭토키나아제(phosphofructokinase)의 작용에 의해 한 번 더 인산화되어 과당-1,6-이인산(fructose-1,6-diphosphate)으로 된다. 이 반응은 흡열반응으로 ATP가 ADP로 될 때 방출되는 에너지를 이용한 공역반응으로 에너지를 충당한다. 이 반응 역시 해당 과정의 비가역반응으로 속도조절 반응에 해당된다. 따라서 전반부에서 이루어지는 두 번의 인산화반응에서 2분자의 ATP를 소모하게 된다.

④ 과당-1,6-이인산은 알돌라아제(aldolase)의 작용으로 triose phosphate 2분자, 즉 글리세르알데히드-3-인산(glyceraldehyde-3-phosphate)과 디히드록시아세톤 인산(dihydroxyacetone phosphate)으로 나누어진다.

⑤ 두 개의 triose phosphate들은 포스포트리오스 이성화효소(phosphotriose isomerase)의 작용으로 상호 변환될 수 있으며 계속되는 반응으로 글리세르알데히드-3-인산(glyceraldehyde-3-phosphate)이 소비되기 때문에 반응은 글리세르알데히드-3-인산 쪽으로 기울어져 있다. 즉 글리세르알데히드-3-인산만이 해당 과정의 다음 반응물이 되므로 디히드록시아세톤 인산은 이성화효소에 의해 글리세르알데히드-3-인산으로 전환된다. 그러므로 1분자의 포도당은 2분자의 글리세르알데히드-3-인산을 공급하게 된다.

⑥ 글리세르알데히드-3-인산은 글리세르알데히드-3-인산 탈수소효소(glyceraldehyde-3-phosphate dehydrogenase)의 탈수소반응에 의해 고에너지 화합물인 1,3-이인산글리세레이트(1,3-diphosphoglycerate)로 된다. 이 단계에서 생성된 NADH는 세포의 산소 공급 여부에 따라 다른 경로에 의해 재산화된다.

⑦ 다음에 1,3-이인산글리세레이트(1,3-diphosphoglycerate)는 포스포글리세레이드 키나아제(phospnoglycerate kinase)의 작용으로 3-인산글리세레이트(3-phosphoglycerate)로 되며 이때 기질 수준에서 인산을 ADP로 전달하여 ATP를 생성한다. 이 반응은 대부분의 키나아제(kinase) 반응과는 달리 가역반응이다.

⑧ 다음 단계는 포스포글리세레이트 뮤타아제(phosphoglycerate mutase)에 의해 진행되는 반응으로 인산기의 첨가 및 제거반응을 거쳐

다음 단계에 필요한 2-인산글리세레이트(2-phosphoglycerate)로 가역적으로 전환되는 반응이다.

⑨ 에너지 수준이 낮은 2-인산글리세레이트는 엔올라아제(enolase)에 의한 탈수반응을 거치며 에너지 수준이 높은 고에너지 화합물인 포스포엔올피루브산(phosphoenolpyruvate)이 된다.

⑩ 해당에 있어서 마지막 단계는 피루브산의 생성이다. 고에너지 화합물인 포스포엔올피루브산(phosphoenolpyruvate)은 피루브산 키나아제(pyruvate kinase)의 작용으로 피루브산이 되고 동시에 ADP에 인산을 전달하여 ATP를 생성한다. 결국, 포도당을 출발물질로 하여 피루브산에 이르는 반응 과정은 다음 식과 같이 정리되며, 이 과정에서 포도당 1분자당 2분자의 ATP가 쓰이고 4분자의 ATP가 생성되며, 최종적으로 ATP 2분자와 NADH 2분자가 생성된다.

$$\text{포도당} + 2Pi + 2ADP + 2NAD^+ \longrightarrow \text{2피루브산} + 2ATP + 2NADH + 2H^+$$

(2) 피루브산의 진행

① 구연산 회로로의 진입

세포가 산소를 이용하지 않고 포도당을 분해하여 피루브산이 되면서 ATP를 생산하는 경로가 해당 과정이다. 그 후 산소가 존재한다면 피루브산은 아세틸-CoA를 거쳐서 TCA 회로로 들어가고 NADH는 미토콘드리아 내의 전자전달계에서 재산화되어 NAD^+로 된다. 대부분의 진핵세포는 TCA회로에서 포도당을 이산화탄소와 물로 완전히 분해시킨다.

② 젖산 생성반응

혐기적 조건하에서는 미토콘드리아 내의 전자전달계를 이용할 수 없으므로 NADH는 젖산 탈수소효소(lactate dehydrogenase)에 의해 재산화되고 피루브산은 젖산이 된다. 생성된 젖산은 세포막을 통과할 수 있어 동물의 경우 간장으로 운반된다. 결국, 혐기적 조건에서 포도당은 다음과 같이 분해된다.

$$\text{포도당} + 2ADP + 2Pi \longrightarrow 2\text{젖산} + 2ATP$$

(3) 세포질 NADH의 산화

해당 과정에서 생성된 두 분자의 $NADH_2$는 심한 운동을 하고 있는 골격근과 같은 일부 조직을 제외하면 대부분의 경우 호흡 연쇄반응에서 재산화된다. 그러나 NADH는 미토콘드리아 내막을 통과하지 못하므로 호흡연쇄로 들어가 산화되기 위하여 글리세롤 인산 셔틀(glycerol phosphate shuttle)이나 말산-아스팔트산 셔틀(malate-aspartate shuttle)이라는 특수한 기구를 통해 내막을 통과해서 들어가게 된다. 2가지 셔틀의 이용 비율은 조직에 따라 다르다. 간, 신장, 심장은 주로 말산-아스팔트산 셔틀을 이용하고 뇌, 근육, 기타의 조직은 글리세롤 인산 셔틀을 이용한다. 이 셔틀들은 비가역적이어서 세포질의 NADH는 미토콘드리아 내로만 운반된다.

말산-아스파르트산 셔틀을 이용하여 미토콘드리아 내로 수송된 NADH는 이어서 전자전달계로 들어가서 2.5개의 ATP를 생성하게 된다. 글리세롤 인산 셔틀을 이동하여 미토콘드리아 내로 수송된 세포질의 NADH 1몰은 미토콘리아 안에서 1몰의 $FADH_2$로 바뀌므로 이어서 계속되는 전자전달계로 들어가 1.5ATP를 생성하게 된다(그림 2-7).

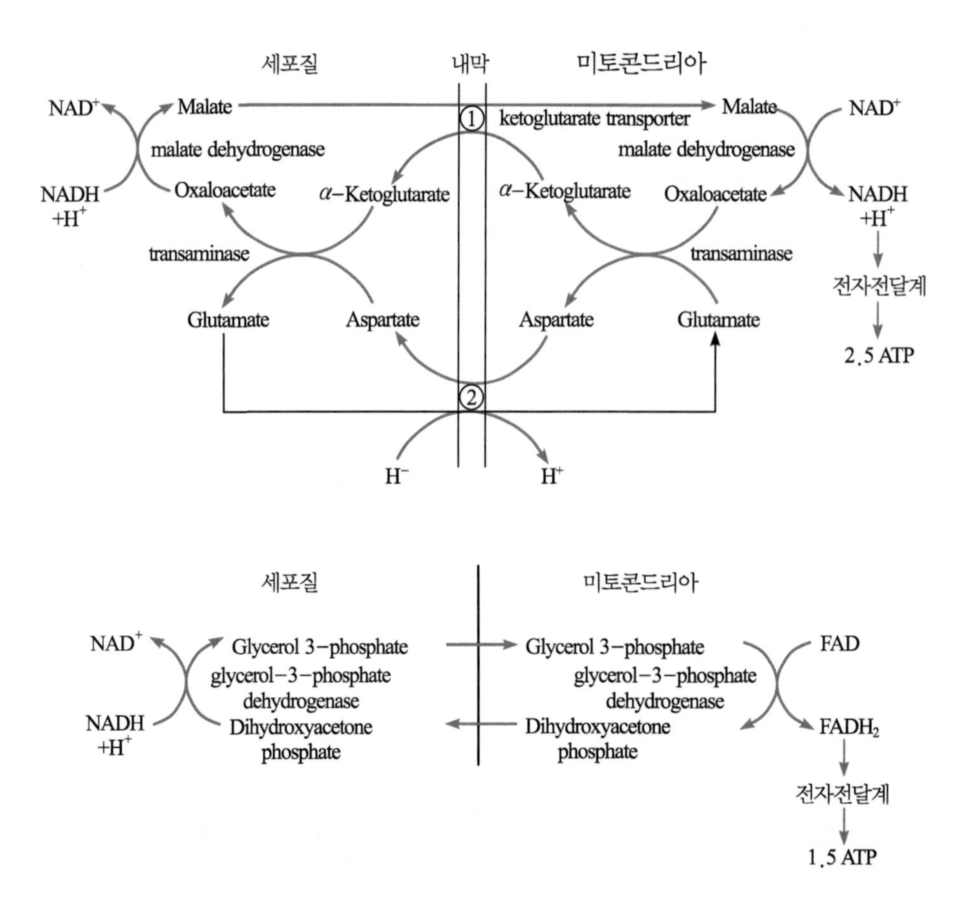

【그림 2-7】 말산–아스팔트산 셔틀(위) 및 글리세롤 인산 셔틀(아래)

(4) 해당 과정의 조절

체내에서 당의 대사는 단순한 에너지 획득을 위해서 뿐만 아니라 다른 영양소의 대사를 원활하게 하기 위해서도 항상 조절되고 일정한 수준이 유지되어야 한다. 따라서 체내의 영양 상태 또는 내분비 평형의 변화는 당질대사에 전반적인 영향을 미칠 것이다. 실제로 혈당치는 식사량에 따라 변화하며 이것은 호르몬의 분비율을 변화시키고 나아가 효소활성에 영향을 미쳐 대사 양상을 변화시킨다.

해당계 또는 당 신생계와 같이 여러 효소가 관여하는 대사계에는 생리적으로 효소활성이 낮고 또 가역반응이 거의 불가능한 단계가 있으며, 주로 이 단계에서 대사계 전체의 속도가 조절된다. 이 단계를 촉매하는 효소를 조절효소 또는 적응효소라 하며 이들은 여러 인자에 의하여 그 촉매 기능이 조절된다.

일반적으로 식사 후에는 세포 내로 수송되는 포도당의 양이 증가되고 나아가 해당계, 글리코겐합성, 오탄당 인산 경로(pentose phosphate 경로), 지방합성계에 관여하는 조절효소의 작용이 항진되어 포도당이 소모되는 방향으로 대사가 촉진된다. 반대로 당 신생, 글리코겐 분해 등은 억제되어 포도당의 생성은 저지된다.

그러나 공복 상태 또는 다음 식사 전의 혈당이 내려간 상태에서는 당 신생, 글리코겐 분해 반응이 항진되고 해당계, 글리코겐 합성, 오탄당 인산 경로, 지방합성계에 관여하는 조절효소의 작용이 저하된다.

① 포도당에 의한 조절

포도당은 세포 내 이용의 첫 단계로 헥소키나아제(또는 글루코키나아제)에 의해 포도당-6-인산으로 된다. 이때 포도당-6-인산이 과다하게 생성되면 이것은 헥소키나아제에 작용하여 생성을 억제하고 글리코겐 합성효소를 활성화시켜 소비를 촉진한다. 간에서는 포도당 공급량이 많아지면 글루코키나아제 활성은 점차로 증가되고 포도당의 공급량이 감소되면 글루코키나아제의 활성은 낮아진다.

한편, 고농도의 포도당은 가인산분해효소(phosphorylase)의 활성을 저하시켜 글리코겐 분해를 억제한다. 또한, 혈당 상승은 인슐린 분비를 촉진시켜 포도당의 세포막 투과 및 세포 내 포도당 이용에 관여하는 효소들의 양과 활성이 증가하게 하고 당 신생과 같이 포도당의 생성에 관계하는 효소의 활성을 저해하도록 한다.

② ATP에 의한 조절

해당계 조절의 중심이 되는 효소는 포스포프럭토키나아제이다. 이 효소는 ATP와 구연산에 의해 저해되고 AMP에 의해 활성이 증가된다.

③ 기타 호르몬에 의한 조절

부신피질에서 분비되는 글루코코르티코이드는 글루카곤이나 에피네프린의 효과를 더욱 높이는 작용이 있고 당 신생계의 효소를 유도해서 당 신생을 촉진한다. 뇌하수체전엽에서 분비되는 성장호르몬과 ACTH(corticotropin)등은 저혈당일 때 많이 분비되어 근육세포의 포도당 흡수를 낮추고 지방을 동원하여 포도당 소비를 억제해서 혈당을 높이는 효과를 나타낸다. 갑상선호르몬(thyroxine)은 글리코겐의 분해를 촉진하고 포도당의 이용을 낮추어서 혈당이 올라가게 한다.

인슐린은 세포 내로 포도당 흡수와 이용을 증가시키고 당 신생작용을 억제하여 혈당을 낮춘다.

2) TCA 회로

당질, 단백질, 지질 등이 분해되어 에너지원으로 이용되는 과정은 3단계로 나눌 수 있다. 1단계는 이들 고분자 물질들이 분해되어 단당류, 아미노산, 지방산 등의 구성 성분으로 되는 것이고 2단계는 각각 해당(glycolysis), 아미노기전이(transamination), 베타-산화(β-oxidation) 등을 거쳐 아세틸-CoA가 되는 것이며, 3단계는 이것이 TCA 회로에서 완전히 산화 분해되는 것이다. 즉 TCA 회로는 포도당, 아미노산, 지방산에서 생성된 아세틸-CoA가 이산화탄소와 물로 산화되는 과정으로 미토콘드리아에서 일어난다(그림 2-8).

(1) 아세틸-CoA 생성과 처리

피루브산은 포도당의 해당 경로 최종 산물이다. 생성된 피루브산은 조직이나 대사 상태에 따라 여러 가지 경로에서 처리되지만, 가장 주된 것은 피루브산 탈수소효소 복합체(pyruvate dehydrogenase complex)에 의해 산화적 탈탄산반응을 거쳐 아세틸-CoA가 되는 것이다. 이 효소 복합체는 미토콘드리아 내에 존재하며 비가역적이어서 아세틸-CoA로부터 피루브산을 생성할 수 없다.

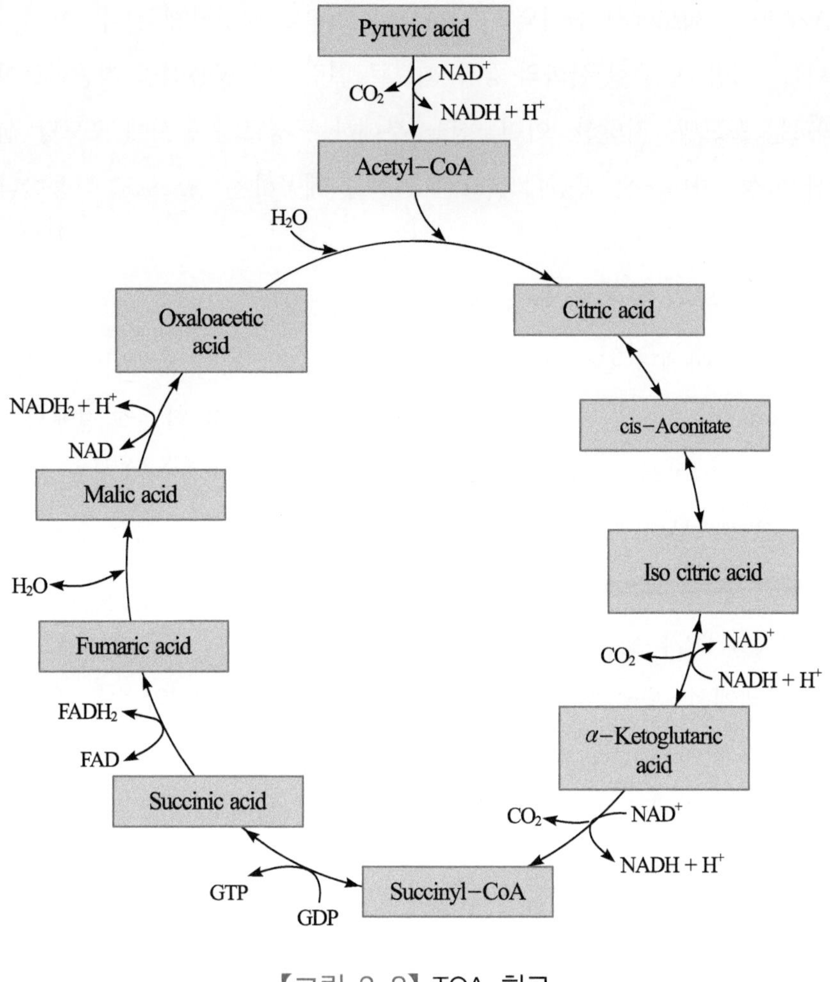

【그림 2-8】 TCA 회로

(2) TCA 회로의 반응 과정

TCA 회로(tricarboxylic acid cycle)는 구연산 회로(citrate cycle) 또는 Krebs 회로라 하며 반응은 먼저 탄소 수 4개의 화합물인 옥살로아세트산(oxaloacetate)과 탄소 수 2개의 아세틸-CoA가 결합하여 3개의 카르복시기를 가지는 탄소 수 6개의 구연산을 생성하는 것으로부터 시작된다. 이 회로는 3NADH, $1FADH_2$, 1ATP, $2CO_2$를 생성하고 다시 옥살로아세트산을 재생하는 것으로 종료된다. 이 회로에서 생성된 NADH 및 $FADH_2$는 전자전달계에서 산화적 인산화를 통해 각각 2.5ATP, 1.5ATP를 생성한다. 따라서 1분자의 아세틸

-CoA가 TCA 회로에서 산화되면 10분자의 ATP를 생성하게 된다. 이 회로는 탄수화물, 지방, 단백질 산화의 공통 회로로 열량소의 공통적인 최종회로이다. 이 회로는 포도당, 지방산, 아미노산을 분해하는 경로인 동시에 포도당 신생, 지방산 합성, 아미노산 합성에 필요한 기질을 제공하는 경로로도 작용한다.

(3) TCA 회로의 에너지 수지

피루브산은 아세틸-CoA로 되고 이어서 TCA 회로에서 분해되어 이산화탄소를 생성하고, 수소는 전자전달계에 의해 산화되어 물로 되는 과정에서 ATP를 생산하므로 이때 생산되는 ATP의 수는 반응 과정에서 생성된 NADH, $FADH_2$, GTP로부터 계산할 수 있다.

포도당은 해당경로에서 2분자의 피루브산으로 되고, 피루브산 1분자에서 12.5분자의 ATP가 생산되므로 TCA 회로에서 생산되는 ATP는 25ATP이다. 호기적 상태에서 포도당이 해당 경로를 통해 생산되는 ATP의 수는 간, 신장, 심장과 같이 말산-아스팔트산 셔틀을 이용하는 경우와 뇌, 골격근, 기타 조직에서와 같이 글리세롤 인산 셔틀을 이용하는 경우가 서로 다르며 다음과 같이 계산된다.

따라서 호기적 상태에서 포도당 한 분자가 해당 경로와 TCA 회로를 통해 완전히 분해될 때 생산되는 ATP 수는 간, 신장, 심장에서 32ATP이고 뇌, 골격근, 기타의 조직에서는 30ATP이다(표 2-3).

【표 2-3】 포도당 완전분해로 생성되는 ATP 분자 수

경로	반응 효소	생성된 ATP 분자 수
해당 과정	글리세르알데히드-3-인산 탈수소효소 (glyceraldehyde-3-phosphate dehydrogenase)	5(3)*
	인산글리세르산 인산화효소 (phosphoglycerate kinase)	2
	피부르산 인산화효소 (pyruvate kinase)	2
		9(7)
포도당 인산화효소(glucokinase)와 과당인산 인산화효소(phosphofruclokinase) 단계에서 사용된 ATP		-2
		총 7(5)
파브르산-아세틸 CoA	피부르산 탈수소효소 (pyruvate dehydrogenase)	총 5
TCA 회로	이소시트르산 탈수소효소 (isocirate dehydrogenase)	5
	알파-케토글루타르산 탈수소효소 (α-ketoglutarate dehydrogenase)	5
	숙신산 티오키나아제 (succinate thiokinase)	2
	숙신산 탈수소효소 (succinate dehydrogenase)	3
	말산 탈수소효소 (malate dehydrogenase)	5
		총 20
호기적인 조건에서 생성된 총 ATP 분자 수		총 32(30)
혐기적인 조건에서 생성된 총 ATP 분자 수		총 2

* 세포질에서 생성된 NADH 1분자가 미토콘드리아로 운반될 때 말산-아스팔르산 셔틀을 거치면 2.5ATP, 글리세롤인산 셔틀을 거치면 1.5ATP를 생성

(4) 전자전달과 산화적 인산화

세포 내의 산화환원반응에서 생성된 전자는 NAD^+ 또는 FAD에 수용되어 NADH와 $FADH_2$를 생성한다. 이들 전자전달 물질에 수용된 전자는 미토콘드리아의 내막 안쪽 표면에 결합되어 있는 효소로 구성된 전자전달계로 전달된다. 이 과정에서 산소는 최종 전자 수용체로 작용하며 환원되어 물이 된다.

전자의 이동에 의해 다량의 자유 에너지가 방출되면 그중 일부는 산화적 인산화 과정에서 ADP의 인산화를 촉진하여 ATP 형태로 보존된다(그림 2-9).

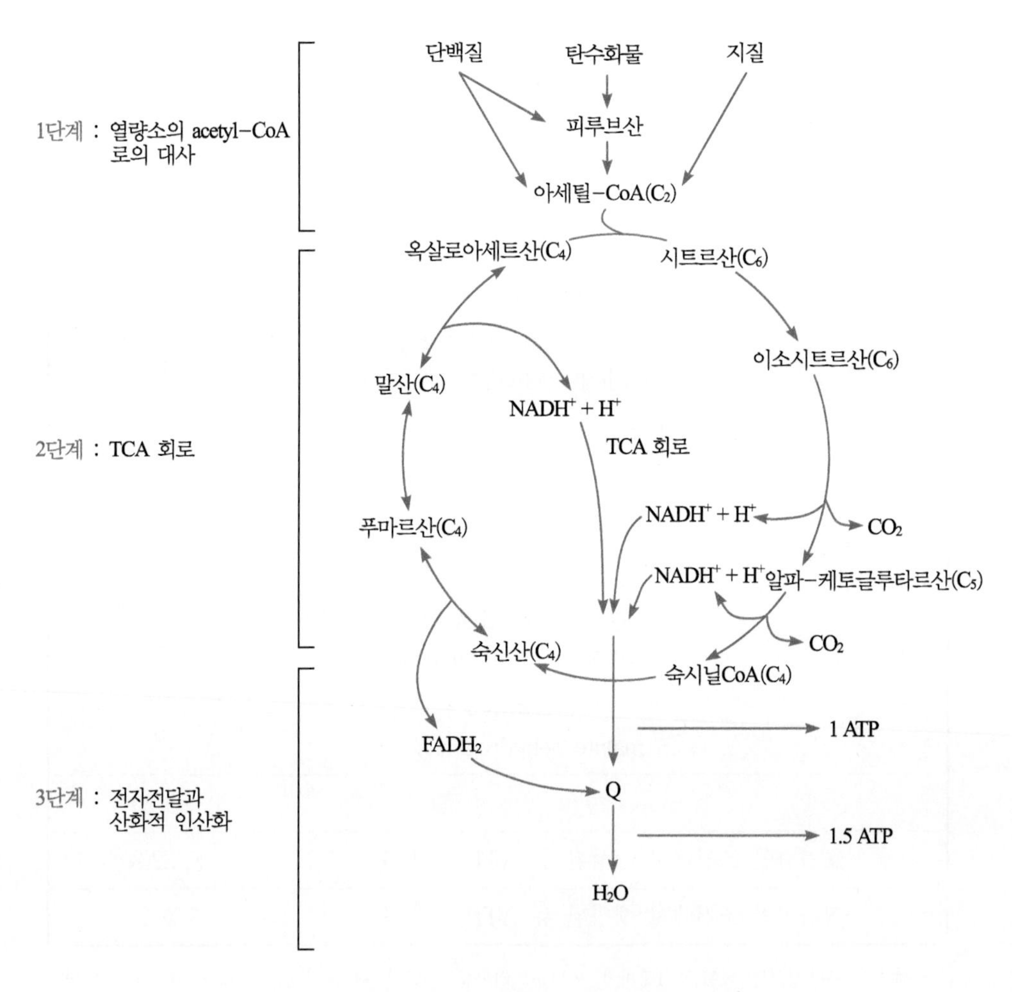

【그림 2-9】 전자전달계를 통한 ATP 생성

기질 수준의 인산화와 산화적 인산화

ATP는 ADP와 인산(Pi)으로부터 2가지 방법, 즉 기질 수준의 인산화(substrate level phosphorylation) 또는 산화적 인산화(oxidative phosphorylation)에 의해 합성된다. 기질 수준의 인산화는 포스포엔올피루브산(phosphoenolpyruvate)과 같은 고에너지 인산화합물의 분해와 공역하는 반응으로 ATP를 생성하는 것이다. 한편, 산화적 인산화에서는 전자가 전자전달계에서 전달될 때 산화환원 전위가 낮아지면서 발생하는 자유에너지를 이용하여 ATP를 합성하는 것이다.

TCA 회로의 생리적 의의

TCA 회로에서는 다량의 ATP가 얻어지므로 에너지를 공급하는 것이 중요한 생리적 기능이다. 또한, TCA 회로의 중간 물질들은 당 신생합성, 비필수 아미노산의 합성에도 참여하고 헴 합성 재료로도 이용된다.

3) 글리코겐 합성과 분해

글리코겐의 합성과 분해반응은 다른 경로를 통해 일어나지만 서로 밀접한 관계가 있다. 글리코겐은 혈당치를 일정하게 유지하는데 매우 중요하다. 글리코겐은 몇 단계만 거치면 포도당-6-인산으로부터 쉽게 합성되거나 분해되는 좋은 에너지 저장 형태이다. 섭취한 여분의 포도당을 모두 지방으로 바꾸지 않고 글리코겐으로 저장하는 것은 지방은 글리코겐처럼 근육에서 신속하게 동원되지 못하고, 산소 결핍 시 에너지원으로 이용될 수 없기 때문이다. 또 포도당을 그대로 저장하면 생길 수 있는 삼투압에 의한 문제도 글리코겐으로 저장하면 일어나지 않는다. 글리코겐은 분지가 많은 구조를 가져 빠르게 분해 또는 합성된다.

글리코겐 합성에서는 핵산 합성처럼 주형을 필요로 하지 않지만 출발물질(primer)이 필요하며 출발물질은 보통 세포 내에 존재하는 글리코겐 자신이다. 이 때문에 기아 상태의 동물에 있어서도 글리코겐이 완전히 분해되어 없어지지 않고 일부는 남아서 포도당 공급 시 글리코겐 합성의 출발물질로 작용한다(그림 2-10).

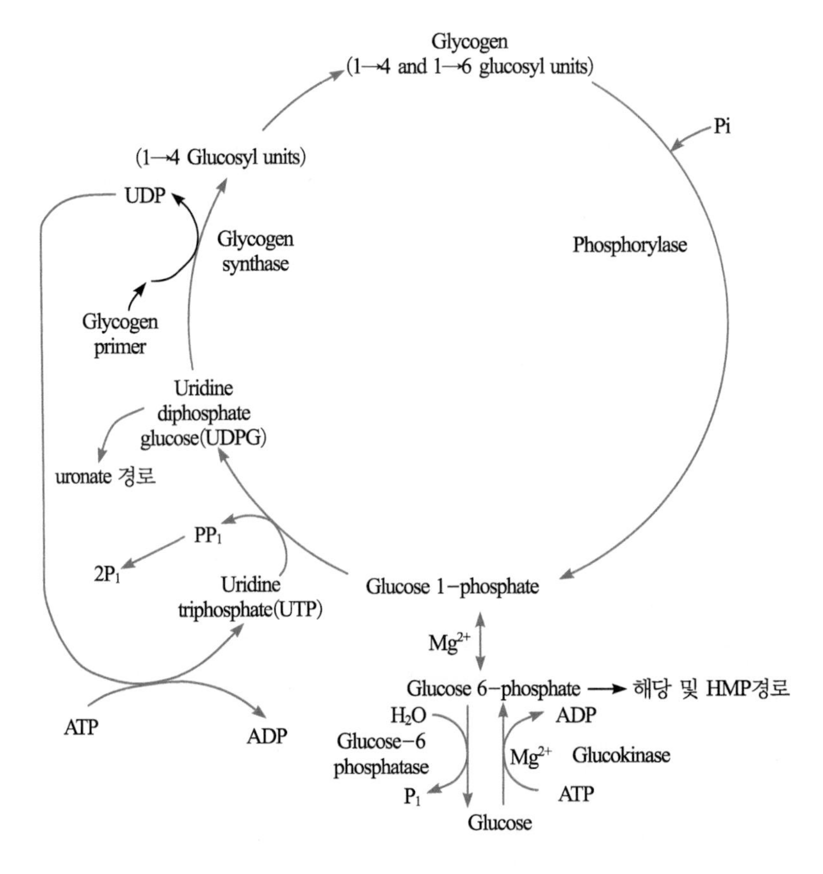

【그림 2-10】 간에서 글리코겐 합성과 분해 과정

글리코겐 합성의 조절

글리코겐 합성의 조절은 글리코겐 합성효소(glycogen synthase)에서 일어난다. 대부분의 효소는 인산화된 형태가 활성형이지만 글리코겐 합성효소는 인산화된 불활성형(glycogen synthase b)이 탈인산화되면 활성형(glycogen synthase a)이 된다.

근육 중에서 글리코겐 분해를 조절하는 가인산분해효소(phosphorylase)는 불활성형인 가인산분해효소 b와 활성형인 가인산분해효소 a가 있다. 고농도의 cAMP의 존재로 활성화된 가인산분해효소 키나아제(phosphorylase kinase)는 불활성형인 가인산분해효소 b의 세린(serine) 잔기에 인산을 부가하여 활성형인 가인산분해효소 a로 변한다.

4) 당 신생

아미노산, 젖산, 피루브산, 프로피온산, 글리세롤(glycerol) 등과 같은 당질이 아닌 물질로부터 포도당을 새로 합성하는 것을 당 신생(gluconeogenesis)이라 한다. 당 신생은 해당 경로에서 비가역적인 반응 단계 일부를 제외하고는 거의 이 경로의 역반응에 의해 일어나며 역행할 수 없는 과정은 다른 우회과정을 거친다.

일반적으로 혈당이 일정 수준 이하로 떨어지면 뇌 기능장애가 일어나고 심한 저혈당은 혼수와 죽음을 초래한다. 당 신생은 식이로부터의 당질 공급이 충분하지 않아 체내에서의 포도당 요구량을 충당하지 못할 때 일어난다. 포도당을 주요 에너지원으로 하는 여러 조직, 특히 뇌나 적혈구에서 이것의 계속적인 공급은 필수적이다.

포도당은 혐기적 조건하의 골격근에서 유일한 에너지원이며 각종 조직에서 TCA 회로의 중간체를 유지하는데 이용된다. 지방조직에서도 포도당은 지방합성의 원료가 되고 지방으로부터 에너지를 공급받는 조직에서도 기본적으로 약간의 포도당이 필요하다.

포유동물에서 당 신생은 주로 간과 신장에서 일어나지만 주된 장소는 간이다. 당 신생은 각 조직에서의 대사물질을 간으로 운반하여 이것을 당 신생을 통해 포도당으로 재생하고 다시 조직으로 공급하는데 생리적 의의가 있다(그림 2-11).

(1) 당 신생의 비가역적 반응

당 신생은 해당 과정과 7단계를 공유한다. 다른 경로는 피루브산을 포스포엔올피루브산(phosphoenol pyruvate)으로 바꾸는 장소와 과당-1,6-이인산(fructose-1,6-diphosphate)을 과당-6-인산(fructose-6-phosphate)으로, 또 포도당-6-인산(glucose-6-phosphate)을 포도당으로 바꾸는 장소이다. 해당 과정의 마지막 반응은 포스포엔올피루브산의 피루브산으로의 탈인산화반응인데, 역과정인 당 신생 경로에서 피루브산의 인산화는 두 단계 반응을

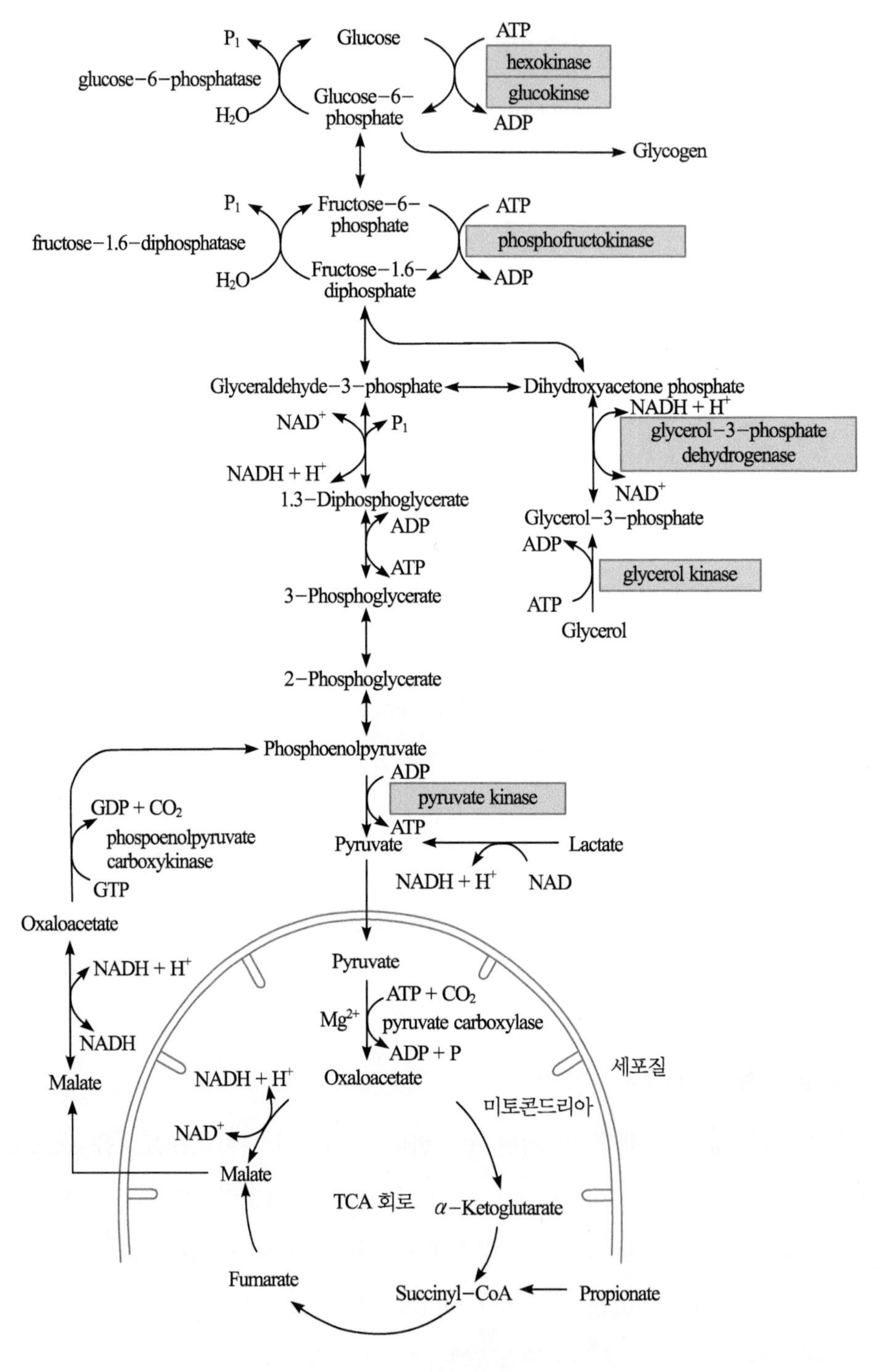

【그림 2-11】 간에서의 당 신생

거쳐 우회한다. 따라서 해당 과정의 비가역적인 세 반응을 우회하기 위해 당 신생 경로에서는 네 가지 효소가 추가로 요구된다.

① 피루브산 카르복실화효소(pyruvate carboxylase) 반응

당 신생의 첫 번째 비가역 반응은 해당에서 마지막 반응인 피루브산이 포스포엔올피루브산로 전환되는 반응인데 이 단계는 두 반응에 걸쳐 일어난다. 그 첫 번째가 피루브산 카르복실화효소에 의한 반응이다. 피루브산 카르복실화효소는 미토콘드리아 효소로서 비오틴을 함유한다. 이 반응에서 ATP 한 분자가 소요되는데 ATP가 분해되면서 생성되는 에너지는 비오틴이 이산화탄소와 결합하는 데 쓰이므로 결국 피루브산의 카르복실화반응에 이용된다.

② 포스포엔올피루브산 카르복실화효소(phosphoenolpyruvate carboxykinase) 반응

이 반응이 일어나기 위해서는 ATP의 분해가 수반된다. 이 효소는 세포질과 미토콘드리아에 모두 존재한다. 세포질에 존재하는 효소에 의한 당 신생 경로가 계속되기 위해서는 미토콘드리아에서 생성된 옥살로아세트산이 미토콘드리아 내막을 통과해야 하는데 운반체가 없어 이 내막을 직접 통과할 수 없으므로 말산으로 전환되어야 한다. 즉 옥살로아세트산은 미토콘드리아의 말산 탈수소효소(malate dehydrogenase)에 의해 말산으로 환원된 후 세포질로 운반되었다가 세포질의 말산 탈수소효소의 작용으로 재산화되어 옥살로아세트산을 재생하게 된다. 이 옥살로아세트산에서 탄소 하나가 CO_2로 제거되고 포스토엔올피루브산이 되는 과정에 에너지와 포스포엔올피루브산 카르복실화 효소가 필요하다.

③ 과당-1,6-이인산화효소(fructose-1,6-diphosphatase) 반응

이 반응은 해당 과정의 포스포프럭토키나아제 반응의 역반응에 해당된다. 해당 과정에서는 과당-6-인산의 인산화가 이루어지는 과정으로 ATP를 소모하지만 그 역반응인 당 신생 경로에서는 과당-1,6-이인산의 탈인산화는 무기인산(Pi)을 방출할 뿐 ATP는 생성하지 못한다.

④ 포도당-6-인산화효소(glucose-6-phosphatase) 반응

이 반응은 해당 과정에서 포도당의 인산화 반응의 우회반응으로 간과 신장에만 존재하는 포도당-6-인산화효소에 의해 촉매된다. 이 효소는 당 신생에서 뿐만 아니라 글리코겐 분해의 마지막 반응도 관여한다. 근육에는 이 효소가 존재하지 않으므로 근육 글리코겐은 혈당유지에 참여하지 못한다.

(2) 아미노산으로부터의 포도당 합성

아미노산의 탄소 골격은 대사되기 위해 당질이나 지질대사 경로에 들어가거나 직접 TCA 회로의 대사 중간체로 되어 연소되거나 또는 당 신생을 거쳐 포도당으로 합성된다. 따라서 아미노산을 당원성 아미노산(glucogenic amino acid)과 케토원성 아미노산(ketogenic amino acid)으로 분류할 수 있다.

당원성 아미노산은 대사에 의해 알파-케토글루타르산(α-ketoglutarate), 숙시닐-CoA(succinyl-CoA), 푸마르산(fumarate), 옥살로아세트산 등이나 피루브산으로 된 후 TCA 회로의 일부와 당 신생을 거쳐 포도당 또는 글리코겐으로 전환되는 아미노산이다. 케토원성 아미노산은 대사에 의해 아세토아세트산(acetoacetic acid)과 같은 케톤체가 된 다음 아세틸-CoA를 거쳐 지질대사 경로에 합류하는 아미노산을 말한다.

당원성 아미노산은 아미노기 전이반응 또는 탈아미노반응을 받아서 피루브산이나 TCA 회로의 중간대사물로 되어 당 신생에 이용된다. 그러나 루신과 리신은 케토원성 아미노산이어서 포도당 합성에 이용되지 않는다. 아미노산으로부터의 당 신생은 간이 질소를 처리해야 하는 부담을 준다(표 2-4, 그림 2-12).

【표 2-4】 분해 경로에 의한 아미노산 분류

케토원성	케토원성 및 당원성	당원성
leucine lysine	isoleucine phenylalanine tyrosine tryptophan	alanine, arginine aspartate, asparagine cysteine, glutamate glutamine, glycine histidine, methionine proline, serine threonine, valine

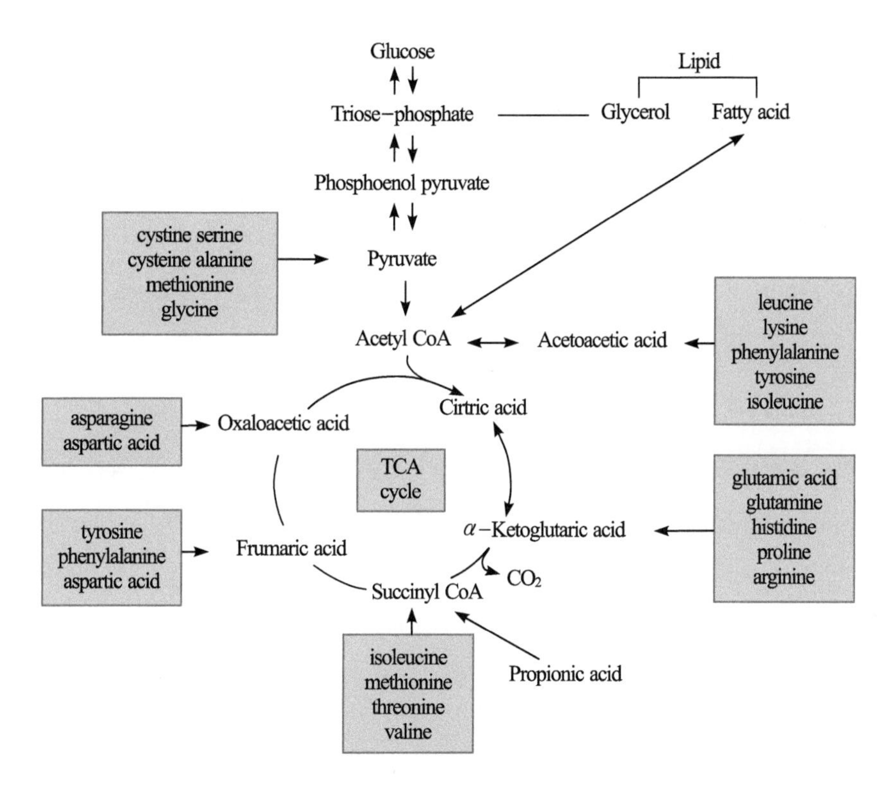

【그림 2-12】 탄수화물, 지질 및 아미노산의 상호변환

지방의 당 신생 참여

지방은 리파아제(lipase)의 작용으로 지방산과 글리세롤로 분해된다. 이 지방산은 탄소수가 짝수일 경우 베타산화로 모두 아세틸-CoA로 변하기 때문에 포도당 합성에 이용되지 못하나 탄소 수가 홀수인 경우는 베타산화의 마지막 단계에서 프로피온산이 생성되는데 이것은 숙시닐-CoA로 전환되어 당 신생에 이용된다.

글리세롤은 글리세로키나아제(glycerokinase)와 ATP의 작용으로 글리세롤-3-인산으로 된다. 이것은 지방 합성에 재이용되기도 하나 해당 경로에 들어가 당 신생에 이용된다.

(3) 코리 회로와 알라닌 회로

미토콘드리아가 없는 적혈구 및 고강도 운동을 하는 근육에서 산소가 부족하게 되면 해당 과정에서 생성되는 젖산을 혈액으로 방출한다. 젖산은 간으로 이동되어 당 신생의 주요 기질이 되는 동시에 근육의 노폐물 제거의 방편이 된다. 이와 같이 골격근의 해당 과정과 간의 당 신생 경로를 연결하는 회로를 코리 회로(Cori cycle)라고 한다.

해당 과정과 당 신생을 연결하는 회로는 코리회로 외에도 알라닌 회로(alanine cycle)가 있다. 이 회로는 골격근에서 글리코겐뿐 아니라 단백질의 분해 산물도 간으로 옮겨 처리한다. 단백질은 격심한 운동 시에 발린, 루신, 이소루신과 같은 분지 아미노산을 분해하여 탄소 골격을 TCA 회로로 유입시킴으로써 에너지를 생산할 수 있다. 이 경우 아미노산에서 제거된 아미노기는 글리코겐 분해와 해당 과정의 결과로 생성된 피루브산에 결합하여 알라닌을 형성한 후 혈액을 통해 간으로 이동된다. 간은 이렇게 노폐물을 이용하여 알라닌을 형성한 후 포도당을 재생할 뿐 아니라 알라닌의 형태로 운반된 아미노기를 무독성의 요소로 전환한다(그림 2-13).

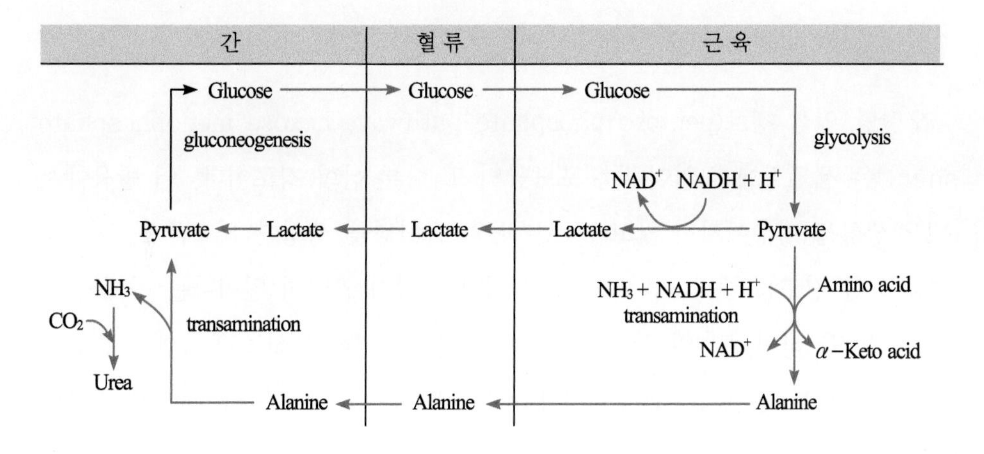

【그림 2-13】 코리 회로와 알라닌 회로

(4) 당 신생의 조절

당 신생계의 조절은 해당계의 비가역 반응을 역방향으로 촉매하는 피루브산 카르복실화효소, 포스포엔올피루브산 카르복실화효소, 과당-1,6-이인산화효소, 포도당-6-인산화효소 등의 효소를 통해 일어난다.

① 글루카곤

혈당이 낮아진 경우 췌장의 알파세포에서 글루카곤이 분비되며 이 호르몬은 간의 글리코겐을 분해하여 혈당을 올리기 시작한다. 또한, 간의 당 신생을 증가시켜 혈당치를 정상으로 회복시키게 된다.

② 기질의 영향

당 신생에 이용되는 전구물질 특히 당원성 아미노산은 간에서 포도당 합성률에 큰 영향을 미친다. 기아 상태로 인하여 인슐린 농도가 낮아지면 근육 단백질로부터의 아미노산 동원이 쉬워지고 이것은 당 신생을 위한 탄소 골격이 된다. 특히 알라닌은 쉽게 동원되어 당 신생에 이용되며 또 이것의 농도상승은 피루브산 키나아제(pyruvate kinase)를 저해하여 해당 반응을 억제하므로 당 신생의 신호가 된다.

5) 오탄탕 인산경로

오탄당 인산 경로(pentose phosphate pathway, hexose monophosphate shunt)는 세포질에서 일어나는 포도당의 또 다른 산화 경로이다. 이 반응에서 ATP 생성은 이루어지지 않고 NADPH와 오탄당을 생성한다(그림 2-14). 오탄당 인산 경로는 주로 피하조직처럼 지방 합성이 활발히 일어나는 곳에서 중요한 역할을 하며, 그 외 간, 부신피질, 적혈구, 고환, 유선조직 등에서 활발하다. 이 경로를 통해 포도당은 지방산과 스테로이드 호르몬의 합성에 필요한 NADPH를 생성하며, 핵산 합성에 필요한 리보오스를 합성한다. 또한, 리보오스는 이 경로를 통하여 육탄당으로 되어 대사된다.

오탄당 인산 경로는 산화 과정과 비산화 과정으로 구분되는데, 앞의 산화 과정에서는 NADPH를 생성하고 이산화탄소를 유리시키면서 리불로오스-5-인산(ribulose-5-phosphate)로 변한다. 이 NADPH는 간, 지방조직, 신장, 유선 등에서 지방산 생합성과 부신피질에서 스테로이드 합성에 수소 공여체로 사용되며 또 산화형 글루타티온의 환원과 마이크로좀(microsome)의 산화(cytochrome계)에서 생화학적 환원제로 작용한다.

후반부의 비산화 과정에서 리보오스-5-인산(ribose-5-phosphate)은 ATP와 반응하여 5-phosphoribosyl-1-pyrophosphate(PRPP)로 되어 핵산 합성에 이용된다.

NADPH를 필요로 하는 간, 지방조직, 부신피질, 갑상선, 적혈구, 고환 및 젖을 생산하는 유선에서는 오탄당 인산 경로가 활발하지만 근육이나 젖을 생산하지 않는 유선에서는 활동성이 낮다.

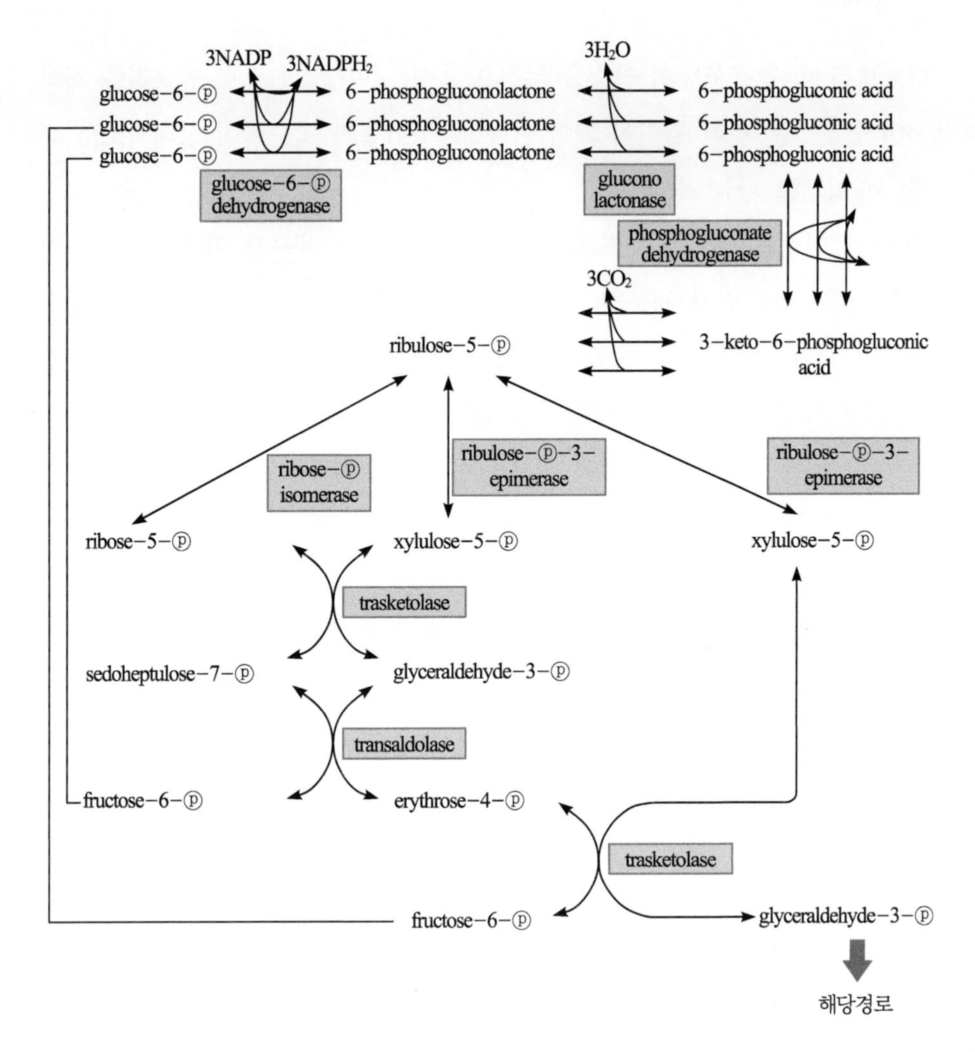

【그림 2-14】 오탄당 인산 경로

5. 탄수화물의 대사 이상

탄수화물 대사 이상으로는 대표적인 질병으로 당뇨병을 들 수 있으며, 이외에도 유당불내증, 갈락토오스혈증, 비만, 충치 및 게실증 등이 있다.

1) 당뇨병

당뇨병은 혈중 포도당의 상승을 특징으로 하는 만성질환으로 인슐린을 전혀 생산하지 못하는 것이 원인이 되어 발생하는 제1형과 인슐린이 상대적으로 부족한 제2형으로 나눌 수 있다.

제1형은 인슐린 결핍이 특징으로 원인은 췌장의 β-세포를 파괴시키는 바이러스와 세포 독성 인자 때문인 것으로 알려져 있다. 보통 30세 이하에서 많고 증세는 갑자기 일어난다. 제2형은 인슐린 분비의 감소보다는 말초조직의 인슐린 민감성 저하 때문에 발생하며 당뇨병환자의 대부분이 여기에 속한다. 주로 중년 이후에 많고 비만과 관련이 있고 증세는 서서히 나타난다. 제2형인 경우는 비만, 체중 과다에서 흔히 볼 수 있으므로 체중 감량이 당뇨병환자의 치료를 위해 식사요법 못지않게 중요하다.

인체의 정상 혈당 농도는 호르몬 조절에 의해 항상성을 유지한다. 정상적인 혈당은 공복 시에 70~110mg/dℓ이다. 간은 정상적인 혈당 농도를 유지하도록 조절하는 주요 기관이다. 혈장 포도당 농도가 낮아지면 당 신생을 촉진시켜 혈장 포도당 농도를 정상적으로 회복시킨다. 당 신생 과정에는 아드레날린, 글루카곤, 글루코코르티코이드 등이 작용한다. 혈장 포도당 농도가 증가하면 부교감신경을 통하여 췌장에 전달되어 인슐린을 분비시킨다. 인슐린은 글리코겐의 생성과 조직에서의 당 이용을 촉진하여 혈당을 저하시킨다.

2) 유당불내증

유당의 소화는 장점막 세포에서 분비되는 유당분해효소(lactase)에 의해 이루어지며 이 효소가 결핍되거나 부족하면 설사, 복통, 구토, 탈수 등을 초래하는 유당불내증(lactose intolerance)이 된다. 치료는 우유를 따뜻하게 데워 천천히 마시거나 소량씩 섭취하면서 점차 양을 늘려가고, 치즈나 요구르트 등 발효 유제품을 이용하면 도움이 된다.

3) 갈락토오스혈증

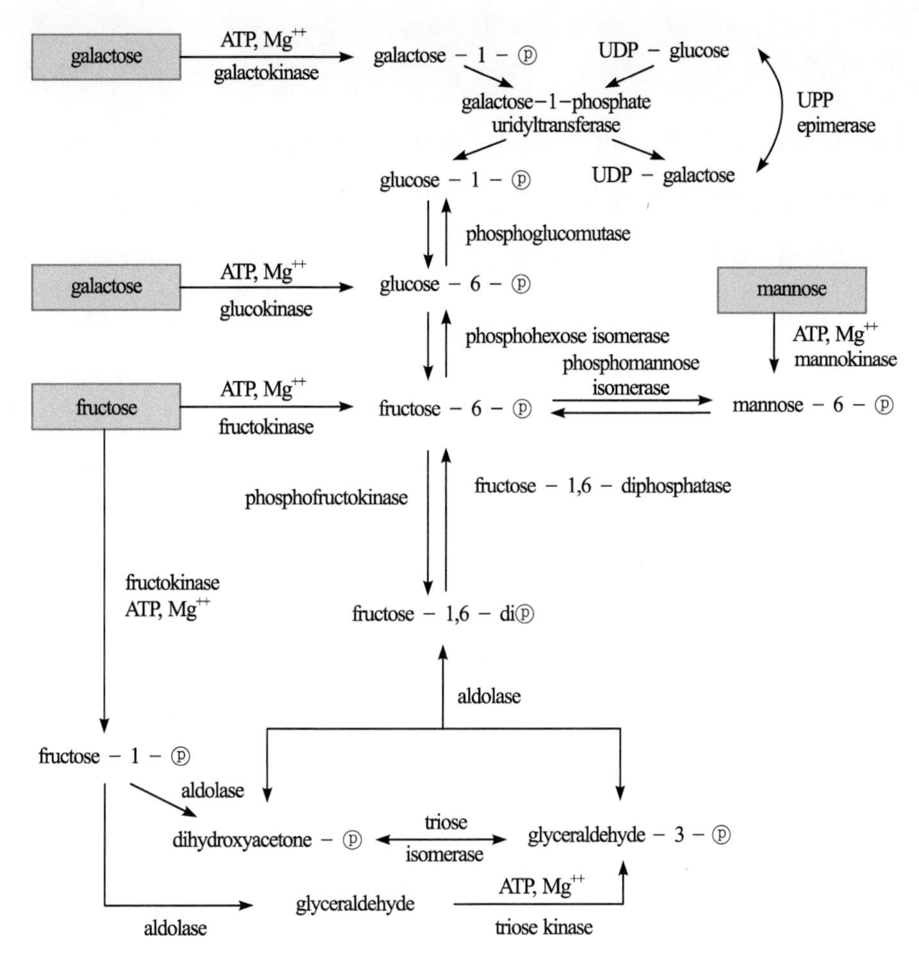

【그림 2-15】 간에서 육탄당의 상호변환

간에서 육탄당의 상호변환이 일어나는데 갈락토오스도 간에서 포도당으로 전환된 후에야 이용된다(그림 2-15). 이 과정에서 갈락토오스-1-인산 유리딜 전이효소(galactose-1-phosphate uridyltransferase)가 결핍되면 포도당으로 전환되지 못하여 갈락토오스나 유당을 섭취하면 혈액 중에 갈락토오스가 증가하여 소변으로 갈락토오스가 배설되는 갈락토오스혈증(galactosemia)을 일으킨다. 영아의 경우 식욕부진, 구토, 설사를 일으키며 이어서 황달, 간경변, 백내장, 지능장애 등을 초래하므로 조기 발견하여 유당을 함유하지 않은 식사요법을 시행하는 것이 중요하다.

4) 비만

탄수화물 과잉 섭취는 지방의 형태로 체내에 저장되어 체중증가를 초래하고 그 정도가 심해지면 비만에 이르게 된다. 비만은 당뇨를 비롯하여 고혈압, 관절염, 심장병, 각종 암, 통풍, 간장질환을 일으키며 수명을 단축시킨다.

5) 충치

충치를 유발하는 탄수화물은 설탕인데, 설탕은 입안에 서식하는 박테리아에 의해 대사되어 플라크를 만드는 덱스트린을 만들고 산을 생성하여 치아 표면의 pH를 4까지 떨어뜨리므로 충치를 유발하기가 쉽다. 설탕 이외에 입안에서 쉽게 발효되는 전분이나 단순 당류, 콘시럽 등도 충치균이 이용할 수 있다. 충치는 치아의 에나멜층과 하부 구조가 산에 의해 녹아서 파괴되어 발생하며, 치아 표면의 pH가 5.5 이하일 때 시작된다. 탄수화물 식품 가운데서도 충치 유발 위험성이 가장 높은 것은 당함량이 많으면서 끈적끈적한 식품으로 구강 내 잔류시간이 길어서 오랫동안 박테리아에게 먹이를 제공한다. 과일주스나 설탕이 첨가된 액상 요구르트도 당과 산을 같이 함유하고 있어서 충치를 유발할 수 있다.

6) 게실증

식이섬유를 너무 적게 섭취하면 대변의 양이 적어지고 단단해지고, 대변의 양이 적으면 배설을 위해 압력을 크게 가해야 하고 이에 따라 대장벽 일부가 부풀려져서 주머니, 즉 게실을 형성한다. 게실증 자체는 특별한 증상을 나타내지 않으나 게실 안에 대변이 머물게 되면 염증을 일으켜서 게실염, 천공, 장출혈 등의 합병증을 유발할 수 있으므로 게실이 생기지 않도록 예방하는 것이 중요하다. 발생률은 식이섬유 섭취량과 반비례하고 지질, 육류의 섭취량과 비례하는 것으로 보고되고 있다.

6. 탄수화물의 영양과 건강

탄수화물 대사에는 여러 비타민이 관여한다(그림 2-16). 탄수화물 대사 과정 중 피루브산이 아세틸-CoA로 탈탄산되는 데에 비타민 B_1이 필요하다. 당질로서 에너지 섭취는 충분하나 비타민 B_1이 부족한 경우 혈액 중 피루브산이 축적되어 체액이 산성으로 치우치고 세균 감염에 대한 저항력도 약해진다. 비타민 B_1이 장기간 결핍되면 각기병을 일으키고 다발성 신경염, 심장마비 등을 일으킨다.

1) 영양섭취기준

탄수화물의 평균필요량은 우리 두뇌의 포도당 이용량을 고려하여 1~65세까지 하루 100g이 필요함을 지표로 산정하였다. 탄수화물의 필요량은 뇌의 포도당 요구량으로 뇌의 무게에 비례하기 때문에 연령 및 성별에 따른 차이가 거의 없다. 만 1세가 되면 뇌의 포도당 이용률이 성인과 차이가 크지 않고 노인의 뇌 무게도 성인과 비슷하기 때문이다.

1세 이하의 영아는 체내 총에너지 필요량의 60%를 뇌조직에 이용하며 당 신생을 통해 공급받은 양도 상당량 되기 때문에 외부에서 공급해야 할 탄수화물의 양을 결정하기 어렵다. 따라서 모유와 이유 보충식으로 섭취하는 탄수화물의 평균섭취량을 기준으로 하여 충분섭취량을 정하였다. 이에 영아의 탄수화물 충분섭취량은 0~5개월 55g, 6~11개월 90g으로 정하였다. 혈압, 허리둘레, 혈청 중성지질 및 HDL 콜레스테롤 수준 등을 선정하여 연령, 에너지, 음주, 흡연, 소득수준 등을 조정한 후, 탄수화물 섭취량을 지방 섭취와 연계하여 심혈관계 질환과의 연관성을 조사한 결과를 반영하여 20세 이상 탄수화물의 섭취비율을 55~70%로 정하였고 1~2세는 50~70%, 3~19세는 성인과 동일한 55~70%로 하였다.

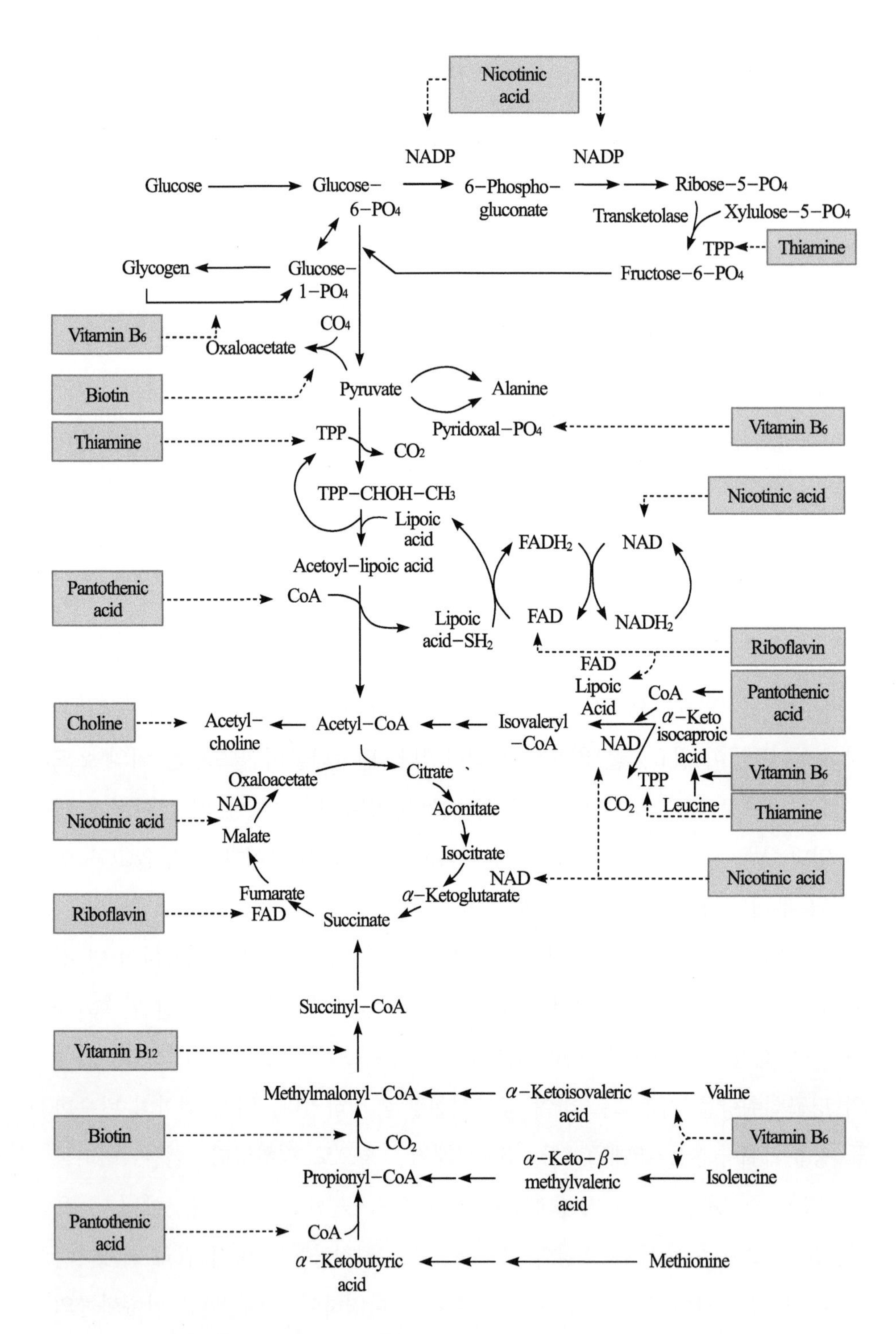

【그림 2-16】 탄수화물대사에 관여하는 수용성 비타민

【표 2-5】 탄수화물의 에너지 적정비율

연령	에너지 적정비율
1~2세	50~70%
3~18세	55~70%
19세 이상	55~70%

한국영양학회. 한국인 영양섭취기준. 2010

성인의 경우 케톤증 예방을 위해 하루에 100g 이상의 탄수화물 섭취가 바람직하다. 쌀밥 1공기에는 약 70g의 탄수화물이, 식빵 큰 것 2쪽에는 약 51g의 탄수화물이 함유돼 있다. 탄수화물은 전곡류 등 복합 탄수화물 및 식이섬유의 적정량을 섭취하도록 하고, 단순당의 섭취는 가급적 제한하도록 한다(표 2-5).

식이섬유의 경우 연령대별로 식이섬유 조사 자료가 없는 관계로 평균필요량을 추정하지 못하고 충분섭취량으로 정하였다. 2005년도 국민건강 영양조사에 의하면, 국민 1인 1일 평균 식이섬유 섭취량이 7.1g으로 매우 낮은 것으로 조사되었다. 성별 및 연령별 에너지 필요추정량에 따른 식이섬유의 충분섭취량은 다음 식을 이용하여 책정되었다.

식이섬유 충분섭취량(g/일) = 12g/1,000kcal × 성별, 연령군별 1일 에너지필요 추정량(kcal/일)

2) 결핍 시의 문제

탄수화물 섭취 부족이 단기간인 경우 문제는 되지 않는데, 이는 체단백질과 체지방이 분해되어 당 신생을 통해 에너지를 공급하기 때문이다. 그러나 2주 이상의 공복이 진행되면 당 신생도 감소하고 체지방의 불완전연소로 케톤체가 증가하여 체액이 산성화되고 체조직이 소모되어 산성증(acidosis) 상태가 될 수 있다.

[탄수화물] 문제해결 활동

- 이름 :
- 학번 :
- 팀명 :

- 중심키워드 :
- 중심키워드 한줄지식 :

정답을 맞힌 팀 :

[탄수화물] 문제해결 활동

맞춤 선을 그어주세요.

중심키워드 ·	· 한줄지식
·	·
·	·
·	·

정답을 맞힌 팀 :

▶▶▶ 문제해결을 위한 팀별 경쟁학습 방법

① 팀을 구성한다.(4~5명)

② 단원별 중심키워드로 팀명을 정한다.

③ 팀원이 협동학습으로 문제를 작성한다.

④ 교수자에게 확인받은 문제를 다른 팀에게 제시하고 정답 팀을 기록한다.

⑤ 질의응답 후, 교수자는 최종 피드백을 실시한다.

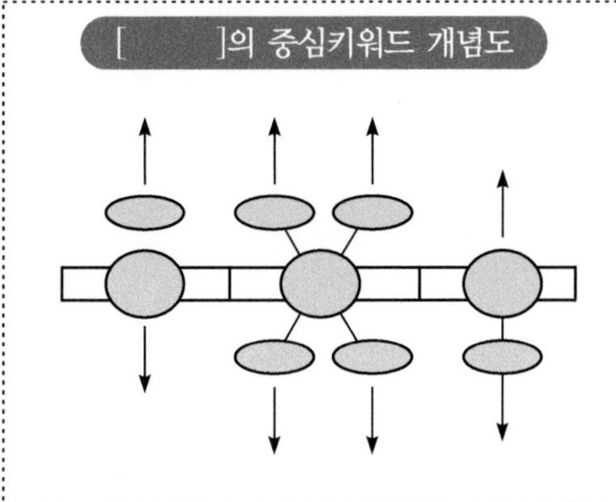

▶▶▶ 과제해결 방법

① 학습이 완료된 단원별 내용을 중심키워드와 한줄지식 중심으로 정리한다.

② 정리한 내용을 기초로 학습자만의 자유로운 중심키워드 개념도를 작성한다.

③ 우수한 과제를 학습자 간에 공유하고 교수자는 과제에 대한 피드백을 실시한다.

제3장

지질

1. 지질의 분류
2. 지질의 기능
3. 지질의 소화와 흡수
4. 지질의 운반과 대사
5. 지질의 대사 이상
6. 지질의 영양과 건강

제3장

지질

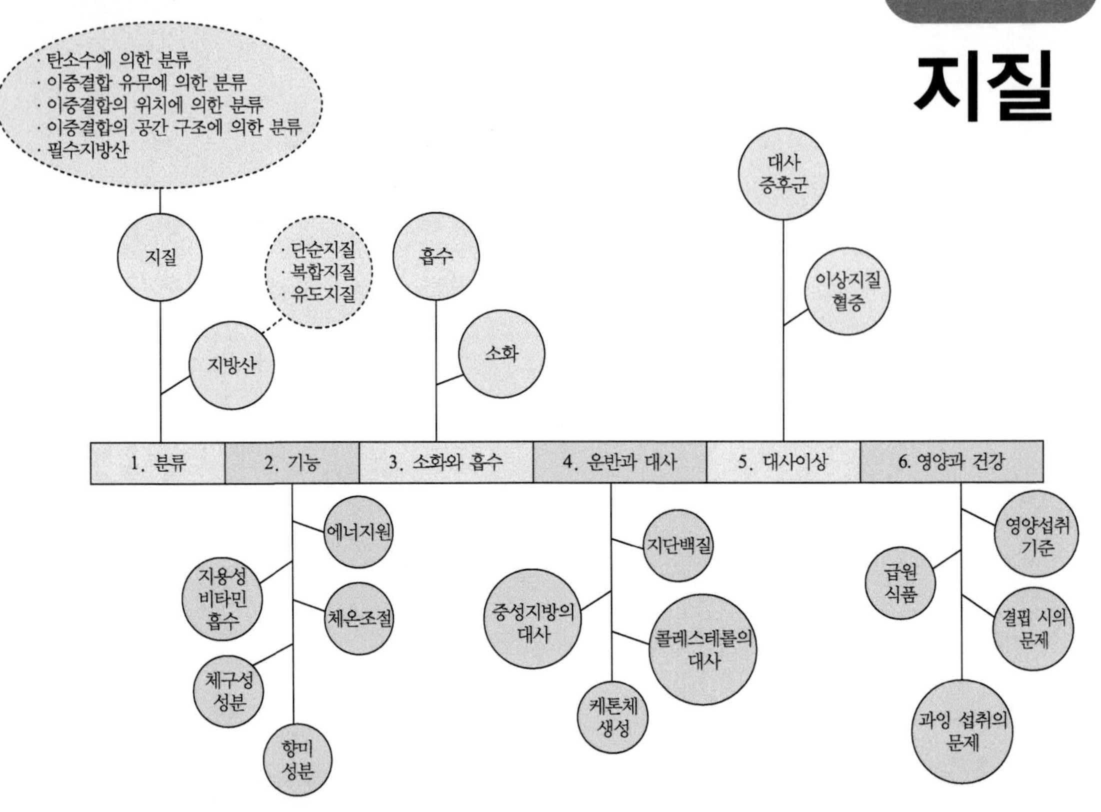

교수자용 중심키워드 박스

지방산, 중성지방, 오메가-3 지방산, 오메가-6 지방산, 에이코사노이드, 필수지방산, 트랜스지방산, 지단백질, 아세틸-CoA, 담즙산, 콜레스테롤, 케톤체, β-산화, 카르니틴

학습자용 중심키워드 박스

중심키워드	한줄지식

제3장

지질

지질이란 지방산 에스테르 및 에스테르의 구성 성분 등의 천연 화합물의 총칭으로 물과 염류 용액에는 녹지 않고 유기용매에 녹으며 생체에 이용되는 물질이다. 지질은 탄소, 수소, 산소로 구성되어 있으며, 열량을 내는 구성 원소인 탄소와 수소의 함량이 탄수화물보다 지방이 훨씬 많기 때문에 신체 내에서 저장 물질인 동시에 효율이 좋은 에너지원으로 사용된다. 단지 조연료가 되어 연소를 돕는 산소가 적기 때문에 지질이 완전히 연소되기 위해서는 탄수화물과 같이 섭취해야 한다. 일반적으로 지질은 지방산, 중성지방, 인지질, 스테롤 등이 있으며, 지질의 형태에 따라 상온에서 액체인 것을 oil이라고 하고, 고체인 것은 fat이라고 한다.

지질은 지방산 종류에 따라 달라지며 우리 몸과 식품에 가장 많은 지질은 중성지방으로 에너지 생산과 저장 면에서 주된 영양소이다. 식품과 인체 내에는 지방산이 유리 상태로 되어 있는 것은 거의 없고 대부분 3개의 지방산과 1개의 글리세롤이 결합되어 있다. 중성지방은 글리세롤의 수소기(-H)와 지방산의 수산기(-OH)가 결합하여 물이 발생되면서 탈수, 축합에 의하여 형성된다. 중성지방의 성질은 결합하고 있는 지방산의 조성에 의해 그 물리적 성질이 좌우된다. 중성지방의 구조는 3가의 알코올인 글리세롤과 지방산의 결합으로 구성되어 있으며 산이나 알칼리 또는 효소로 가수분해하면 글리세롤과 지방산으로 분해된다(그림 3-1). 글리세롤에 1개, 2개, 그리고 3개의 지방산이 결합한 것을 각각 모노글리세리드(monoglyceride), 디글리세리드(diglyceride), 그리고 트리글리세리드(triglyceride)라고 한다.

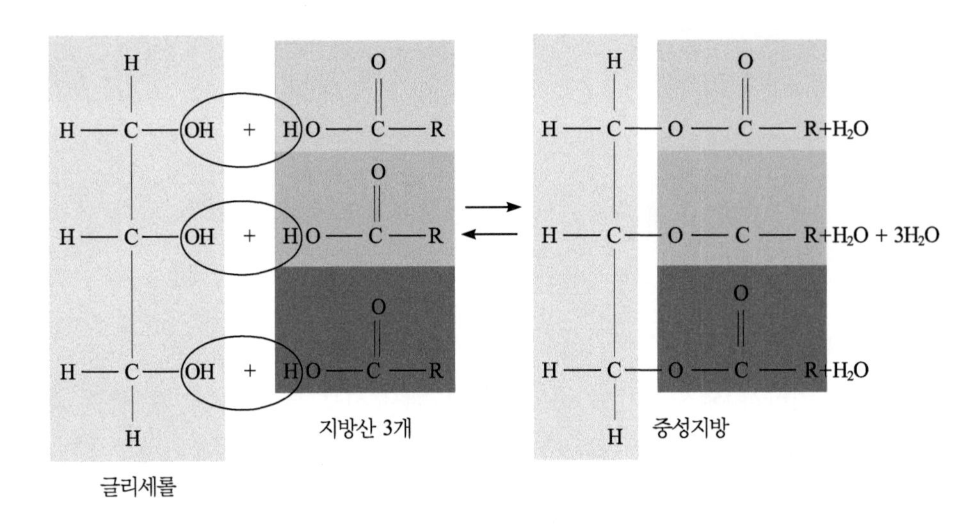

【그림 3-1】 지질의 구조

1. 지질의 분류

1) 지방산

지방산(fatty acid)은 지질을 구성하는 주요 성분으로 지방산의 종류에 따라 지방의 형태가 달라진다. 지방산의 일반적인 화학구조식은 $CH_3(CH_2)nCOOH$이고, RCOOH로 줄여 표시하기도 하며, R-CO를 아실(acyl)기라고 한다. 자연계에 존재하는 지방산은 대부분 짝수의 탄소 수를 가지고 직쇄상으로 결합하며 알파(α)말단에는 카르복실기(-COOH)를, 다른 한쪽 끝인 오메가(ω)말단에는 메틸기($-CH_3$)를 갖는다(그림 3-2). 이같은 구조로 형성된 지방산은 식품 내에 다양하게 조성되어 있다. 또한, 지방산의 분류는 탄소 수, 이중결합 수, 이중결합의 위치, 그리고 이중결합의 공간 구조에 따라 분류된다.

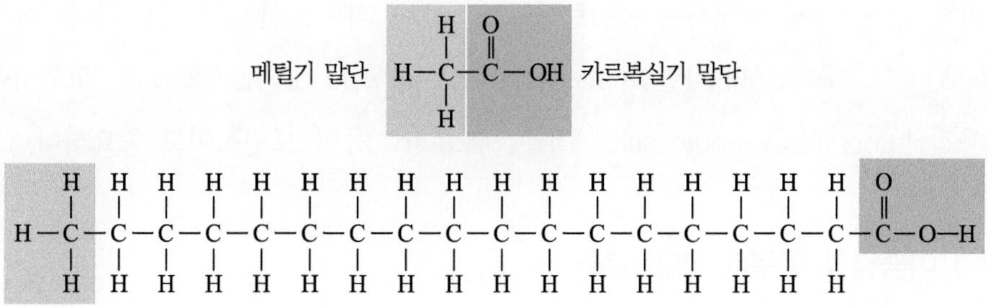

메틸기 말단 H—C—C—OH 카르복실기 말단

$$CH_3-(CH_2)_{15}-COOH$$

【그림 3-2】 지방산의 일반적인 화학구조식

(1) 탄소 수에 의한 분류

지방산은 탄소 수에 따라 짧은 사슬 지방산, 중간 사슬 지방산, 긴 사슬 지방산으로 나뉘며, 지방산의 사슬 길이는 지방산의 화학적 성질과 생리적 기능에 영향을 준다. 탄소 사슬의 길이가 길수록 녹는점과 끓는점이 높고, 짧을수록 쉽게 구조가 파괴되어 사슬의 길이는 지방산의 안정성에 영향을 준다.

① 짧은 사슬 지방산

짧은 사슬 지방산(short-chain fatty acid)은 탄소 수가 8개 미만인 지방산이다. 긴 사슬 지방산에 비해 물에 더 잘 용해되는 부티르산(butyric acid)은 우유나 버터에서 독특한 향기 성분을 내며 바로 흡수된다.

② 중간 사슬 지방산

중간 사슬 지방산(medium-chain fatty acid)은 탄소 수가 8~12개인 지방산이다. 코코넛 기름 등에 함유되어 있는데, 분해되지 않고 혈액으로 바로 흡수된다. 따라서 지질의 소화 또는 흡수에 문제가 있거나 열량 섭취가 필요한 환자에게 공급할 수 있는 지방산이다.

③ 긴 사슬 지방산

긴 사슬 지방산(long-chain fatty acid)은 탄소 수가 13개 이상인 지방산이다. 짧은 사슬 지방산에 비해 안정하며, 녹는점과 끓는점이 짧은 사슬 지방산에 비해 높다. 생체 내에서는 팔미트산(C16 : 0), 스테아르산(C18 : 0), 아라키돈산(C20 : 4), 에이코사펜타엔산(eicosapentaenoic acid, EPA, C20 : 5), 도코사헥사엔산(docosahexaenoic acid, DHA, C22 : 6) 등이 보편적이고 중요하다.

(2) 이중결합 유무에 의한 분류

지방산은 이중결합의 유무에 따라 탄소와 탄소 사이에 이중결합이 없는 포화지방산(saturated fatty acid)과 이중결합이 하나 이상 있는 불포화지방산(unsaturated fatty acid)으로 구분한다(그림 3-3). 대표적인 포화지방산으로는 팔미트산(palmitic acid), 스테아르산(stearic acid) 등이 있고, 잘 알려진 불포화지방산으로는 리놀레산(linoleic acid), 리놀렌산(linolenic acid), 아라키돈산(arachidonic acid) 등이 있다(표 3-1).

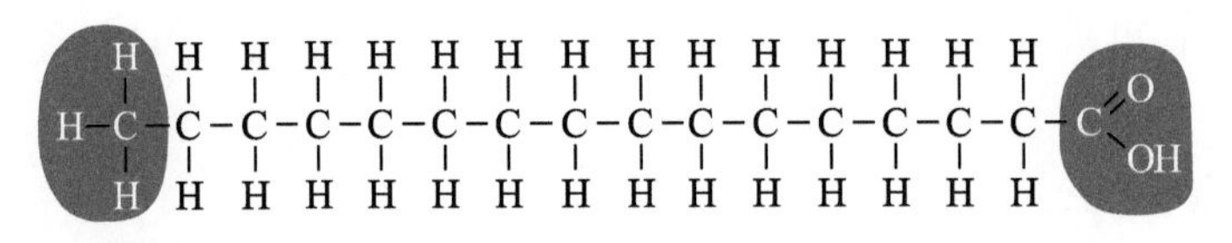

포화지방산 : 팔미트산

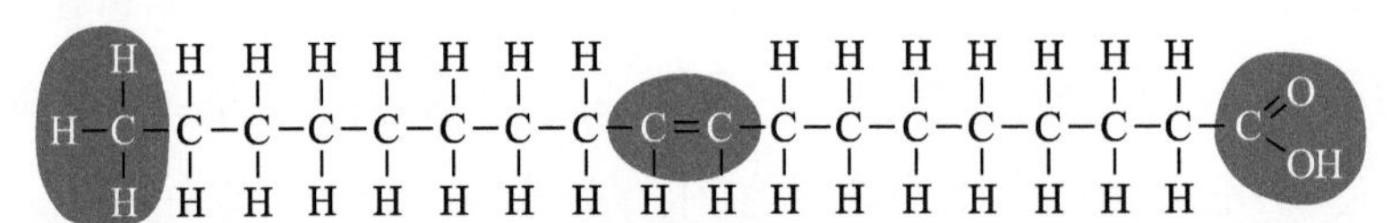

단일불포화 지방산 : 올레산(ω-9)

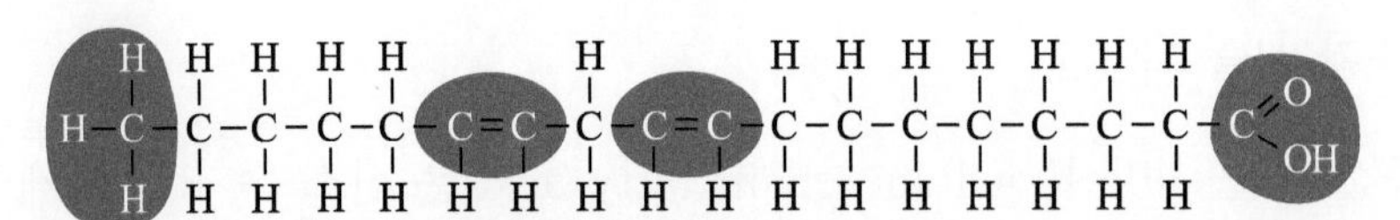

다가불포화지방산 : 리놀레산(ω-6)

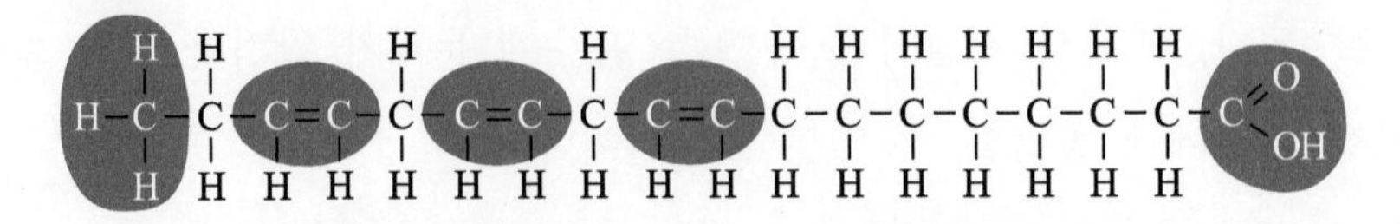

다가불포화지방산 : α-리놀레산(ω-3)

【그림 3-3】 포화지방산과 불포화지방산의 구조

【표 3-1】 포화지방산과 불포화지방산의 구조식 및 종류

탄소 수	이중결합수	구조식	이름
		포화지방산	
12	0	$CH_3(CH_2)_{10}COOH$	lauric acid
14	0	$CH_3(CH_2)_{12}COOH$	myristic acid
16	0	$CH_3(CH_2)_{14}COOH$	palmitic acid
18	0	$CH_3(CH_2)_{16}COOH$	stearic acid
20	0	$CH_3(CH_2)_{18}COOH$	arachidic acid
		불포화지방산	
16	1	$CH_3(CH_2)_5CH{=}CH(CH_2)_7COOH$	palmitoleic acid
18	1	$CH_3(CH_2)_7CH{=}CH(CH_2)_7COOH$	oleic acid
18	2	$CH_3(CH_2)_4(CH{=}CHCH_2)_2(CH_2)_6COOH$	linoleic acid
18	3	$CH_3(CH_2)(CH{=}CHCH_2)_3(CH_2)_6COOH$	linolenic acid
20	4	$CH_3(CH_2)_4(CH{=}CHCH_2)_4(CH_2)_2COOH$	arachidonic acid

① 포화지방산

포화지방산(saturated fatty acid)은 지방산 분자 내에 이중결합을 갖지 않는 지방산이며, $C_nH_2O_2$나 C_nH_{2n+1} COOH의 일반식으로 표시된다. 탄소 수가 증가함에 따라 물에 녹기 어렵고 융점이 상승한다. 포화지방산은 곧은 모양을 가지고 탄소가 수소 원자에 둘러싸여 있어서 지방산이 구부러지지 못하므로 상온에서 고체를 유지한다. 주로 쇠기름 · 돼지기름과 같은 동물성 기름과 코코넛유 · 마가린에 많이 함유되어 있다. 특히 팔미트산(C16 : 0)과 스테아르산(C18 : 0)의 분포량이 가장 많다(표 3-2).

【표 3-2】 포화지방산 조성

식품명	포화지방산(%)	올레산(%)	리놀레산(%)
고기	49~62	37~43	2~3
우유	37	33	3

식품명	포화지방산(%)	올레산(%)	리놀레산(%)
코코넛	86	7	-
콘	11~16	19~49	34~62
올리브	11	84	4
팜	43	40	8
홍화	9	13	78
콩	15	20	52

Merck Index, 10th ed. Rahway, NJ : Marck and Co.; and Wilson, et al., 1967, Principles of Nutrition, 2nd ed. New York : Wiley

② 불포화지방산

불포화지방산(unsaturated fatty acid)은 이중결합 수에 따라 단일불포화지방산(monounsaturated fatty acid, MUFA)과 다가불포화지방산(polyunsaturated fatty acid, PUFA)으로 나눈다. 올레산(oleic acid)과 팔미톨레산(palmitoleic acid)을 제외한 대부분의 불포화지방산은 2개 이상의 이중결합을 가지고 있다. 이중결합은 매우 반응성이 커서 불안정하기 때문에 산화되기 쉽고 유동성이 높아 상온에서 액체 상태이다. 단일불포화지방산은 이중결합이 1개이며 인체에서 합성이 가능한 비필수지방산으로 올레산이 대표적이다. 올리브유에 풍부하며 18개 탄소로 이루어져 있고 9번째 산소에 이중결합이 한 개 있다. 다가불포화지방산은 이중결합이 2개 이상인 불포화지방산을 말한다. 이중결합의 수는 리놀레산이 2개, 리놀렌산이 3개, 아라키돈산이 4개, EPA가 5개, DHA는 이중결합의 수가 6개인 불포화지방산이다. 다가 불포화지방산은 대두유, 옥수수유, 해바라기유 등에 많이 함유되어 있다.

(3) 이중결합의 위치에 따른 분류

지방산을 규정하고 표시하는 방법 가운데 탄소 수와 이중결합 위치를 기본으로 하는 오메가 명명법은 메틸(오메가) 말단으로부터 첫 번째에 있는 이중결합의 위치를 기본으로 한다(그림 3-4). 일반적으로 지방산의 탄소번호는 카르복실기의 탄소부터 번호를 붙인다. 그러나 오메가 지방산은 일반 지방산과는 달리 카르복실기의 반대쪽에 있는 메틸기($-CH_3$)의 탄소(오메가 탄소)부터 거꾸로 번호를 붙인다. 예를 들어 첫 번째 이중결합이 오메가 말단부터 세 번째와 네 번째 탄소 사이에 있으면 오메가-3(ω-3)지방산이며, 오메가 말단으로부터 여섯 번째와 일곱 번째 있으면 오메가-6(ω-6)지방산이라고 하며, 이중결합의 위치에 따라 지방산의 대사가 달라진다.

① ω-3(n-3)계 지방산

지방산 끝의 메틸기(-CH)에서 3번째 탄소에 이중결합이 처음 시작되는 지방산이다. ω-3계 지방산인 DHA과 EPA은 필수지방산으로부터 합성된다. 특히 DHA는 뇌의 구성 성분으로 중요한 역할을 한다. EPA는 혈소판 응집 억제작용과 혈청 콜레스테롤 감소작용이 있으므로 혈중 LDL 콜레스테롤 함량을 감소시키고 HDL 콜레스테롤 함량을 증가시켜 동맥경화를 예방하는 효과가 있다.

② ω-6(n-6)계 지방산

지방산 끝의 메틸기(-CH)에서 6번째 탄소에 처음 이중결합이 나타나는 불포화지방산으로 ω-6계 지방산으로 분류되며, n-6계 지방산이라고도 불린다.

리놀렌산, ω-3 지방산

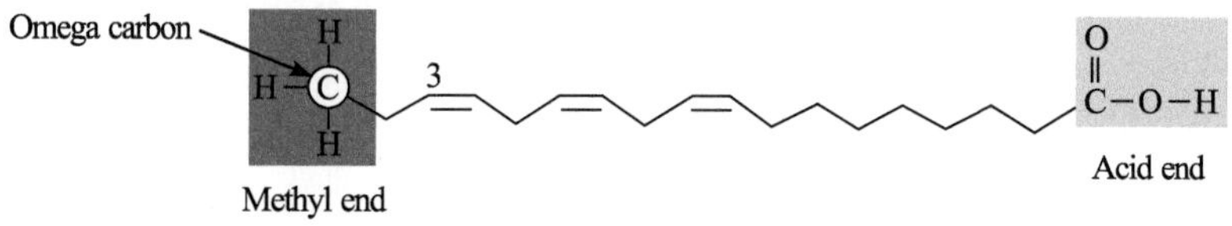

리놀레산, ω-6 지방산

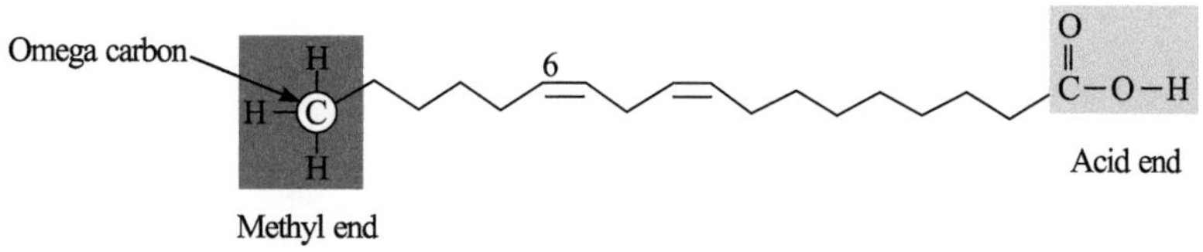

【그림 3-4】 ω-3지방산과 ω-6지방산

(4) 이중결합의 공간 구조에 따른 분류

이중결합을 갖는 지방산은 같은 화학식을 가지거나 화학적 구조가 다른 2개의 이성질체 형태로 존재할 수 있다. 따라서 이중결합 탄소에 결합된 수소의 공간 배열에 따라 이중결합을 사이에 두고 수소가 같은 편에 있으면 시스(cis)지방산, 반대편에 있으면 트랜스(trans)지방산이라 한다(그림 3-5).

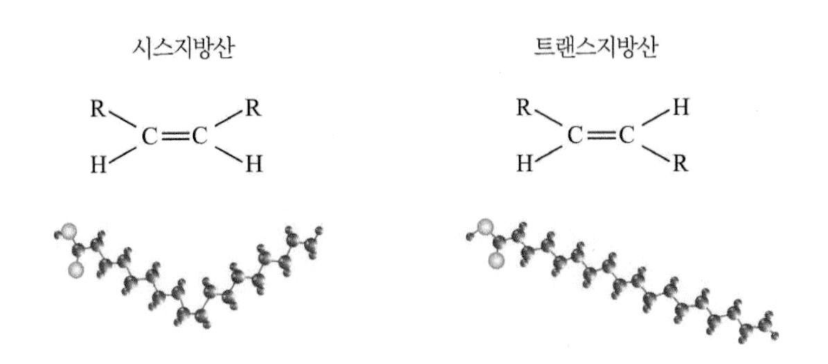

【그림 3-5】 시스지방산과 트랜스지방산

① 시스지방산

시스지방산은 자연에 존재하는 대부분의 지방산으로 이중결합의 위치에 있는 수소가 같은 방향에 있는 상태다. 이런 시스형은 이중결합 부위에서 꺽이는 모양을 갖게 되는데 에너지를 가하거나 화학반응을 일으키게 되면 수소가 반대로 이동하는 경우가 있고, 이것을 트랜스형이라 하며 포화지방산과 모양이나 기능이 유사하게 변한다. 이처럼 식물성 지방의 경우 주로 시스형을 함유하지만 물리적 성질을 변화시키고 산패를 억제하기 위해 수소를 첨가하는 과정에서 시스형이 트랜스형으로 바뀌는 경우가 많다. 즉 마가린, 쇼트닝 등을 많이 섭취하면 트랜스지방산의 섭취량이 증가하게 된다.

② 트랜스지방산

트랜스지방산은 포화지방산과 마찬가지로 일직선 상의 구조를 가지며, 수소원자가 지방산 탄소 골격에 반대 방향으로 적어도 한 개 이상의 이중결합을 가지고 있는 트랜스형이다. 트랜스지방산은 포화지방산과 유사한 성질을 가지고 있어서 중성지방에 많이 존재하지만 혈청 콜레스테롤의 농도를 증가시키거나 아라키돈산 합성을 방해하여 필수지방산의 필요량을 증가시키기도 한다. 또한, 트랜스지방산을 과잉 섭취하면 HDL-콜레스테롤을 감소시키고 LDL-콜레스테롤을 증가시키는 것으로 알려져 있으며, 구부러지는 성질이 적으므로 상온에서 고체 형태를 가진다.

대부분의 식이 트랜스지방산은 옥수수유와 같은 액체유를 마가린과 같은 고체 지방으로 화학적으로 전환시키는 부분 경화 과정을 통하여 상업적으로 생산된 것이다. 부분 경화 과정에서는 이중결합이 없어지는 것뿐만 아니라 시스 이중결합이 트랜스 이중결합으로 전환될 수 있으므로 결과적으로 많은 양의 트랜스지방산이 함유된다. 이러한 부분 경화유는 식품의 좋은 식감을 주고 변질을 막기 때문에 식품 제조에 사용된다.

트랜스지방산의 급원으로는 크래커, 패스트리, 빵류, 쇼트닝, 마가린 등이 있는데 최근에 트랜스지방산을 감소시키거나 없애는 새로운 식품가공 방법들이 개발되고 있다.

(5) 필수지방산

필수지방산은 신체의 성장과 유지 및 여러 생리적 기능에 필수적이며 생체 내에서 합성되지 않아 음식을 통해 반드시 섭취되어야 한다. 사람에 존재하는 필수지방산은 리놀레산과 α-리놀렌산만이 알려져 있다. 리놀레산은 탄소 수가 18개이고 2개의 시스 이중결합을 가지는 ω-6지방산이고, 리놀렌산은 탄소 수가 18개이고 3개의 시스 이중결합을 가지는 ω-3지방산이다. 그 외에 사람에서 발견되는 지방산으로는 조건부 필수지방산인 γ-리놀렌산, 라우르산, 팔미톨레산이 있다. 체내에서 필수지방산은 매우 다양한 기능을 한다. ω-3지방산과 ω-6지방산은 서로 상호작용을 통해 생물대사에 관여하는데 식사를 통해 섭취된 양이 그 기능에 영향을 미친다. 필수지방산은 다른 ω-3와 ω-6지방산을 만들기 위해서 반드시 식사로 섭취해야만 한다. 그러면 탄소 수가 증가되거나 이중결합이 증가하여 탄소 수 20개에 이중결합 4개인 ω-6지방산인 아라키돈산과 ω-3지방산인 DHA 등의 다가불포화지방산(PUFA)이 만들어진다(표 3-3). 또한, 필수지방산은 지질 뗏목(lipid rafts)을 형성할 뿐만 아니라 DNA의 전사인자를 활성화시키거나 비활성화시키는 작용을 한다. 사람의 경우 필수지방산은 심장세포의 지속적인 존재 혹은 사멸에 있어서 매우 중요한 역할을 하기도 한다.

【표 3-3】 필수지방산

지방산	구조	기능	급원
리놀레산	C_{18}(2개 이중결합), ω-6	항피부병 인자, 성장인자	채소, 종실류
α-리놀렌산	C_{18}(3개 이중결합), ω-3	성장인자	콩기름
아라키돈산	C_{20}(4개 이중결합), ω-6	항피부병 인자	동물의 지방
DHA	C_{22}(6개 이중결합), ω-3	두뇌작용 활발	등푸른생선
γ-리놀렌산	C_{18}(3개 이중결합), ω-6	혈당강하, 항염증	달맞이꽃

필수지방산은 체내의 모든 생리적 시스템에서 적절한 기능을 수행하는데 체내 필요에 따라 리놀레산은 아라키돈산으로, 리놀렌산은 EPA와 DHA로 전환되기도 한다(그림 3-6). 또한, 아라키돈산과 EPA로부터 에이코사노이드가 만들어지는데 리놀레산은 ω-6 에이코사노이드로 대사되며 리놀렌산은 ω-3 에이코사노이드로 대사된다. 이 두 종류의 에이코사노이드는 모두 건강을 위해서 중요하며 신체는 요구에 따라 두 종류 사이의 균형을 변화시킨다. 에이코사노이드에는 트롬복산, 프로스타글란딘, 류코트리엔 등이 있는데 호르몬과 같은 작용을 하며 면역 능력과 심혈관계를 조절하고 다양한 기능에서 화학적 메신저로 작용한다.

필수지방산을 섭취하면 혈중 콜레스테롤 농도를 저하시키며 생체 내에서 혈소판 응집억제, 혈압조절, 위액 분비억제 및 생리활성 물질의 전구체인 프로스타글란딘(prostaglandin)을 생합성하게 한다.

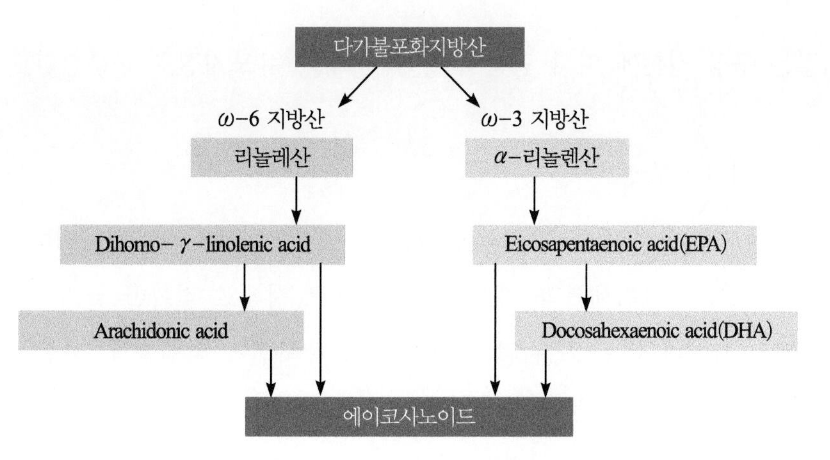

【그림 3-6】 필수지방산의 리놀렌산과 리놀레산

에이코사노이드

에이코사노이드는 중요한 생물학적 기능을 가지고 있으며 일반적으로 지방산에서 합성되고 효소에 의해 대사작용에 의해 수명이 끝나는 짧은 체내 활성 수명을 가진다. 하지만 만약 합성 속도가 대사 속도를 넘어서면 초과분의 에이코사노이드가 해로운 효과를 나타낼 수도 있다. ω-3지방산은 ω-6지방산보다 에이코사노이드로 변환되는 속도가 느리고 항염증성이 약하다. 만약 ω-3와 ω-6지방산이 모두 존재한다면, 물질 경쟁에 의해 ω-3 : ω-6지방산의 비율은 생산된 에이코사노이드의 종류에 직접적으로 영향을 끼칠 것이다.

2) 지질

지질은 구성 성분에 따라 단순지질, 복합지질, 유도지질로 구분한다.

(1) 단순지질

단순지질은 지방산과 알코올의 에스테르로서 유지와 왁스가 해당된다. 유지는 3가 알코올인 글리세롤과 지방산의 에스테르 형태로 결합한 글리세리드이다. 이것을 산이나 효소 또는 알칼리로 가수분해하면 글리세롤과 지방산이 된다(그림 3-7). 지방산 3분자가 결합되어 있는 것을 트리글리세리드라고 하고 중성지방이라고도 한다. 중성지방은 글리세롤의 수소기(H-)와 지방산의 수산기(-OH)가 결합하여 물(H_2O)이 발생되면서 탈수 및 축합에 의해 형성된다. 중성지방은 결합하고 있는 지방산의 조성에 따라 그 물리적 성질이 좌우된다. 또한, 글리세롤에 지방산 1분자가 결합되어 있으면 모노글리세리드라고 하고, 2분자가 결합되어 있으면 디글리세리드라고 한다. 우리가 섭취하는 대부분 식용유지에는 일반적으로 혼합 글리세리드 형태로 함유되어 있다. 이외에 단순지질 중에 식용으로는 영양적 가치는 없으나 신체나 식물체의 보호기능을 하는 납(wax)이 있다. 납은 스테로이드계 알코올이 고급지방산과 에스테르 결합을 한 물질이나 고급지방족 알코올을 말한다.

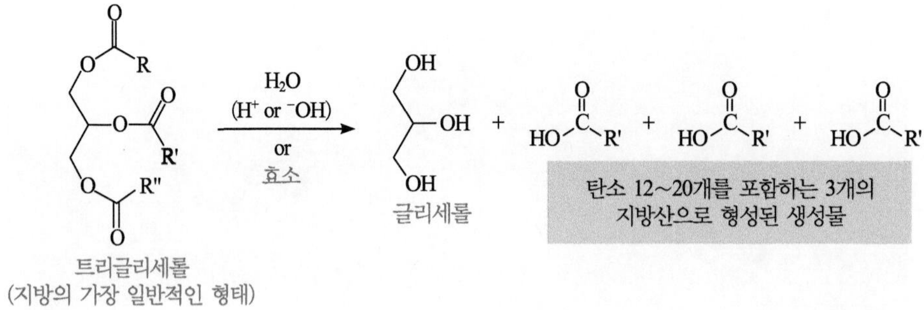

H_2O (H^+ or ^-OH) or 효소

트리글리세롤 (지방의 가장 일반적인 형태)

글리세롤

탄소 12~20개를 포함하는 3개의 지방산으로 형성된 생성물

【그림 3-7】 중성지방

(2) 복합지질

복합지질은 지방산과 알코올 이외에 다른 성분이 결합된 것으로 인지질과 당지질 등이 해당된다. 인지질은 식품과 신체에 다양하게 함유되어 있으며 특히 뇌조직에 많이 있다. 인지질의 구조는 중성지방과 매우 유사하지만 지방산 하나는 인산으로 대체되어 있으며 여기에 질소가 부착되어 있다(그림 3-8). 인지질의 구조에서 인산은 친수성을 지녀 물과 친화력이 높고, 지방산은 소수성을 지녀 지방과 친화력이 높다. 인지질은 콜레스테롤, 지방산과 함께 세포막을 구성하는 주요 성분으로 레시틴, 세팔린, 스핑고미엘린 등이 있다. 세포막은 세포의 내용물을 감싸는 이중 층으로 세포 내외로 물질 이동을 조절한다. 또한, 몸속에서 유화제로 작용하며 담즙과 레시틴이 그 대표적인 유화제이다. 유화제는 지방구가 물에 분산되어 응집하지 않도록 도움을 주어 지방 소화와 혈액으로의 이동을 돕는 데 필수적이다. 인지질은 체내에서 합성되며 난황, 밀배아, 땅콩 등의 식품으로도 공급된다. 당지질은 동물의 뇌, 신경, 비장에서 발견되는데 인지질과 비슷하나 글리세롤 대신에 스핑고신을 함유하고 있다.

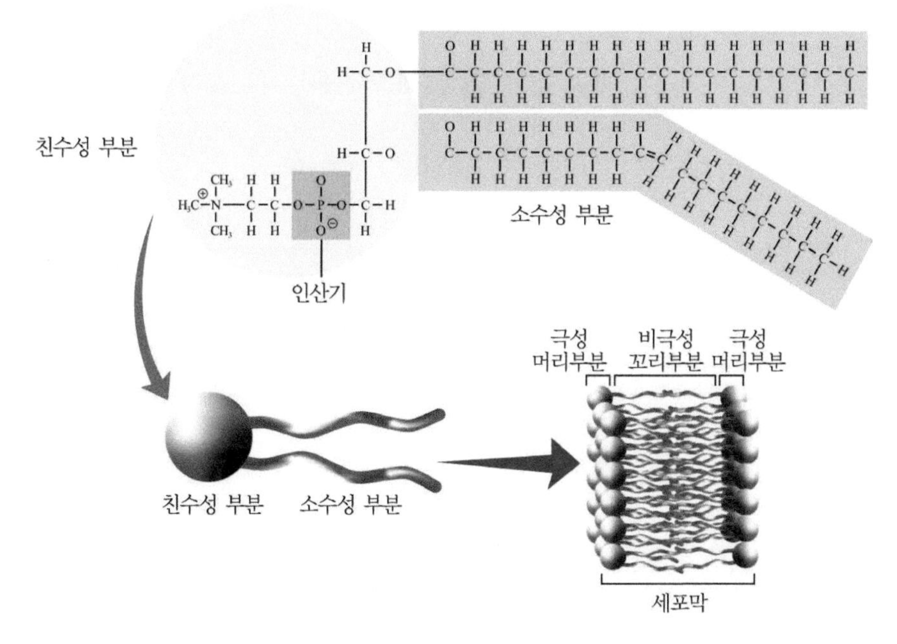

【그림 3-8】 인지질

(3) 유도지질

유도지질은 단순지질과 복합지질이 가수분해되어 생성된 것으로 지방산과 스테롤 등이 해당된다. 스테롤은 중성지방이나 인지질과는 다르게 여러 개의 고리구조로 되어 있다. 스테롤은 많은 물질을 생합성하는데 필요한 전구체로서 가장 잘 알려진 것이 콜레스테롤이다. 콜레스테롤(그림 3-9)은 스테로이드 호르몬을 합성하고 담즙을 합성하려 지방을 유화시켜 소화흡수를 돕는다. 또한, 인지질과 함께 세포막을 형성하여 지용성 물질을 세포 내외로 운반한다. 콜레스테롤은 육류, 어류, 난류 등의 동물성 식품에 존재하며 대체로 1/3을 식사에서 얻고 나머지는 체내에서 합성한다.

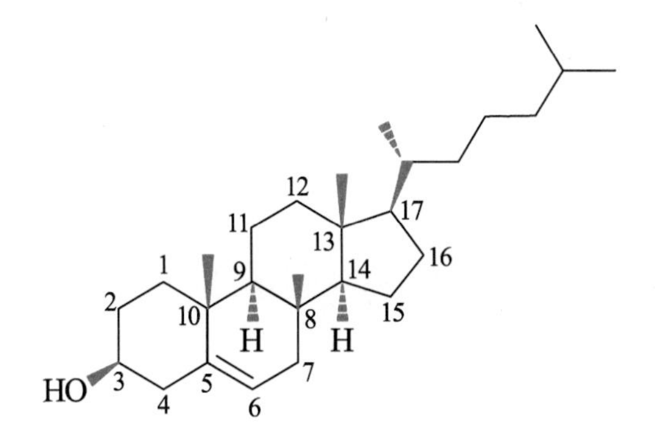

【그림 3-9】 콜레스테롤

콜레스테롤과 콜레스테롤 에스테르

- 콜레스테롤은 스테롤의 하나로서 모든 동물 세포의 세포막에서 발견되는 지질이며 혈액을 통해 운반된다. 콜레스테롤이라는 이름은 각각 담즙과 고체를 의미하는 그리스어 chol-과 stereos, 그리고 알코올을 의미하는 -ol이 합쳐져 만들어졌다. 콜레스테롤은 분자식 $C_{27}H_{46}O$로서 유기용매에는 녹지만 물, 알칼리, 산에는 녹지 않는다. 콜레스테롤은 하이드록시기와 이중결합을 1개씩 가지고 뇌나 신경조직에 많이 함유되어 있는 세포막을 구성하는 주요 성분이다.
- 콜레스테롤에스테르(cholestrol ester)는 콜레스테롤 3위치의 히드록시기에 지방산이 에스테르결합한 것이다. 혈철콜레스테롤의 약 2/3는 에스테르형으로 리놀레산

을 많이 함유하고 있다. 유리형에 비하여 친수성이 작기 때문에 리포단백질 속에서는 중심(core) 부분에 존재한다. 조직에 콜레스테롤이 침착할 때에는 에스테르형이 증가한다.

$$\underset{\text{카르복시산}}{RCOOH} + \underset{\text{알코올}}{R'OH} \longrightarrow \underset{\text{에스테르}}{RCOOR'} + \underset{\text{물}}{H_2O}$$

글리세롤 – CH – O – C(=O) – R / CH – O – C(=O) – R' / CH – O – C(=O) – R" (지방산)

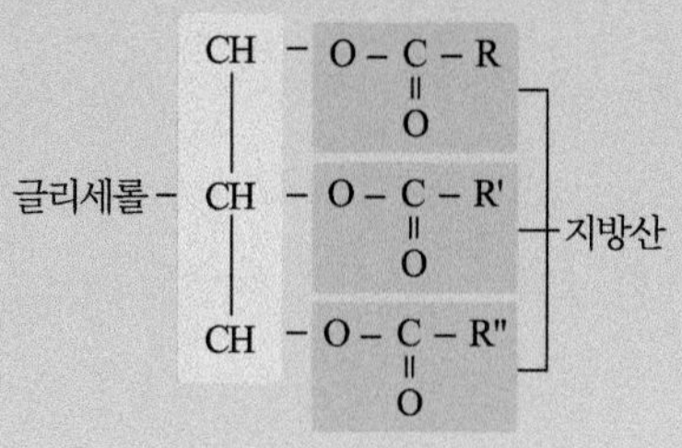

2. 지질의 기능

체내에서 지질은 많은 기능을 하는데 가장 중요한 기능은 필수지방산을 공급하는 것이다. 또한, 에너지 생산과 저장에 사용되는 지방산을 공급하고 체내 대부분의 세포는 지방산을 에너지원으로 사용하며 장기간의 에너지 요구를 위해 여분의 지방산을 저장한다. 그리고 저장된 지질은 절연체와 체내 보호 역할을 한다. 그 외에 지용성 비타민 흡수 촉진과 향미 성분의 공급 등의 기능을 담당하고 있다.

1) 농축된 에너지원

지질은 에너지를 공급하기 위해 지질 분해를 통하여 글리세롤과 지방산으로 분해된다. 지질 분해는 운동이나 스트레스에 의해 촉진되며 인슐린 분비가 낮을 때도 활성화된다. 지방산은 에너지를 공급하는 다른 영양소들과 비교하여 체내에 가장 많이 존재하며 1g의 지방산이 완전 분해되면 약 9kcal의 에너지가 생산되어 탄수화물과 단백질의 2배 이상의 에너지를 낸다. 이는 지질이 당질과 단백질에 비하여 탄소 및 수소의 함유 비율이 높고 산소의 함량이 낮아

더 많은 산화 과정을 거쳐 에너지를 더 많이 생성하기 때문이다. 이처럼 지방산은 직접적인 에너지원으로 사용되지만 케톤과 같이 에너지를 생산하는 다른 물질로도 전환될 수 있다. 지방산으로부터의 케톤체 생산 과정은 체내에 포도당 공급이 부족할 때 일어난다. 지방산으로 만든 케톤은 기근과 같은 포도당 부족이 심각한 경우에 주요 에너지 공급원이 되며, 당 신생합성을 통해 포도당을 생산하여 체내 아미노산의 사용을 절약시켜 줄 수 있다. 한편, 에너지 생산이나 다른 기능에 사용되지 않는 지방산은 대부분 지방조직에 일부는 골격근에 중성지방의 형태로 저장된다. 지방조직은 지방세포로 구성되어 있으며 많은 양의 지질을 저장할 수 있다. 지방조직은 신체의 여러 부분에 있는데 피하지방조직과 복부의 주요 장기 부근의 내장지방조직이 있다.

2) 체온조절 및 장기보호

체내에는 체중의 10~20% 이상의 지방이 각 조직의 중성지방의 형태로 분포하고 있다. 이들 지방은 효율이 높은 에너지 저장체이며 주로 체지방조직의 구성 성분이다. 지방은 물에 비하여 열전도율이 낮은 부도체로서 열의 방출을 막는 작용을 하므로 체온유지를 하고 있다. 또한, 심장, 신장, 유방, 자궁 등의 주요기관을 둘러싸서 외부로부터 오는 충격으로부터 내장기관을 보호한다.

3) 지용성 비타민의 흡수 촉진

지용성 비타민 A, D, E, K 등은 지질에 녹은 상태로 소화흡수된다. 그 때문에 지질흡수가 지용성 비타민 흡수에 필수적이다. 그러므로 당근 및 고추 등에 함유되어 있는 카로틴(carotene)은 생식에 비해 기름과 함께 조리하면 흡수율이 현저히 높아진다.

4) 체구성 성분

지질은 체지방조직의 구성 성분일 뿐만 아니라 세포막, 프로스타글란딘, 호르몬, 신경보호막, 비타민 D 등의 구성성분이다. 콜레스테롤은 세포의 구성성분으로 뇌, 신경계통, 간장 등에 많이 있으며, 대부분 에스테르형으로 존재한다.

5) 포만감과 향미 성분 공급

유지는 음식물에 감칠맛을 돋우므로 음식물을 특유의 맛을 내게 하는 효과가 있다. 식품에 풍부하게 함유되어 있는 향미 성분은 대부분 지용성이므로 조리 시 유지를 사용하면 음식의 맛이 향상된다.

3. 지질의 소화와 흡수

1) 지질의 소화

중성지방의 소화는 입에서 시작된다. 음식을 씹으면 침샘의 구강 지방 분해효소가 생산되어 글리세롤로부터 지방산을 가수분해하기 시작하며 음식이 위로 이동한 후에도 계속적으로 지방산을 분해한다. 위에서는 가스트린이라는 호르몬의 분비가 촉진되어 혈액 내를 순환하면서 위에 있는 세포에서 생산되는 위 지방분해효소의 분비를 촉진시킨다. 이때 지방분해효소는 위액의 구성성분이며 글리세롤로부터 지방산을 분리한다.

위와 소장에서 지질의 소화는 담즙에 의한 지질의 유화로 미셀을 형성하는 첫 번째 단계와 췌장 지방분해효소에 의해 중성지방을 소화하는 두 번째 단계로 이뤄진다. 첫 번째 단계에서 소장에 지질이 있으면 상피세포에서 콜레시스토키닌(cholecystokinin, CCK)이라는 호르몬 분비가 촉진되고, 이 호르몬은 담낭을 수축시켜 담즙을 십이지장으로 분비시킨다. 이때 유화와 미셀 형성은 지방의 표면적을 넓혀서 더 많은 지방산의 에스터 결합이 소화효소와 결합할 수 있게 해준다. 두 번째 단계에서는 지질을 함유하는 미즙이 십이지장으로 들어오면 상피세포들은 세크레틴과 CCK 같은 호르몬 분비를 자극되고, 이 호르몬들은 췌장 지방분해효소의 분비를 자극한다. 췌장 지방분해효소는 글리세롤에 결합되어 있는 지방산들을 가수분해하여 중성지방을 완전히 소화한다(그림 3-10).

인지질과 콜레스테롤도 주로 소장에서 담즙에 의해 유화되어 포스포리파아제에 의해 소화된다. 포스포리파아제는 췌장에서 생산되며 췌장호르몬인 세크레틴에 반응하여 췌장액의 일부로 분비된다. 콜레스테롤 에스테르는 콜레스테롤 에스터라아제에 의해 콜레스테롤과 유리지방산으로 분해된다.

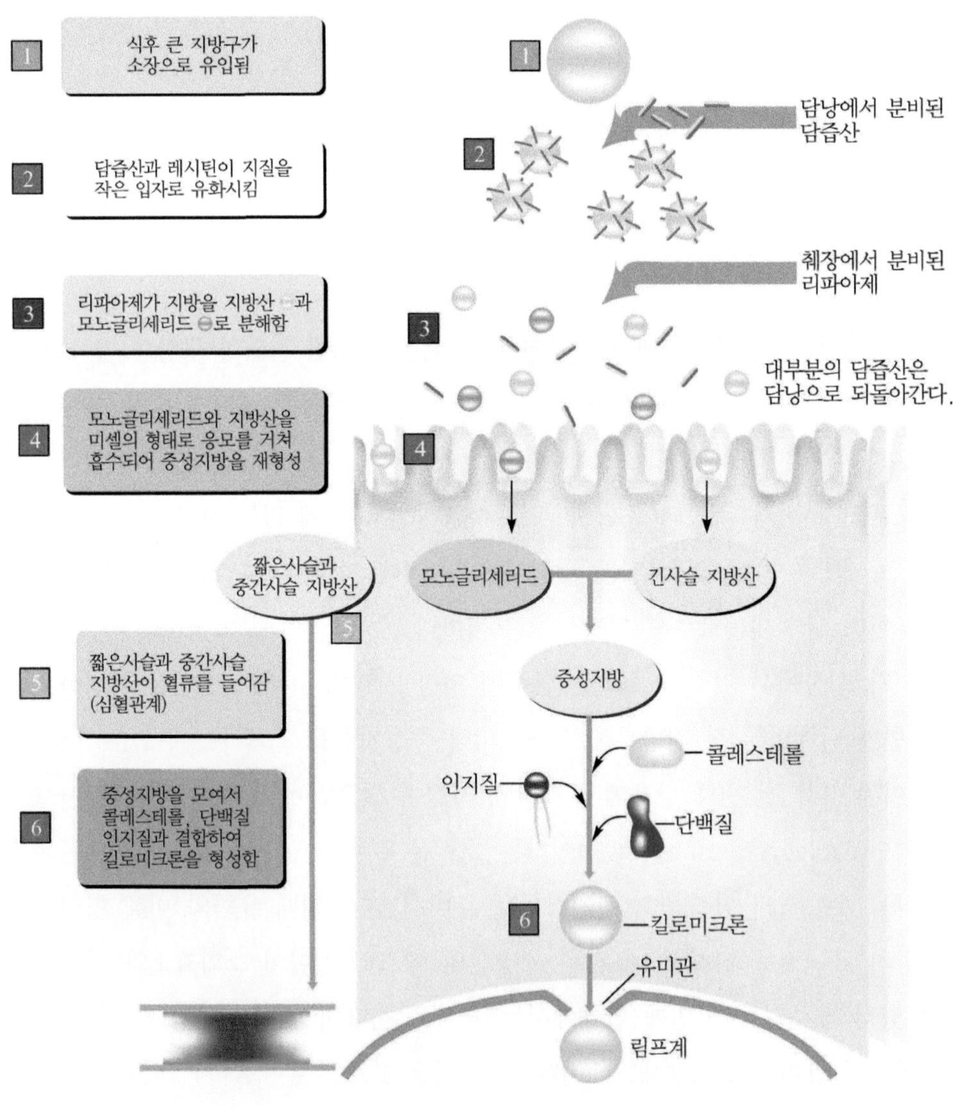

【그림 3-10】 지질의 소화와 흡수

리소인지질

리소인지질(lysophospholipid)은 글리세롤에 한 분자의 극성 머리 부분과 하나의 지방산이 결합되어 있는 지질로 인지질 소화의 최종산물이다. 인지질은 췌장효소인 포스포리파아제 A2(phospholipase A2)에 의해 한 개의 지방산과 리소인지질로 소화된다. 유리 콜레스테롤은 소화 과정이 필요 없으며, 콜레스테롤에스테르는 췌장효소인 담즙산염 의존적 콜레스테롤에스테르 가수분해효소에 의해 지방산과 콜레스테롤로 분해한다.

인지질

H_2O

리소인지질

지방산

2) 지질의 흡수

지질의 흡수는 지질의 친수성 정도에 따라 두 가지 방법으로 일어난다. 상대적으로 친수성인 짧은 사슬 지방산과 중간 사슬 지방산은 다른 도움 없이 상피세포로 흡수된다. 그러나 소수성인 긴 사슬 지방산, 모노글리세리드, 리소인지질, 콜레스테롤은 소장에서 미셀이라는 2차적인 형태로 진행하며 이때 담즙의 도움이 필요하다. 리소인지질은 글리세롤 분자에 하나의 지방산과 극성 머리 부분이 결합되어 있는 물질로 인지질 분해 후에 남은 생성물이다. 먼저 다

$$지방 \xrightarrow[\text{(bile + agitation)}]{\text{담즙 + 활성화}} 유화된\ 지방$$

$$유화된\ 지방 \xrightarrow[\text{Pancreatic lipase (steapsin)}]{} 지방산 + 모노글리세라이드$$

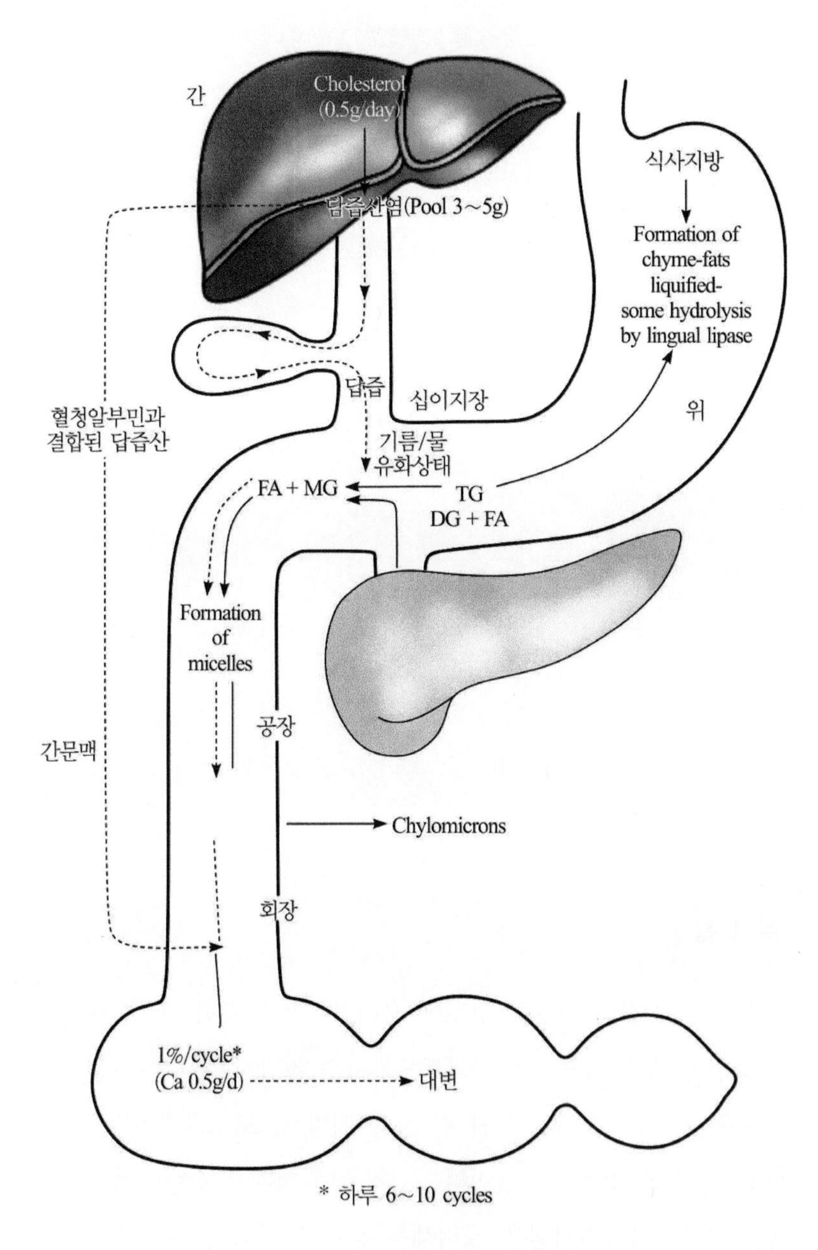

* 하루 6~10 cycles

【그림 3-11】 담즙산의 장간순환

소 친수성인 짧은 사슬 지방산과 중간 사슬 지방산은 소장에서 혈액으로 순환되어 이동될 수 있다. 이때 단백질인 알부민과 결합하며 지방산-알부민 복합체는 소장에서 간으로 가는 혈액으로 이동하여 간에서 지방산들은 대사되거나 체내 다른 세포로 이동하기 위한 형태로 만들어진다(그림 3-11). 한편, 긴 사슬 지방산과 모노글리세리드와 리소인지질은 상피세포에서 먼저 중성지방과 인지질로 재합성된다. 재합성된 후에 콜레스테롤, 콜레스테롤 에스테르와 결합하여 킬로미크론이라는 입자를 형성하여 혈액으로 유입되고 킬로미크론에 함유된 지질은 세포로 이동된다.

4. 지질의 운반과 대사

1) 지단백질의 구조와 종류

지질은 단백질보다 밀도가 낮기 때문에 지단백질의 밀도는 지질과 단백질의 상대적인 양 또는 백분율과 관련이 있다. 즉 단백질에 대한 지질의 비율이 지단백질의 밀도와 이름을 결정하는데 킬로미크론, VLDL, LDL, 그리고 HDL로 분류한다(그림 3-12). 이들의 기본적인 기능은 혈액을 자유롭게 이동하면서 체내의 친수성 환경에서 지질을 운반하는 것이다. 지단백질은 중성지방, 인지질, 콜레스테롤 에스터, 유리 콜레스테롤, 단백질을 포함하고 있는 복합적인 구형의 구조로서 친수성 성분이 외부에 소수성 성분이 안쪽에 위치하고 있다.

(1) 킬로미크론

킬로미크론(chylomicron, CM)은 지단백질 중에서 가장 크기가 크지만 밀도는 가장 낮은 지단백질로서 지방조직이나 근육 등에서 합성되는 지단백질 지방분해효소에 의해 체내에 지방산을 공급한다. 지단백질 지방분해효소는 조직에서 생산된 후 근처 모세혈관의 내강 쪽에 위치하고 혈액에서 지나가는 킬로미크론과 결합하여 가수분해작용을 한다. 이때 중성지방으로부터 지방산을 분해시키고 분해된 지방산들은 주위의 세포로 흡수된다. 그리고 킬로미크론은 세포에 지방산을 전달한 후 밀도가 높아져 간으로 이동된 후에 다시 사용된다.

(2) 초저밀도 지단백질

초저밀도 지단백질(very low density lipoprotein, VLDL)은 간에서 혈액으로 지질을 운반하는 새로운 지단백질로 합성되는데 킬로미크론과 형태가 매우 유사하다. 그 형태는 내부에 중성지방과 콜레스테롤이 위치하며 외부에는 인지질, 유리 콜레스테롤, 특수 단백질들이 둘러싸고 있다. 그러나 VLDL은 킬로미크론에 비해 지질의 비율이 낮아서 밀도가 더 높다. VLDL의 주요 기능은 식이에서 공급된 지방산뿐만 아니라 간이나 지방조직에서 공급된 지방산을 지단백질 지방분해효소 작용을 통하여 세포에 운반한다.

(3) 저밀도 지단백질

저밀도 지단백질(low density lipoprotein, LDL)은 콜레스테롤을 많이 함유하는 저밀도 지단백질인데, VLDL에서 지방산이 분비되면 좀 더 밀도가 높은 중밀도 지단백질(Intermediated-Density Lipoproteins, IDL)이 되어 간으로 흡수되고 나머지는 순환되면서 지방산을 더 분비하여 콜레스테롤 함량이 높은 LDL로 변한다. LDL은 간, 지방조직, 근육 등의 세포막에 있는 LDL 수용체라는 단백질과 결합하여 LDL을 세포 안으로 운반, 분해시킨다. 이때 체내에서 필요한 콜레스테롤이 조직으로 이동하게 된다. LDL은 심장 근처의 주요 혈관에 있는 면역세포에 의해 흡수되고 분해된다. 면역세포로 흡수된 LDL의 구성 성분들은 에이코사노이드나 면역 인자와 같은 중요한 물질들을 합성한다. 그러나 과잉의 LDL이 흡수되면 지방 플라그(fatty plaque)라고 불리는 끈적끈적한 지방 덩어리가 만들어지게 되고 이로 인해 혈관 내부가 좁아지면서 혈류의 속도가 느려지거나 또는 혈관이 막히게 된다. 여러 역학조사 결과에 따르면 혈액 내의 LDL 콜레스테롤 함량이 높으면 심혈관질환의 위험이 증가한다고 보고하고 있다. 따라서 LDL 콜레스테롤을 '나쁜 콜레스테롤(bad cholesterol)'이라고 한다.

(4) 고밀도 지단백질

고밀도 지단백질(high density lipoprotein, HDL)은 간에서 합성되며 다른 단백질과 비교하여 단백질에 대한 지질의 비율이 가장 낮아서 밀도가 가장 높다. HDL은 세포로부터 과잉의 콜레스테롤을 회수하여 간으로 운반하는 작용을 한다. 간 이외의 조직에서 간으로 콜레스테롤을 운반하는 과정을 콜레스테롤 역운반이라고 하며, 이것은 HDL의 주요 기능이다. 따라서 혈액 내의 HDL 콜레스테롤 농도가 높으면 심혈관질환의 위험이 낮은 것과 관련하여 HDL 콜레스테롤을 '좋은 콜레스테롤(good cholesterol)'이라고 한다. 그러나 HDL에는 여러 형태가 있어 모든 형태가 과잉의 콜레스테롤을 제거하는 데 효과적이지는 않다. 여러 종류의 HDL은 각기 다른 단백질들을 포함하고 있어서 서로 다른 기능을 하는데 HDL 지방구의 외곽에 어떤 단백질이 결합되어 있는지에 따라 심혈관계질환 발병에 다른 영향을 미치는 것으로 알려져 있다. 즉, HDL의 다양한 단백질과 종류에 대한 연구를 통하여 심혈관질환의 위험을 낮추는 방법에 대해서 더 많이 이해할 수 있을 것이다.

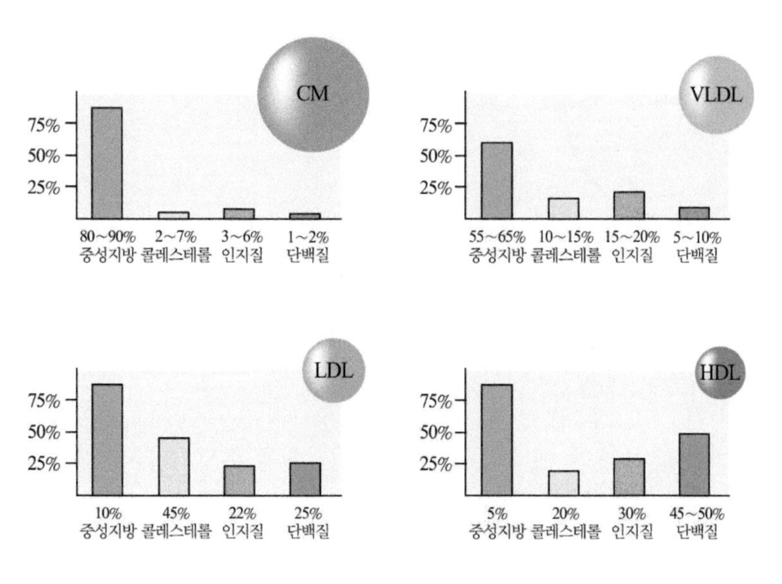

【그림 3-12】 지단백질의 종류 및 구성

2) 중성지방의 대사

중성지방은 지방산과 글리세롤로 분해된 후 에너지를 생산한다. 지방산은 1단계 β-산화(β-oxidation), 2단계 TCA 회로, 3단계 전자전달계에 의해 ATP를 생산한다. 체내 사용 가능한 ATP가 많은 경우는 지방산이 합성되고 중성지방으로 전환되어 체내에 제한 없이 저장된다(그림 3-13).

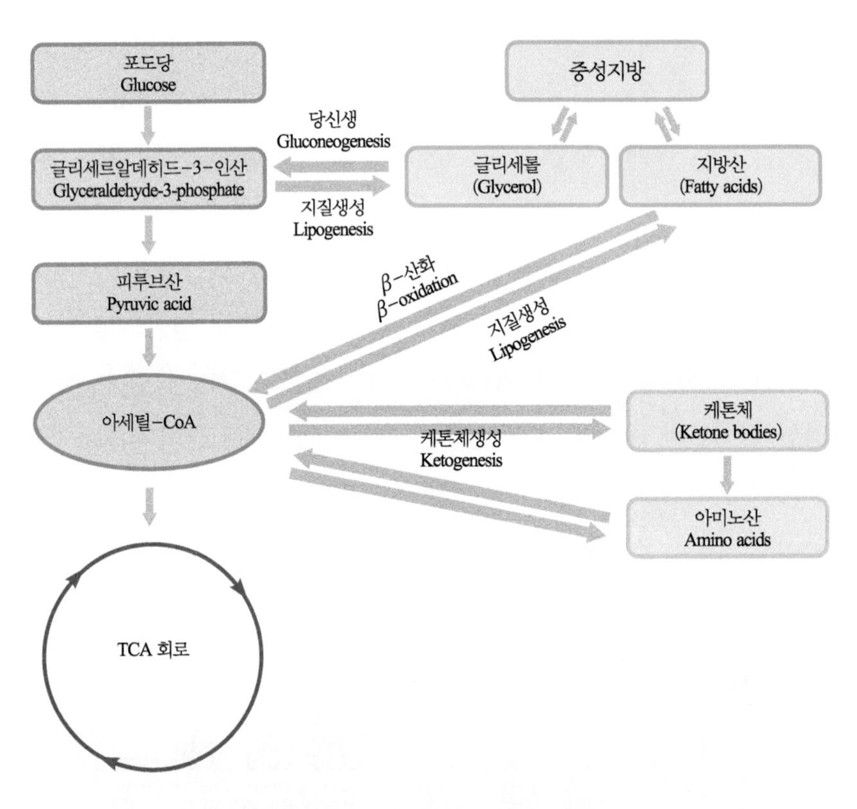

【그림 3-13】 중성지방의 대사

(1) 지질의 분해

지질의 분해는 신체의 에너지 공급이 적을 때에 중성지방이 글리세롤과 지방산으로 분해되는데, 그 첫 번째 단계는 리파아제에 의해 촉매된다. 리파아제는 포도당이 낮을 때에 분비가 증가되는 글루카곤에 의해 활성화되며 인슐린 분비가 적을 때나 운동할 때와 스트레스를 받을 때 자극받는다. 지방 분해 시 생성되는 글리세롤은 피루브산이나 포도당으로 전환되어 에너지로 사용된다. 중성지방에서 분해된 지방산은 혈액을 타고 세포로 가서 분해가 더 진행된다(그림 3-14).

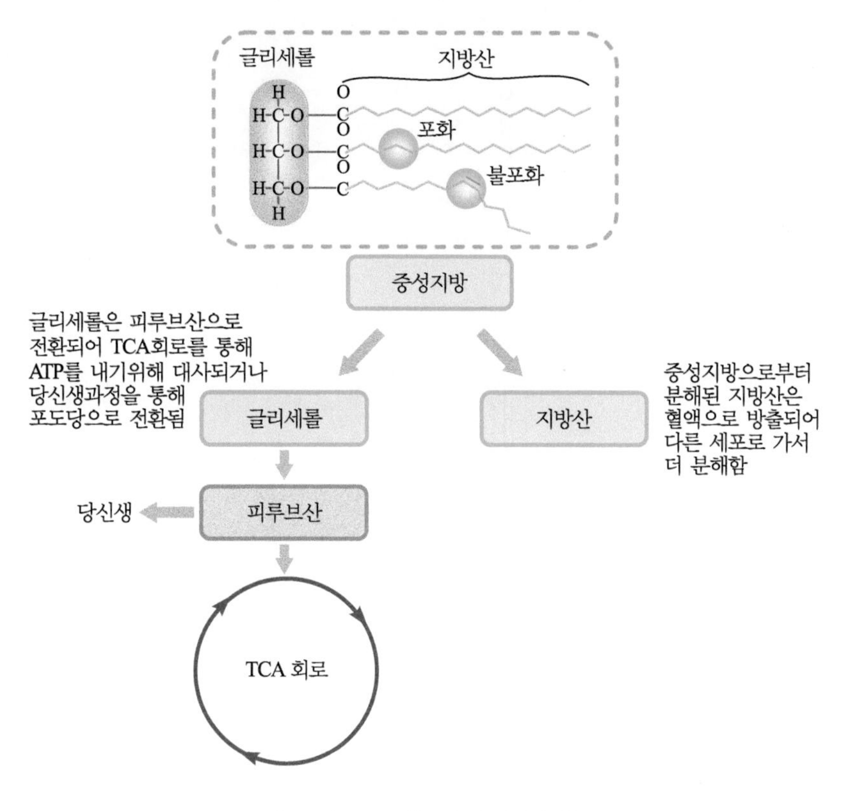

【그림 3-14】 **지질의 분해**

두 번째 단계는 β-산화과정을 통해 일어난다. β-산화는 미토콘드리아에서 지방산이 탄소 2개짜리 소단위로 분해되는 과정을 거친다. β-산화가 일어나려면 세포질에서 지방산의 카르복실 말단에 코엔자임-A가 붙어서 활성화되어야 하고, 활성화된 지방산은 카르니틴에 의해 미토콘드리아 외막을 건너서 이동된다. β-산화는 뇌와 적혈구 세포를 제외한 대사 과정에서 필요한 모든 세포에서 일어난다. β-산화는 일련의 효소들이 조직적으로 지방산의 카르복실 말단에서 2개의 탄소 소단위를 떼어 내어 아세틸 CoA를 만들고 나머지 짧아진 지방산이 2개의 탄소 소단위로 모두 분해될 때까지 계속 반복된다. 각 분해 과정에서 전자(e^-)와 수소 이온(H^+)이 방출되어 $NADH_2$ 1개와 $FADH_2$ 1개를 형성한다(그림 3-15). 탄소 18개의 지방산 1개가 β-산화를 거치면 8번 분해되고 그 결과로 아세틸-CoA 9개와 $NADH_2$ 8개가 생성된다. β-산화 결과로 생긴 환원형 보조효소는 ATP를 생산하는데 사용된다(그림 3-16).

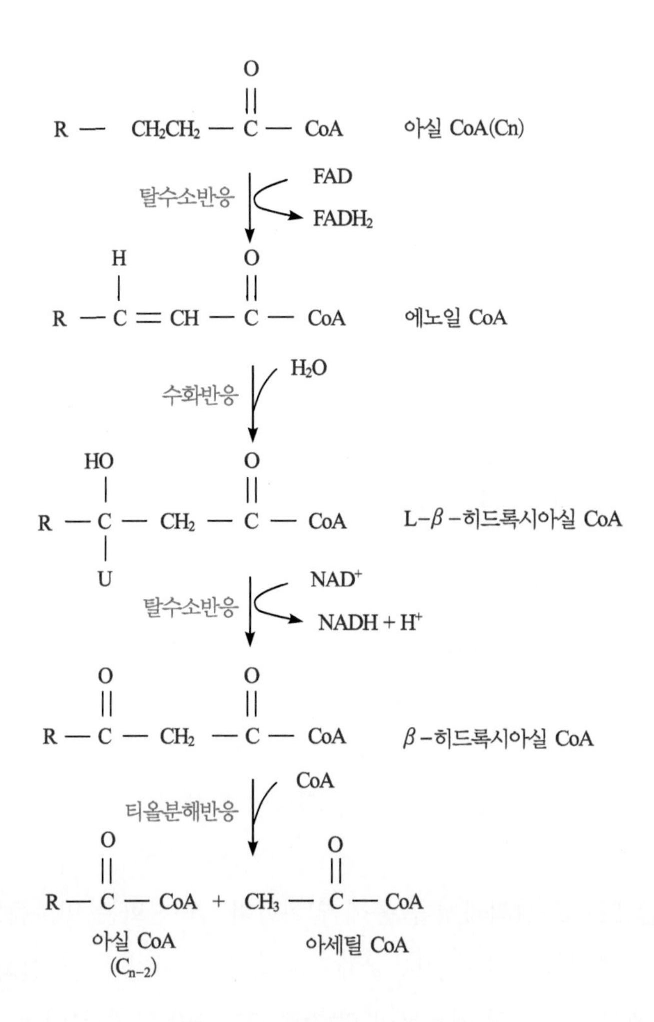

【그림 3-15】 지방산의 β-산화

세 번째 단계는 β-산화 결과로 생긴 아세틸-CoA가 TCA 회로에 들어가는 것이며 탄소 18개의 지방산은 아세틸-CoA 9개로 분해되고, 아세틸-CoA 1개는 $NADH_2$ 3개, $FADH_2$ 1개, ATP 1개를 생성한다.

그리고 네 번째 단계는 β-산화를 통해 생성된 환원형 보조효소가 전자전달 사슬로 들어가서 ATP를 다량 생산하는 단계이다. 탄소 18개의 지방산 1분자는 포도당 1분자보다 훨씬 많은 ATP를 생성한다. 지방산 산화에서 생기는 ATP 수는 $NADH_2$ 1개당 2.5ATP, $FADH_2$ 1개당 1.5ATP로 계산한다.

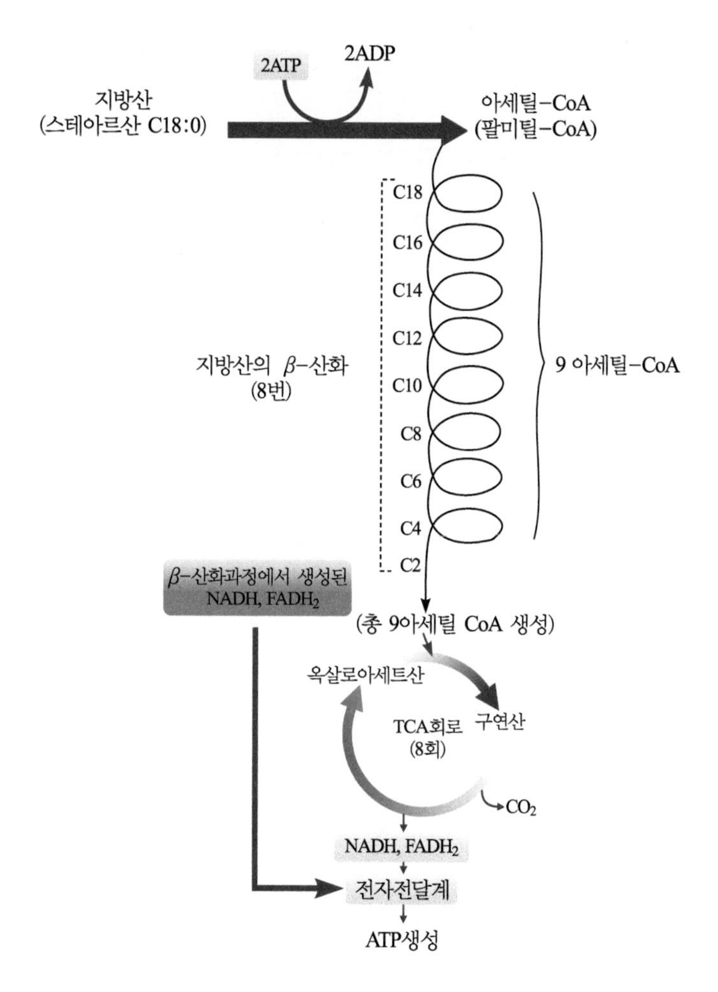

【그림 3-16】 스테아르산의 β-산화와 에너지 생성

카르니틴

카르니틴(Carnitine)은 간에서 아미노산인 리신과 메티오닌으로부터 합성되는 화합물로서 동물성 식품을 통해 카르니틴을 섭취하거나 체내에서 생합성 과정을 통해 필요량을 얻는다. 지방산이 대사되어 에너지를 생성하기 위해서는 세포질에 있는 지방산을 미토콘드리아로 운반해야 한다. 카르니틴은 지방산의 운반을 도와주며, 미토콘드리아의 대사산물인 유기산이 과량 생산되었을 때 이를 제거해주는 과정에도 참여한다.

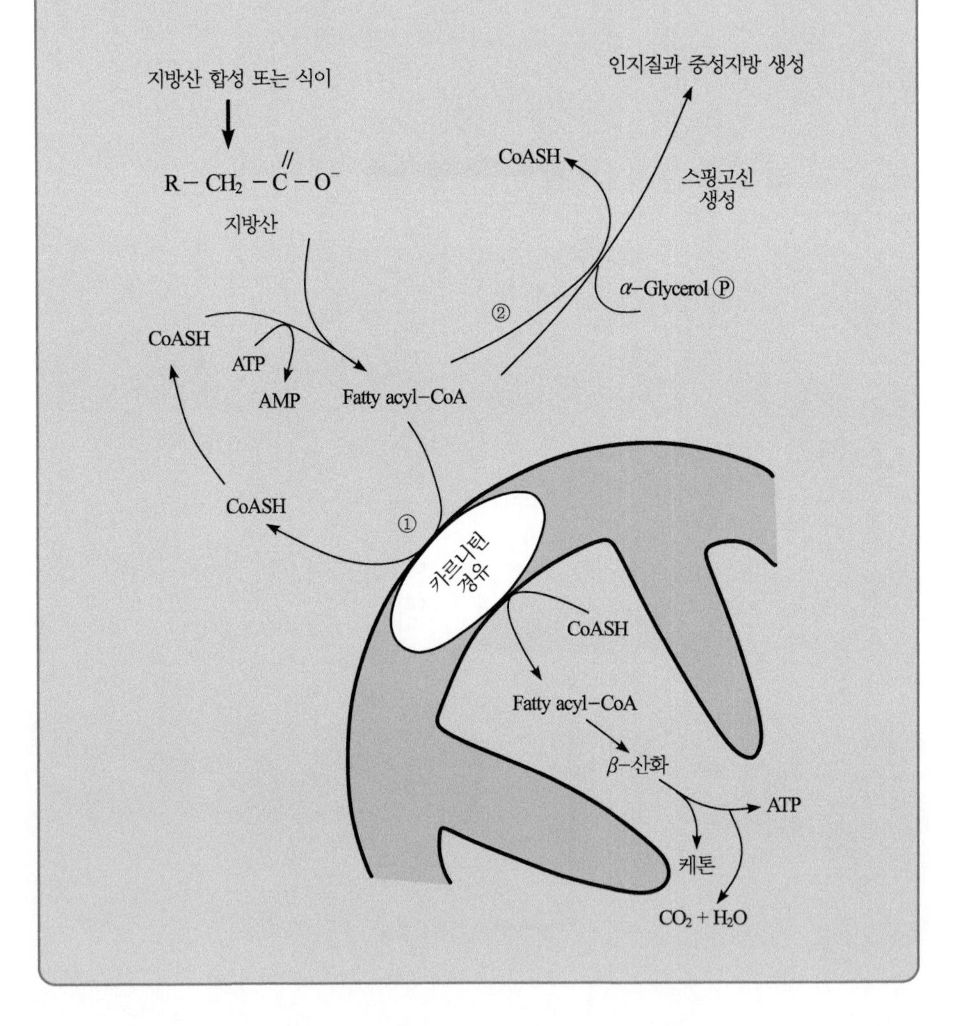

(2) 지질의 합성

지질의 합성은 여분의 포도당이 지방산을 거친 후에 중성지방으로 바뀌어서 지방조직에 저장되는 과정이다. 포도당이 글리코겐으로 전환되는 과정은 가역적이지만 포도당이 지방산으로 전환되는 것은 비가역적이기 때문에 포도당이 한 번 지방산으로 전환되면 그 지방산은 다시 포도당으로 전환될 수 없다. 지질의 합성은 주로 간과 지방조직에서 일어나는데 먼저 포도당이 해당작용을 거쳐서 피루브산 2분자로 분해되며, 피루브산은 아세틸-CoA 2분자로 전환된다. 다음에 아세틸-CoA 분자들이 모여서 지방산을 만들고 지방산 3개가 글리세롤 한 분자와 결합하여 중성지방을 만든다. 지방산 합성은 주로 세포질에서 이루어지고 아세틸-CoA는 미토콘드리아에서 생성되므로 지방산 합성을 위해 아세틸-CoA가 미토콘드리아에서 세포질로 이동되어야 한다. 아세틸-CoA는 비오틴을 조효소로 하는 아세틸-CoA 카르복실화효소에 의해 말로닐-CoA를 형성한다. 말로닐-CoA는 아세틸-CoA와 NADPH를 이용해 긴 사슬 포화지방산을 합성한다(그림 3-17)

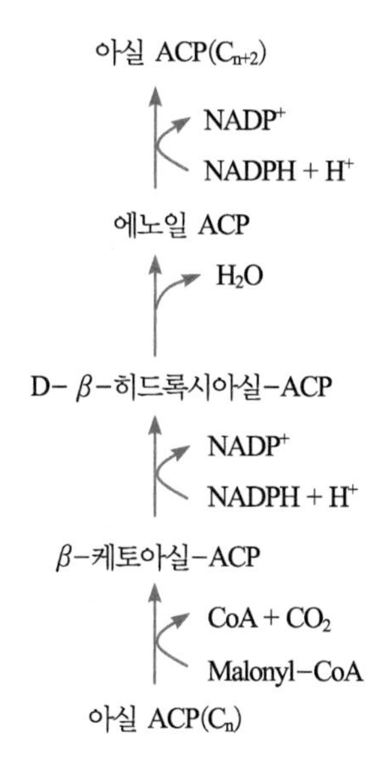

【그림 3-17】 지방산의 합성

포도당으로부터 지질이 합성되는 과정에는 포도당이 가지고 있는 에너지의 20~25% 정도가 소요되지만, 지방산이 중성지방으로 전환될 때 필요한 에너지는 지방산이 가지고 있는 에너지의 약 5% 정도이다. 따라서 탄수화물 식품보다 지질 식품에서 얻은 여분의 칼로리가 더 효율적으로 지방조직에 저장되는 것이다. 그리고 단백질 합성에 사용되지 않는 아미노산도 간에서 지방산으로 전환되어 중성지방을 형성한다.

3) 콜레스테롤의 대사

음식으로부터 흡수된 콜레스테롤 양에 따라 간에서의 콜레스테롤 합성이 조절된다(그림 3-18). 3개의 아세틸 Co-A로부터 생성된 HMG-CoA(β-hydroxy-β-methyl glutany CoA reductase)를 메발론산으로 전환시키는 HMG CoA 환원효소는 콜레스테롤 합성의 속도 조절 단계의 효소이다. 식이성 콜레스

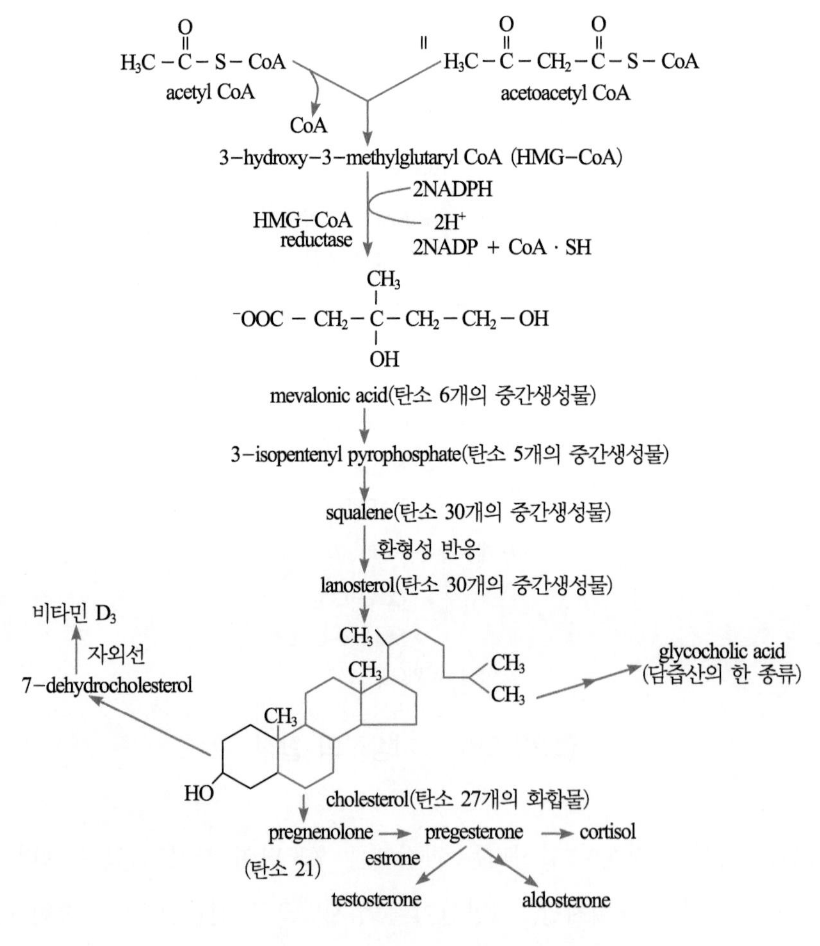

【그림 3-18】 콜레스테롤 합성 과정

테롤의 양을 증가시키면 음성되먹이 저해 기전(feedback inhibition)에 의해 HMG CoA 환원효소의 활성이 감소하며, 콜레스테롤 합성이 감소되고, 간세포 내로 유입되는 콜레스테롤양을 감소시킨다. 콜레스테롤 합성은 간과 소장에서 주로 이뤄지며 음성되먹이 저해 기전에 의한 조절로 인해 혈중 VLDL과 LDL 콜레스테롤의 농도 변동이 줄어 일정한 농도로 공급받을 수 있게 된다. 즉 LDL로부터 유입되는 콜레스테롤양에 따라 콜레스테롤의 합성이 조절된다. 또한, 콜레스테롤의 합성은 호르몬의 영향을 받는데 인슐린이나 갑상선호르몬은 합성을 증진시키고 글루카곤이나 글루코코르티코이드는 합성을 저지시킨다.

4) 케톤체 생성

케톤체 생성은 기아 시나 탄수화물을 매우 적게 섭취하여 오랫동안 사용할 수 있는 포도당량이 적을 때에 신체는 이 과정을 통해 에너지의 중요한 급원을 마련한다. 케톤은 아미노산과 지방산으로 합성한다. 아미노산의 아미노기 전이 반응 결과로 생긴 탄소 골격(α-케토산)은 아세틸-CoA로 전환될 수 있으며, 이런 아미노산을 케톤생성 아미노산이라고 한다. 당 신생합성이 너무 높으면 세포 안에서 옥살아세트산의 양이 제한되므로 β-산화로 생성된 아세틸 CoA가 TCA 회로로 들어가지 못하게 된다. 그 대신에 서로 결합하여 케톤체(ketone body)를 형성한다. 케톤체는 아세토아세트산(acetoacetate), β-히드록시부티르산(β-hydroxybutyric acid), 아세톤(acetone)이 해당된다(그림 3-19). 아세틸-CoA로부터 케톤을 생성하는 작용은 주로 간에서 일어나며 글루카곤에 의해 촉진된다. 당 신생과 케톤체 생성은 보통 동시에 일어난다. 지방산과 케톤원성 아미노산으로부터 생성되는 케톤은 기아나 당뇨 등으로 포도당이 불충분할 때에 주요 에너지 급원이 되기 때문에 아미노산의 사용을 절약해 줄 수 있다. 이처럼 신체가 케톤을 사용하는 것은 생존과 관련하여 중요하지만 케톤체가 많아지면 케톤증(ketosis)이 나타난다. 케톤증은 기아, 심한 저탄수화물 식사, 운동 과다, 심한 당뇨 등에 나타난다. 심각한 케톤증인 케토산증(ketoacidosis)은 혈액 산도 저하, 메스꺼움, 혼수, 심하면 사망에 이른다.

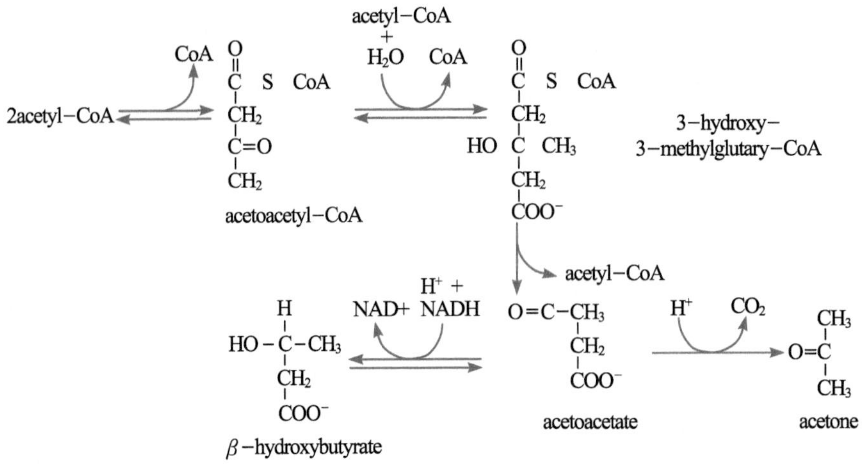

【그림 3-19】 케톤체의 생성

5. 지질의 대사 이상

지질은 신체 조직세포의 중요 구성 요소인 동시에 그 대사 이상은 많은 질환의 병기전에 관련되고 있다. 만성적인 대사장애로 인한 대사증후군이나 혈중에 총콜레스테롤, LDL 콜레스테롤과 중성지방이 증가된 이상지질혈증, 그리고 지질의 선천성 대사 이상증의 주요 위험 인자는 지질대사장애에서 비롯된다. 특히 지질대사 이상에 의한 가장 발생 빈도가 높은 동맥경화증은 협심증, 심근경색증, 뇌졸중 및 말초혈관질환 등을 초래한다.

1) 대사증후군

(1) 정의

대사증후군이란 만성적인 대사장애로 인하여 내당능장애, 고혈압, 고지혈증, 비만, 심혈관계 죽상동맥 경화증 등의 여러 가지 질환이 한 개인에게서 한꺼번에 나타나는 것을 말한다. 대사증후군(metabolic syndrome)의 발병 원인은 잘 알려져 있지 않지만, 일반적으로 인슐린 저항성이 근본적인 원인으로 작용한다고 추정하고 있다. 인슐린 저항성이란 혈당을 낮추는 인슐린에 대한 몸의 반응이 감소하여 근육 및 지방세포가 포도당을 잘 섭취하지 못하게 되고 이를 극복하고자 더욱 많은 인슐린이 분비되어 여러 가지 문제를 일으키는 것을 말한다. 인슐린 저항성은 환경 및 유전적인 요인이 모두 관여하여 발생하는데, 인슐린 저항성을 일으키는 환경적 요인으로는 비만이나 운동 부족과 같이 생활습관에 관련된 것이 잘 알려져 있고 유전적인 요인은 아직 밝혀지지 않았다.

(2) 증상

대사증후군은 각 구성 요소에 따른 증상이 나타날 수 있으며 대개는 무증상이다. 즉 고혈당이 심할 경우 당뇨병의 증상이 나타날 수 있고 대사증후군과 동반된 죽상경화증의 증상이 나타날 수 있다.

(3) 진단 기준

【표 3-6】 보건복지부의 대사증후군 판정 기준

변수	수준
허리둘레	남자 90cm 이상, 여자 80cm 이상
중성지방	150mg/dℓ 이상
HDL 콜레스테롤	남자 40mg/dℓ 미만, 여자 50mg/dℓ 미만
혈압	수축기 혈압 130mmHg 이상 또는 이완기 혈압 85mmHg 이상 또는 혈압약 복용
혈당	공복 시 혈당이 100㎎/dℓ 이상 또는 인슐린 주사나 당뇨병 약 복용

국민건강영양조사 제3기 검진조사

대사증후군은 비정상적인 혈중 지질, 복부비만, 당불내인성 등의 복합적인 특징을 보이는 증세로 Syndrome X로 불린다. 대사증후군은 다양한 정의 및 기준을 사용하며 여러 나라의 유병률 등의 비교에 어려움을 인식하고 국제당뇨재단에서 복부비만이 가장 중요한 요소로 제시하였다. 여러 진단 기준이 있지만, 일반적으로 아래의 기준(표 3-6) 중 세 가지 이상이 해당되면 대사증후군으로 정의한다. 대사증후군의 검사는 금식 후 채혈 검사가 필요하며 지질 검사 및 혈당 검사를 시행한다.

(4) 예방 및 치료

대사증후군의 치료는 단일 치료법이 없고 각 구성 요소에 대한 개별적 치료를 해야 하는데, 식사요법, 운동요법을 포함한 생활습관 개선을 통해 적정 체중을 유지하는 것이 치료에 중요하다. 식사요법은 에너지 섭취를 줄이는 것이 가장 중요하며, 평소에 섭취하던 에너지보다 500~1000kcal 정도를 덜 섭취할 것을 권장하고 있다. 운동은 체중이 줄어든 후 다시 증가하지 않도록 적어도 매일 30분 정도의 운동이 필요하다. 대사증후군의 합병증으로는 심혈관계 질환의 발병이 증가할 수 있다. 당뇨병이 없는 대사 증후군 환자의 경우 정상인에 비해 심혈관계 질환에 걸릴 확률이 평균 1.5~3배 정도 높다. 당뇨병이 생길 확률은 3~5배 가까이 증가한다. 그 외에도 지방간이나 폐쇄성 수면 무호흡증 등의 질환이 발생하기도 한다.

대사증후군의 예방은 생활습관을 개선하여 건강한 식생활을 유지하고 규칙적인 운동을 하는 것이 대사증후군의 예방에 도움이 될 수 있다.

2) 이상지질혈증

(1) 정의

이상지질혈증이란 혈중에 총콜레스테롤, LDL 콜레스테롤, 중성지방이 증가된 상태거나 HDL 콜레스테롤이 감소된 상태를 말한다. 대부분 비만, 당뇨병, 음주와 같은 원인에 의해서 이상지질혈증이 발생할 수 있으나 유전적 요인으로 혈액 내 특정 지질이 증가되어 이상지질혈증을 보이는 경우도 있다.

(2) 증상

이상지질혈증의 증상은 이상지질혈증과 더불어 고지혈증, 고콜레스테롤혈증, 고중성지방혈증 등의 용어들이 유사한 의미로 통용되고 있으나 이상지질혈증은 이 셋을 모두 포함한다. 고지혈증이란 혈중에 콜레스테롤과 중성지방을 포함한 지질이 증가된 상태를 말하는데, 비록 증상을 나타내지 않아도 동맥경화나 심근경색과 같은 관상동맥질환의 위험을 증가시킬 수가 있다. 고콜레스테롤혈증이란 혈중에 콜레스테롤이 증가된 상태로 총콜레스테롤과 LDL 콜레스테롤이 높게 나타난다. 고중성지방혈증이란 혈중에 중성지방이 증가된 상태를 말한다. 고지혈증은 혈중 콜레스테롤이나 중성지방이 정상 범위 이상으로 증가되어 관상 동맥질환의 위험률이 증가된 상태이다. LDL 콜레스테롤 증가는 관상동맥질환의 가장 중요한 원인이며 LDL 콜레스테롤을 낮추게 되면 관상동맥질환의 위험이 감소되는 것으로 알려져 있다. 특히 고중성지방혈증이 다른 위험인자들과 공존하였을 경우와 LDL 콜레스테롤이 증가하였을 때는 동맥경화증의 위험도가 높아진다. 이 기준 수치는 심장마비나 뇌졸중의 위험 요인이 없는 사람들의 목표치를 의미하는 것이며 심장질환이 있거나 위험 요인이 있는 사람들의 정상 범위는 달리질 수 있다. 이상지질혈증은 심혈관계 질환의 위험 요인 중 하나이다.

(3) 진단 기준

콜레스테롤과 중성지방의 정상 범위 및 이상지질혈증의 진단은 총콜레스테롤 200mg/dℓ 이하, LDL 콜레스테롤 130mg/dℓ 이하, HDL 콜레스테롤 60mg/dℓ 이상, 그리고 중성지방 150mg/dℓ 이하의 경우에서 적어도 2회 이상의 측정에서 이 중 하나라도 이상이 발견되면 이상지질혈증이라고 불릴 수 있다.

(4) 예방 및 치료

이상지질혈증의 예방은 적정 체중을 유지하고 규칙적인 운동을 하는 것이 중요하며, 포화지방산의 섭취를 줄이는 등의 식이 조절도 필요하다. 또한, 흡연을 하고 있다면 금연하는 것이 중요하고 비흡연자는 간접 흡연을 피하는 것이 중요하다.

운동 및 식이요법 등의 생활습관 교정과 더불어 약물 치료가 이상지질 치료의 핵심이다.

6. 지질의 영양과 건강

1) 영양섭취기준

한국인 영양섭취기준에 따르면 20세 이상의 성인을 기준으로 지질은 총 에너지 섭취의 15~25%를 섭취하고, SFA : MUFA : PUFA의 비율은 1 : 1~1.5 : 1로 권장하고 있다. 총 지질 섭취가 지나치게 많으면 포화지방 섭취가 증가하는 반면, 지질 섭취가 지나치게 적으면 비타민과 필수지방산을 섭취할 수 있는 가능성이 줄어들어 오히려 혈중 중성지방과 HDL 콜레스테롤 수준에 유해한 영향을 미친다. 전문가들은 포화지방, 트랜스지방, 그리고 콜레스테롤을 가급적 적게 섭취하면서 균형 잡힌 식사를 할 것을 권장한다.

건강한 사람의 포화지방산과 불포화지방산 섭취는 각기 총 열량의 10%를 넘지 않도록 하며 트랜스지방은 가급적 섭취하지 말도록 권유하고 있다. 또한, 콜레스테롤의 하루 섭취량은 300mg을 초과하지 않도록 주의해야 한다. 이러한 섭취 수준은 만성질환의 위험을 최소화하면서 신체 요구를 충족시키는 양이다. 성인의 경우, ω-6불포화지방산을 총 열량의 4~8%, ω-3불포화지방산은 총 열량의 0.5~1.0%를 섭취할 것을 권장하고 있으며 ω-6/ω-3지방산의 섭취 비율은 4~10/1이 적당하다고 권장하고 있다. 그 밖에 필수지방산의 섭취가 부족하면 습진성 피부염, 소화기장애, 감염에 예민해지고 상처 치유가 잘 되지 않으며, 아동들에게는 성장 지연이 나타난다.

2) 급원 식품

심장질환이나 암 같은 만성질환에는 어떤 지질을 먹느냐가 총 지질 섭취량보다 더 큰 영향을 미친다. 포화지방산과 콜레스테롤 함량이 높은 육류나 유제품으로부터 지방을 많이 섭취하는 경우나 쇼트닝이나 마가린 같은 가공 지방을 많이 먹는 식생활 습관은 질병 발생 위험도를 높인다. 반면에 필수지방산인 리놀레산과 리놀렌산은 일상생활에서 충분히 섭취할 수 있는 것으로 리놀레산은 견과류, 대두유, 옥수수유 등에 많이 함유되어 있고 리놀렌산은 카놀라(유채씨)유나 아마씨유에 풍부하다. EPA나 DHA와 같이 긴 사슬의 ω-3 지방산은 기름이 많은 생선이나 해산물에 많이 함유되어 있고 아라키돈산은 다양한 식물성과 동물성 식품에 함유되어 있다. 이처럼 불포화지방산이 풍부한 생선, 견과류, 올리브유를 주로 섭취하는 경우나 통곡, 과일, 채소 등을 선택하는 경우 좋은 지방을 섭취하는 건강한 식생활 습관이라 하겠다.

3) 결핍 시의 문제

리놀레산과 리놀렌산을 적당량 섭취하지 않으면 필수지방산 결핍증을 유발하여 피부 건조와 각질, 간기능 이상이 일어나며 상처의 치유가 느려진다. 유아의 경우는 성장이 지연되고 시각, 청각의 약화를 초래하게 된다. 그러나 필수지방산은 일반적인 식사를 통해 충분히 섭취할 수 있기 때문에 결핍증은 거의 잘 일어나지 않는다.

4) 과잉 섭취의 문제

건강한 신체 기능을 유지하기 위해서는 적정량의 필수지방산을 식품을 통해 섭취해야 한다. 그러나 고지방식이 또는 콜레스테롤, 포화지방산, 트랜스지방산과 같은 특정 고지방식이의 섭취는 비만, 암, 그리고 심혈관계 질환 등의 만성질환 위험을 증가시킨다. 특히 포화지방산이 많이 함유된 식사는 특히 결장암, 전립선암, 유방암의 위험도를 높인다. 지방 섭취가 증가하면 담즙 분비가 많아지고 이에 따라 세포는 더 자주 자극을 받게 되어 손상될 것이며 이로 인해 암세포가 될 것이다. 유방암과 전립선암의 경우 혈중 에스트로겐 수준이 높아지면 위험은 더 증가한다. 고지방식사는 혈중 지방 농도를 높이고 이에 따라 에스트로겐 농도가 증가하는 반면 저지방 식사는 에스트로겐 농도를 감소시킨다. 이처럼 건강을 위해 지방의 섭취는 필수지만 많은 양을 섭취하면 건강에 해롭다. 불포화지방산을 총 열량의 10% 이상 섭취하면 동맥에 축적되는 콜레스테롤이 증가하여 심혈관계 질환의 발병률이 높아지고 면역계의 기능을 손상시킬 수 있다. ω-3 지방산의 경우 혈전형성을 감소시키고 심장박동을 원활하게 해주며 혈중 중성지방이 높은 사람의 중성지방 농도를 낮추어 심장질환의 위험을 더욱 감소시킨다. 그러나 지나치게 섭취하면 면역계 기능을 손상시켜 출혈을 억제하지 못하여 출혈성 쇼크를 일으킬 수 있다.

[지질] 문제해결 활동

- 이름 :
- 학번 :
- 팀명 :

- 중심키워드 :
- 중심키워드 한줄지식 :

정답을 맞힌 팀 :

[지질] 문제해결 활동

맞춤 선을 그어주세요.

중심키워드 ·	· 한줄지식
·	·
·	·
·	·

정답을 맞힌 팀 :

▶▶▶ 문제해결을 위한 팀별 경쟁학습 방법

① 팀을 구성한다.(4~5명)

② 단원별 중심키워드로 팀명을 정한다.

③ 팀원이 협동학습으로 문제를 작성한다.

④ 교수자에게 확인받은 문제를 다른 팀에게 제시하고 정답 팀을 기록한다.

⑤ 질의응답 후, 교수자는 최종 피드백을 실시한다.

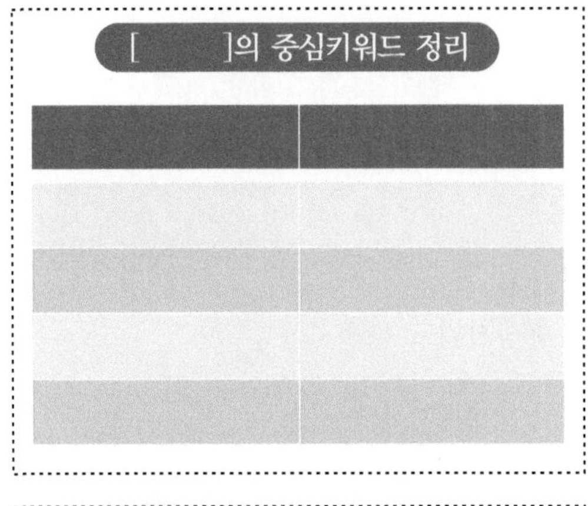

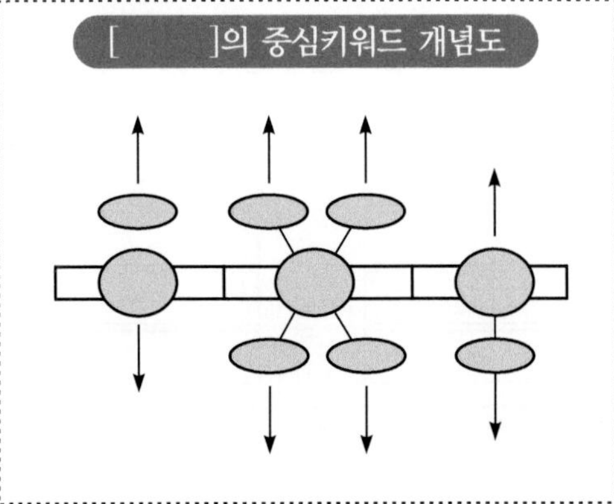

▶▶▶ **과제해결 방법**

① 학습이 완료된 단원별 내용을 중심키워드와 한줄지식 중심으로 정리한다.

② 정리한 내용을 기초로 학습자만의 자유로운 중심키워드 개념도를 작성한다.

③ 우수한 과제를 학습자 간에 공유하고 교수자는 과제에 대한 피드백을 실시한다.

단백질

1. 단백질의 분류
2. 단백질 구조와 기능
3. 단백질의 소화와 흡수
4. 단백질 대사
5. 단백질 대사 이상
6. 단백질의 평가
7. 단백질의 영양과 건강

제4장

단백질

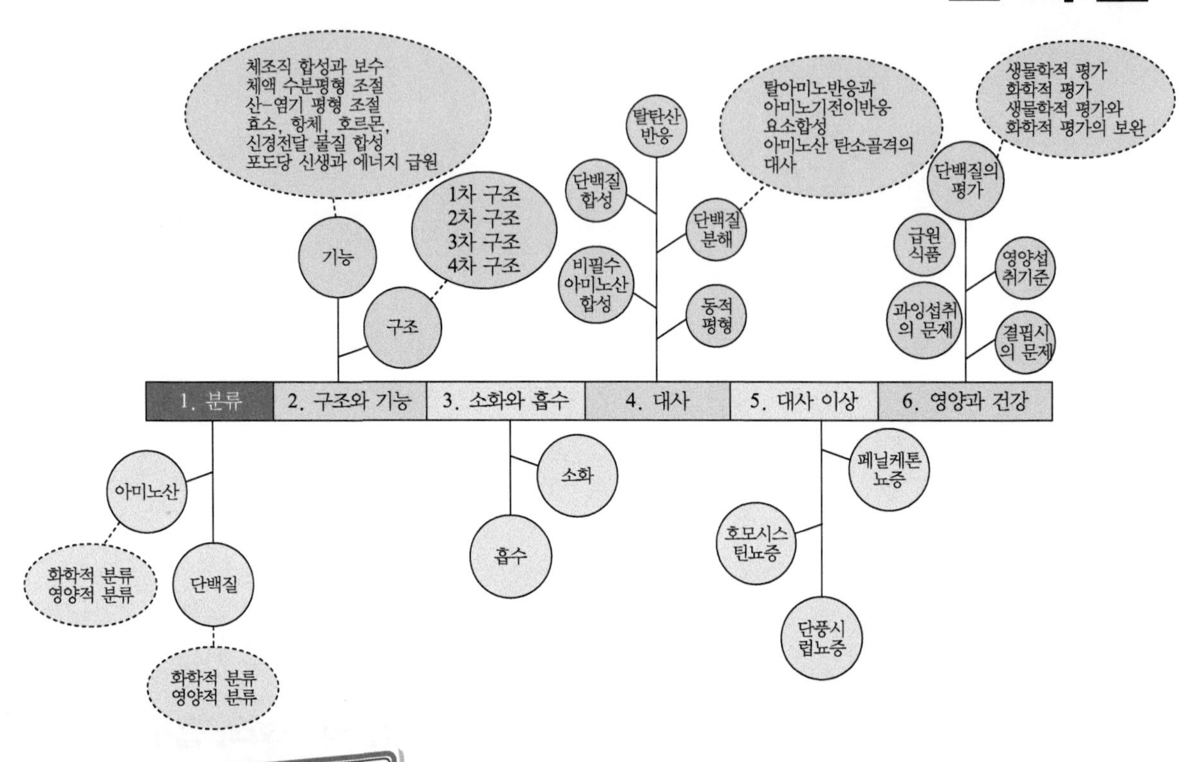

교수자용 중심키워드 박스

필수아미노산, 완전단백질, 제한아미노산, 펩신, 탈아미노반응, 아미노기전이반응, 요소, 탈탄산반응, 알파케톤산, 케톤원성아미노산, 페닐케톤뇨증, 마라스무스, 콰시오카, 질소평형, 생물가

학습자용 중심키워드 박스

중심키워드	한줄지식

제4장
단백질

단백질은 생물체의 조직을 구성하는 고분자 화합물로 2,200종 이상의 각종 화학반응의 촉매 물질로도 매우 중요하다. 그리스어 ptoteios(제1의 중요한 것)에서 유래된 프로테인(protein)이란 명칭에서 볼 수 있듯이 단백질은 인체에서 가장 중요하고 대표적인 영양소이다. 단백질(蛋白質)의 한자어는 알을 구성하는 흰 부분이라는 의미를 갖고 있으며, 난백을 의미하는 독일어 단백질 명칭인 'Eiweiβ'를 번역하면서 유래되었다. 체조직 구성, 촉매 등의 주요 기능 이외에도 단백질은 지질이나 탄수화물 부족 시 에너지 영양소로 활용되어 에너지 대사에 참여하기도 한다. 일부 단백질 구성 요소는 체내 합성이 불가능하여 식이 보충을 하지 않으면 생명유지에 어려움이 발생한다.

1. 단백질의 분류

단백질 기본 단위인 아미노산(amino acid)들은 화학적 특성에 따라 중성, 염기성, 산성 아미노산 등으로 분류되며, 체내 합성 유무에 따라서 필수, 비필수로 나뉘기도 한다. 아미노산의 결합체인 폴리펩티드(polypeptide)는 분자량이 작은 경우를 말하며 고분자량인 경우 단백질로 명명한다. 넓은 의미에서는 단백질도 폴리펩티드이다. 단백질은 화학적, 영양적, 기능적 기준에 따라 다양하게 분류될 수 있다.

1) 아미노산의 분류

우리는 식품 섭취를 통해 약 20여 종의 아미노산을 공급받고 체내 조직 구성에 사용한다. 아미노산의 기본 구조에는 산성기인 카르복시기(-COOH)와 염기성 기능단인 아미노기($-NH_2$)가 있다. α-탄소는 카르복시기가 붙어 있는 탄소로, α-탄소 왼쪽(Levo-)에 아미노기가 오면 L-아미노산, 오르쪽(Dextro-)에 아미노기가 위치하면 D-아미노산이다. 천연 아미노산의 대부분은 L-아미노산으로 일부 D-아미노산 형태가 세균의 세포벽이나 펩티드계 항생물질에 존재한다. α-탄소에는 카르복시기, 아미노기, 수소 이외에 곁가지(residue)가 달려 있으며 곁가지의 화학적 특성에 따라 다양한 화학적, 물리적 특성이 나타난다.

아미노산은 녹아 있는 용액의 산도(pH)에 따라 양이온, 음이온, 또는 중성으로 존재할 수 있다. 특정 산도에서 카르복시기의 양성자가 떨어져 아미노기에 붙으면 양이온($-NH^{3+}$) 분자가 되고, 카르복시기는 음이온($-COO^-$)이 되어 양쪽성이온(zwitterion, 쯔비터이온)을 형성한다. 이것은 전기적으로 중성이지만 양이온과 음이온을 동시에 갖는 독특한 분자 형태이다(그림 4-1).

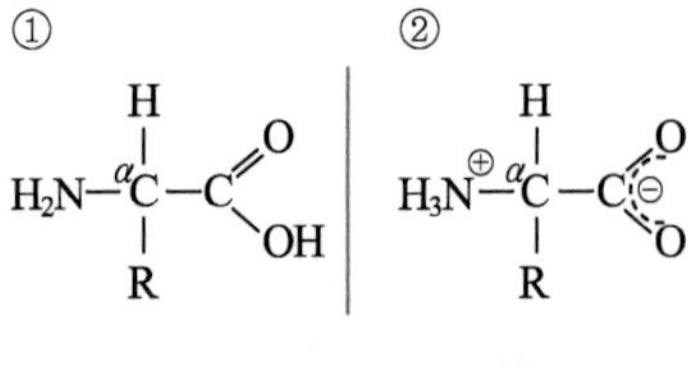

① $H_2N-C_{\alpha}(H)(R)-COOH$ ② $H_3N^{\oplus}-C_{\alpha}(H)(R)-COO^{\ominus}$

【그림 4-1】 아미노산의 기본 구조와 양쪽성이온 상태

(1) 화학적 분류

각 아미노산의 화학적, 물리적 특성 차이는 곁가지인 R-그룹에 차이에서 유래한 R-그룹의 성질에 따라 산성, 염기성, 중성(극성, 비극성)으로 분류하며 단백질과 펩티드의 구조 고찰에 중요하다. R-그룹에 추가의 산성 카르복시기가 있는 경우 산성아미노산(아스파르트산, 글루탐산), 추가의 염기성 작용기가 있는 경우 염기성 아미노산(아르기닌, 히스티딘, 리신)이다. 카르복시기

와 아미노기를 각각 하나씩 갖는 기본형태의 아미노산들은 중성아미노산이고, 부분적 하전상태가 없는 비극성과 부분적 하전상태(-OH, -SH, -NH)의 기능단이 있는 극성으로 나뉜다(그림 4-2).

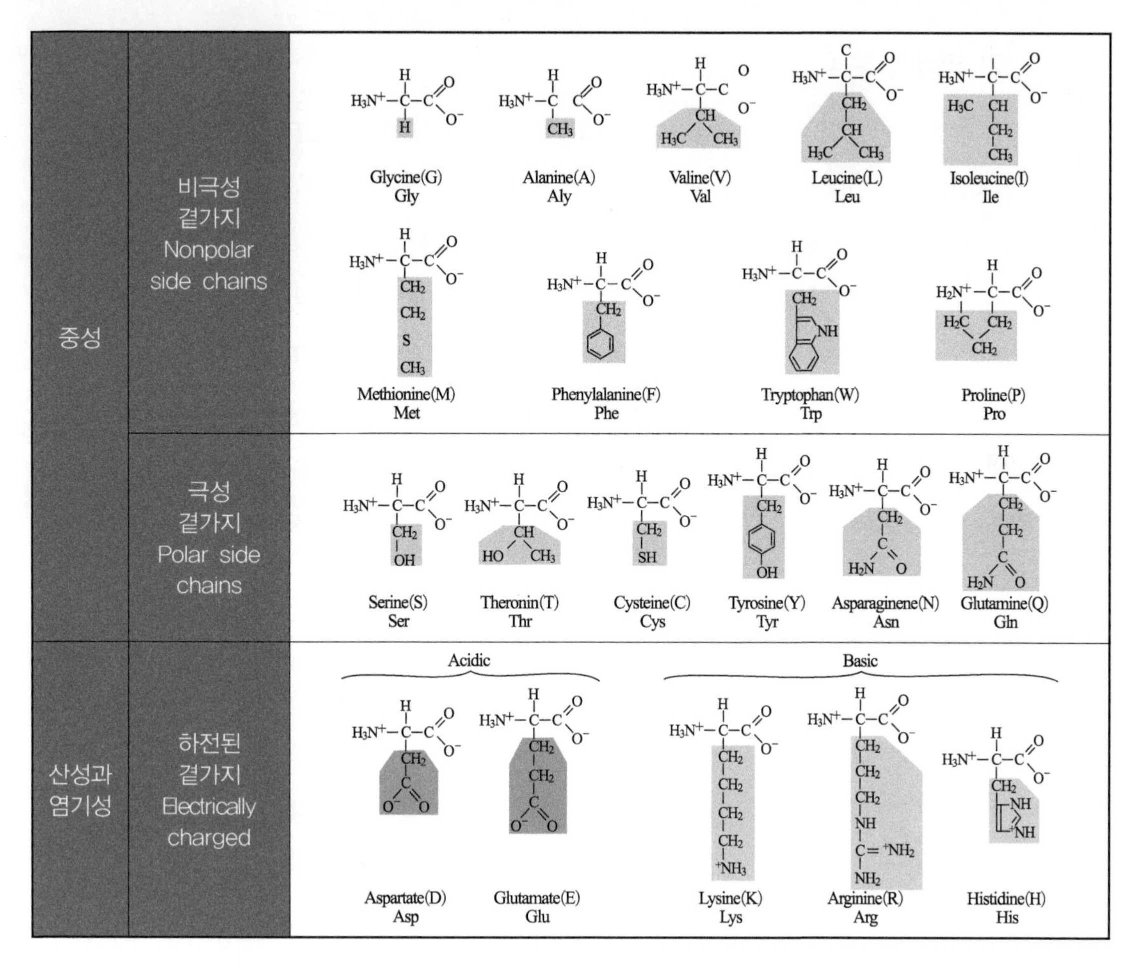

【그림 4-2】 아미노산의 분류

R-그룹에 포함된 구조적 차이에 의해 세분되기도 하는데 가장 기본적인 구조에 탄소 수만 증가하는 아미노산을 지방족 아미노산(글리신, 알라닌, 발린, 루신, 이소루신, 리신, 아르기닌)이라 한다. 구조 중에 벤젠링을 갖는 것을 방향족 아미노산(페닐알라닌, 티로신, 트립토판)이라 하고, 고리 중에 질소(N)를 포함하는 헤테로고리아미노산으로는 트립토판, 프롤린, 히드록시프롤린, 히스티딘이 있다.

분지 아미노산(branched-chain amino acid, BCAA)인 발린, 루신, 이소루신은 또는 측쇄 아미노산이라고도 하고 근육 단백질의 1/3 정도를 구성하고 있으며 근육 분해 시 가장 먼저 와해되는 아미노산이기도 하다.

(2) 영양적 분류

체내에서 합성되는지 여부에 따라 필수와 비필수아미노산으로 구분된다. 비필수아미노산이라 하여 체내에서의 중요도가 덜한 것이 아니라 필요한 만큼 인체가 합성해 사용할 수 있다는 의미이다. 인체가 합성 가능한 아미노산은 생애주기에 따라 다르게 나타나는데 성장기에는 합성 가능 아미노산의 종류가 성인과 같지 않으므로 추가로 요구되는 아미노산들이 있다. 또한, 특정 질환자의 경우 일부 아미노산을 체내에서 합성할 수 없게 되는 경우가 발생하므로 이런 경우 질환자에게는 추가적으로 공급이 필요한 아미노산이 조건부 필수아미노산으로 추가된다.

① 필수아미노산

인체가 필요로 하는 아미노산 중 9가지는 체내 합성이 되지 않거나 그 양이 불충분하여 필수아미노산(essential amino acid)으로 지정되어 있다. 체내 모든 단백질 합성은 필요한 아미노산이 갖추어진 상태에서만 가능하므로 빠짐없이 필수아미노산을 고루 섭취하는 것은 인체의 생명유지에 매우 중요하다. 영·유아와 아동기에는 아르기닌, 시스테인, 티로신의 체내 합성이 불충분하므로 성장기의 필수아미노산은 추가되어 총 12가지이다(표 4-1).

필수아미노산

필수아미노산 9가지(성인) : H I L K　F M　T V　W

필수아미노산 12가지(성장기) : H I L K　F M　T V　W　R C Y

② 조건부 필수아미노산

특정 조건에서 합성이 되지 않거나 불충분 하여 필수아미노산이 되는 경우로 성장기의 조건부 필수아미노산(conditionally essential amino acid)은 아르기닌, 시스테인, 티로신이라 할 수 있다.

특정 유전적 질환을 겪는 환자들의 경우 일부 아미노산 합성이 불가능하여 추가적인 필수 섭취가 요구되며 아르기닌, 시스테인, 글리신, 글루타민, 프롤린, 세린, 티로신이 해당된다. 일례로 아르기닌은 글루탐산으로부터 8단계의 효소 반응을 거쳐 합성되는데 이 중 한 가지 효소만 유전적으로 결핍되어도 아르기닌 합성 능력을 상실하게 되므로 이 환자들에게는 아르기닌이 조건부 필수아미노산이 된다. 페닐케톤뇨증(phenylketonuria, PKU) 환자의 경우에도 페닐알라닌으로부터 티로신 합성 단계의 효소 결핍 상태이므로 티로신의 추가적 섭취가 필요하다.

③ 비필수아미노산

비필수아미노산(non-essential amino acid)은 체내에서 대사적으로 합성할 수 있는 아미노산으로 생체 저장량이 감소하면 섭취한 필수아미노산과 포도당의 탄소 골격을 활용한 아미노기 전이 반응을 통해 체내 필요량의 충분한 합성이 가능하다.

성인에게는 시스테인, 티로신, 히스티딘, 알라닌, 아스파르트산, 글루탐산, 글루타민, 글리신, 프롤린, 세린이 비필수아미노산이다. 예를 들어 시스테인은 필수아미노산인 메티오닌으로부터, 티로신은 페닐알라닌으로부터 합성 가능하다. 그러나 비필수아미노산의 체내 저장량이 낮은 경우에는 섭취한 필수아미노산 등이 비필수아미노산의 합성에 사용되어야 하므로 가능한 필수, 비필수아미노산을 구분하지 않고 고르게 섭취하는 것이 영양학적으로 옳다.

【표 4-1】 필수아미노산과 비필수아미노산

필수아미노산	비필수아미노산
H 히스티딘	A 알라닌
I 이소루신	R 아르기닌**
L 루신	N 아스파라긴
K 리신	D 아스파르트산
F 페닐알라닌	C 시스테인**
M 메티오닌	E 글루탐산
T 트레오닌	Q 글루타민**
V 발린	G 글리신**
W 트립토판	P 프롤린**
R 아르기닌*	S 세린**
C 시스테인*	Y 티로신**
Y 티로신*	

* 성장기 필수아미노산으로 추가
** 조건부 필수아미노산

2) 단백질의 분류

단백질을 분류하는 방식은 기준에 따라 여러 가지이며 그중 화학적 조성에 따라 단순, 복합, 유도단백질로 분류하는 방식이 보편적이다. 그러나 영양학적 측면에서는 인체가 필요로 하는 필수아미노산의 함량과 종류에 따라 단백질을 분류하는 영양적 분류 방식이 매우 중요하다. 또한, 단백질은 인체에서 수행하는 기능에 따라 분류되기도 한다.

(1) 화학적 분류

단백질은 다수의 아미노산이 결합한 고분자 화합물로 종류가 매우 다양하므로 보편적으로 함유 성분 기준으로 분류하여, 단순단백질과 복합단백질로 나뉜다. 유도단백질은 단순단백질과 복합단백질로부터 얻어진다.

① 단순단백질

아미노산과 그 유도체만으로 구성된 단순단백질은 물, 염, 산, 알칼리, 알코올 등에 대한 용해도의 차이, 열에 대한 응고차이 등에 의해 알부민, 글로불린, 글루텔린, 프롤라민, 염기성단백질(히스톤, 프로타민), 경단백질(알부미노이드)로 분류된다. 단백질을 구성하고 있는 아미노산의 종류, 단백질 분자의 크기, 단백질 사이의 상호작용 등에 의해 물리적, 화학적 성질 차이가 발생한다.

알부민 계열로 혈청 알부민, 우유의 락토알부민, 난백의 오보알부민, 근육 미오겐이 있다. 물에 녹지 않는 글로불린 계열로 혈청 글로불린, 우유의 락토글로불린, 난백의 오보글로불린, 근육 미오신, 혈장 피브리노겐, 대두 글리시닌 등이 있다. 물과 염류에 용해되지 않는 글루텔린 계열로 밀의 글루테닌, 쌀의 오리제닌, 보리의 호르데인이 있으며 프롤라민 계열로 밀의 글리아딘, 옥수수의 제인이 있다. 경단백질인 알부미노이드는 물에 불용성이며 결합조직인 콜라겐, 엘라스틴, 케라틴, 피브로인, 피브린 등이 속한다.

② 복합단백질

아미노산으로만 이루어진 단순단백질에 다른 화학성분인 핵산, 당, 지질, 인, 금속 등이 결합된 단백질이다. 핵단백질인 리보솜, 당단백질인 뮤신, 지단백질인 킬로미크론, VLDL, LDL, HDL, 인단백질인 카제인, 금속단백질인 세룰로플라스민과 페리틴, 색소단백질의 일종이자 헴단백질인 헤모글로빈, 미오글로빈 등이 대표적인 복합단백질이다.

③ 유도단백질

단순단백질과 복합단백질이 화학적, 물리적으로 처리되어 변성되거나 가수분해된 산물이다. 제1차 유도단백질은 변성단백질로 산, 알칼리, 효소, 가

열 등에 의한 결과물이며, 단백질의 구조적 변화만 일어나고 분자량 변화는 없다. 천연단백질은 물리, 화학적 자극이 가해지면 3차 구조가 유지되지 못하고 풀어진다(그림 4-3). 단백질 식이 섭취 후 위장에서 관찰되는 위산 변성된 단백질이 좋은 예이다. 카제인이 효소에 의해 응고된 파라카제인, 혈중 피브리노겐이 전환된 피브린, 콜라겐 가열로 얻어진 젤라틴 등이 있다.

제2차 유도단백질은 가수분해된 단백질이다. 펩티드 결합이 끊어져 아미노산이 되기 전까지의 중간체를 총칭하는 말이다. 위장관의 소화효소 작용 등에 의한 단백질 분해 산물인 프로테오스, 펩톤, 펩티드가 해당된다. 분자량 감소가 관찰되고 용해도가 증가한다.

유도단백질

단백질 ➡ 제1차 유도단백질(변성단백질)
➡ 제2차 유도단백질(가수분해물) : proteose ➡ peptone ➡ peptide
➡ 아미노산

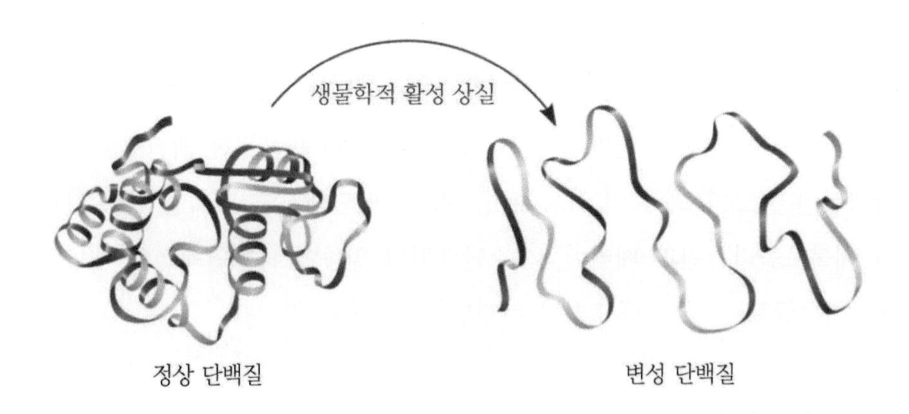

【그림 4-3】 변성 단백질

【표 4-2】 단백질의 화학적 분류

	단순단백질	복합단백질	유도단백질
특징	아미노산과 그 유도체로 구성된 단백질	단순단백질에 핵산, 당, 지질, 인, 금속, 색소 등이 결합	변성되거나 가수분해된 단백질
종류	알부민 - 락토알부민 오보알부민 글로불린 - 락토글로불린 오보글로불린 글루텔린 - 글루테닌 오리제닌 호르데인 프롤라민 - 글리아딘 제인	핵산- 핵단백질(nucleoprotein) 당-당단백질(glycoprotein) 지질-리포단백질(lipoprotein) 인산-인단백질(phosphoprotein) 금속-금속단백질(metalloprotein) 색소-색소단백질(chromoprotein)	제1차 유도단백질 : 변성단백질 제2차 유도단백질 : 가수분해된 단백질 프로테오스, 펩톤, 펩티드

(2) 영양적 분류

Osborne과 mendel의 동물 성장 실험을 통해 보고된 이후 아미노산의 함량과 종류는 단백질의 영양적 가치를 결정하는 중요 분류 기준이 되었다. 각 식품 단백질에 함유된 필수아미노산의 질과 양에 따라 완전, 부분적 불완전, 불완전 단백질로 분류한다.

① 완전단백질

완전단백질(complete protein)은 필수아미노산의 종류와 양이 충분한 단백질로 정상적 성장과 체중증가, 생리적 기능 유지에 도움이 되는 양질의 단백질이다. 트립토판 함량이 낮은 젤라틴(콜라겐을 열처리한 단백질)을 제외한 모든 동물성 단백질인 육류, 어류, 가금류, 난류 그리고 포유류 유즙이 완전단백질 식품에 속한다. 식물성 단백질 중엔 분리대두단백(soy protein isolate) 형태로 공급되는 대두 글리시닌이 완전단백질이다. 레구멜린, 콘글리시닌 등을 포함하는 콩 단백질 전체의 메티오닌 함량은 낮은 편이지만 대두 글리시닌은 함황아미노산 함량이 높아 콩 단백질 중에서도 영양적 가치가 높다.

② 부분적 불완전단백질

몇 가지 필수아미노산의 양이 부족한 부분적 불완전단백질(partially incomplete protein)은 동물 성장을 돕지는 못하지만 생명 유지에는 기여하는 단백질로 대부분의 식물성 곡류 단백질이 여기에 속하며 밀의 글리아딘, 보리의 호르데인 등이 있다. 일반적으로 곡류의 제1제한 아미노산(first limiting amino acid)은 리신이고, 제2제한 아미노산은 트레오닌이다.

이러한 아미노산 부족을 보강하기 위해 다양한 종류의 식물성 곡류를 섞어 먹을 경우 인체가 필요로 하는 아미노산 필요량을 부족함 없이 충족시킬 수 있다. 이를 단백질의 상호보충(complementary protein) 효과라 하며 필수아미노산 조성이 서로 다른 두 개의 단백질을 함께 섭취하면 서로의 제한점이 보완되어 상당히 좋은 필수아미노산 조성을 갖는 식단이 될 수 있다. 콩밥을 짓게 되면 곡류에 부족한 리신을 콩 단백질이 보충해주고, 콩에 부족한 메티오닌은 상대적으로 함황아미노산 함량이 높은 곡류 단백질이 채워준다.

③ 불완전단백질

몇 종류의 필수아미노산 함량이 극히 부족하거나 결핍된 불완전단백질(incomplete protein)은 이런 종류의 단백질 섭취에 의존할 경우 성장이 지연되고 생명유지도 어렵다. 따라서 옥수수를 주식으로 하는 지역에서는 옥수수 이외의 부식 형태로 완전단백질을 공급하여 영양 불균형이 되지 않도록 주의하여야 한다. 옥수수 단백질의 제1제한 아미노산은 리신이며 트립토판도 많이 부족하다.

동물성 단백질 중 예외적으로 젤라틴이 불완전단백질에 속한다. 젤라틴은 동물가죽, 뼈, 힘줄을 구성하는 콜라겐을 뜨거운 물로 처리할 때 추출되는 변성 유도단백질로 시판되는 과자류의 제조 원료로 많이 사용된다. 그러나 영양상 중요한 필수아미노산의 함량이 매우 낮아 영양학적 가치는 낮다. 이소루신, 트레오닌, 메티오닌이 제한아미노산이며 트립토판은 결핍되어 있다.

제한아미노산과 단백질의 상호보충 효과

필수아미노산 표준 패턴과 비교하여 함량이 가장 낮은 순서로 제1, 제2제한 아미노산이라 하며 해당 단백질의 영양적 가치를 제한하는 낮은 함량의 필수아미노산을 말한다. 곡류, 견과류, 종자류 단백질의 대부분은 리신이 제1제한 아미노산이다. 완전단백질에 속하는 두류 단백질의 경우 메티오닌이 제1제한 아미노산이다. 채소류의 제한아미노산도 메티오닌이다. 해당 단백질 식품에 부족한 제한아미노산은 아미노산 보강 또는 단백질 상호보충을 통해 채워주면 단백질 공급의 질을 향상시킬 수 있다.

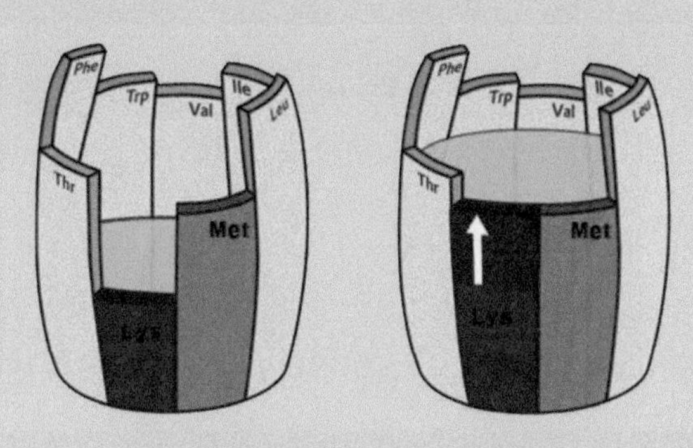

[제한아미노산과 아미노산 보강]

주식(主食)으로 제공되는 쌀을 식단으로 활용할 때 리신이 풍부한 콩을 같이 공급하여 콩밥 형태로 제공하는 것은 단백질 상호보충의 좋은 예가 된다. 여러 가지 아미노산이 부족한 밀가루 식품의 경우에는 완전단백질에 속하는 우유를 첨가하여 필수아미노산 불균형을 해결할 수 있다.

조 합	예	단백질 보완
곡류 + 두류	콩밥	쌀 : 리신 부족, 메티오닌 비교적 풍부 콩 : 리신 풍부, 메티오닌 부족
곡류 + 두류	우유, 식빵	밀가루 : 리신과 메티오닌 부족 우유 : 리신 풍부, 메티오닌 비교적 풍부

(3) 기능적 분류

효소단백질은 음식물의 소화, 대사반응의 촉매 등에 관여하고 대사 종류에 따라 산화·환원효소, 전이효소, 가수분해효소, 리아제, 이성질화효소, 리가아제 등으로 나뉜다. 펩신, 트립신, 아밀라아제, 리파아제 등은 음식물의 소화과정에 중요하며 헥소키나제, 아미노기 전이효소, 지단백질 분해효소 등은 영양소의 체내 이용에 매우 중요한 효소이다.

운반단백질은 특이적인 분자 또는 이온과 결합하여 체내 물질이동을 보조하는 기능을 한다. 나트륨 펌프 단백질, 산소 운반을 담당하는 적혈구의 헤모글로빈, 불용성인 지방 운송을 담당하는 지단백질 등이 운반 기능을 하는 단백질이다.

영양소 저장 기능을 갖는 단백질로는 식물 종자의 단백질인 쌀의 오리제닌, 대두 글리시닌, 밀의 글루테닌과 글리아딘 등이 있으며, 동물성 영양소 저장 단백질로 난백의 오보알부민, 우유의 카제인, 철 저장을 담당하는 페리틴, 헤모시데린 등이 있다.

운동단백질 기능을 하는 근육단백질은 신체의 운동 기능을 담당하며 액틴과 미오신이 골격근의 수축과 이완에 관여한다. 동물세포의 섬모에서 관찰되는 튜불린은 구상단백질 형태로 나선상의 미세소관이 규칙적으로 바르게 배열되어 있으며 세포운동에 기여한다.

구조단백질은 체내 생물학적인 구조에 강도 또는 지지의 기능을 부여한다. 콜라겐은 동물의 피부, 혈관, 골격, 연골 등에 존재하는 섬유상 형태의 단백질로 강한 인장강도를 가지고 있어 형태 유지에 기여하며 연령 증가와 함께 분자내 가교 결합이 증가하여 질긴 고기의 원인이 되기도 한다. 엘라스틴은 콜라겐과 함께 결합조직에 속하고 인대의 구성 성분으로 고무 같은 신축성을 부여하는 단백질이다. 경단백질의 일종으로 혈관벽, 근육 등에서 2차원적 신장 기능을 갖는 탄력성이 높은 단백질이다. 기타 구조단백질로 모발, 손톱, 깃털 등을 구성하는 케라틴과 실크, 거미줄에서 볼 수 있는 피브로인이 있다.

방어 기능을 하는 단백질로 면역 글로불린이 대표적이며 항원항체 반응을 통해 다른 생물 종의 침략으로부터 생체를 보호하는 기능을 한다. 혈청 피브리노겐은 출혈 시 불용성 피브린으로 전환되어 혈액응고를 유도하여 혈액 손실을 방지하는 혈액응고 인자이다. 혈우병환자의 경우 혈액응고 인자 부족에 의한 과다출혈로 사망에 이르게 된다.

펩티드 계열의 호르몬과 아민계열 호르몬들은 생체 각종 대사작용과 기능을 조절하는 대표적인 조절 단백질이다. 펩티드 계열 호르몬에 뇌하수체 전엽 호르몬(갑상선 자극 호르몬, 성장 호르몬, 부신피질 호르몬), 뇌하수체 후엽 호르몬(향이뇨호르몬, 옥시토신), 부갑상선 호르몬, 인슐린 글루카곤 등이 있다. 아미노산으로부터 유도 형성된 아민계열 호르몬에 에피네프린, 노르에피네프린, 세로토닌 등이 세포의 생리활성이나 대사 조절기전에 기여한다.

2. 단백질 구조와 기능

단백질은 기본 단위인 아미노산이 펩티드결합(peptide bond)에 의해 다수 결합한 폴리펩티드(polypeptide) 화합물로 아미노산 분자 내 또는 분자 간의 다양한 결합 반응에 의해 복잡한 구조를 갖게 된다. 20여 종의 아미노산이 펩티드 결합에 의하여 연결될 때 그 순서와 가짓수의 조합은 거의 무한대이며 셀 수 없이 많은 종류의 다양한 단백질이 존재하게 된다.

분자량이 비교적 작으면 폴리펩티드라 하고 분자량이 큰 경우 단백질이라 한다. 단백질 원소 조성의 50% 정도는 탄소이고 그 외에 산소, 질소, 수소, 황으로 이루어져 있다. 일반적인 단백질의 분자 구조식은 $R-CH(NH_2)COOH$이며 사슬의 양 끝은 아미노기($-NH_2$)의 N-말단과 카르복시기(-COOH)의 C-말단이다(그림 4-4).

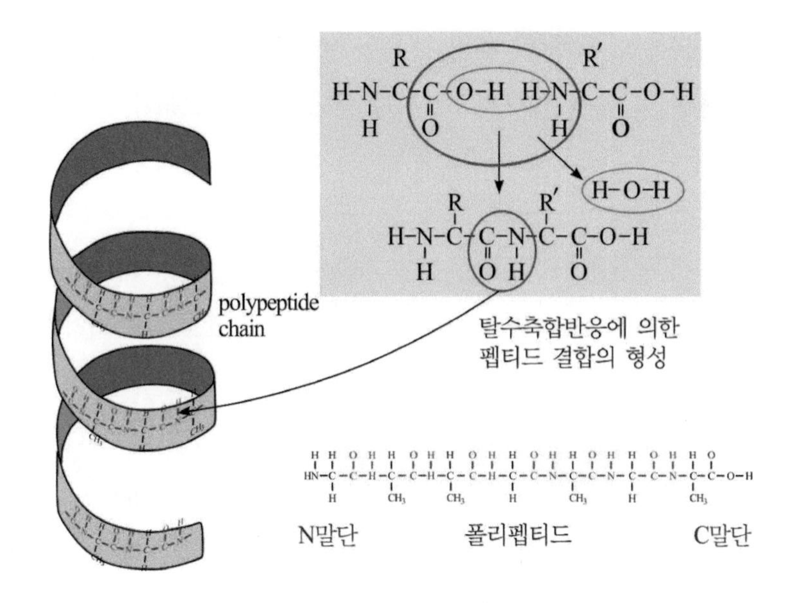

【그림 4-4】 펩티드결합과 폴리펩티드

1) 단백질 구조

단백질을 구성하는 20여 종의 아미노산들이 다양한 순서와 성분 조합에 의해 화합물을 형성하게 되면 그 종류는 무한히 많아진다. 따라서 지구상에 존재하는 모든 단백질 종류의 구조를 전부 파악하는 것은 거의 불가능하며 일반적으로 알려진 단백질 구성의 구조적 원리에 대해 이해하는 것이 우선이다. 단백질에 대한 연구는 오래전부터 이루어져 왔으나, 그 구조와 기능의 복잡성으로 인하여 관련사항이 비교적 상세히 밝혀진 것은 최근에 와서이다.

(1) 1차 구조

단백질의 1차 구조는 폴리펩티드 사슬을 형성하는 아미노산의 배열순서로 DNA의 염기서열 순서에 의해 결정된다. 1차 구조는 단백질의 고유 성질을 결정짓는 가장 중요한 요소로 아미노산의 배열순서가 달라지면 이종의 다른 단백질이 된다. 1945년 51개의 아미노산으로 이루어진 인슐린 호르몬의 배열이 처음 알려지면서 단백질의 1차 구조 원리가 확립되었다.

(2) 2차 구조

폴리펩티드 사슬에는 구성하는 아미노산 분자의 특성에 의하여 일정한 각도로 구부러지거나 나선 모양으로 꼬이는 형태가 나타난다. 이러한 단백질 사슬의 입체적 구조를 2차 구조라 한다. α-나선형(alpha helix)과 β-병풍구조(beta-structure : pleated sheet structure)가 대표적이며 아미노산 간의 펩티드 결합을 구성하는 아미노산의 카르복시기와 아미노기 사이에 발생하는 수소결합이 이러한 구조를 가능케 해준다.

α-나선형의 2차 구조는 머리카락을 구성하는 케라틴 단백질에서 관찰되는 형태로 구조를 유지하는 수소결합 자체의 힘은 약하지만 나선구조를 유지하기엔 비교적 안정적인 힘을 갖는다. β-병풍 구조는 긴 단백질 사슬이 일정 각도로 꺾여 마치 접힌 병풍구조를 닮았다 하여 붙여진 명칭이다. 이 외에도 불규칙한 접힌 부분이 나타나는 랜덤구조(random structure)도 2차 구조의 일종이다(그림 4-5).

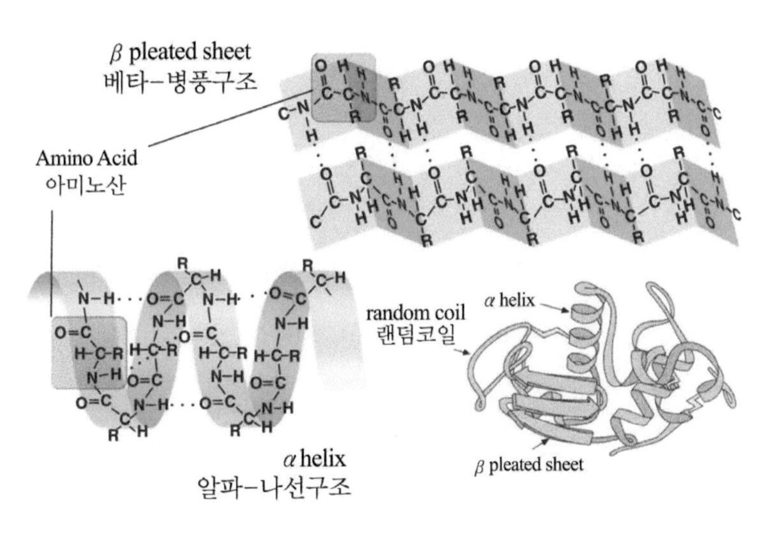

【그림 4-5】 단백질의 2차 구조

(3) 3차 구조

단백질이 공간적으로 구부러지고 접혀 입체적 구조를 나타나는 것을 3차 구조라 한다. 3차 구조를 형성하는 힘은 아미노산의 곁가지 사이에 존재하는 수소결합, 소수성결합, 이온결합, 이황화결합 등에 의한 것이며 주로 구형(球形)의 공 모양으로 나타난다. 콜라겐, 엘라스틴, 케라틴 등의 일부 단백질은 섬유상 형태로도 존재한다. 대부분의 단백질은 3차 구조 단계에서 구조적, 기능적 완성을 이룬다(그림 4-6).

섬유상 단백질	구상 단백질
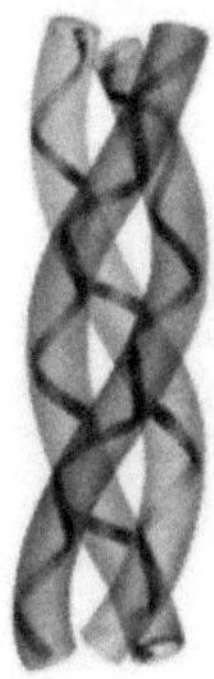	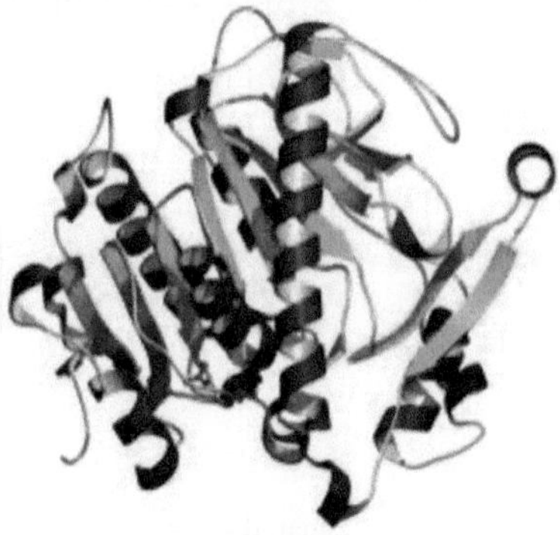
콜라겐 엘라스틴 케라틴 피브리노겐 미오신 등	알부민 글로불린 효소 등 대부분의 단백질

【그림 4-6】 구상 단백질, 섬유상 단백질

(4) 4차 구조

일부 단백질은 3차 구조인 폴리펩티드 사슬 둘 이상을 모아 하나의 복합체를 형성하여야 비로소 온전한 단백질 기능을 나타내며, 이러한 3차 구조의 회합 형태를 4차 구조라 한다(그림 4-7).

대표적인 예로 α-글로빈 사슬 2개, β-글로빈 사슬 2개를 모아야 산소 운반 기능을 할 수 있는 적혈구 속 단백질 헤모글로빈이 있다. 회합에 필요한 단백질 사슬을 서브유닛(subunit)이라 부르며 회합체를 올리고머(oligomer)라 한다. 헤모글로빈은 4개의 서브유닛으로 이루어진 테트라머(tetramer)이다. 4차 구조를 유지하는 결합의 종류는 3차 구조의 경우와 같다. 서브유닛을 연결하는 힘은 소수성결합이 큰 역할을 하며 수소결합, 이온결합 등도 서브유닛의 결합에 기여한다. 그 밖에 단백질의 4차 구조로 우유 속 단백질 카제인이 있다.

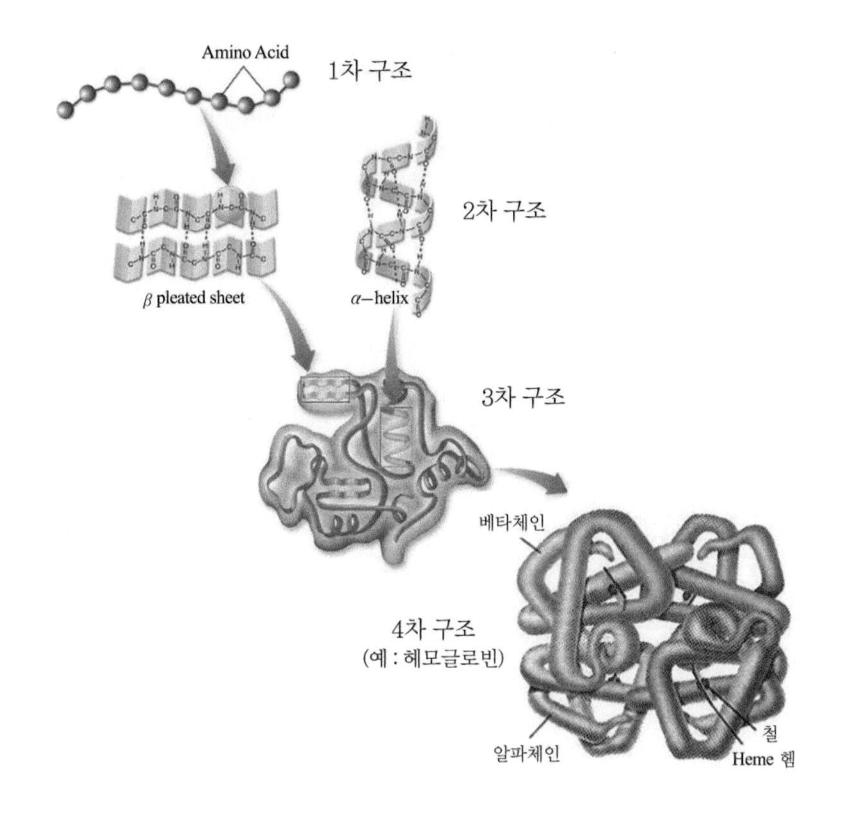

【그림 4-7】 단백질의 1, 2, 3, 4차 구조

2) 단백질 기능

단백질은 생명체의 가장 기본적인 구성 성분으로 매우 중요하며 세포의 세포막, 세포 내 구조물의 형성 등에 필수적인 영양소이다. 각종 생체 대사의 화학반응의 촉매에도 단백질이 필요하며, 외부 병원체의 감염성 공격으로부터 지켜주는 면역 기능도 수행한다. 체내 에너지가 부족한 상태의 비상시에는 1g 산화로 4kcal의 에너지를 내는 열량 영양소로서의 기능도 수행한다.

(1) 체조직 합성과 보수

매일 섭취하는 단백질은 체조직 구성을 위해 주로 사용된다. 단백질은 체중의 약 16%를 차지하므로 신체의 60%가 수분으로 되어 있음을 고려하면 인체 고형분의 50% 정도는 단백질로 되어 있는 셈이다. 특히 성장기 영·유아와 어린이의 경우 새로운 조직을 형성하는 시기이므로 체중당 단백질 필요량이 성인에 비해 많다. 태아를 임신한 임산부의 경우에도 섭취 단백질 필요량이 많아진다.

성장기가 지난 성인이라 할지라도 생애주기 전체에 걸쳐 체조직 교체에 필요한 단백질의 지속적인 수요가 발생하므로 세포 교체를 위한 충분한 양의 단백질 섭취가 매우 중요하다. 일부 체조직 소모성 질환자, 발열환자, 수술환자, 화상환자, 출혈환자 등에서도 체조직 합성과 보수를 위해 단백질 필요량이 증가한다.

(2) 체액 수분평형 조절

체내 수분의 이동은 혈관과 주변 세포 간질액 사의의 압력과 확산에 의해 조절되며 혈액량의 유지는 주로 모세혈관에서의 혈장교질 삼투압에 의해 유지되고 있다. 혈장삼투압은 약 285mOsm/ℓ 전후이며 혈청 알부민(serum albumin)이 압력의 80% 정도를 유지한다. 혈장 단백질의 2/3은 알부민이 차지하고 있다. 동맥 모세혈관계의 끝에서 혈압에 의해 세포 간질액으로 체액이 이동하며, 정맥 모세혈관계에서는 혈압이 낮아져 체액이 혈관 쪽으로 재유입된다(그림 4-8).

그러나 단백질 섭취 부족으로 혈장 알부민(serum albumin)이 감소하게 되면 혈장교질삼투압 저하가 발생한다. 낮아진 삼투압으로 인해 세포 간질액으로 넘어간 수분이 혈관으로 되돌아오지 못하고 조직 사이에 남게 되어 부종현상으로 나타난다. 즉 혈장 알부민 저하로 나타난 부종현상은 영양적 단백질 결핍의 판단 근거로 활용될 수 있다.

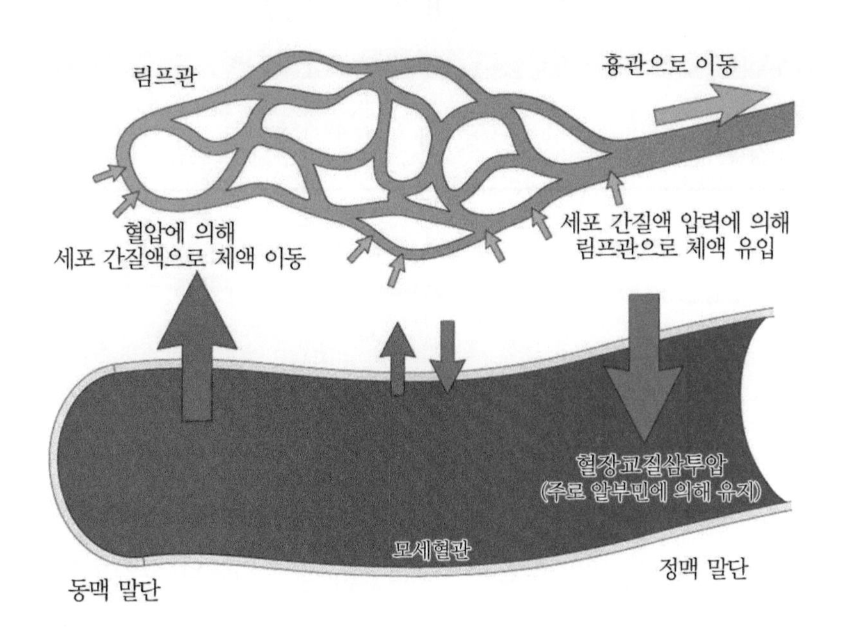

【그림 4-8】 단백질의 정상적인 수분평형 조절

(3) 산-염기 평형 조절

단백질은 생체 내에서 산과 염기 양쪽의 역할을 모두 수행할 수 있는 능력을 갖고 있는 양쪽성 물질로 체액의 적정 pH 7.35~7.45를 일정하게 유지하는데 기여하는 완충작용이 있다. 체액이 염기성 환경으로 치우치면 수소이온을 방출하고, 산성 환경으로 치우치면 수소이온과 결합하여 급격한 pH의 변화를 방지해 준다(그림 4-9).

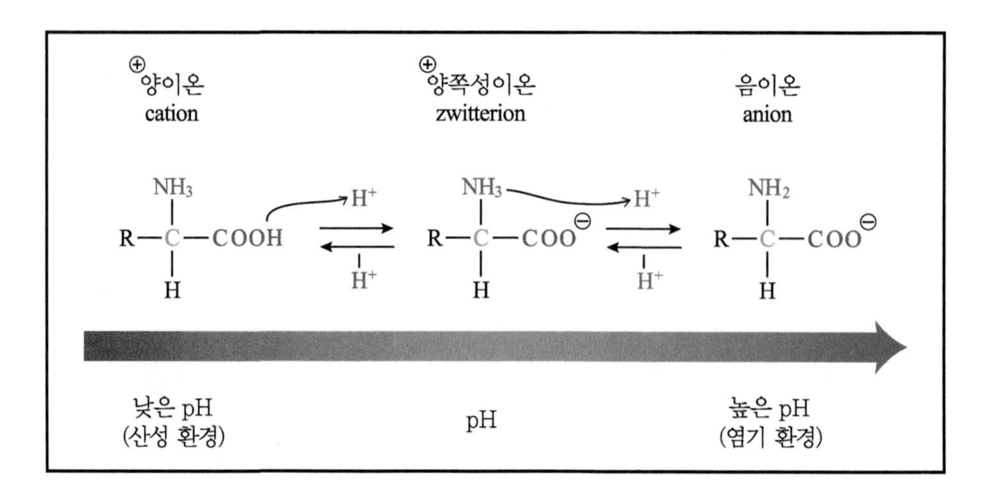

【그림 4-9】 단백질의 산-염기 평형 조절

(4) 효소, 항체, 호르몬, 신경전달물질 합성

각종 생체 화학반응에서 반응 속도에 촉매작용을 하는 단백질이 효소이다. 효소는 비단백질성 결합 분자인 보결분자단을 제외하고 모두 단백질로 이루어져 있다. 식이 섭취한 영양소를 소화하는 가수분해 기능의 소화효소, 체내에서 에너지로 전환하는데 관여하는 이화대사 관련 효소, 필요 물질 합성에 사용되는 효소 등 다양한 종류의 효소 수천 종이 인체 기능과 생명유지를 위해 필수적이다.

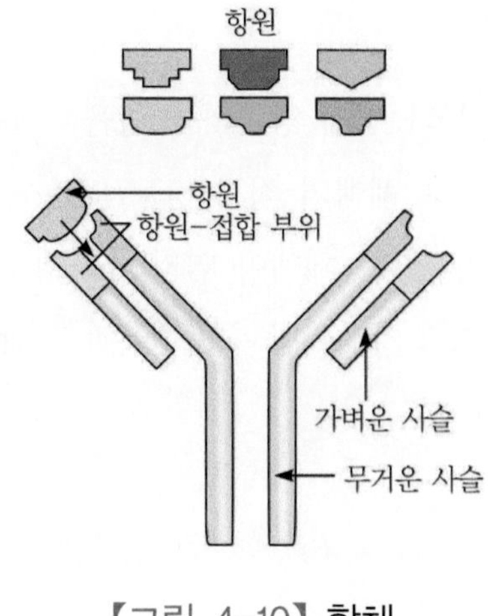

【그림 4-10】 항체

세균, 바이러스 등의 병원체에 대항하여 체내에서 형성되는 면역성 단백질 물질이 항체이다. 면역글로불린(immunoglobulin)이라고도 하며 짧은 단백질 사슬(light chain) 2개와 긴 단백질 사슬(heavy chain) 2개가 Y자형의 구조를 이루고 있다. 항체의 Y자 모양의 위쪽 두 부분이 항원과 특이적 결합을 하는 결합 부위로 항원에 따라 아미노산 배열이 달라져 다양한 종류의 항체가 존재하게 된다. 단백질로부터 합성된 항체는 혈액이나 림프에 저장되어 있다가 면역반응이 필요한 곳으로 이동하여 작용한다. 그러나 단백질 식이 섭취가 불균형인 경우 인체는 필수아미노산 부족으로 필요한 항체를 제때에 만들지 못하게 되어 감염성 질환에 걸리게 된다(그림 4-10).

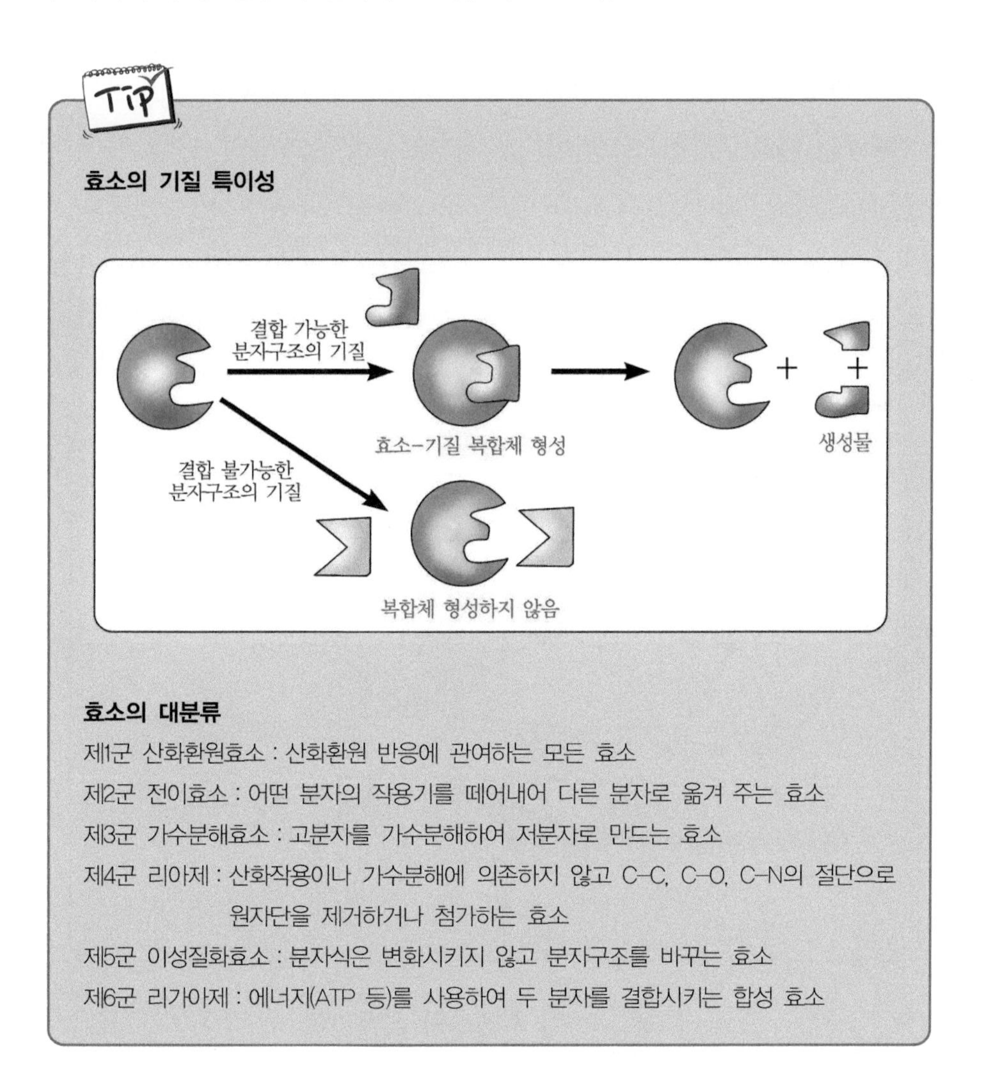

효소의 기질 특이성

효소의 대분류

제1군 산화환원효소 : 산화환원 반응에 관여하는 모든 효소

제2군 전이효소 : 어떤 분자의 작용기를 떼어내어 다른 분자로 옮겨 주는 효소

제3군 가수분해효소 : 고분자를 가수분해하여 저분자로 만드는 효소

제4군 리아제 : 산화작용이나 가수분해에 의존하지 않고 C–C, C–O, C–N의 절단으로 원자단을 제거하거나 첨가하는 효소

제5군 이성질화효소 : 분자식은 변화시키지 않고 분자구조를 바꾸는 효소

제6군 리가아제 : 에너지(ATP 등)를 사용하여 두 분자를 결합시키는 합성 효소

생체 조절 기능을 담당하는 단백질에 호르몬과 신경전달물질이 있다. 두 가지 모두 생리 기능을 조절하는 공통점을 갖고 있지만, 호르몬은 내분비샘에서 생성되어 혈관을 따라 이동하고, 신경전달물질은 신경세포의 시냅스에서 분비되어 자극이 전달되는 차이점이 있다.

호르몬은 우리 몸의 특정 부위에서 분비되어 혈액을 타고 표적기관으로 이동한 후 작용하는 화학물질의 일종으로 수십 가지의 다양한 생체 기능 조절작용에 관여한다. 구성 성분에 따라 단백질 계열 펩티드 호르몬과 지질 계열 스테로이드 호르몬으로 구분한다. 호르몬의 대부분은 펩티드 호르몬에 속하며 성장호르몬, 항이뇨호르몬, 옥시토신, 부갑상선호르몬, 인슐린, 글루카곤 등이 있다.

신경전달물질(neurotransmitter)은 신경 시냅스에서 세포 간 화학적 신호를 전달하는 물질의 총칭으로 아미노산 계열(GABA, 글루탐산, 글리신), 아민 계열(아세틸콜린, 도파민, 에피네프린, 노르에피네프린, 히스타민, 세로토닌), 펩티드 계열(콜레시스토키닌) 등이 있다. 신경전달물질은 뉴런(neuron)의 축삭돌기 말단에서 방출되어 인접한 신경세포나 근육세포로 자극을 전달한다. 신경자극을 전달받는 시냅스 후 막의 수용체도 단백질로 구성되어 있다.

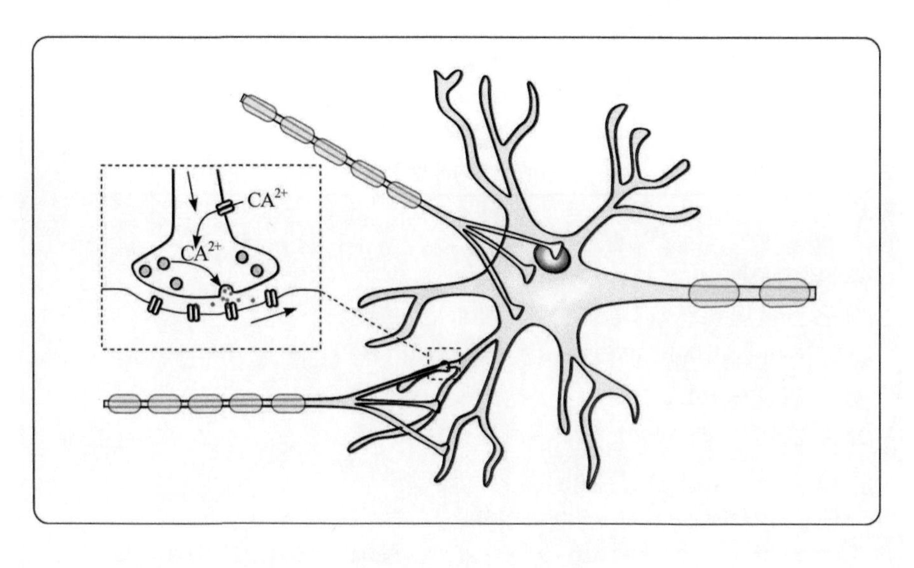

【그림 4-11】 시냅스의 신경전달

(5) 당 신생과 에너지 급원

체내 신경조직과 적혈구 세포들은 포도당을 주요 에너지원으로 이용하기 때문에 혈중에는 항상 일정 수준의 포도당 농도를 유지하고 있어야 한다. 탄수화물이 제한된 식이 섭취를 지속하게 되면 간과 신장에서 아미노산을 분해하여 포도당을 생성하는 당 신생(gluconeogenesis) 작용이 활발히 일어나

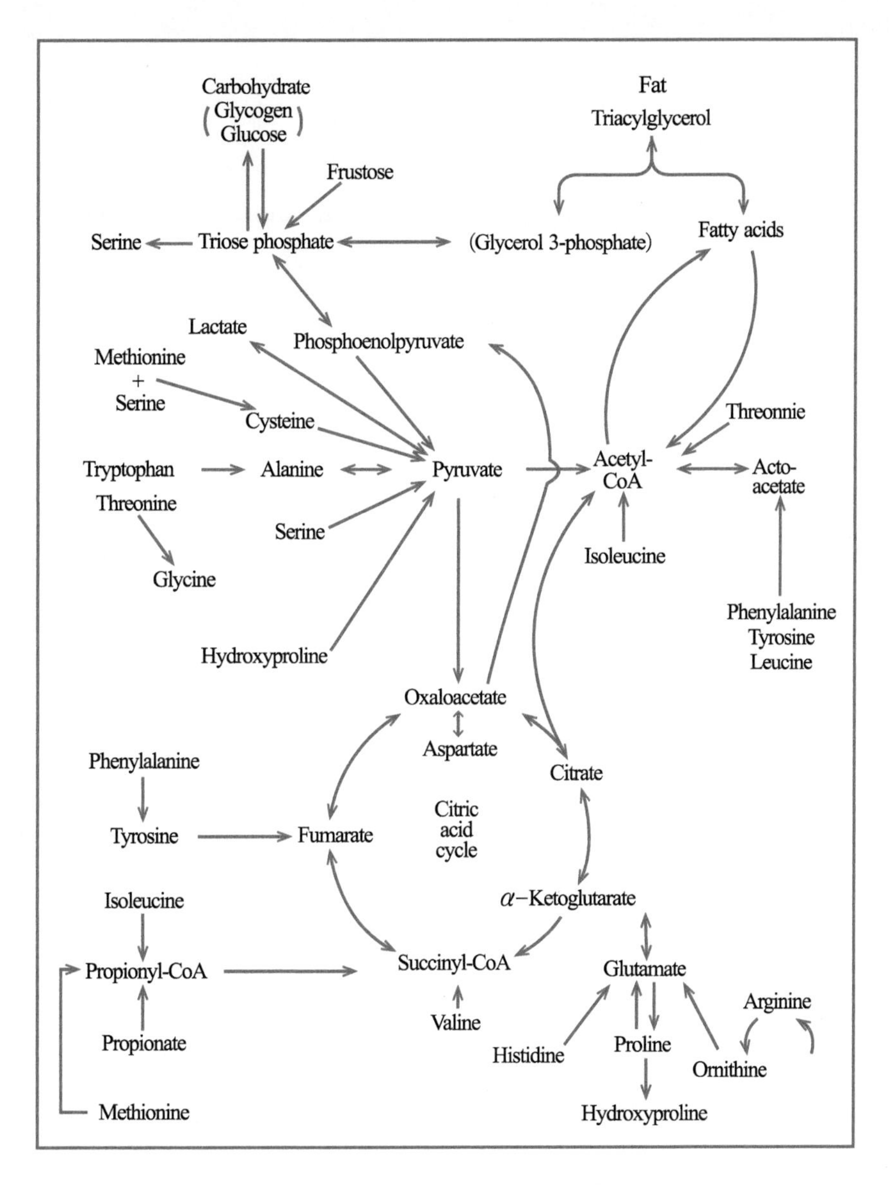

【그림 4-12】 3대 열량 영양소 간의 전환

루신, 리신을 제외한 아미노산들로부터 포도당 합성이 가능하다. 대신 루신, 리신은 케톤체로 전환되어 비상 에너지원으로 활용된다. 과잉의 단백질을 섭취한 경우 소비되지 못한 여분의 단백질은 중성지방으로 전환되어 체지방조직에 저장되고 필요 시 활용될 수 있는 장기 저장 에너지원이 된다(그림 4-12).

3. 단백질의 소화와 흡수

영양소 중 비교적 고분자 화합물인 단백질을 흡수 가능한 저분자 펩티드와 아미노산 단위로 분해하는 소화 과정은 구강에서의 물리적 저작작용, 위산에 의한 변성, 위장, 췌장, 소장에서 분비되는 단백질 소화효소들에 의한 화학적 가수분해 소화작용 등을 포함한다.

1) 소화

구강에서는 치아의 저작작용을 통한 물리적 소화만이 일어나며, 탄수화물이나 지질 소화의 경우와 달리 침샘에서는 단백질 분해효소가 분비되지 않는다. 구강에서 위로 음식물이 들어가면 소화기 연동작용이 시작되고 단백질의 화학적 소화가 시작된다.

음식물의 유입으로 위에서 분비되는 가스트린(gastrin)은 위산(HCl)분비를 자극한다. pH2의 강한 산성인 위산은 음식물 중 박테리아를 사멸시키고 단백질을 변성시켜 소화효소의 작용을 돕는다. 위의 단백질 소화효소인 펩신은 전구체인 펩시노겐 형태로 분비되며 위산에 의해 활성화되어 단백질 가수분해를 시작한다. 위산작용에 의해서도 일부 단백질 사슬의 분해가 일어나 프로테오스와 펩톤을 생성한다. 위액과 섞인 음식물은 유미즙(chyme)을 형성하고 연동운동에 의해 유문괄약근으로 밀려나와 서서히 십이지장으로 이동해 나온다.

유미즙이 십이지장으로 유입되면 십이지장점막에서 세크레틴(secretin)이 분비되어 췌장액 분비를 촉진하고 콜레시스토키닌(cholecystokinin) 호르몬의 작용을 강화해준다. 콜레시스토키닌은 췌장을 자극하여 소화효소의 분비와 소장의 연동운동을 촉진함과 동시에 위의 연동운동과 위산 분비는 억제시킨다. 위에서 넘어온 유미즙은 중탄산염을 함유한 pH 8.3의 알칼리성 장액에 의해 서서히 중화되면서 췌장 소화효소의 작용을 받기 좋은 최적의 pH 조건으로 변화한다.

췌장액에는 트립시노겐(trypsinogen), 키모트립시노겐(chymotrypsinogen), 프로카르복시펩티다아제(procarboxypeptidase) 등이 있으며 모두 불활성형의 전구체 형태이다. 트립시노겐은 췌장액에 들어 있는 엔테로키나제(enterokinase)에 의해 트립신(trypsin)으로 활성화되고 키모트립시노겐, 프로카르복시펩티다아제는 트립신에 의해 각각 키모트립신(chymotrypsin)과 카르복시펩티다아제(carboxypeptidase)로 활성화된다. 이 외에 엘라스틴 분해에 작용하는 엘라스타제(elastase)도 췌장에서 분비되는 단백질 분해효소이다.

소장에서 합성되는 효소에는 아미노펩티다아제와 디펩티다아제가 있으며 소장 내강으로 분비되지 않고 소장의 미세융모와 점막 내부에 자리하여 저분자 펩티드의 가수분해를 돕는다. 단백질이 아미노산과 저분자 펩티드로 분해되면 소장점막으로의 흡수가 가능해진다(표 4-3).

【표 4-3】 단백질 소화효소와 작용기전

기관	효소			소화작용 → 결과물
	전구체	활성촉진인자	활성효소	
위	펩시노겐	위산(HCl)	펩신*	단백질→프로테오스, 펩톤
위	프로레닌	위산(HCl)	레닌	우유카제인→응유작용
췌장	트립시노겐	엔테로키나제	트립신*	펩톤 내부의 Ala, Lys→ 폴리펩티드, 디펩티드
췌장	키모트립시노겐	트립신	키모트립신*	펩톤 내부의 Tyr, Phe, Trp→ 폴리펩티드, 디펩티드
췌장	프로카르복시 펩티다아제	트립신	카르복시 펩티다아제**	카르복시말단→ 디펩티드, 아미노산

기관	효소			소화작용
	전구체	활성촉진인자	활성효소	
소장	프로아미노 펩티다아제	트립신	아미노 펩티다아제**	아미노말단→ 펩티드, 디펩티드, 아미노산
			디펩티다아제	디펩티드→아미노산

* 엔도펩티다아제(endopeptidase) : 폴리펩티드 사슬 내부에서 가수분해하는 효소
** 엑소펩티다아제(exopeptidase) : 폴리펩티드 사슬 외부 말단에서부터 가수분해하는 효소

2) 흡수

가수분해된 아미노산과 저분자 펩티드는 소장점막세포층으로 흡수된다. 아직 장점막층의 발달이 완전하지 않은 영아기에는 일부 분해되지 않은 고분자 단백질이 음세포작용으로 장세포를 통과하여 흡수되는 경우가 있으며 이런 경우 알레르기 증상이 유발되기도 한다.

아미노산의 흡수 속도는 종류에 따라 다르며, 천연의 L-형 아미노산이 D-형보다 빠르다. 중성과 염기성 아미노산은 능동수송으로 흡수되어 흡수 속도가 빠르고, 산성 아미노산은 촉진확산으로 흡수되어 조금 더디게 유입된다. 아미노산과 함께 분자 크기가 크지 않은 디펩티드나 트리펩티드도 소장점막세포층으로 흡수가 된다.

흡수 후 아미노산은 바로 모세혈관으로 이동하여 체내 운반이 가능하지만 저분자 펩티드들은 소장점막 세포 내에서 아미노펩티다아제와 디펩티다아제에 의해 최소단위인 아미노산으로 분해되어야 혈류로 이동 가능하다. 수용성 영양소인 아미노산들은 모세혈관으로 유입된 후 소장과 간 사이의 혈관인 간문맥을 통하여 간으로 운반된다(그림 4-11).

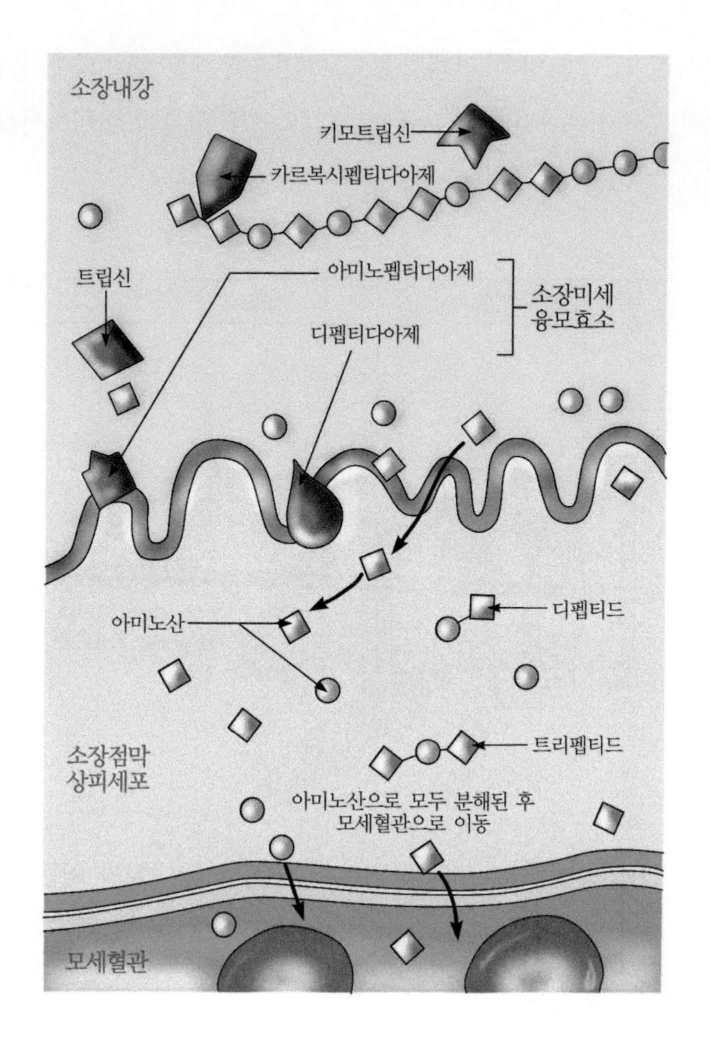

【그림 4-11】 단백질의 소화와 흡수

4. 단백질 대사

기본적으로 간으로 운반된 아미노산은 간에서 혈장단백질 합성 등에 이용되고, 일부는 여러 장기로 보내져 필요한 단백질물질 합성을 위해 활용된다. 그러나 탄수화물이나 지질 형태의 에너지원이 부족한 경우에는 식이 섭취된 아미노산이 필요한 체단백질을 합성하지 못하고 분해되어 에너지원으로 사용되기도 한다.

이와 반대로 과도한 양의 단백질을 섭취한 경우에는 탄수화물이나 지질의 경우와 달리 단백질은 체내 저장 형태가 없으므로 여분의 아미노산을 중성지방으로 전환하여 체지방조직에 저장한다(그림 4-12).

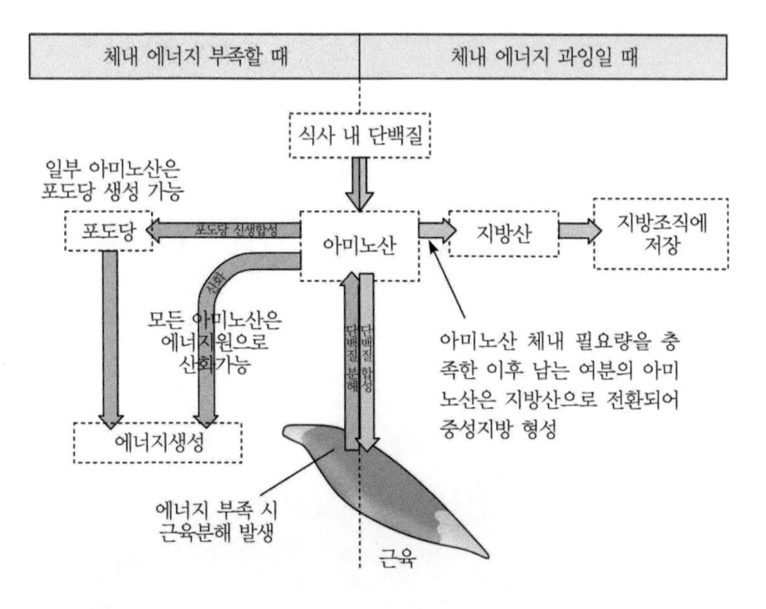

【그림 4-12】 **체내 에너지 상태에 따른 단백질의 이용**

1) 단백질의 동적 평형

단백질은 체내 합성된 후 일정 기간이 지나면 분해되고 새로운 단백질이 합성되어 교체된다. 이러한 교체 주기는 조직 기관별로 일정하며 분해와 합성이 반복되는 사이클을 단백질 전환주기(protein turnover cycle)라 한다.

혈장 단백질 합성이 활발하게 일어나는 간과 소화효소의 생성량이 많은 췌장에서는 비교적 꾸준하게 단백질 합성이 진행된다. 산소를 운반하는 중요 단백질인 적혈구 속 헤모글로빈의 경우 교체 주기가 120일 정도이므로 골수에서도 매일 새로운 헤모글로빈을 충당하기 위한 단백질 합성이 지속적으로 발생한다.

단백질 전환주기에 맞추어 새로운 단백질 합성이 일어나기 위해선 체내 전체에 필요한 아미노산의 양이 일정 수준 이상 유지되어야 한다. 이를 충당하기 위해 생명체는 지속적인 단백질 공급을 필요로 하며, 성인은 1일 평균 50~80g의 단백질을 식이 섭취한다. 그리고 이보다 많은 200~300g의 아미노산이 체조직 교체 주기에 따라 분해되어 체내 공급된다. 분해된 단백질의 아미노산들은 버려지지 않고 재활용되며 새로운 조직 합성에 사용되거나 에너지원으로 활용된다.

이렇게 아미노산의 유입과 사용으로 인한 감소가 지속적으로 벌어지는 동안 우리 몸은 단백질의 동적 평형(dynamic equilibrium) 상태를 유지하고 있는 게 일반적이며 극히 일부인 30g 정도의 유리아미노산만이 대사의 중심에 존재할 뿐이다. 이런 아미노산의 체내 유입과 감소 사이에 일정 수준 유지되는 유리아미노산의 양을 아미노산 풀(amino acid pool)이라 하며 정상적인 신체 에너지 상태에서는 아미노산 풀의 크기가 일정하다(그림 4-13).

그러나 단백질 식이섭취가 감소하면 아미노산 풀의 크기가 감소하고 단백질 합성이 일어나지 않는다. 따라서 체조직 교체에 필요한 새로운 단백질의 형성이 지속적으로 일어날 수 있도록 꾸준한 단백질 급원 섭취가 필요하다.

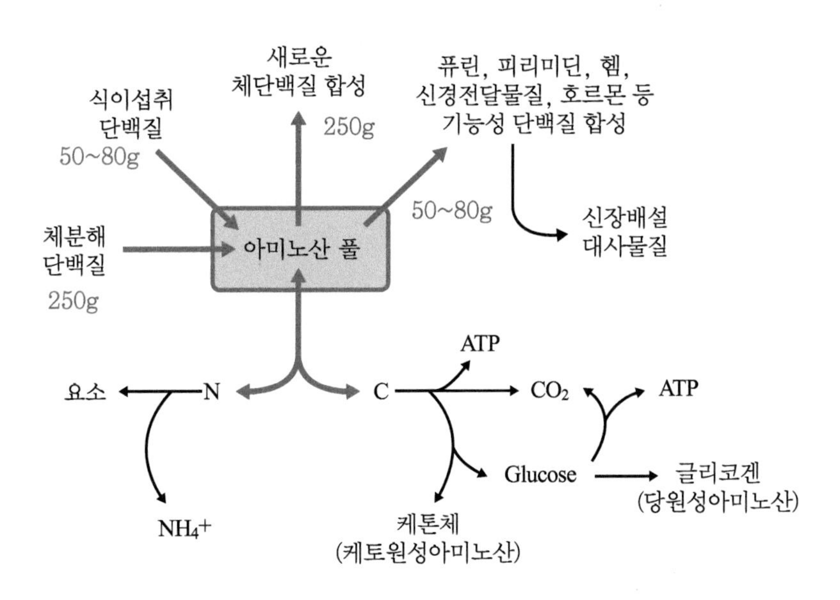

【그림 4-13】 단백질 대사와 아미노산풀

2) 단백질 합성

인체 단백질 합성에 필요한 요소는 아미노산, 리보솜, DNA, RNA 등이다. 단백질의 합성은 20종류의 아미노산을 활용하여 이루어지며 짧게는 수십 초, 길게는 수 분 정도에 걸쳐 진행된다. 20종류 아미노산 중 필수아미노산이 체내에 부족한 경우에는 단백질 합성이 진행되지 않는다.

리보솜(ribosome)은 단백질 합성 기능이 있는 세포 소기관으로 조면소포체의 표면, 핵막의 표면, 미토콘드리아 내부, 세포질 여백 등에 존재하며 합성 과정에 필요한 효소들을 갖고 있다. 단백질과 rRNA(ribosomal RNA)의 두 개의 소단위체(subunit)가 합쳐진 형태로 구성되어 있으며, 평소에는 분리되어 있다가 합성이 진행될 때 합쳐진다.

단백질 합성에 필요한 유전정보를 갖고 있는 DNA는 핵 내막 안쪽에만 존재하며 이 유전정보는 자기복제를 통해 보존된다. 단백질의 1차 구조인 아미노산의 배열순서는 DNA의 염기배열에 의해 결정되는데, 이 정보는 mRNA(messenger RNA)를 매개로 하여 리보솜에 전달된다. 이 mRNA에 있는 3개의 연속적 염기배열에 의하여 1개의 아미노산이 규정되며 이를 코돈(codon)이라 한다. DNA의 유전정보를 전사(transcription) 받은 mRNA는 핵공을 통해 핵을 빠져나와 리보솜과 합쳐져 복합체를 형성한다. 이 개시 복합체는 mRNA의 개시 코돈을 인식한다.

각각의 아미노산과 그에 대응하는 안티코돈(anticodon)을 갖는 tRNA(transfer RNA)의 생성도 핵 내부에서 이루어진다. 핵 밖으로 빠져나온 tRNA는 아미노산의 운반체 역할과 mRNA의 유전정보를 번역(translation)하는 기능을 동시에 수행한다.

단백질 합성의 시작은 개시 tRNA를 적재한 리보솜이 mRNA의 5' 말단(N말단)에 결합하면서 시작된다. 리보솜의 작은 소단위체는 개시 코돈인 AUG(메티오닌)를 찾기 위해 mRNA를 따라 5'→3' 방향(N말단→C말단)으로 움직인다. 번역을 개시한 첫 tRNA는 메티오닌을 다음의 2번째 아미노산과 연결시킨 뒤 리보솜에서 분리된다.

두 번째 tRNA는 두 개의 아미노산과 결합한 채 mRNA 주형(template)을 따라 이동한다. 이후 mRNA 주형의 코돈에 대응하는 안티코돈을 갖는 새로운 tRNA가 잇따라 결합하면서 펩티드 사슬은 카르복시기의 말단에 아미노산이 하나씩 첨가되어 길어진다(그림 4-14).

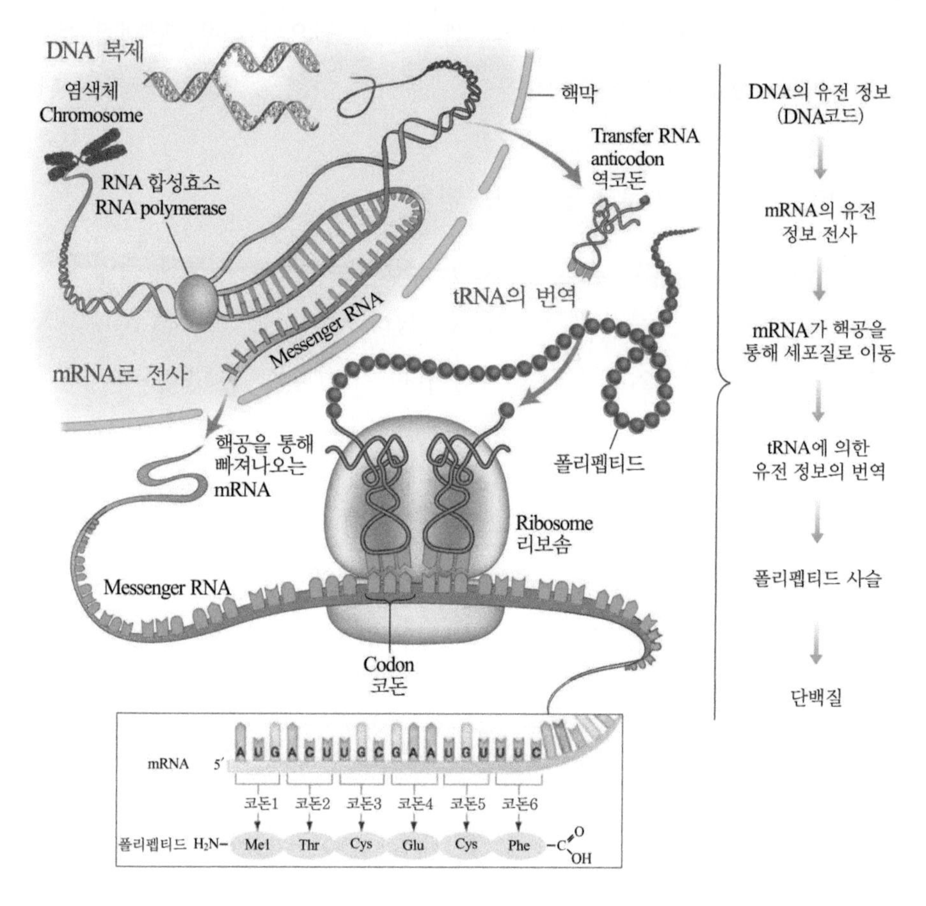

【그림 4-14】 단백질의 합성

사슬은 계속 길어지면서 폴리펩티드 사슬을 형성하고 이 과정은 종결 코돈인 UAA, UAG, UGA 중 한 가지가 인식되면 끝이 난다. 단백질 합성 시 보통 리보솜 5~6개가 1개의 mRNA 주형에 붙어 동시에 폴리펩티드 사슬을 합성한다. 리보솜에서 분리된 폴리펩티드 사슬은 셰프론(chaperone) 단백질에 의해 3차원 모양의 접힘 구조를 갖추게 된다. 합성이 완료된 단백질들은 소포체 내부를 통해 골지체로 운반된 후 분비 과립으로 저장했다가 필요 시 내용물을 세포 외부로 배출한다.

3) 단백질 분해

체 단백질의 분해는 퇴화된 조직을 분해하고 새로운 조직으로의 교체가 필요한 경우, 에너지원 부족으로 아미노산 산화가 필요한 경우, 단백질 분해로 얻은 아미노산으로부터 다른 화합물을 만들어야 하는 경우에 발생하게 된다.

(1) 아미노기 전이 반응과 탈아미노 반응

아미노기 전이 반응(transamination)은 아미노산과 α-케토산 사이에 아미노기를 제거하여 다른 분자로 전이시키는 생화학적 반응으로 새로운 아미노산과 여러 종류의 유기산이 형성되는 과정이다. 이 반응을 촉매하는 아미노기 전이효소(transaminase)는 비타민 B_6의 조효소 형태인 피리독살인산(pyridoxal-phosphate, PLP)을 필요로 하며 아미노기를 전달받은 피리독살인산은 피리

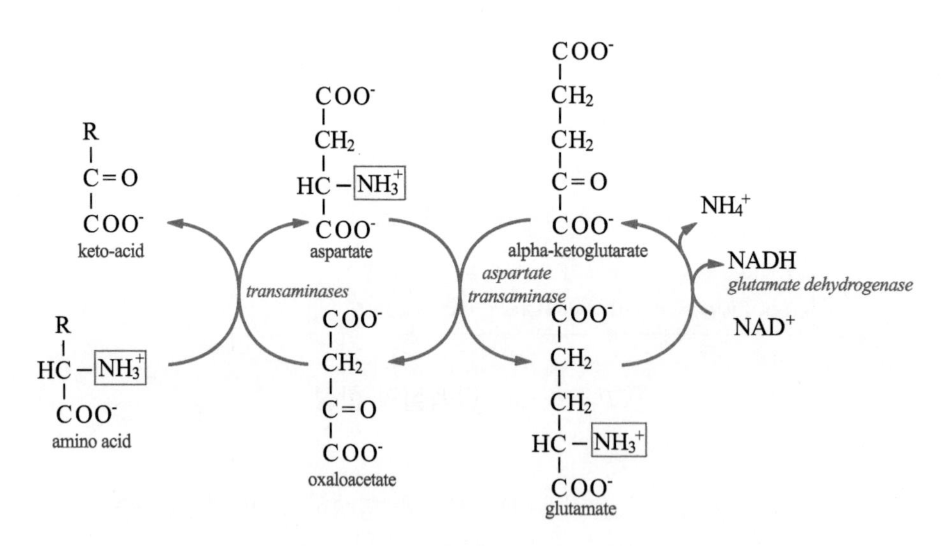

【그림 4-15】 아미노기 전이반응

독사민(pyridoxamine) 형태로 아미노기를 전달한다. 피리독사민은 옥살로아세트산, 알파케토글루타르산과 반응하여 각각 아스파르트산, 글루탐산을 생성

한다. 이처럼 인체는 아미노기 전이반응을 통해 비필수아미노산을 합성할 수 있다(그림 4-15).

이러한 아미노기 전이효소는 간세포에 다량 존재하며 간세포 파괴 시 혈중으로 흘러나와 농도가 증가한다. 따라서 혈중의 특정 아미노기 전이효소 농도를 측정하면 간 손상 정도를 알 수 있다.

간 손상 측정 지표로 활용되는 대표적인 아미노기 전이효소에 아스파르트산 아미노 전이효소(aspartate aminotransferase, AST : glutamic oxaloacetic transaminase, GOT)와 알라닌 아미노 전이효소(alanine aminotransferase, ALT : glutamic pyruvic transaminase, GPT)가 있다. 이들 효소들은 주로 간에 존재하여 대사 작용을 돕게 되지만, 간 세포 손상 시에는 혈중으로 방출되어 혈중 수치가 높아진다(그림 4-16).

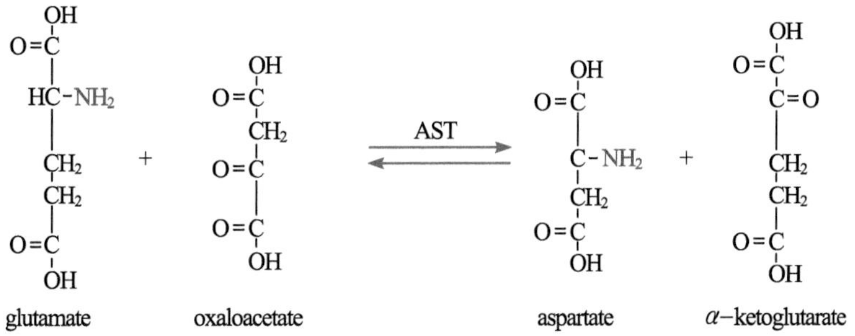

glutamate + oxaloacetate ⇌(AST) aspartate + α-ketoglutarate

a) aspartate aminotransferase(glutamic oxaloacetic transaminase, GOT)

glutamate + pyruvate ⇌(ALT) alanine + α-ketoglutarate

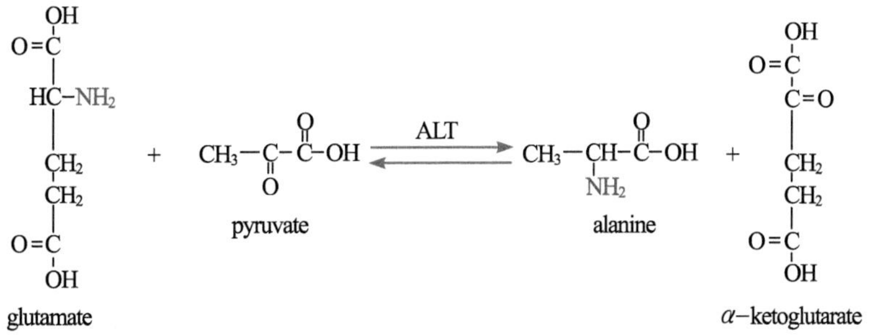

b) alanine aminotransferase(glutamic pyruvic transaminase, GPT)

【그림 4-16】 아미노기 전이반응의 예 : AST, ALT 효소작용

단백질로부터 에너지를 얻기 위해서는 우선 아미노기의 제거가 필요하며 탈아미노 반응(deamination)을 통해 탄소 골격인 α-케토산을 남긴다. 탈아미노 반응으로 얻어진 α-케토산은 신체 에너지 필요 상태에 따라 TCA 회로에서 에너지로 연소되거나 당 신생을 통해 포도당 합성을 하게 된다(그림 4-17).

제거된 아미노기는 새로운 아미노산 합성에 사용되기도 하지만 그렇지 못할 경우 알칼리성 암모니아를 형성하고 인체에 유독물질로 작용할 수 있다. 근육 단백질 분해가 활발해져 아미노기 제거가 많아질 때는 아미노기를 피루브산에 전달하여 알라닌 형태로 간으로 운반하여 소변으로 제거하는 회로가 활성화 된다.

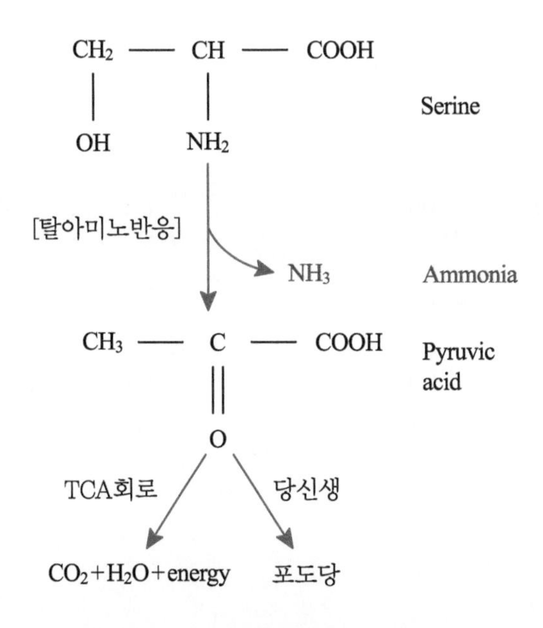

【그림 4-17】 탈아미노 반응

알라닌 회로 : 아미노기 제거에 유용한 당 신생 회로

근육에서 이화된 아미노산은 아미노기를 α-케토글루타르산에 전달하고 글루탐산을 생성한다. 생성된 글루탐산은 피루브산에 아미노기를 전달하여 알라닌을 형성하고 혈류를 통해 간으로 운반된다. 알라닌은 탈아미노 반응을 통해 아미노기가 제거된 후 당 신생(gluconeogenesis)을 통해 포도당 생성에 참여하며 이를 글루코오스 알라닌 회로(glucose alanine cycle) 또는 알라닌 회로라 한다. 근육에서 간으로 아미노기를 효율적으로 전달하여 배설 처리하는 경로로 기아 상태 또는 고단백 식이 섭취 시에 더욱 활성화된다.

당 신생의 주요 기질 물질은 피루브산(pyruvate)으로 옥살로아세트산(oxaloacetate)에서 포스포에놀피루브산(phosphoenolpyruvate)을 거쳐 포도당을 생성한다. 형성된 포도당은 혈관을 따라 다시 근육으로 돌아가고 해당 과정을 거쳐 에너지를 낸다.

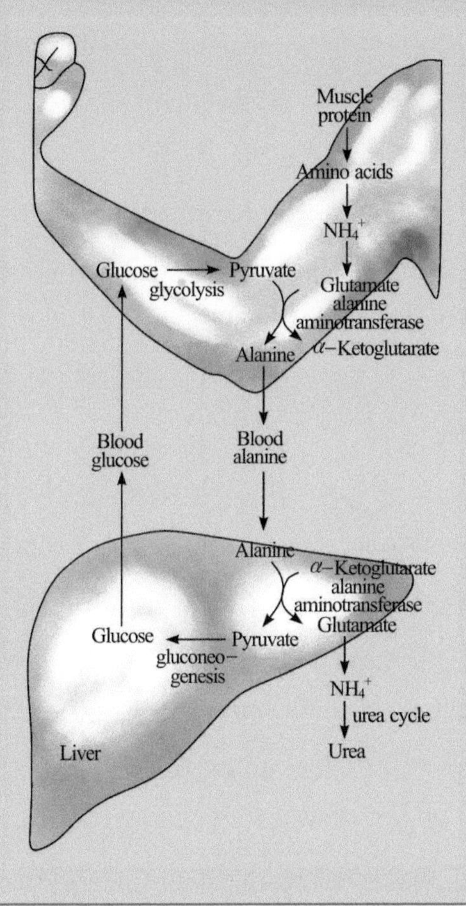

(2) 요소 합성

단백질이 이화되면 탈아미노 반응으로 아미노기가 제거되고 즉시 암모니아(ammonia)로 전환된다. 암모니아는 물에 잘 녹으며 체조직에 침입하여 해를 입힐 수 있는 독성 물질로 제거를 위해선 다량의 물이 필요하다. 일부 어류는 아미노기를 암모니아 형태로 제거하기도 한다. 그러나 다량의 수분 배출을 할 수 없는 인체에는 소량의 물로도 아미노기 제거가 가능한 요소회로(urea cycle)가 발달해 있으며, 요소(urea)는 암모니아에 비해 독성도 거의 없는 편이다. 조류, 파충류 등은 더욱 소량의 수분으로도 제거 가능한 요산(uric acid) 형태로 질소 배설물을 배출한다.

요소 합성은 간에서 발생하며 간세포의 미토콘드리아에서는 암모니아와 이산화탄소가 합쳐져 카바모일인산(carbamoyl phosphate)을 형성하고 이것은 오르니틴(ornithine)과 반응하여 시트룰린(citrulline)을 형성한다. 세포질로 이동한 시트룰린은 아스파르트산(aspartate)을 만나 아르기노숙신산(argino-succinate)을 형성한 후 푸마르산(fumarate)을 방출하고 아르기닌(arginine)이 된다. 아르기닌은 오르니틴으로 전환되면서 2개의 아미노기를 요소 형태로 방출한다. 오르니틴 · 시트룰린 · 아르기닌의 세 가지 주요 아미노산이 순환하는 과정이므로 오르니틴-시트룰린-아르기닌 회로라고도 하며, 일반적으로 오르니틴 회로(ornithine cycle)라 불린다.

요소로 배출되는 질소 원자는 카바모일인산을 형성하는 암모늄이온(NH_4^+)과 TCA 회로에서 유래된 아스파르트산의 두 곳에서 각각 전달되어 온 것이다. 인체의 중요한 두 가지 회로는 서로 연계되어 있어 TCA 회로 진행 중에도 질소기의 제거가 가능하며, 아르기노숙신산 분해물인 푸마르산 형태로 남은 탄소 골격은 TCA 회로에 다시 전달된다(그림 4-18).

소변 중 질소의 80~90%는 요소로 고단백 식이 섭취 시에 요소와 총 질소 배출은 저단백 식이 때보다 증가한다. 그러나 암모니아와 크레아티닌 질소량은 식이 섭취에 따라 변화하지 않는다. 퓨린 유도체인 요산은 격심한 근육운동, 백혈병, 통풍의 발병 등일 때 배설량이 증가한다.

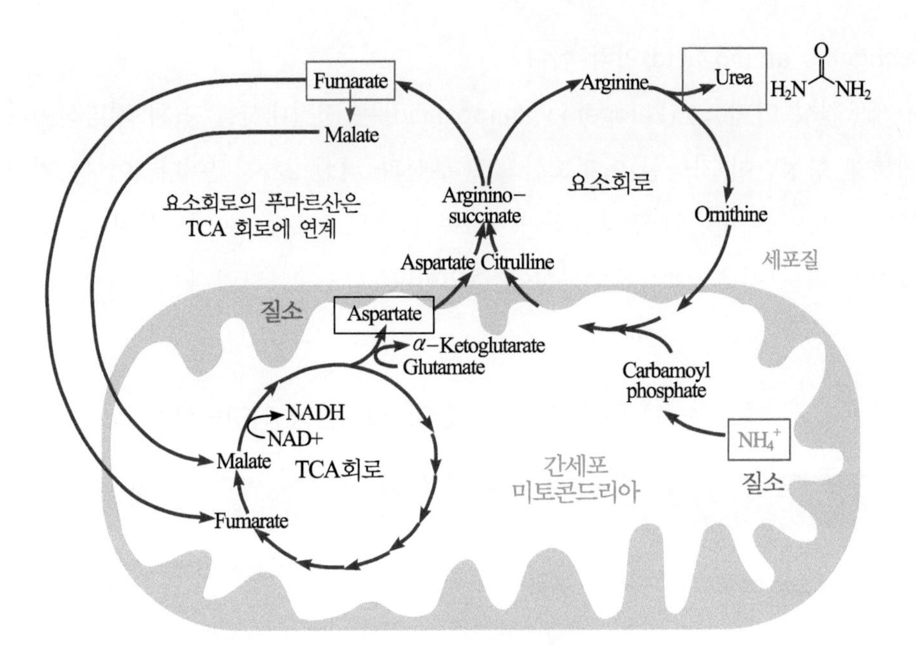

【그림 4-18】 요소 회로

(3) 아미노산 탄소 골격의 대사

산화적 탈아미노 반응을 거쳐 생성된 탄소 골격 α-케토산들은 아미노산에 따라 당대사 경로에 합류하여 포도당을 생성하거나 지질대사 경로에 합류하여 케톤체를 생성할 수 있는 아미노산으로 구분된다. 일부 아미노산은 당대사, 지질대사를 모두 경유하여 활용될 수 있다.

당원성 아미노산(glucogenic amino acid)은 당대사를 거쳐 포도당 생성이 가능한 아미노산으로 대부분의 아미노산이 당 신생이 가능하다. 탈아미노 반응으로 얻어지는 α-케토산은 기아 상태의 뇌와 적혈구를 위해 간세포에서 포도당으로 전환되어 공급되고, 여분의 남는 포도당은 글리코겐으로 저장되기도 한다.

대사적으로 아세틸-CoA나 아세토아세트산을 생성할 수 있는 아미노산으로 루신, 리신, 이소루신, 트레오닌, 페닐알라닌, 트립토판, 티로신의 7종이 알려져 있다. 이중 당 신생이 가능한 아미노산은 이소루신, 페닐알라닌, 트립토판, 티로신, 트레오닌의 5가지로 이들을 당원성-케토원성 아미노산(glucogenicketogenic amino acid)이라 한다.

케토원성 아미노산(ketogenic amino acid)은 지질대사를 거쳐 지방산이나 케톤체 형성만이 가능한 아미노산으로 루신과 리신 2가지뿐이다. 이 두 가지 아미노산은 당 신생의 전구물질이 될 수 없으므로 모든 아미노산이 당 신생 급원이 되는 것은 아니라는 사실에 주의한다(표 4-4, 그림 4-19).

【표 4-4】 당원성 아미노산과 케토원성 아미노산

분 류	아미노산
당원성	글리신(G), 세린(S), 발린(V), 히스티딘(H), 아르기닌(R), 시스테인(C), 프롤린(P), 알라닌(A), 글루탐산(E), 글루타민(Q), 아스파르트산(D), 아스파라긴(N), 메티오닌(M)
케토원성	루신(L), 리신(K)
당원성-케토원성	이소루신(I), 페닐알라닌(F), 트립토판(W), 티로신(Y), 트레오닌(T)

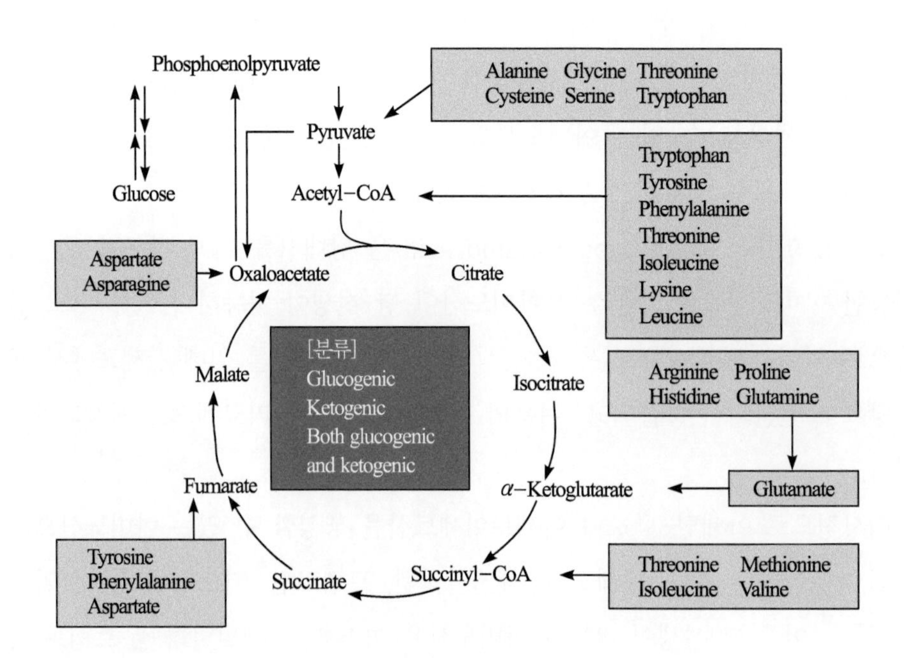

【그림 4-19】 아미노산 탄소 골격의 대사

이와 같이 단백질은 아미노산의 종류에 따라 당질대사에 연계되어 포도당으로 전환되거나 지질대사에 연계되어 에너지를 낼 수 있다. 3대 열량 영양소인 단백질, 당질, 지질대사는 상호 밀접하게 연계되어 있으며 체내 에너지 상태에 따라 이화대사와 동화대사의 진행 방향이 결정된다.

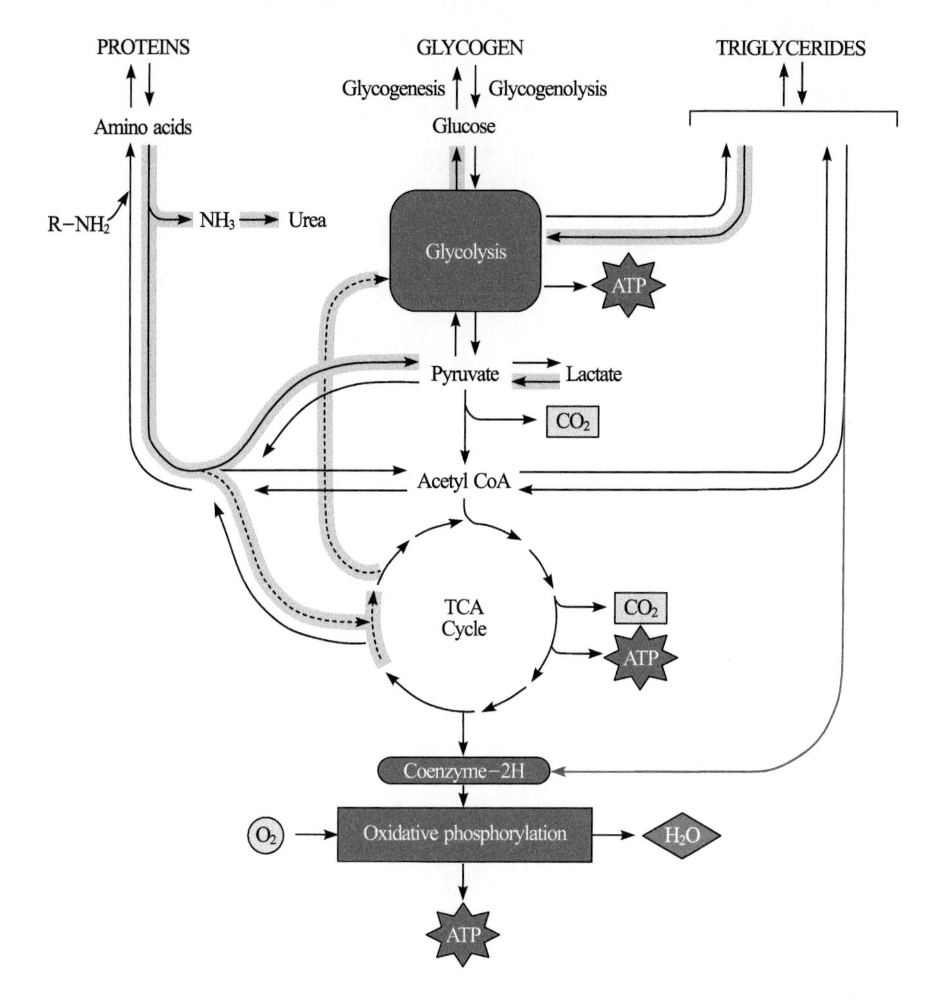

【그림 4-20】 3대 에너지 영양소 대사 개요

체내 에너지 상태가 부족한 경우, 글리코겐이나 지방산이 사용되고 지속적인 에너지 결핍 상태가 이어지면 체조직 단백질도 분해되어 포도당을 생성하거나 직접 아미노산을 산화시켜 에너지를 얻게 된다. 아미노산 분해과정인 탈아미노

반응에서는 $NADH^{+} + H^{+}$가 직접 형성되고 이것은 전자전달 사슬로 보내져 ATP 생성을 한다. 서로 다른 아미노산들로부터 형성된 α-케토산은 TCA 회로 유입경로도 다르기 때문에 생산되는 ATP의 개수가 일정하지 않고 달라진다. 포도당, 지방산과 마찬가지로 아미노산도 TCA 회로 연소를 통해 CO_2, H_2O를 배출하지만 질소 배설물인 요소가 추가로 더 생성되는 것이 다르다.

체내 에너지가 과잉 섭취 상태일 때는 여분의 단백질이 지방조직에 저장된다. 간에서 탈아미노 반응으로 아미노기는 제거되고 남은 α-케토산의 탄소 골격이 지방산으로 전환되어 중성지방 형태로 저장된다(그림 4-20).

단백질 합성은 TCA 회로 중간 산물인 옥살로아세트산이나 α-케토글루타르산에 아미노기 전이반응을 통한 비필수아미노산의 합성으로 이루어진다. 단 필수아미노산은 체내 합성되지 않으므로 식이 섭취되어야 한다.

4) 비필수아미노산 합성

체내에서 대사적으로 합성 가능한 아미노산이 비필수아미노산으로, 아미노기 전이반응을 필요로 한다. 당질, 지질의 중간대사산물이나 탈아미노 반응으로 얻어진 α-케토산의 탄소 골격에 아미노기를 반응시켜 필요한 양만큼 합성하여 사용 가능하다.

세린에서 글리신을, 옥살로아세트산과 글루탐산에서 아스파르트산과 아스파라긴을, 피루브산과 글루탐산에서 알라닌을, 요소 회로에서 아르기닌을 생성하는 과정 등이다(그림 4-21). 체내 합성이 가능하다고 하여 식이 섭취가 불필요한 것은 아니며, 인체 구성 아미노산의 절반 정도가 비필수아미노산인 것을 고려하면 식이 섭취 시 1/2~1/3 정도는 비필수아미노산으로 구성하는 것이 영양학적으로 바람직하다.

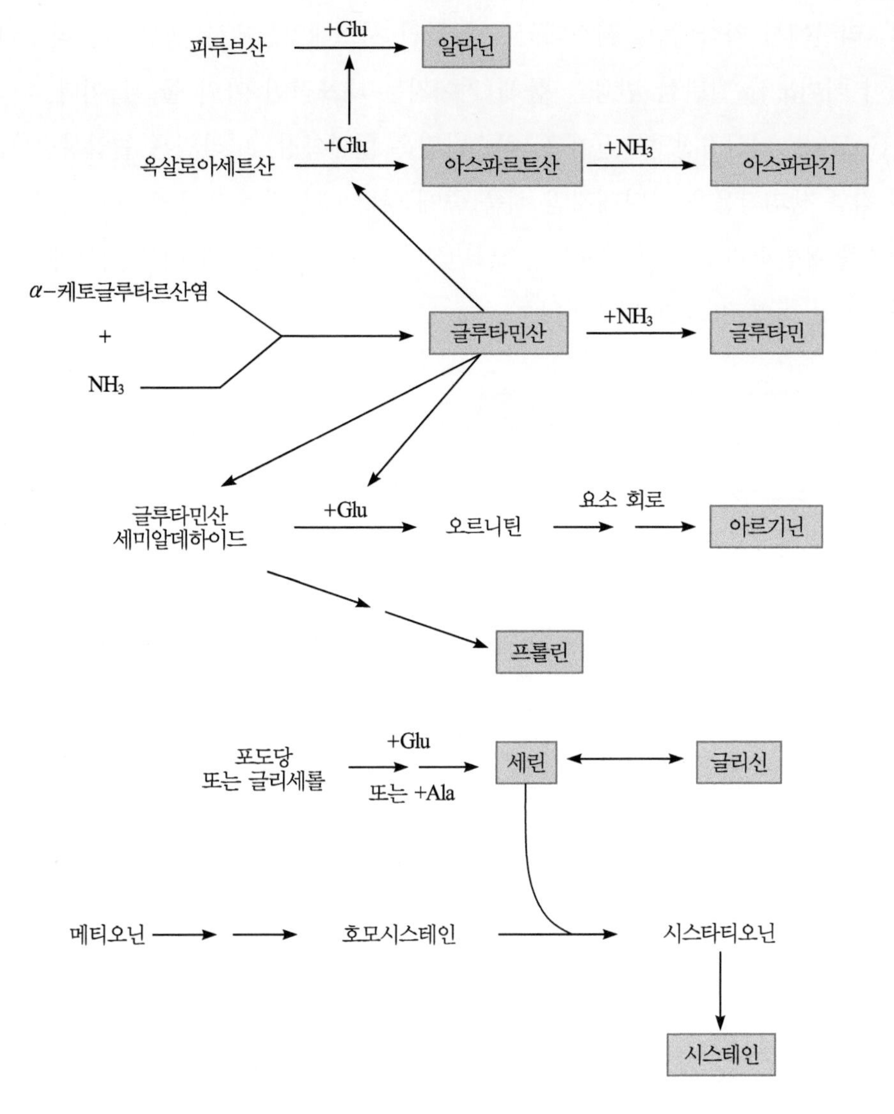

【그림 4-21】 비필수아미노산의 합성

5) 탈탄산 반응

아미노산의 산성기인 카르복시기가 CO_2 형태로 제거되면서 약리작용을 주로 나타내는 아민(amine)을 형성하는 반응이다. 세균에서 주로 나타나지만 동물에서도 일부 특이적인 물질이 형성된다. 글루탐산에서 γ-아미노부티르산(GABA), 티로신에서 티라민, 히스티딘에서 히스타민, 트립토판에서 세로토닌, 리신에서 카다베린, 시스테인 산화형인 시스테인산에서 생성되는 타우린 등이 아미노산 탈탄산 반응을 통해 얻어지는 대표적인 아민 물질들이다.

GABA는 뇌신경전달물질이고, 히스타민은 혈관확장, 티라민은 혈압상승 등의 각종 생리작용을 나타내지만 식품 중에 다량 생성되는 경우 알레르기성 식중독을 유발하기도 한다. 특히 히스타민, 티라민, 트립타민과 어육류 부패독인 카다베린 등은 유해한 아민이다.

$$NH_2CHR\text{-}COOH \longrightarrow NH_2CH_2R + CO_2$$

기타 아미노산대사

- 시스테인, 글리신, 글루탐산의 3가지 아미노산으로부터 글루타티온이 생성되며 체내에서 항산화 기전에 관여하는 간의 글루타티온 과산화효소의 작용에 관여한다.
- 긴사슬 지방산을 미토콘드리아 내막 안쪽으로 이동시키는 데 필요한 카르니틴 단백질은 리신으로부터 합성된다. 카르니틴이 부족하면 세포는 지방산 산화에 어려움을 겪기 때문에 카르니틴은 매우 중요한 단백질이다.
- 크레아틴은 아르기닌과 글리신 아미노산으로부터 합성되며 근육에서 인산과 합쳐져 크레아틴인산(Creatine phosphate : CP)으로 존재한다. 짧은 시간 고강도 운동을 하는 근육에 필요한 에너지를 바로 공급할 수 있는 물질로 활용된다.
- 세린으로부터 합성되는 콜린은 신경전달물질인 아세틸콜린의 합성에 관여한다.
- 트립토판에서 형성되었던 세로토닌은 수면유도 호르몬인 멜라토닌으로 대사된다.
- 방향족 아미노산인 티로신은 DOPA(dihydroxyphenylalanine)로 전환된 후 피부색소인 멜라닌으로 대사된다. DOPA 물질은 탈탄산 반응을 통해 도파민으로, 수산화 과정을 통해 노르에피네프린으로, 메틸화 과정을 거쳐 에피네프린으로 차례로 대사된다.

5. 단백질의 대사 이상

단백질 대사 이상은 아미노산 대사 이상을 의미하며 대부분 특정 아미노산들의 대사 전환 과정에 필요한 선천적 효소 결핍이나 부족이 원인이 되어 발생한다. 혈중에 존재하던 대사물질들은 신장에서 여과되며 요를 통해 정상 수준보다 과도한 양이 배출되게 되고 각종 요증으로 나타난다. 체내에서 전환되지 못한 물질들이 뇌조직에 축적되어 지체장애를 유발하는 경우도 많다.

1) 페닐알라닌, 티로신 대사 이상

페닐케톤뇨증(phenylketonuria, PKU)은 페닐알라닌 수산화효소(phenylalanine hydroxylase) 결핍으로 페닐알라닌으로부터 티로신 전환에 장애가 있어 페닐알라닌이 혈액이나 조직에 축적되고 페닐케톤뇨증으로 나타난다(그림 4-22). 조기 발견과 치료가 중요하며 치료 시기를 놓치면 뇌손상으로 인한 영구적 정신지체가 발생한다. 식단에서 페닐알라닌을 제한하는 식이를 해야 하고, 티로신 생성이 불가능하므로 이 환자들에게는 티로신이 조건부 필수아미노산(conditionally essential amino acids)이 된다. 합성 감미료인 아스파탐에도 페닐알라닌이 포함되어 있으므로 페닐케톤뇨증 환자들의 경우 섭취에 주의가 필요하다.

알캅톤뇨증(alkaptonuria)은 페닐알라닌과 티로신의 분해 과정에 장애가 있는 선천성 대사 이상 질환으로 호모겐티신산 산화효소(homogentisic acid oxidase)의 결손이 원인이다. 호모겐티신산 축적과 요 중으로의 다량 배설이 발생하고 산화 반응으로 요를 방치하면 흑색 중합체인 알캅톤(alkapton)을 형성하여 흑색뇨가 된다. 체내에서는 조직 갈변의 원인이 되어 흑색증을 유발한다. 건강에 미치는 영향은 경미한 편이며 필요 시 저페닐알라닌, 저티로신식이 처방을 한다. 성인의 경우 관절 이상 등으로 나타나기도 한다.

백색증인 알비니즘(albinism)은 멜라닌(melanin) 색소 결핍으로 신체 일부 또는 전신에 백색 현상이 나타나는 유전질환이다. 모발은 황백색으로 나타나고 홍채 색상도 투명하게 보인다. 피부가 약하여 홍반을 동반하는 경우가 많다. 멜라닌 색소 형성을 위해 필요한 티로시나제(tyrosinase) 결핍이 원인이며 치료법은 특별히 없다.

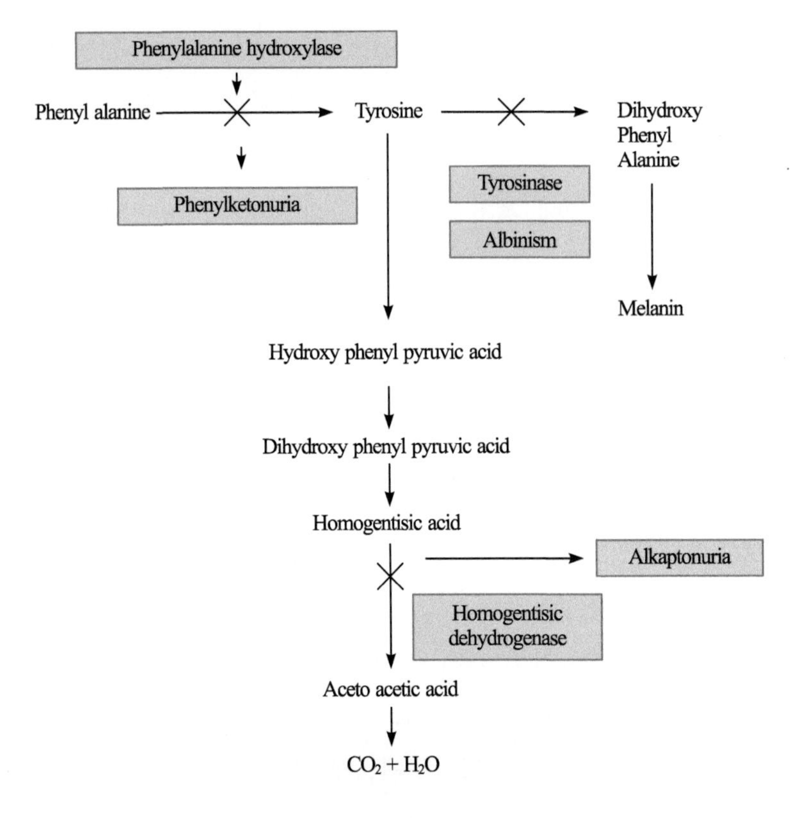

【그림 4-22】 페닐케톤뇨증, 알캅톤뇨증, 알비니즘

티로신혈증(tyrosinemia, tyrosinosis)은 유전 요인에 의해 혈중 티로신 농도가 높아지는 질환으로 결핍 효소에 따라 3가지 유형으로 나뉜다(그림 4-23). 티로신혈증 I형은 발육불량, 간기능장애, 세뇨관장애가 주된 증상이며 급성 발병인 경우 1년 이내 사망하고 만성으로 발병하여도 아동기에 사망한다. 요에 숙시닐아세톤이 배설되며 푸마릴아세트산 분해효소(fumarylacetoacetase) 결손이 원인이다. Ⅱ형은 간세포에 있는 티로신분해효소인 티로신아미노기 전달효소(tyrosine aminotransferase) 결핍이 원인이 되어 발병하며 각막과 피부 궤양 등의 증상으로 나타난다. Ⅲ형은 간, 눈, 피부 이상은 없으나 경련과 발달지연 증상으로 나타난다. 원인은 4-히드록시페닐피루브산 이산화효소(4-hydroxyphenyl pyruvate oxidase) 결핍으로, 3가지 티로신혈증 유형 모두 티로신과 페닐알라닌 제한 식이를 한다.

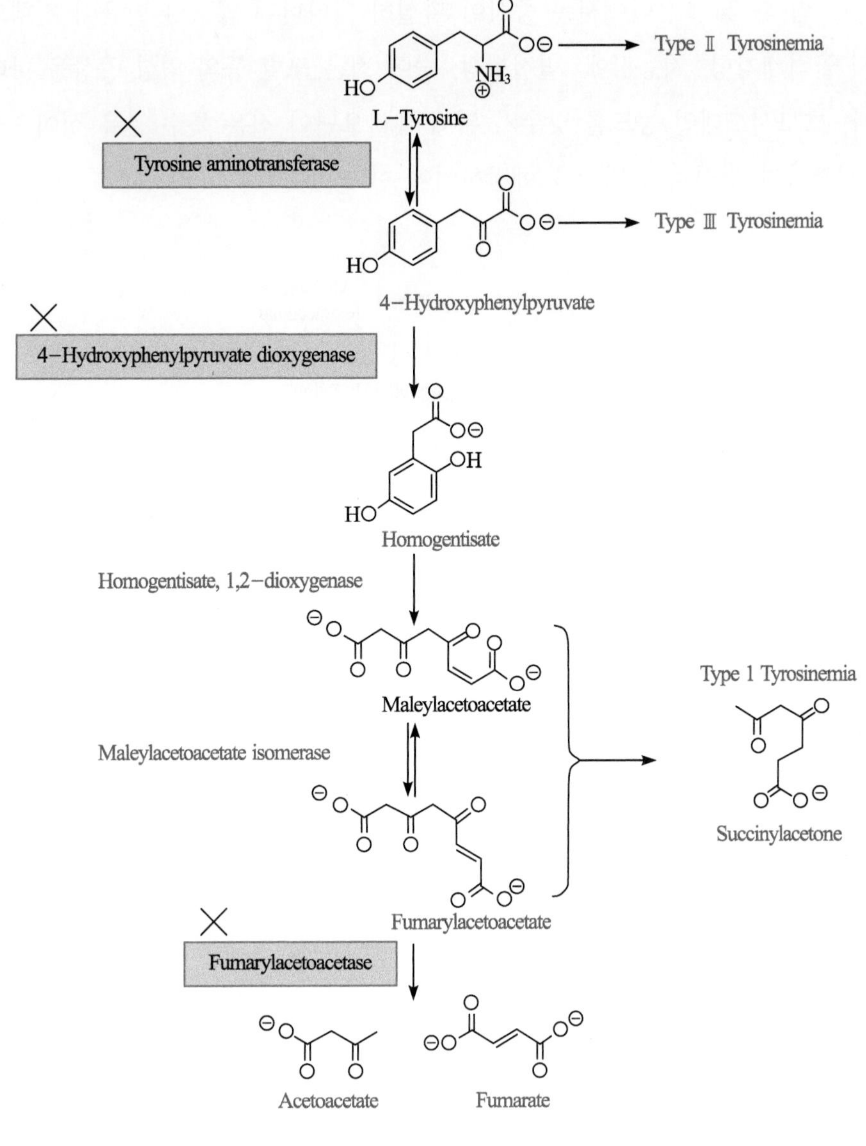

【그림 4-23】 티로신혈증

2) 메티오닌, 시스테인 대사 이상

호모시스틴뇨증(homocystinuria)은 메티오닌으로부터 시스테인을 합성하는 과정에 필요한 시스타티오닌 합성효소(cystathionine synthetase)의 결함으로 이 효소의 기질인 호모시스테인의 혈중 농도가 증가하여 요로 배출되는 질환이다(그림 4-24). 유아에서는 증상이 확실히 나타나지 않으나 발육이 진행되면서 골격계기형, 지능장애, 혈전형성, 숱이 적은 모발 등의 임상 증상을 나타낸다. 호모시스테인 농도를 낮추기 위해 메티오닌이 적은 특수 분유 식이요법을 시행하여 정신지체 발생을 예방하여야 한다.

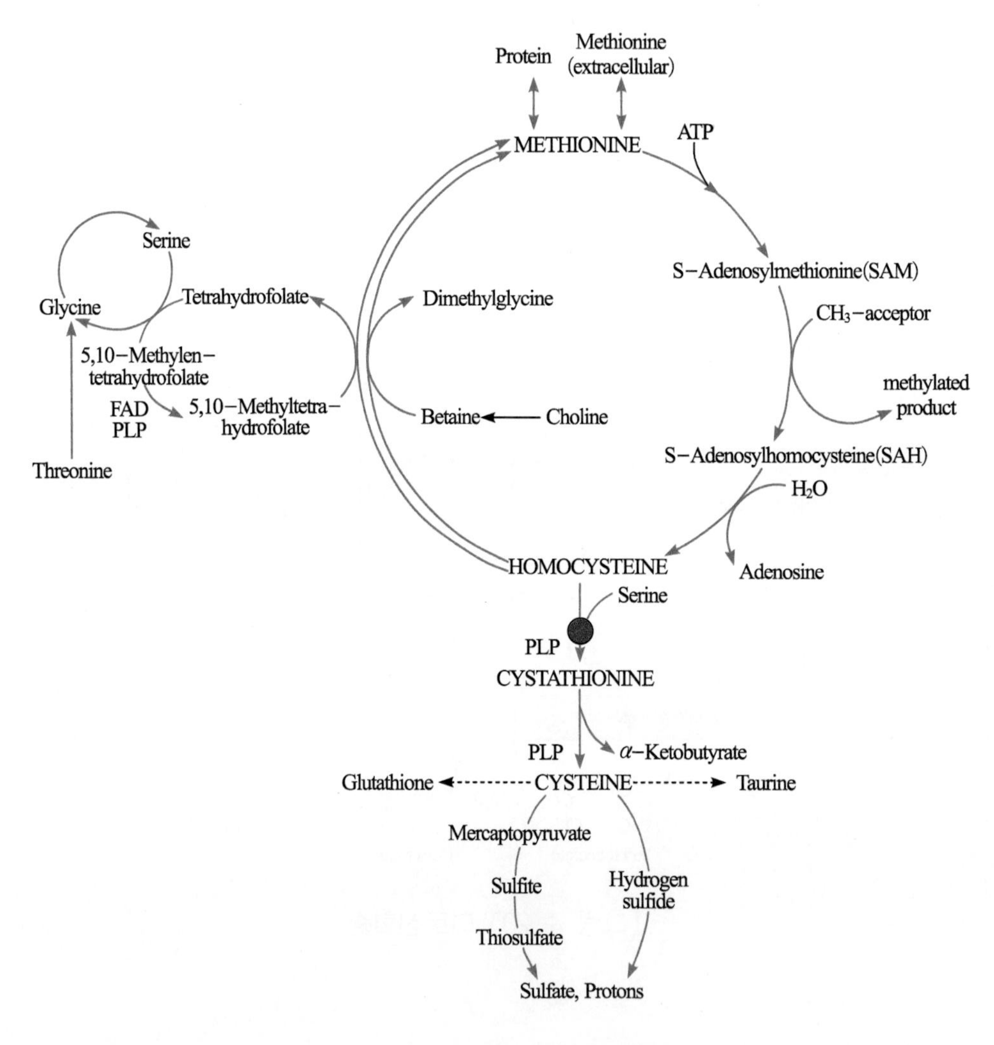

【그림 4-24】 호모시스틴뇨증

3) 발린, 루신, 이소루신 대사 이상

단풍당뇨증(maple syrup urine disease)은 분지 아미노산의 산화적 탈탄산화 과정을 촉진하는 효소의 유전적 결함이 원인이다(그림 4-25). 선천적 요인에 의한 효소 결핍으로 대사되어야 할 물질들이 전환되지 못하고 체내에 축적되면서 소변, 땀, 눈물에서 단풍나무 수액 같은 달콤한 냄새가 임상적으로 감지되기 때문에 붙여진 병명이다. 생후 3~5일부터 케톤산혈증으로 인한 경련성 발작, 구토, 호흡장애 등이 나타난다. 생후 1주일 이내의 조기 발견이 중요하며 치료 시기를 놓치면 신경장애로 인한 정신지체가 발생하기도 한다. 심한 경우 혼수상태에 빠지고 치료 시기를 놓치면 2개월 이내에 사망한다. 조기 발견을 통하여 분지아미노산 섭취를 제한하는 특수 분유 식이를 진행하면 정상아로 성장할 수 있다.

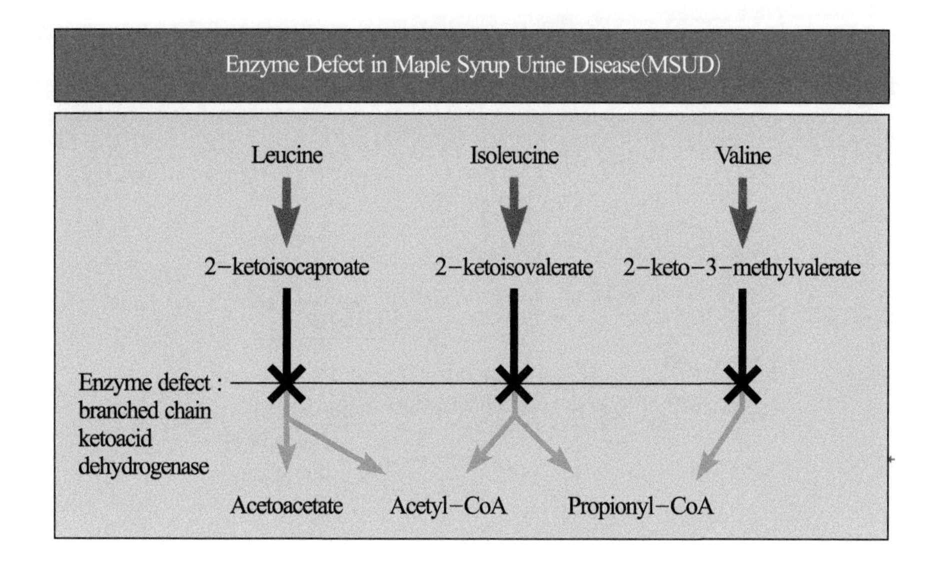

【그림 4-25】 단풍당뇨증

4) 요소회로 대사 이상

아르기닌혈증(hyperargininemia)은 아르기닌(arginine)을 요소와 오르니틴으로 분해하는 아르기나제(arginase)효소가 결핍되어 발생한다. 생후 6개월 무렵 구토, 발달장애, 고암모니아혈증이 나타나며 지능발달장애도 동시에 진행된다. 단백질 제한 식이로 암모니아 생성 억제 처방을 한다.

아르기노숙신산혈증(argininosuccinic acidemia) 또는 아르기노숙신산뇨증(-aciduria)이라 불리는 유전질환은 아르기노숙신산(arginosuccinic acid)이 혈중과 요중에 증가하며 동시에 암모니아 수치도 상승하여 중추신경계에 손상을 일으킨다. 출생 수일 내에 증상이 나타나 경련, 혼수, 간손상, 지능장애, 발달장애 등을 보인다. 즉각적인 단백질 제한 식이 처방이 필요한 질환으로 아르기노숙신산 분해효소(argininosuccinate lyase)의 결손이나 유전적 결함이 원인이다.

시트룰린혈증(citrullinemia)도 선천적 요소 회로 대상이상증으로 시트룰린(citrulline)에서 아르기노숙신산이 생성되는 과정에 장애가 생겨 혈중 시트룰린이 상승한다. 아르기노숙신산 생성효소결핍증(argininosuccinate synthase deficiency)이라고도 하며, 요소생성을 하지 못하여 고암모니아혈증으로 나타난다. 경련, 의식장애, 간기능 장애가 동반되며 지능장애, 발육장애가 따르기도 한다. 저단백 식이 처방 후 암모니아 생성 억제를 위한 치료를 병행한다(그림 4-26).

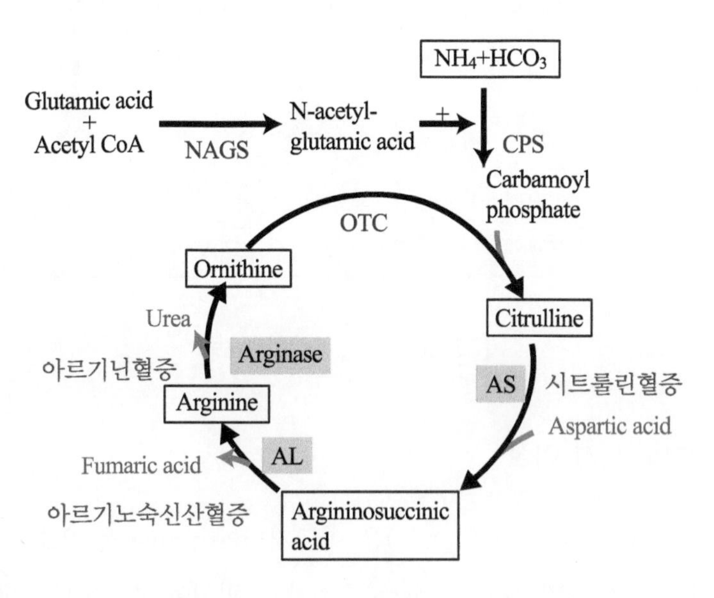

【그림 4-26】 요소 회로 대사 이상

【표 4-5】 대표적인 아미노산 대사 이상증

이상 원인	증상	식이 처방
페닐케톤뇨증		
페닐알라닌 수산화효소 결핍 페닐알라닌 → 티로신 전환하지 못함	색소결손, 지능장애	• 페닐알라닌 제한식 • 티로신 합성을 하지 못하므로 티로신을 식이에 반드시 공급(티로신 : 조건부필수아미노산)
알캅톤뇨증		
호모겐티신산 산화효소 결핍 호모겐티신산 축적, 요로 배출	흑색뇨 조직갈변증	• 저페닐알라닌 식이 • 저티로신 식이
호모시스틴뇨증		
시스타티오닌 합성효소 결함 메티오닌 분해를 못함	골격기형 혈전형성 지능장애	• 저단백 식이 • 저메티오닌 식이 • 시스타티오닌 합성효소의 활성 증가시키는 비타민 B_6의 섭취 증가 • 호모시스테인 재메틸화 과정에 필요한 • 엽산, 비타민 B_{12}를 충분히 섭취
단풍당뇨증		
분지아미노산 분해를 못하여 축적	경련, 구토 혼수, 사망 정신지체 케톤산혈증	• 분지아미노산(측쇄아미노산, 곁가지 아미노산) 섭취 제한 • 근육 단백질 분해 방지를 위해 충분한 열량 공급

6. 단백질의 평가

단백질은 생물체 조직 구성, 조절작용, 면역기능 등을 위해 필수적인 영양소로 매일 일정량 이상이 소모되므로 이를 충당하기 위해 지속적인 단백질 공급이 필요하다. 식물의 경우 단백질 합성에 필요한 아미노산을 모두 합성할 수 있지만 동물은 불가능하므로 식이 섭취를 통한 필수아미노산의 공급이 매우 중요하다.

단백질의 질은 신체 성장과 생리 기능 유지에 기여하는 단백질의 능력을 말하며 필수아미노산의 함유 정도가 중요하게 고려되며 소화율도 좋을 경우 비교적 우수한 단백질로 평가된다.

1) 평가 방법

생물학적 접근 방법은 성장기 동물이나 어린이를 대상으로 식이 공급 후 체중변화를 관찰하는 기초적인 방법과 질소평형 실험에 근거하여 체내 보유 질소를 계산하고 단백질 효율을 결정하는 계산 방식 등이 있다.

화학적 접근법은 화학분석 실험을 통하여 식품 단백질의 아미노산 조성을 관찰하고 이를 기준이 되는 표준 단백질의 아미노산 조성과 비교하여 단백질의 질을 평가하는 방식으로 화학가, 아미노산가 등이 있다. 최근에는 화학적 평가법과 생물학적 평가법을 보완한 방식을 가장 효율적인 단백질 평가법으로 인정하고 있다.

(1) 생물학적 평가

생물학적 평가는 동물실험 또는 인체실험의 체내 대사를 활용한 단백질 평가 방법으로 체중증가 활용법인 단백질 효율(protein efficiency ratio, PER)과 질소출납 활용법인 생물가(biological value, BV), 소화율이 고려된 순단백질 이용률(net protein utilization, NPU) 등이 있다.

단백질 효율은 체중증가가 체단백질 이용에 비례한다는 가정하에 실행되는 방식으로 조제분유 표시기준에 적용되는 방식이기도 하다. 다만, 체중증가가 단백질 식이에 의한 것이 아닌 체지방 축적에 의한 것일 수도 있으므로 전체 에너지 공급과 단백질 섭취 기준이 적절히 조절된 상태에서 실험을 진행하여야 한다. 일반적으로 사료에 10% 정도의 단백질을 포함시키고 약 4주간 체중증감을 관찰한다. 비교적 간편하게 관찰할 수 있는 단백질 평가법이지만 성장시기에만 관찰할 수 있다는 문제점과 개체의 식이 섭취량에 따라 실험 결과가 영향을 받는 문제점 등이 있다.

$$\text{단백질 효율(PER)} = \frac{\text{일정 기간 증가한 체중의 양(g)}}{\text{일정 기간 섭취한 단백질의 양(g)}}$$

생물가는 체내에 흡수된 질소가 어느 정도 보유 되었는지를 측정하는 방식으로 흡수된 단백질의 체단백 전환 효율을 나타낸다. 보유된 질소량은 식이질소에서 소변과 대변으로 배설된 질소량을 제한 것이고, 흡수된 질소량은 식이질소에서 대변으로 배설된 질소량을 제한 것이다. 동물성 단백질의 생물가가 높은 편이며 식물성 단백질의 생물가는 낮게 측정된다. 단백질 식품 중 생물가가 가장 높은 것은 달걀로 96~100 정도이고, 우유 93~95, 쇠고기 70~76, 현미 67~75 등으로 나타난다. 그러나 소변 중에는 체단백질 분해로 생성된 질소 배설물이 있고 대변 중에도 단백질 섭취와 무관한 소화액, 장점막 박리물, 세균 등이 있으므로 미리 무단백식이 중 질소량을 관찰하여 계산수치를 보정하여야 한다. 또한, 생물가는 실험동물 종류, 소아 또는 성인에 따른 연령차이, 개별 에너지 섭취량의 많고 적음 등에 따라 수치에 변화가 크고 소화흡수율도 고려되지 않은 단점이 있다.

$$\text{생물가(BV)} = \frac{\text{보유된 질소량}}{\text{흡수된 질소량}} \times 100$$

생물가가 체내 흡수된 질소의 체내 이용률을 나타낼 뿐 소화흡수율은 전혀 고려하지 않은 것을 보완하기 위하여 생물가에 소화흡수율을 곱한 평가방식이 순단백질 이용률이다. 정미단백질 이용률이라고도 하며, 섭취된 단백질이 체내에서 얼마나 이용되었는지를 나타내준다. 수치는 0~1까지이며 수치 1은 단백질이용률이 100%임을 의미하고, 달걀과 우유의 NPU 수치가 1로 나타난다.

순단백질 이용률(NPU) = 생물가×소화흡수율

(2) 화학적 평가

화학적 평가 방식은 체단백질 합성에는 모든 종류의 아미노산이 필요하며 단백질의 합성효율은 가장 부족한 필수아미노산의 함량에 영향받는다는 이론에 근거하여 1946년도에 처음 화학가(chemical score)가 등장하였다.

그러나 당시에는 체단백질 합성에 필요한 필수아미노산의 구성이 무엇이고 얼마나 필요한지에 대한 과학적 연구결과가 미흡하였기 때문에 여러 가지 아미노산 기준패턴이 비교 방식으로 등장하였다. 이에 등장하는 아미노산 기준에 따라 다양한 방식의 화학가가 생겨났다.

1957년도에 등장한 단백가(protein score)는 FAO가 제공한 아미노산 표준패턴에 비교하는 방식이었다. 1965년도에 등장한 난가(egg score)는 달걀 단백질의 아미노산 패턴에 비교하는 방식으로 같은 해에 모유가(human milk protein)도 발표되었는데, 두 가지 모두 FAO/WHO에 의해 표준 아미노산 수치가 제공되었다.

그 후 새로운 기준 아미노산 패턴인 아미노산가(amino acid score)가 1973년도(FAO/WHO)에 출현하면서 단백가, 난가 등은 더는 잘 사용하지 않게 되었다. 아미노산가는 1985년도(FAO/WHO/UNU)에 한 차례 더 개정되어 발표되었다. 그러나 화학적 평가 방식은 단백질의 소화율을 고려하지 않은 단점이 있다.

화학가(CS)의 종류

단백가(protein score, PS) : 1957년 FAO 제공 표준아미노산 패턴
난가(egg score, ES) : 1965년 달걀 단백질
모유가(numan milk score, HS) : 1965년 연유 단백질

아미노산가(AAS)

아미노산가단(amino acid score) : 1985년 FAO/WHO 제공 표준아미노산 패턴

화학가(CS), 아미노산가(AAS) 계산

$$\frac{\text{평가 식품 단백질의 제1제한 아미노산량(mg/g)}}{\text{표준 아미노산 패턴의 동일 아미노산량(mg/g)}} \times 100$$

(3) 생물학적 평가와 화학적 평가의 보완

최근에는 단백질의 평가를 위해 생물학적 평가법과 화학적 평가법의 단점을 보완한 단백질 소화율이 고려된 아미노산가(protein digestibility corrected amino acid score, PDCAAS)를 실용적으로 가장 널리 사용한다. 1993년 FAO/WHO에 의해 단백질 평가를 위한 가장 효율적인 방법으로 승인되어 사용되고 있으며, 인체가 필요로 하는 실질적 아미노산 요구량을 반영하고 소화흡수율까지 고려함으로써 생물학적 평가법과 화학적 평가법의 단점을 모두 보완한 평가방식으로 인정받고 있다.

수치 범위는 0~1까지 있으며 대두, 우유 단백질 카제인, 난백이 PDCAAS 수치 1로 가장 높게 평가되어 있고 곡류 단백질들은 0.4~0.6 사이의 수치를 나타낸다. 해당 단백질에 결핍된 필수아미노산이 있는 경우 PDCAAS 수치는 0이 된다.

단백질 소화율이 고려된 아미노산기(PDCAAS) = 아미노산×소화율

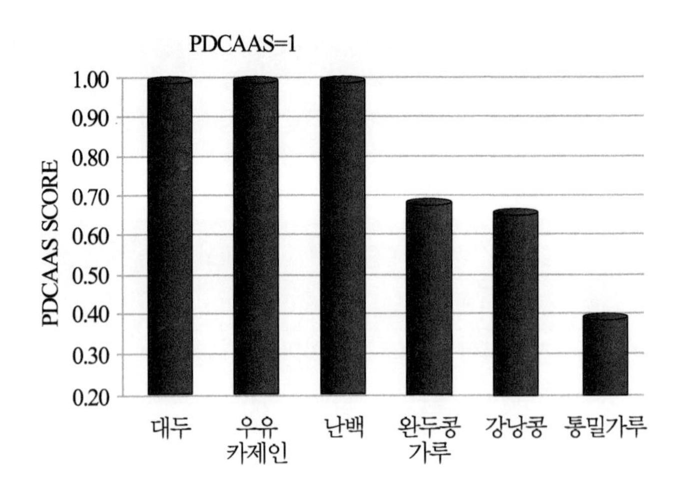

【그림 4-27】 주요 식품의 PDCAAS

2) 단백질 섭취와 질소 배설의 균형

질소평형(nitrogen balance)이란 동물이 섭취한 질소량에서 소변, 대변 등으로 배출한 양을 제외한 수치로 체단백질의 증감 상태를 나타내주는 지표로 활용된다. 일반적으로 건강한 성인은 체내로 섭취된 질소량과 체외로 배설된 질소량이 같은 상태로 질소평형이 균형을 이루고 있으며 체단백질에도 증감이 없이 일정량을 유지하고 있다. 질소 출납은 0으로 나타나며 섭취와 배설이 균형을 이룬 상태이다.

질소평형이 양의 평형 상태를 보이는 경우는 영양 상태가 양호한 것으로 판단할 수 있으며 성장기 어린이, 임신부, 회복기 환자, 근육을 키우고 있는 중인 운동선수 등이 이 경우에 해당한다. 체단백질 형성을 위한 동화작용이 활성화된 시기로 분비되는 호르몬들도 주로 합성을 촉진하는 인슐린, 성장호르몬 등이다.

이와 달리 질소평형이 음의 상태로 나타나는 경우는 단백질 섭취량이 감소했거나, 질 낮은 단백질을 섭취하고 있을 때 또는 에너지 섭취량 부족한 경우 등의 식이성 요인으로 인해 주로 발생한다. 기타로 감염성 질환에 의한 발열 상태, 열병 등의 소모성 질환을 앓고 있을 때도 일정기간 배설 질소량이 증가하여 질소평형이 음으로 나타나게 된다. 음의 질소평형을 유발하는 호르몬으로는 단백질로부터 포도당 생성을 촉진하는 글루코코르티코이드, 대사항진에 관여하는 갑상선호르몬 등이 있다(표 4-7).

【표 4-6】 질소평형 상태

양(+)의 질소평형	질소평형	음(-)의 질소평형
섭취 > 배설	섭취 = 배설	섭취 < 배설
세포형성기		체단백 분해 시기
성장기 임신기 질병 회복기 근육 형성 운동 시기	건강한 성인	기아 상태 화상, 열병 신경쇠약증 전염병등 소모성 질환 출혈 많은 외과적 부상
인슐린 성장호르몬 남성호로몬		갑상선호르몬 글루코코르티코이드

7. 단백질의 영양과 건강

단백질은 인체 구성 성분 중 물 다음으로 많은 영양소로 약 16 % 정도를 차지하고 있으며 근육, 피부, 신체 장기 등의 조직 교체와 효소, 호르몬 등의 기능 유지를 위해서도 매일 꾸준한 양의 섭취가 필요한 영양소이다.

가수분해된 단백질로부터 에너지를 얻을 수 있기는 하지만 요소 합성 등의 비효율적 대사 과정을 거쳐야 하므로 에너지 영양소로 활용하기에는 매우 부적절한 영양소이다. 단백질의 영양학적 의의는 새로운 조직의 합성과 기존 조직의 유지 보수를 위한 아미노산 공급에 있다.

모든 종류의 아미노산 합성이 가능한 식물과 달리 인간은 합성하지 못하는 아미노산들이 있으므로 이런 아미노산의 공급이 가능한 식품들이 인간에게는 최적의 단백질 급원 식품이 된다.

1) 영양섭취기준

단백질은 권장섭취량이 설정된 유일한 '열량 영양소'로 단백질 필요량 산출은 질소 균형 연구를 활용하여 책정하였다. 19세 이상 성인의 단백질 권장섭취량은 0.66×1.25 = 0.825g/kg/일로 설정하였다. 성장기 어린이, 임신부, 수유부의 경우에는 권장 수치가 증가하며 열성 질병과 수술 후에도 섭취량을 증가시킨다.

생물학적 가치가 낮은 단백질을 섭취하는 경우를 고려하여 전체 단백질 섭취 식품의 1/3은 동물성 단백질로 섭취하는 것을 권장한다. 그러나 단백질은 당질, 지질과 달리 체내 저장이 되지 않는 영양소이므로 일시에 요구량보다 지나치게 많은 양의 단백질을 섭취하는 것은 바람직하지 않다.

단백질의 에너지 적정 비율은 1일 에너지 필요추정량의 7~20%에 해당한다. 이를 고려하면 19~29세 남자의 에너지 필요추정량이 2600kcal일 때 단백질의 적정 섭취량은 46~130g(182~520kcal)이다. 마찬가지로 19~29세 여자의 에너지필요추정량은 2100kcal이므로 적정 단백질 섭취량은 37~105g(147~420kcal)이다.

2010년 한국인 영양섭취기준에서 제시하는 단백질 권장섭취량은 19~49세 남자 55g/일, 50세 이상 50g/일이고, 여자의 경우 19~29세 50g/일, 30세 이상은 45g/일이다.

2) 급원 식품

인간이 합성하지 못하는 아미노산을 필수아미노산이라고 하며, 단백질 생합성이 체내에서 항시 일어날 수 있도록 해주기 위해서라도 필수아미노산의 지속적인 공급은 매우 중요하다. 단백질의 섭취가 불균형하거나 불충분할 때는 성장과 신체 기능 유지 등에 많은 문제가 발생한다. 따라서 그 어떤 영양소보다 단백질의 경우에는 급원의 질을 평가하여 좋은 단백질을 섭취할 수 있도록 하여야 한다.

대표적인 단백질 급원 식품으로 육류, 어류, 가금류, 난류 등이 있으며 우유와 유제품도 좋은 단백질 급원이 된다. 무엇보다 인체가 합성하지 못하는 필수아미노산을 고루 함유한 단백질 식품이 질 좋은 단백질 급원이 된다.

채식가의 경우에는 대두 단백질을 활용한 두유, 두부 등을 활용하면 질 좋은 단백질을 얻을 수 있다. 그리고 비록 식물성 단백질이라 하더라도 여러 가지 식품의 단백질을 동시에 섞어 먹는다면 단백질 상호보충 효과로 인해 충분히 질 높은 단백질 식단을 공급할 수 있으며 콩밥 등이 좋은 예이다.

중요한 것은 체조직 보수에 필요한 필수아미노산들이 항시 부족하지 않도록 꾸준한 양의 단백질을 매일 일정하게 섭취하는 것이다. 일시에 과잉으로 섭취한 단백질은 체지방으로 저장될 뿐이고 며칠 간격의 시간을 두고 섭취한 곡류 단백질로부터는 상호보충 효과를 기대할 수 없다.

단백질은 피부, 모발, 효소, 면역체 등의 합성 재료가 되는 필수적인 영양소이므로 감량을 위한 저열량 식이요법 실시 중에도 신체 필요량이 부족하지 않도록 주의하여야 한다. 신체 조직이 세포 교체와 재생을 위한 단백질 합성을 필요로 할 때 항시 혈류에 모든 필수, 비필수아미노산들이 존재할 수 있도록 균형 잡힌 단백질 식단을 마련하는 게 무엇보다 중요한 것이다. 종종 지나친 감량 식이요법을 시행하는 경우 피부조직이 늘어져 탄력을 잃게 되는 것은 이러한 단백질 영양의 기초 상식을 고려하지 않고 저열량 식단만을 감행하기 때문이다.

3) 결핍 시의 문제

단백질 결핍은 에너지 결핍과 겹쳐 여러 가지로 복합적인 증후가 나타나는 경우가 많으며 대표적인 결핍증으로 콰시오커(kwashiorkor)와 마라스무스(marasmus)가 있다. 단백질-열량 영양부족(protein-energy malnutrition, PEM : protein calorie malnutrition, PCM)증이라고도 불리는 이 결핍증은 단백질과 에너지 공급이 불균형인 상태로, 저단백성 영양실조로 인한 여러 가지 장해가 나타난다.

콰시오커에서는 단백질 결핍이 더 현저히 나타나고 에너지 결핍 증상은 비교적 미약하다. 마라스무스는 심한 에너지 결핍증으로 단백질은 물론 탄수화물, 지질의 공급도 거의 없는 기아 상태이다. 피하지방의 소실, 근위축 등이 나타나며 현저히 마른 몸을 볼 수 있다.

콰시오커 병명은 '둘째 아이가 태어날 때 큰 아이가 걸리는 병'이라는 뜻의 가나어이다. 수유기를 벗어나 이유식을 시작해야 할 시기에 적절한 영양공급을 받지 못해 나타나는 증후군이다. 성장이 멈춰 키가 자라지 않고, 팔다리는 앙상하여 운동성이 없으며, 간은 축적된 지방으로 인하여 지방간으로 되고 심한 경우 간경변증으로 발전하기도 한다. 단백질 부족으로 인한 멜라닌 색소의 부족으로 체모의 색깔이 붉게 나타나며 면역력 감소로 인한 피부염, 소화기 장애, 신경계 장애 등의 증상이 나타나고 방치될 경우 사망에 이를 수도 있다. 혈장 알부민 부족에 의한 부종 증상이 심하게 나타나며 단백질 치유식을 공급할 경우 2~3주 이내에 완치될 수 있다.

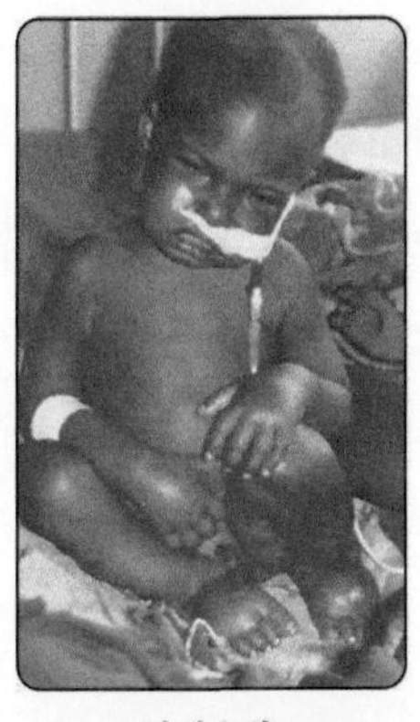

콰시오커
(복수, 손발부종)

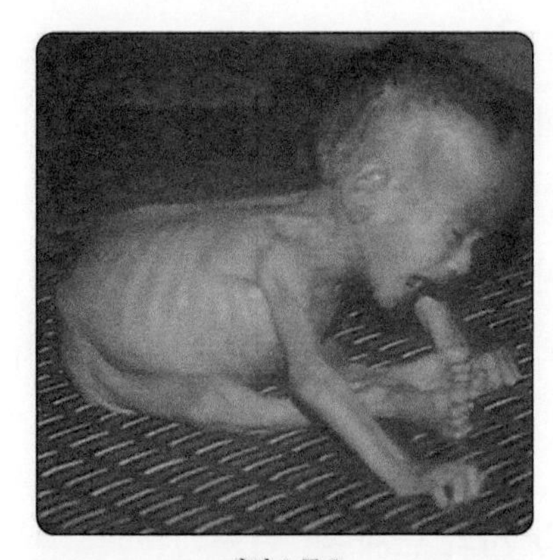

마라스무스
(근육약화, 체중감소)

【그림 4-24】 콰시오커와 마라스무스

열량도 충분히 공급받지 못하고 단백질 결핍 증세도 나타나는 것을 마라스무스(marasmus)라 한다. 마라스무스는 "소모하다"란 의미의 그리스어로 눈에 띄게 마른 체격이 관찰되고 열량 공급 부족으로 체지방 감소가 심하다. 피하지방 감소로 주름이 관찰되며 콰시오커와 달리 지방간 현상도 나타나지 않는다. 체조직 분해가 극심하여 조직 간 이동하는 혈장 알부민의 양이 많으므로 부종이 나타나지 않는다. 마라스무스의 치료식으로 고단백질 식이와 고에너지 식이를 동시에 공급한다.

4) 과잉 섭취의 문제

단백질도 과잉 섭취할 경우 체지방 조직에 축적되어 체중증가와 비만의 주범이 될 수 있다. 또한, 과도하게 섭취된 단백질은 저장되거나 활용되기 위하여 탈아미노 반응을 거쳐야 하는데, 이로 인한 질소 노폐물의 증가로 신장 기능에 무리가 생길 수 있다. 요소 합성을 해야 하는 간세포도 질소 배출이 과도하게 증가할 경우 기능장애가 발생할 수 있으며 단백질대사가 진행되면 체내 비타민 B_6의 소모도 늘어나 피리독신을 조효소로 필요로 하는 다양한 신체 기능에 문제가 발생할 수 있다.

과잉의 단백질 섭취는 골밀도를 낮춘다는 미국 임상영양학회의 보고도 있다. 특히 동물성 단백질의 대사 과정으로 인해 유발되는 체액 산도 저하를 중화시키기 위하여 골격 속의 칼슘 성분들이 다량 분해 용출되어 사용됨으로써 골다공증이 유발된다고 알려져 있다. 따라서 장기간 과잉의 단백질 섭취를 하지 않도록 주의가 필요하다.

단백질은 식품 이용을 위한 특이 동적작용(specific dynamic action, SDA)이 다른 영양소보다 높아 고단백식이를 할 경우 신체대사가 항진되어 체온과 혈압이 올라가고 피로가 유발됨으로 고혈압 증상 등의 성인병을 갖고 있는 환자들은 과도한 단백질 섭취를 하지 않도록 해야 한다.

[단백질] 문제해결 활동

- 이름 :
- 학번 :
- 팀명 :

- 중심키워드 :
- 중심키워드 한줄지식 :

정답을 맞힌 팀 :

[단백질] 문제해결 활동

맞춤 선을 그어주세요.

중심키워드 ·	· 한줄지식
·	·
·	·
·	·

정답을 맞힌 팀 :

▶▶▶ 문제해결을 위한 팀별 경쟁학습 방법

① 팀을 구성한다.(4~5명)

② 단원별 중심키워드로 팀명을 정한다.

③ 팀원이 협동학습으로 문제를 작성한다.

④ 교수자에게 확인받은 문제를 다른 팀에게 제시하고 정답 팀을 기록한다.

⑤ 질의응답 후, 교수자는 최종 피드백을 실시한다.

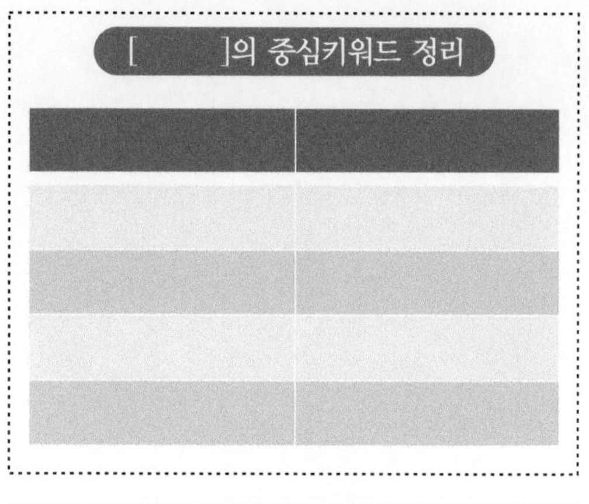

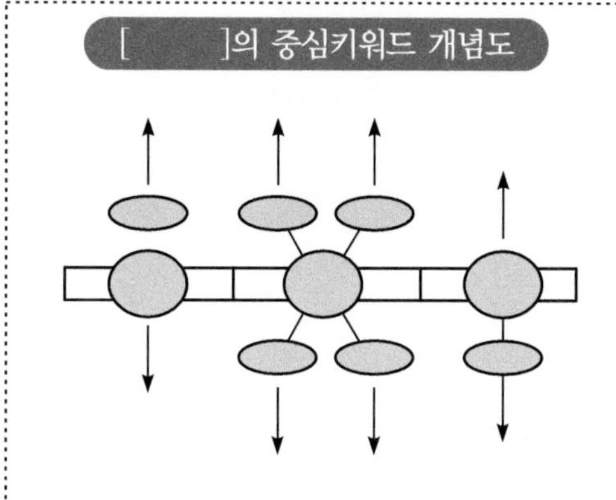

▶▶▶ 과제해결 방법

① 학습이 완료된 단원별 내용을 중심키워드와 한줄지식 중심으로 정리한다.
② 정리한 내용을 기초로 학습자만의 자유로운 중심키워드 개념도를 작성한다.
③ 우수한 과제를 학습자 간에 공유하고 교수자는 과제에 대한 피드백을 실시한다.

호르몬

1. 호르몬의 분류
2. 에너지 대사 조절 호르몬
3. 호르몬의 분비 이상

제5장
호르몬

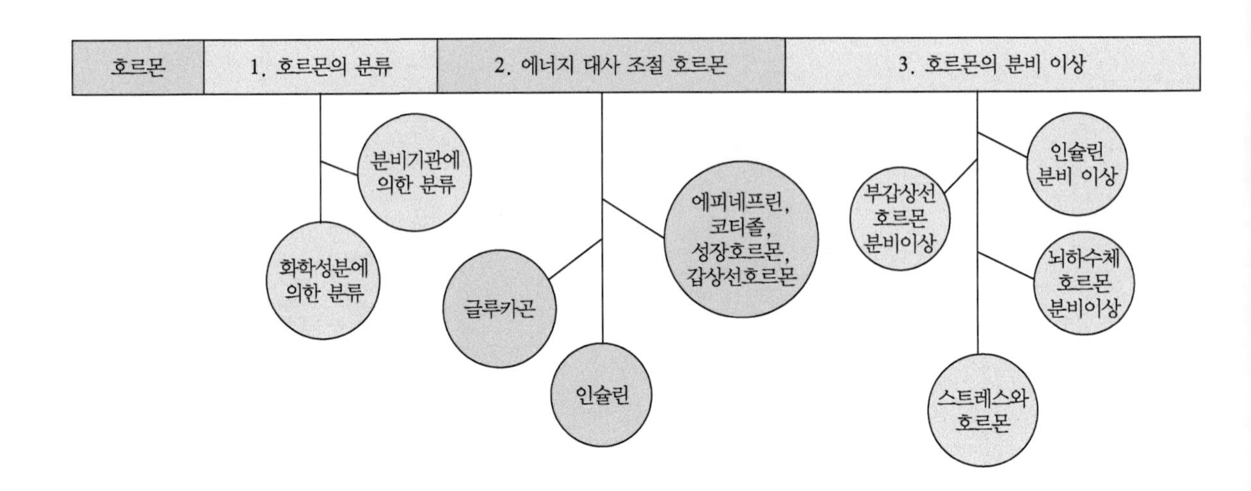

교수자용 중심키워드 박스

뇌하수체 전엽, 갑상선자극호르몬, 항이뇨호르몬, 티록신, 부갑상선호르몬, 알도스테론, 코르티졸, 인슐린, 글루카곤, 에스트로겐

학습자용 중심키워드 박스

중심키워드	한줄지식

제5장

호르몬

인체는 내외적인 환경 변화에 대하여 여러 기관의 기능을 잘 통합 조절하여 내분비선과 거기서 만들어지는 호르몬들이 통신 조직을 형성한다. 호르몬은 신경계와 함께 인체의 항상성을 유지하도록 돕는 중요한 역할을 한다. 이러한 호르몬의 개념은 19세기 중엽에 내환경 유지의 개념을 시작으로 내분비선 조직이 신체에서 극히 중요한 복합 기능을 발휘하고 있다고 알려지면서 지금까지 항상성의 개념이 통용되고 있다. 또한, 호르몬은 그리스어의 '자극제'라는 의미를 가진 용어로서 Starling이 처음으로 호르몬이란 말을 사용하였는데, 20세기에 접어들면서 세크레틴의 발견으로 호르몬의 성질이 구체적으로 밝혀졌다.

호르몬의 생리적 특성은 미량으로도 강력한 효력을 나타낼 수 있는 유기물질로서 생체 내 여러 대사 과정을 변화 조절한다. 또한, 신체의 성장과 발육 및 억제작용에 영향을 미치고, 신체 내부 환경의 항상성을 유지한다. 그리고 성징 발현과 억제, 자율운동의 특수성을 나타내며 과다 혹은 과소에 의한 특이 증상이 나타난다. 이러한 호르몬의 주요 작용은 인체의 주요 내분비선에서 발육 및 성장의 조절, 생식기, 골격 등의 발달에 관여하고, 자율 기능 및 본능적 행동을 조절하고, 내부 환경의 유지 조절, 전해질 또는 영양소의 대사 조절 등에 관여하는 것이다(그림 5-1, 표 5-1).

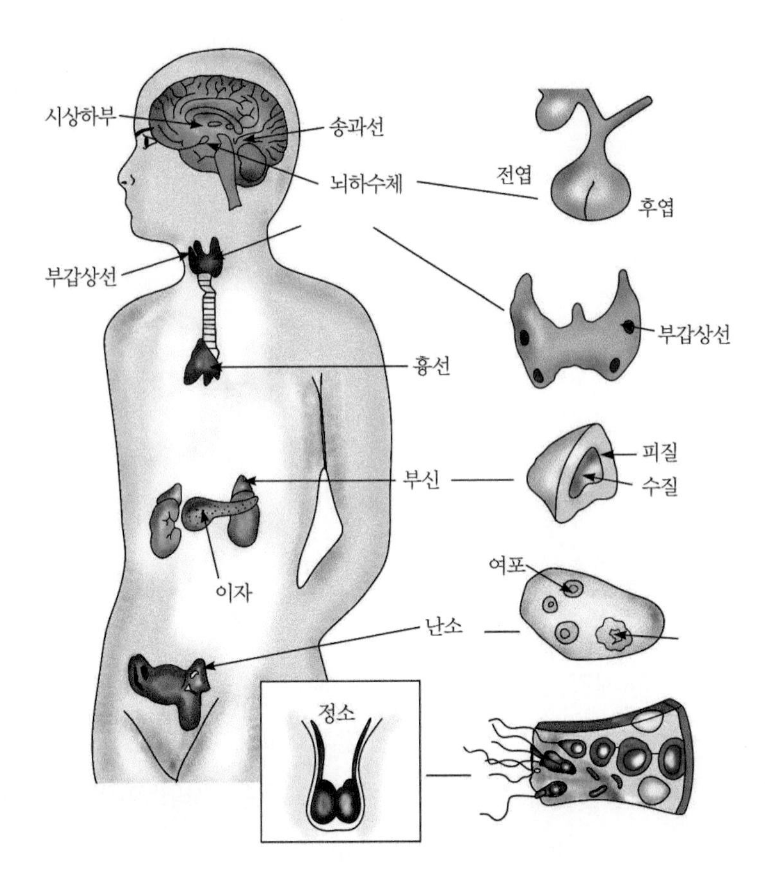

【그림 5-1】 인체의 주요 내분비선의 위치

【표 5-1】 호르몬 및 호르몬의 주요 작용

내분비선	호르몬	주요작용
시상하부	갑상선자극호르몬 (방출호르몬)	갑상선자극호르몬 분비 촉진
	부신피질자극호르몬 (방출호르몬)	부신피질자극호르몬 분비 촉진
	생식선자극호르몬 (방출호르몬)	여포자극호르몬과 황체형성호르몬 분비 촉진
	성장호르몬(방출호르몬)	성장호르몬 분비 촉진
	소마토스타틴	성장호르몬 분비 억제
	프로락틴억제호르몬	프로락틴 분비 억제

내분비선			호르몬	주요작용
뇌하수체	전엽		성장호르몬(방출호르몬)	뼈, 근육의 성장 촉진
			갑상선자극호르몬(방출호르몬)	갑상선호르몬의 분비 촉진
			부신피질자극호르몬(방출호르몬)	코르티코이드의 분비 촉진
			여포자극호르몬(FSH)	여포의 성숙 촉진, 정자 형성 촉진
			황체형성호르몬(LH)	배란 촉진, 황체 발달 촉진, 안드로겐 분비 촉진
			침분비자극호르몬(LTH)	침 분비의 촉진
	중엽		멜라닌세포자극호르몬	멜라닌 색소 합성 촉진
	후엽		옥시토신	자궁의 촉진
			항이뇨호르몬(ADH)	세뇨관에서의 수분 재흡수 촉진, 혈압수축
갑상선			티록신	물질대사 촉진
			칼시토닌	혈청 칼슘 농도 감소
부갑상선			부갑상선호르몬	혈청 칼슘 농도 증가
부신	피질		무기질 코르티코이드	신장에서의 Na 재흡수, K 배설 증가
			당질 코르티코이드	혈당량 증가
	수질		아드레날린, 노르아드레날린	혈당량 증가, 혈압상승
췌장(랑게르한스섬)			글루카곤(α 세포)	혈당 증가
			인슐린(β 세포)	혈당 감소
생식선	정소		테스토스테론	남성의 2차 성징 발현 촉진
	난소	여포	에스트로겐	여성의 2차 성징 발현 촉진
		황체	프로게스테론	배란억제, 임신 유지

1. 호르몬의 분류

호르몬의 화학적 구조는 매우 다양하지만 화학 성분과 호르몬 분비기관에 따라 구분할 수 있다. 화학 성분에 따라서는 펩티드 호르몬, 스테로이드 호르몬, 아민계 호르몬으로 구분하고, 호르몬 분비기관에 따라서는 뇌하수체, 부신, 생식선, 갑상선, 부갑상선, 췌장, 소화기관 등으로 구별된다. 이러한 호르몬은 혈류를 통하여 각 조직으로 운반되어 표적 장기의 수용체에 결합해서 주요 작용이 나타난다(그림 5-2).

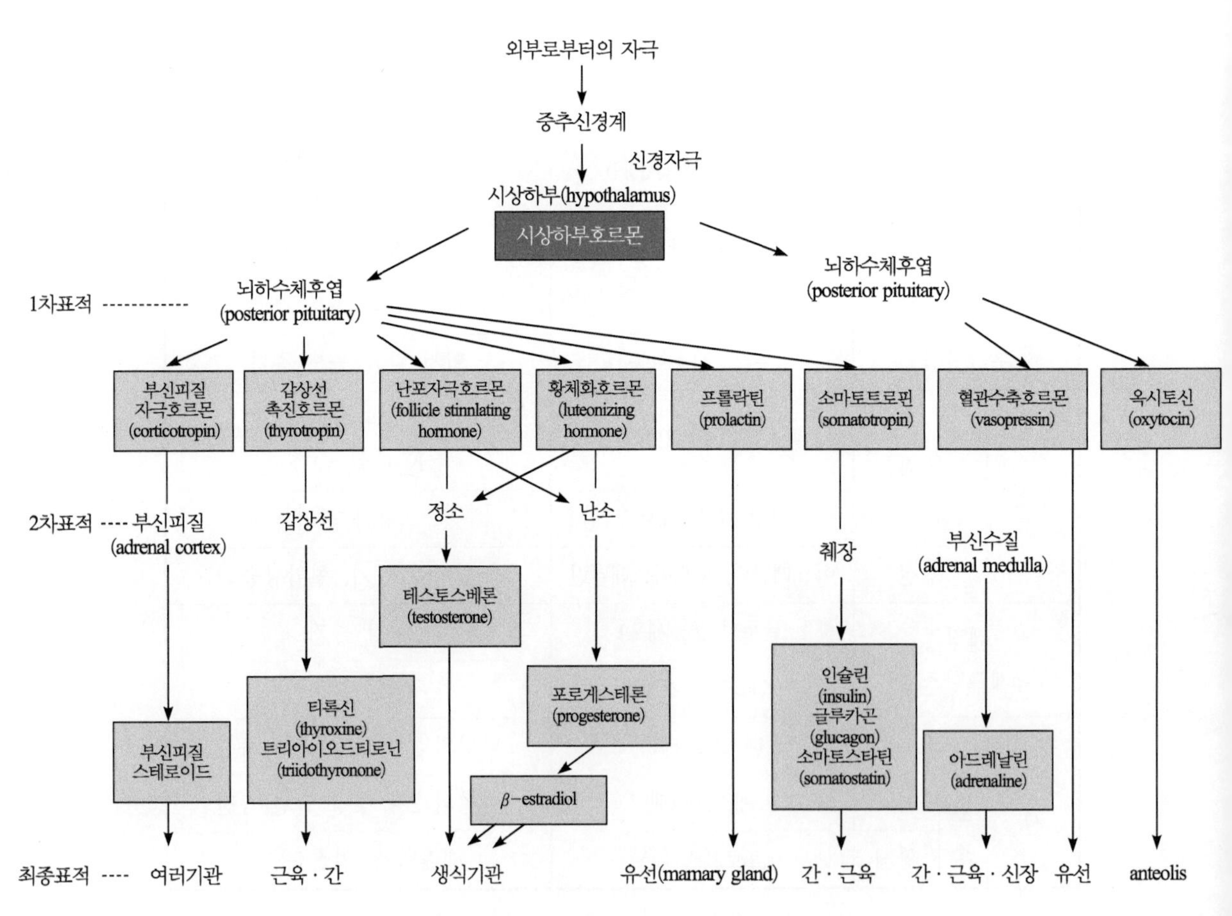

【그림 5-2】 주요 내분비선과 호르몬의 표적 기관

호르몬의 수용체

호르몬의 수용체(hormone receptor)는 표적기관의 세포에 존재하면서 호르몬과 특이적으로 결합하는 물질이다. 호르몬은 혈액을 통해 모든 세포에 운반된다. 인체의 특이적(specific) 반응 능력은 특정한 호르몬에 친화성이 있어 호르몬과의 결합에 의해 표적기관의 특이한 수용체의 존재에 좌우된다. 구조 변화에 의해 대응하는 세포의 활성 변화를 유도하는 단백질 분자 또는 분자 복합체, 신경전달물질, 세포증식 인자 등의 수용체에도 같은 개념을 적용할 수 있다. 아마도 생체에 필요한 정보의 수신기구로서 공통의 친화적 기반을 갖는다. 갑상선호르몬 수용체 및 스테로이드호르몬 수용체는 주로 핵에 존재한다. 그 구조는 상동성이 높고 스테로이드 호르몬/갑상선호르몬 수용체 슈퍼 패밀리를 형성한다.

1) 화학 성분에 의한 분류

(1) 펩티드 호르몬

펩티드 호르몬은 자연계에 존재하는 대부분의 호르몬이 해당된다. 펩티드 호르몬은 펩티드의 길이에 따라 아미노산 8개로 구성된 항이뇨 호르몬으로부터 84개의 아미노산으로 구성된 부갑상선 호르몬까지 다양하며 일부는 당 잔기를 함유한 당단백질이 포함된다. 펩티드 호르몬은 수용성이므로 혈장에 용해되어서 표적세포로 이동된다. 수용성 호르몬의 작용은 2차 전령을 이용하기 때문에 보다 신속히 일어나고 지속시간이 비교적 짧고 세포표면의 수용체와 작용한다고 알려졌다.

(2) 스테로이드 호르몬

스테로이드 호르몬은 콜레스테롤을 원료로 합성되는데, 부신피질 호르몬과 성호르몬, 그리고 태반호르몬이 포함된다. 이들은 모두 지용성이므로 혈장에서 알부민에 결합되어 운반되며 소량은 혈장에 용해된 형태로 운반된다. 스테로이드 호르몬은 표적세포 및 특정 유전자의 DNA 전사를 유발하여 단백질 합성을 초래함으로써 호르몬에 대한 표적세포의 반응을 일으킨다.

(3) 아민계 호르몬

아민계 호르몬은 아미노산인 티로신으로부터 합성되는 유도체들로 카테콜아민과 갑상선호르몬이 포함된다. 카테콜아민은 부신수질에서 생성되는 에피네프린, 노르에피네프린과 시상하부에서 생성되는 도파민이 있다. 카테콜아민은 펩티드 호르몬처럼 수용성이고 작용기전도 2차 전령을 사용하는 데 비해 갑상선호르몬은 스테로이드 호르몬처럼 지용성이고 알부민과 혈장을 통해 운반되며 DNA 전사 개시를 통해 작용한다.

2) 분비기관에 의한 분류

(1) 뇌하수체

뇌하수체(pituitary gland)는 인접한 시상하부와 공동 협력체로 내분비계의 조절작용을 한다. 시상하부는 뇌의 아래쪽에 위치하고 수많은 신경 다발로 연결되어 갈증, 식욕, 체온조절 등에 관여한다. 특히 뇌하수체는 경상부(pituitary stalk)라는 구조로 연결되어 전엽, 중엽, 후엽에서 각 다른 종류의 호르몬을 만든다(그림 5-3).

① 뇌하수체 전엽호르몬

뇌하수체전엽호르몬은 주로 단백질 호르몬으로서 생식선을 자극하는 난포자극호르몬과 황체형성호르몬, 내분비선을 자극하는 성장호르몬과 갑상선자극호르몬, 부신피질자극호르몬, 그리고 유선자극호르몬이 있다.

② 뇌하수체 중엽호르몬

뇌하수체중엽호르몬은 멜라닌 색소를 합성하고 분산을 촉진하는 멜라닌세포자극호르몬을 분비하는 것으로 알려져 있다.

③ 뇌하수체 후엽호르몬

뇌하수체후엽호르몬은 시상하부의 신경분비 세포에서 분비되는 것을 저장하였다가 방출하는 호르몬으로 항이뇨호르몬과 옥시토신이 있다.

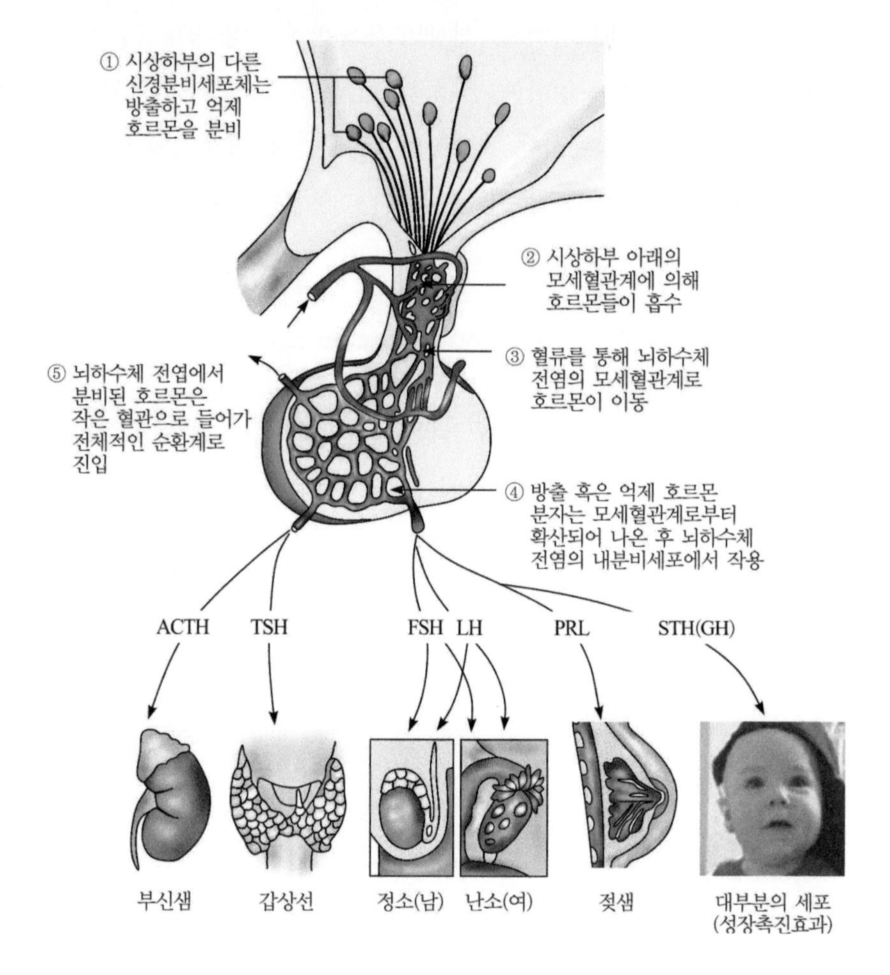
① 시상하부의 다른 신경분비세포체는 방출하고 억제 호르몬을 분비
② 시상하부 아래의 모세혈관계에 의해 호르몬들이 흡수
③ 혈류를 통해 뇌하수체 전엽의 모세혈관계로 호르몬이 이동
④ 방출 혹은 억제 호르몬 분자는 모세혈관계로부터 확산되어 나온 후 뇌하수체 전엽의 내분비세포에서 작용
⑤ 뇌하수체 전엽에서 분비된 호르몬은 작은 혈관으로 들어가 전체적인 순환계로 진입
ACTH
TSH
FSH
LH
PRL
STH(GH)
부신샘
갑상선
정소(남)
난소(여)
젖샘
대부분의 세포 (성장촉진효과)

【그림 5-3】 뇌하수체호르몬

(2) 부신

부신(adrenal gland)은 신장의 윗부분에 위치하여 세포들이 모여 내분비 기능을 갖는 생명에 필수적인 존재이다. 중심부의 수질과 외부의 피질로 두 개의 내분비선을 합친 구조이다(그림 5-4).

① 부신피질

부신피질(adrenal cortical)에서 분비되는 호르몬은 콜레스테롤에서 만들어지는 스테로이드호르몬으로서 주기능에 따라 당질코르티코이드, 무기질코르티코이드, 그리고 성호르몬으로 분류한다. 무기질대사에 관여하는 염류코르티코이드로는 알도스테론이 대표적이고, 신장의 세뇨관에 작용하여 Na^+의 재흡수를 증가시킨다. 당대사에 관여하는 당류코르티코이드는 코티졸이 대표적으로 탄수화물, 지질, 단백질의 대사에 관여하며 간에서 당 신생의 속도를 증가시킨다. 성호르몬으로는 남성호르몬이 분비된다.

② 부신수질

부신수질(adrenal medulla)에서 분비되는 호르몬은 카테콜아민으로서 80%는 아드레날린이고 나머지는 노르아드레날린이다. 부신수질은 교감신경계의 절후섬유와 마찬가지로 절전섬유의 지배하에서 분비되므로 교감신경의 일부라고도 볼 수 있다. 즉 부신수질 지배신경인 교감신경의 자극에 의하여 두 호르

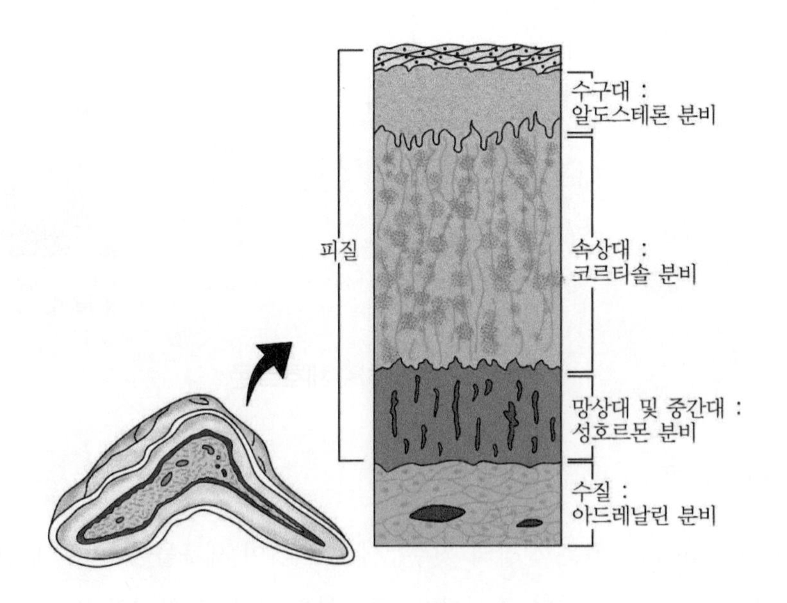

【그림 5-4】 부신

몬의 비율도 조건에 따라 변화한다. 노르에피네프린의 작용은 혈관축소, 심장의 활동촉진, 소화관 활동의 억제, 동공확대 등이며, 에피네프린의 작용은 노르에피네프린의 작용과 거의 같으나 심장에 대한 작용은 더욱 강하고 혈관축소작용은 약하다.

(3) 생식선

생식선은 성숙한 난자와 정자를 공급하는 역할을 한다. 여성은 수태를 위한 자궁을 준비하고 생식선이 뇌하수체호르몬과 함께 조절되어 형성된다.

① 난소

난포자극호르몬과 황체형성호르몬의 두 성선자극호르몬은 여성의 난소 기능을 조절해준다. 난포자극호르몬은 난포를 성장 발달하게 하고, 황체형성호르몬은 배란을 유발하게 하며 배란된 난포를 황체로 변화하게 한다. 난포자극호르몬은 에스트로겐을 생산하게 하고, 에스트로겐에 의해 자극된 난포 속의 어린 난자는 배란될 수 있는 성숙한 난자로 자라게 한다. 이 성숙한 난포를 터트려 난자가 튀어나오게 하는 호르몬이 황체형성호르몬이다.

② 고환

고환은 난소와 같이 뇌하수체의 선성자극호르몬에 의하여 자극되어 정자 생산과 남성호르몬 생산을 자극한다. 고환에서 생산하는 세정관과 남성호르몬인 테스토스테론을 생산하는 라이디히(leydig)세포는 성선자극호르몬에 의해 서로 조화된 반응을 나타낸다. 즉 정자의 생산, 성숙, 수송, 정액의 생산, 2차 성징에 대한 자극은 모두 남성호르몬, 테스토스테론에 의해 이루어진다.

(4) 갑상선

갑상선(thyroid gland)은 뇌하수체의 지배를 받은 내분비선으로 목의 앞부분에 위치해 있다. 갑상선은 티록신과의 관계와 함께 칼시토닌이 알려져 칼슘의 대사에도 관여하고 있다.

① 티록신

티록신(thyroxine)은 신체의 모든 세포에서 신진대사를 촉진시킨다. 티록신 분비는 뇌하수체 전엽에서 나오는 갑상선자극호르몬의 분비 수준에 의존한다. 즉 티록신과 갑상선자극호르몬 사이에 음성 피드백이 작용한다. 따라서 혈액 내에 티록신 농도가 높으면 갑상선자극호르몬 분비가 억제되고, 티록신 농도가 낮으면 갑상선자극호르몬 분비가 촉진된다(그림 5-5).

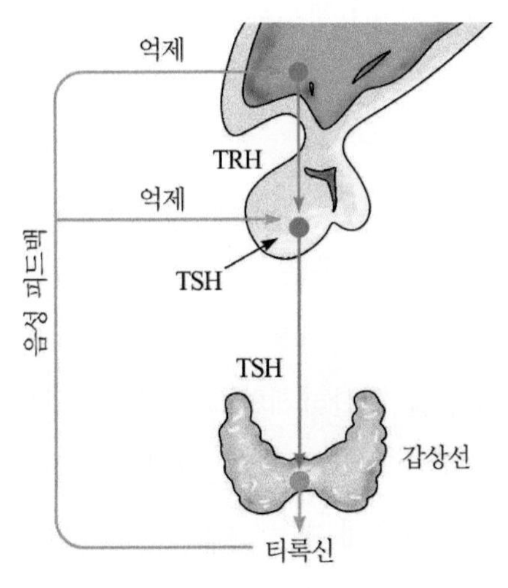

【그림 5-5】 피드백에 의한 티록신의 분비 조절

② 칼시토닌

칼시토닌(calcitonin)은 32개의 아미노산으로 구성되어 있으며 혈중 칼슘 농도에 의해서 되먹이기전으로 분비 조절된다. 혈중 칼슘 농도가 증가되면 칼시토닌 분비와 작용으로 혈중 칼슘 농도를 낮추고, 반대로 혈중 칼슘 농도가 낮아지면 부갑상선호르몬이 분비되어 혈중 칼슘 농도를 정상 수준으로 올린다. 즉 칼시토닌의 칼슘 농도 증가에 대한 작용은 일시적이며 혈중 칼슘 농도의 조절은 주로 부갑상선호르몬에 의해서 이루어진다(그림 5-6).

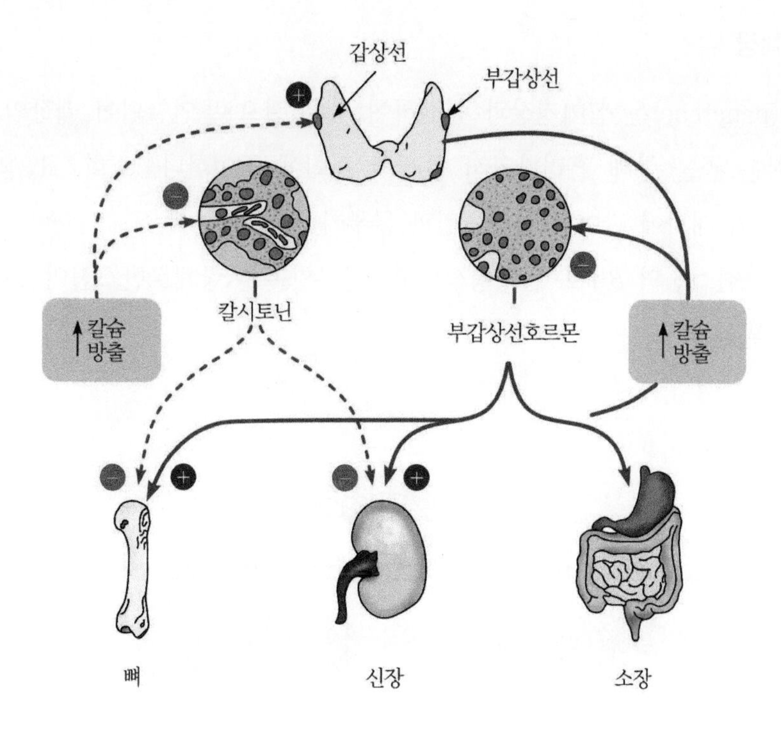

【그림 5-6】 혈중 칼슘 농도의 조절

(5) 부갑상선

부갑상선(parathyroid gland)은 갑상선과 함께 있는 작은 상피소체에서 분비되는 호르몬으로 펩티드계 호르몬인 부갑상선호르몬(parathormone, PTH)을 분비한다. 부갑상선호르몬은 혈액이 충분한 칼슘의 양을 유지하도록 칼슘대사에 관여하고, 신경작용과 근육 활동이 정상적으로 이루어지도록 한다. 부갑상선호르몬의 분비 조절은 혈중 칼슘 이온 농도에 의해 피드백된다. 부갑상선호르몬의 작용은 혈액의 칼슘 이온 농도가 저하되면, 골조직으로부터 칼슘 이온의 방출을 증가시키고, 장에서 칼슘 이온의 흡수를 촉진시키며, 신세뇨관에서 칼슘 이온의 재흡수를 촉진시킴으로써 혈액 내 칼슘 이온의 농도를 증가시킨다. 이 과정에서 비타민 D를 필요로 하는데, 부갑상선호르몬이 비타민 D_2(25-hydroxycholecalciferol)를 활성형 비타민 D_3로 전환시켜 소장에서 칼슘 이온의 흡수를 돕고, 신장에서 칼슘의 재흡수를 높이고 뼈의 칼슘을 혈장으로 이동하도록 하여 혈장 칼슘 농도를 상승시킨다.

(6) 췌장

췌장(pancreas)은 십이지장과 인접하여 작은 관으로 연결되어 췌장의 효소들이 작은 관을 통해 흘러나와서 음식의 소화에 참여한다. 소화효소 외에도 탄수화물의 대사에 관여하는 인슐린과 글루카곤을 생성하는데, 인슐린은 췌장의 랑게르한스섬의 β세포에서 형성되고, 글루카곤은 랑게르한스섬의 α세포에서 생성된다(그림 5-7).

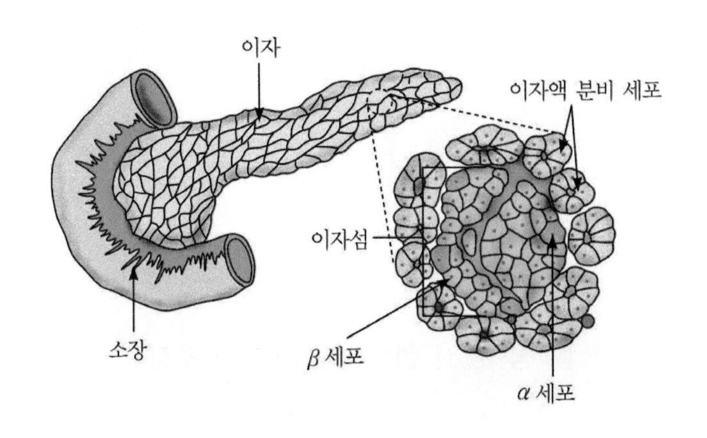

【그림 5-7】 **랑게르한스섬**

① 인슐린

인슐린(insulin)은 인체에서 혈중 포도당을 일정하게 유지하는 작용을 한다. 인슐린이 분비되면 간에서 글루카곤의 합성이 활발해지고 동시에 근육세포는 포도당을 더 많이 받아들이며 글루카곤으로 전환한다. 이들 모든 반응이 혈당을 낮추며 또 인슐린은 간에서 지질과 단백질이 포도당 합성으로 진행되는 경로를 억제하여 혈당을 더욱 낮게 한다. 이외에도 지질과 단백질의 합성에 영향을 미치는데, 성장호르몬과 함께 단백질 합성을 자극하는 역할을 한다.

췌장에서 인슐린 분비의 신호는 혈당값으로 음식물의 섭취로 다량의 포도당이 들어오면 랑게르한스섬의 β세포를 자극하여 생성이 많아지지만 혈당값이 낮아지면 호르몬의 방출은 중지한다.

② 글루카곤

글루카곤(glucagon)은 인슐린과 반대작용으로 혈당값을 상승시키는 주된 기능을 갖고 있다. 혈당값을 상승시키는 주된 방법은 간이 저장된 포도당을 혈액으로 방출시키지만 근육 포도당에는 영향이 없다. 또한, 단백질에서 포도당 합성효소를 자극하여 여분의 포도당을 만들고 끝으로 단백질과 복합지질을 분해시켜서 결국 포도당으로 전환하도록 한다. 인슐린과 글루카곤은 필요한 혈당값을 유지하기 위해 시소와 같이 작용하며 여기에 성장호르몬이 함께하여 포도당대사를 조절한다.

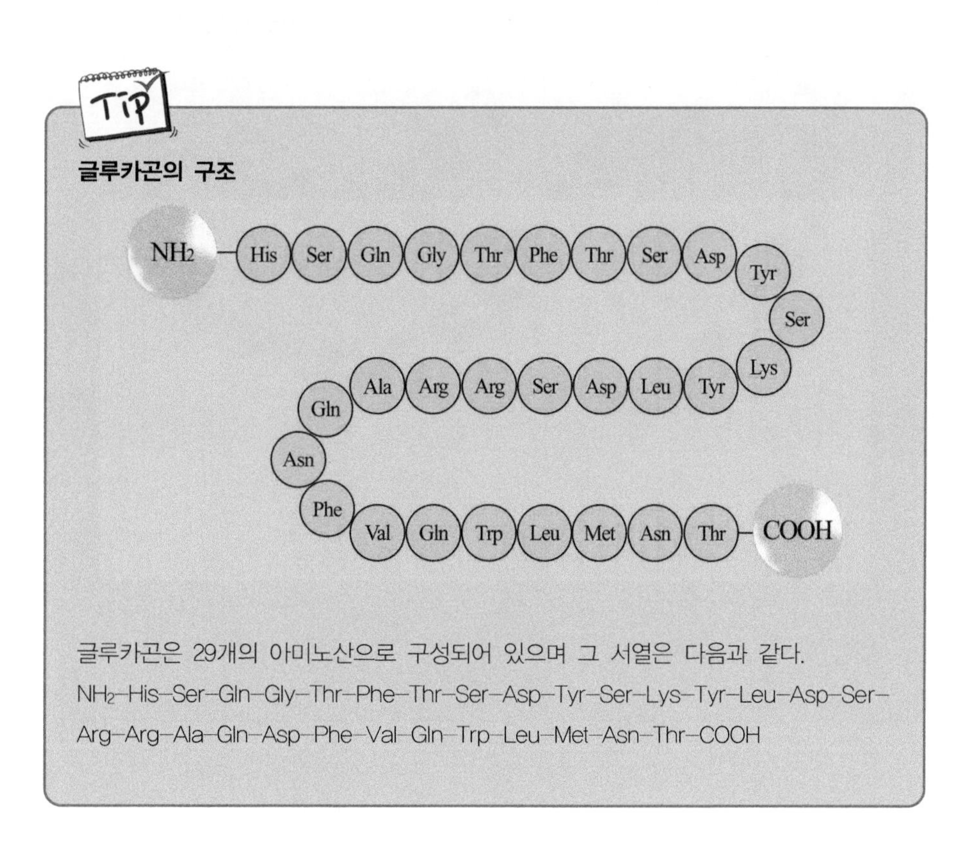

글루카곤의 구조

글루카곤은 29개의 아미노산으로 구성되어 있으며 그 서열은 다음과 같다.
NH_2–His–Ser–Gln–Gly–Thr–Phe–Thr–Ser–Asp–Tyr–Ser–Lys–Tyr–Leu–Asp–Ser–Arg–Arg–Ala–Gln–Asp–Phe–Val–Gln–Trp–Leu–Met–Asn–Thr–COOH

인슐린의 구조

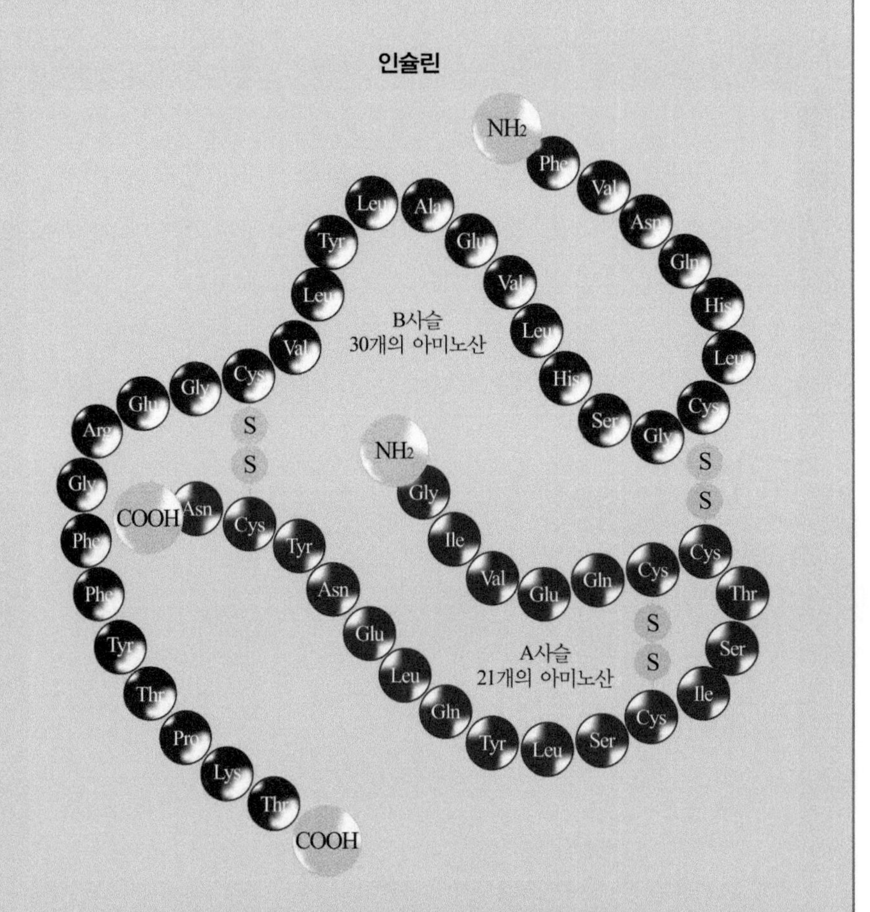

인슐린은 N 말단이 글리신이고 C 말단이 아스파라긴으로 끝나는 21개의 아미노산 잔기를 포함하는 A 사슬과 N 말단이 페닐알라닌이고 C 말단이 알라닌으로 끝나는 30개의 아미노산 잔기로 되어 있는 B 사슬이 서로 S–S 결합으로 연결되어 있다.

(7) 소화기관

위나 소장과 같은 소화관에서 분비되는 호르몬을 위장관호르몬(gastrointestinal hormone)이라고 한다. 위장관호르몬은 선상으로 된 단일 폴리펩티드로 구성되어 위장의 운동, 분비, 흡수, 소화 등 1차적인 기능조절에 관여하고 있다. 호르몬의 대부분이 혈류를 통해 표적 장기에 효과를 전달하는 것 외에 국소적인 측분비(paracrine)작용을 하여 주변 조직에 효과를 전달하거나 신경전달물질 또는 신경조절물질(neuromodulator)로서 신경분비작용을 통해서 효과를 전달하기도 하므로 위장관조절펩티드(gastrointestinal regulatory peptide)라고도 불린다. 위장관조절펩티드를 분비하는 세포는 어느 한 곳에 있는 것이 아니라 위장관 전체에 분산되어 있으므로 체내에서 가장 큰 내분비기관이라 할 수 있다.

① 가스트린

가스트린(gastrin)은 위 벽세포의 위산분비를 자극하는 중요한 기능을 가지고 있으며, 위점막세포의 증식과 위장관의 점막세포에서 DNA와 RNA 및 단백질 합성을 자극하는 기능도 가지고 있다. 가스트린 분비의 중요한 자극은 식품이며 음식 중의 단백질과 분해펩티드나 아미노산에 의해 자극되거나 에피네프린성 자극으로 분비된다.

② 콜레시스토키닌

콜레시스토키닌(cholecystokinin, CCK)은 담낭수축과 췌장액을 분비하는 중요한 생리작용을 갖는다. 분비된 콜레시스토키닌은 생물학적 활성이 유사하고 소장에서 단백질과 지방이 분해되면 콜레시스토키닌의 분비를 자극한다. 또한, 인슐린, 글루카곤, 소마토스타틴(somatostatin)의 분비를 자극하고 포만감을 느끼게 하는 데에 관여한다.

③ 세크레틴

세크레틴(secretin)은 췌장 내분비세포에서 cAMP를 증가시키고 중탄산염의 분비를 촉진하여 담낭, 간, 십이지장의 중탄산염 및 물의 분비를 자극하는 1차적인 기능을 갖는다. 또한, 위의 펩신 분비를 자극하며 콜레시스토키닌과 상승작용을 하여 담낭을 수축한다. 그리고 위산 분비를 억제하고 소장의 평활근의 수축을 억제하며 식도하부의 괄약근압을 감소시킨다. 이러한 세크레틴 분비 자극의 가장 중요한 인자는 위산이다.

④ 소마토스타틴

소마토스타틴(somatostatin)은 췌장의 랑게르한스섬의 δ-세포에서 분비되는 14개 아미노산으로 구성된 펩티드와 장세포에서 생산되어 분비되는 28개의 아미노산으로 되어 있는 펩티드가 있다. 소마토스타틴은 포도당, 아미노산 등이 대량으로 있을 때 분비가 촉진되는데, 이 호르몬은 인슐린과 글루카곤의 분비를 모두 억제시키는 작용을 한다.

2. 에너지 대사 조절 호르몬

에너지 대사는 다양한 호르몬에 의해 조절된다. 식품을 섭취한 후에 각종 영양소 대사가 신체의 에너지 요구 상태에 따라 동화작용 및 이화작용 등을 통해 조절작용을 한다. 특히 체내 에너지 대사 조절 호르몬은 췌장의 내분비세포인 랑게르한스섬의 β세포에서 분비되는 인슐린과 α세포에서 분비되는 글루카곤의 역할이 지배적이다(그림 5-8). 또한, 부신피질에서 분비되는 코티졸과 부신수질에서 카테콜라민이 에너지 대사 조절에 영향을 미친다. 그리고 성장호르몬은 에너지 대사 조절에서 근육의 단백질 동화작용을 통한 성장 촉진작용을 하며, 갑상선호르몬은 에너지 대사 조절이 비교적 서서히 나타나기 때문에 다른 호르몬에 비해 역할이 적은 편이다.

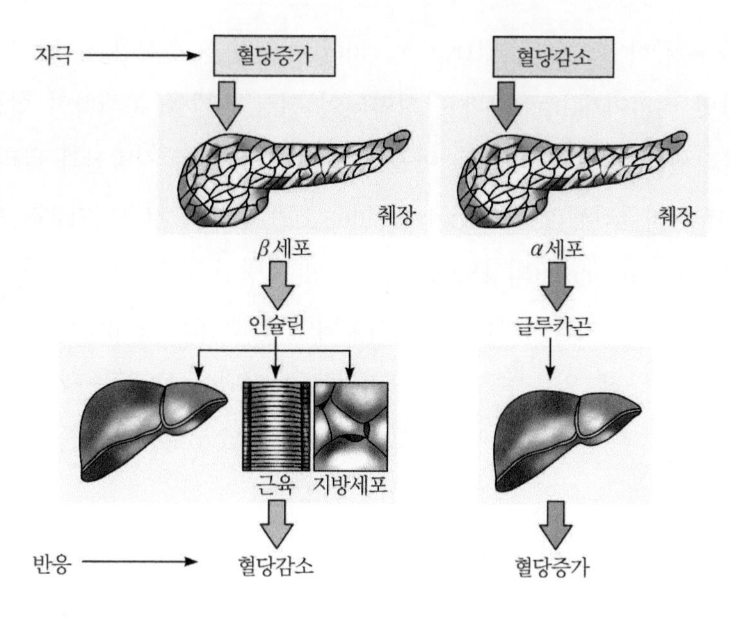

【그림 5-8】 인슐린과 글루카곤 분비의 조절

1) 인슐린

인슐린은 식사 직후 흡수된 포도당, 지방산, 아미노산이 혈액에서 조직으로 운반되도록 하여 혈액 중에서의 농도를 낮추고, 조직 내에서 각각 글리코겐, 중성지방, 단백질로 저장되도록 하는 중요한 작용을 한다. 특히 인슐린의 분비는 증가된 혈당 농도와 고단백 식사 후에 증가된 혈중 아미노산 농도, 자율신경계, 소화기관 호르몬 등에 의해서 조절된다.

인슐린은 탄수화물대사에서는 혈당을 저하시키는 유일한 호르몬이다. 인슐린의 혈당 저하작용은 근육 조직에서는 혈액 중의 포도당을 세포 속으로 이동시켜 에너지원으로 이용하고 남은 것은 간에서 포도당을 글리코겐으로 합성하여 간에 저장하고 분해되는 것은 억제한다. 또 지방세포에서는 지질을 합성하여 저장하는 작용을 한다. 그 결과 식후에 혈당이 상승하면 췌장의 β세포에서 분비되어 혈당을 70~110mg/dℓ로 저하시켜 일정하게 유지되도록 한다.

지질대사에서는 간에서 당원질을 형성하고 남은 포도당을 인슐린이 지방산으로 전환하여 지방조직에 저장한다. 또한, 인슐린은 지방조직 자체에 작용하여 포도당을 지방세포로 운반하여 지방산으로 전환하고, 더 나아가서 글리세롤 생산을 자극하여 중성지방(triglyceride)의 저장을 촉진한다. 만일 인슐린이 부족하면 리파아제(lipase)가 활성화되어 저장 지방을 분해하여 혈중의 지방산과 글리세롤을 에너지원으로 이용하고, 간에 들어온 지방산과 글리세롤은 간세포에서 트리글리세라이드(triglyceride, TG) 형태로 저장되기 때문에 심하면 지방간(fatty liver)이 되기도 한다. 또 이 지방산의 일부는 인지질과 콜레스테롤로 전환되고 이들이 혈관으로 이동되어 동맥경화증(atherosclerosis)을 유발하기도 한다. 또 일부는 미토콘드리아로 운반되어 아세틸-CoA를 경유하여 에너지원으로 이용되기도 한다. 그 결과 케톤(ketone)체로 전환되어 당뇨병 말기의 산증과 혼수의 원인이 되기도 한다.

그리고 단백질대사에서 인슐린은 아미노산 중 발린, 류신, 이소류신, 티로신 및 페닐알라닌 등을 세포 안으로 이동을 촉진하여 조직 세포 내에서 단백질 생산을 촉진하고 단백질 분해를 억제하여 식사 후에 얼마 동안은 단백질을 체내에 저장한다. 따라서 인슐린이 부족하면 단백질 형성이 정지되고, 단백질이 잘 분해되기 때문에 혈중 아미노산 농도가 증가하게 된다. 이들 아미노산은 간에서 포도당 생산에 이용되고, 또한 에너지원으로 사용되기 때문에 조직에서 단백질이 손실되어 무력하게 된다.

2) 글루카곤

글루카곤은 주로 간에서 작용하며 췌장의 α세포에서 분비되어 인슐린의 작용과는 반대로 혈당을 상승시키는 길항작용을 하는 호르몬이다. 혈당이 저하되면 분비되어 간 글리코겐을 포도당으로 분해하여 혈당을 정상으로 조절한다. 그 기전은 글루카곤이 간장세포 내의 활성화된 가인산분해효소(phosphorylase)의 활성을 증가시켜서 당원질의 분해를 촉진시킴으로써, 혈액 내 포도당 농도를 높인다.

글루카곤은 탄수화물대사에서 간에서 글리코겐의 합성을 감소시키고 분해를 촉진하며 포도당 신생 과정을 촉진하여 혈당을 상승시킨다. 지질대사에서는 중성지방의 분해를 촉진하며 합성을 억제하는 등 인슐린에 대해 길항작용을 한다.

또한, 글루카곤은 지방세포에 작용하여 지방산을 유리하여 간으로 이동시켜 지방산 분해와 케톤체 생성을 촉진한다. 그리고 글루카곤은 단백질대사에서는 단백질 합성을 억제하고 단백질 분해를 촉진한다. 즉 글루카곤은 포도당 신생을 증가시키므로 간조직의 단백질 이화작용은 증가된다. 단 근육 단백질의 분해는 초래하지 않으므로 혈중 아미노산 농도에는 크게 영향을 미치지 않는다.

3) 에피네프린, 코티졸, 성장호르몬, 갑산성호르몬

췌장에서 분비되는 인슐린과 글루카곤 외에도 에너지 대사 조절에 영향을 미치는 호르몬으로는 코티졸, 카테콜라민, 성장호르몬 그리고 갑상선호르몬이 있다. 코티졸과 카테콜라민은 각각 부신피질과 부신수질에서 분비되는데 기아 상태와 같은 신체가 스트레스를 받는 상황에서 작용한다. 스트레스 상태에서는 코티졸 분비가 증가하고 교감신경계 작용으로 에피네프린과 노르에피네프린 분비가 증가한다. 또한, 혈액의 포도당과 지방산 농도를 증가시켜 혈당을 유지하고 에너지 대사를 조절해준다. 특히 코티졸은 단백질을 분해하여 아미노산의 유출을 증가시킴으로써 혈당 조절에 관여한다. 성장호르몬은 에너지 대사 조절에서 근육의 단백질 동화작용을 통한 촉진작용을 하는 중요한 역할을 한다. 또한, 포도당과 지방산의 혈중 농도를 증가시키고 스트레스, 운동, 숙면, 심한 저혈당증 등의 상황에서 성장호르몬의 분비가 촉진되어 세포의 지방산 이용을 증가시켜 뇌로의 포도당 공급이 원활하도록 해준다. 그리고 갑상선호르몬은 소장에서 탄수화물 흡수를 증가시키고 지방조직의 지방 분해를 촉진하여 대사율을 증가시킨다. 그러나 갑산성호르몬의 작용은 서서히 나타나기 때문에 혈중 영양소 변화에 빠르게 대처해야 하는 에너지 항상성 조절 면에서는 다른 호르몬에 비해 역할이 적다. 이들 에너지 대사 조절 호르몬에서 단백질 동화작용을 하는 성장호르몬을 제외하고 코티졸, 에피네프린, 성장호르몬, 글루카곤의 작용은 혈중의 영양소 농도를 증가시켜 인슐린에 대해 길항작용을 한다. 만일 에너지 대사에 관여하는 호르몬 조절의 불균형을 초래하는 경우, 당뇨병에서는 심각한 대사적 결과를 초래하게 된다.

3. 호르몬의 분비 이상

호르몬은 체내 대사 속도를 조절한다. 호르몬의 종류에 따라 다른 호르몬의 작용을 돕기도 하고 억제하기도 하는 등의 상호작용이 이뤄진다. 호르몬의 분비 이상은 호르몬을 분비하는 내분비선의 이상이 있을 경우, 분비가 비정상적일 경우, 그리고 분비는 정상일지라도 활성화시키는 조직에 장애가 있는 경우 등으로 호르몬의 분비 과다와 분비 저하를 초래하게 된다. 즉 호르몬 사이의 균형이 파괴되면 생체 내 불균형이 일어나서 여러 가지 생리적 기능의 이상을 초래하게 된다(표 5-2).

1) 부갑상선호르몬 분비 이상

부갑상선호르몬의 분비 이상은 상피소체 중 어느 하나에 종양이 생기면 호르몬이 과잉 생성되어 극심한 결과가 초래된다. 즉 뼈에서 너무 많은 칼슘의 제거로 약해져서 쉽게 골절 좌상을 입으며, 대량의 칼슘이 신장을 통해 이동하므로 신석 형성의 위험이 있다. 신석 외에도 눈의 각막 같은 조직에도 칼슘이 축적되는 경우가 있다. 이런 환자들은 흔히 소화불량과 체중감소를 일으킨다. 부갑선의 기능 부족은 신경조직의 분열을 초래한다. 또 혈액 내 칼슘의 저하로 인해 신경이 자발적으로 작용하게 되어 억제할 수 없는 근육의 수축과 테타니(tetany)가 일어난다.

2) 인슐린 분비 이상

인슐린의 분비 이상으로 인슐린이 부족하면 혈당값이 높아져 당뇨병의 원인이 된다. 정상에서는 신장으로 배설되지만, 신장이 감당할 수 있는 능력 이상으로 초과한 양은 요로 배출된다. 한편, 글루카곤의 분비 이상에 관한 임상적 조건은 아직은 불확실하나 세포의 종양으로 일정의 당뇨를 일으킨다. 인슐린의 억제 효과에도 높은 혈당을 유지하여 오래 지속되면 α세포의 손상이 일어날 수 있다.

3) 뇌하수체호르몬 분비 이상

호르몬의 분비 이상은 분비 과다와 분비 저하가 있는데 이것은 해당 호르몬을 분비하는 내분비선의 이상에서 초래될 수도 있지만 뇌하수체 전엽의 기능 이상이 원인일 수 있다. 갑상선 기능항진은 갑상선의 문제일 수도 있고 뇌하수체 전엽의 갑상선자극호르몬의 분비가 비정상적이기 때문일 수도 있다. 또한, 호르몬의 분비는 정상일지라도 활성화시키는 조직에 장애가 있으면 호르몬 작용이 부족하게 된다. 그 뿐만 아니라 혈중 호르몬의 수준이 정상인데도 표적세포의 세포 반응이 비정상인 경우가 있다. 이는 수용체의 수에 과부족이 있거나 호르몬 수용체 복합체가 다음 단계에서 세포 반응을 촉발하는 과정에 발생한 장애 때문이다.

【표 5-2】 호르몬 분비 이상으로 인한 질병

분비 장소	호르몬 종류	호르몬의 기능	분비 이상으로 인한 질병
뇌하수체전엽	성장호르몬 (GH)	성장 촉진	기능 항진 : 거인증, 말단 비대증 기능 저하 : 성장장애, 난쟁이
뇌하수체후엽	항이뇨호르몬 (ADH)	요세관에서 수분흡수의 촉진	기능 저하 : 요붕증(다뇨증과 갈증)
갑상선	갑상선호르몬 (thyroxine)	세포의 산화 촉진	기능 항진 : 바세도우병 기능 저하 : 크레티니즘, 점액수종
부갑상선	부갑상선호르몬 (PTH)	혈액 중 칼슘 농도 조절	기능 항진 : 고칼슘혈증, 신결석 기능 저하 : 경련(tetany)
부신피질	코티솔 (cortisol)	당대사 항진	기능 항진 : 쿠싱증후군 (Cushing syndrome) 기능 저하 : 애디슨병 (Addison's disease)
췌 장	인슐린 (insulin)	혈당 저하	기능 저하 : 당뇨병

당뇨병

혈액 중의 포도당은 인슐린, 글루카곤, 코르티졸 등의 다양한 호르몬의 기능에 따라 항상 일정 범위 내에서 조절되고 있다. 이것은 포도당이 뇌를 비롯한 각 기관의 주요 에너지원이 되기도 하지만, 한편으로 조직의 당화 스트레스를 불러일으키는 유해물질로써도 작용하기 때문이다. 이때 포도당 내성이 약해지고 혈당치가 일정 수위 이상 높아지는 것을 당뇨병이라고 한다. 당뇨병은 크게 1형과 2형으로 구분된다. 1형 당뇨병은 췌장의 β세포가 어떤 이유로 인해 파괴됨으로써 혈당치를 조절하는 호르몬의 하나인 인슐린이 고갈되면서 나타난다. 2형 당뇨병은 혈중에 인슐린이 존재하는데 비만 등의 원인으로 인슐린의 기능이 나빠지거나 자기 면역적으로 파괴된 것은 아니지만 췌장의 β세포의 인슐린 분비량이 감소하고 결과적으로 혈당치의 조정이 잘되지 않고 당뇨병이 된다.

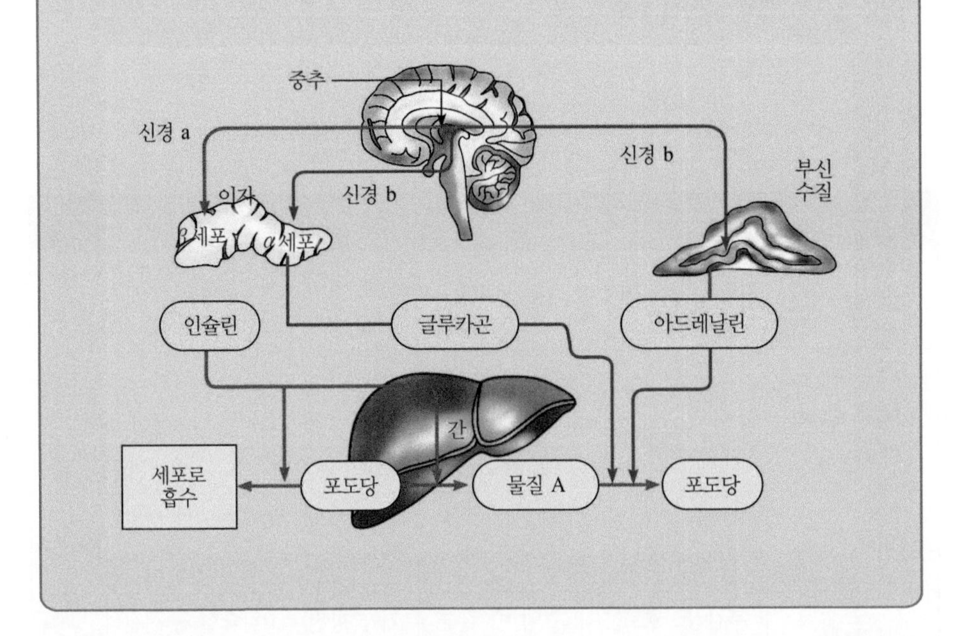

4) 스트레스와 호르몬

스트레스는 현대인에게 피할 수 없는 신체적, 심리적 자극이 되고 있다. 스트레스에 의한 반응은 호르몬과 매우 밀접한 관련을 가지고 일어난다. 즉 스트레스에 의해서 위협적으로 신체적, 사회심리적 자극이 오면 신경 내분비의 반응을 이끌어내어 교감신경계를 활성화하여 부신피질로부터 호르몬이 분비된다. 부신피질에서는 고리구조의 지용성 스테로이드계 호르몬을 총칭하는 부신피질스테로이드(adrenal corticosteroid)가 분비된다. 주된 것으로는 코티솔, 알도스테론(aldosterone)이 있다. 특히 코티솔은 흔히 스트레스 호르몬으로 알려져 왔고, 스트레스를 받았을 때 혈중 농도가 올라간다. 분비 경로는 스트레스 신호가 오면 시상하부의 신경세포가 반응하여 먼저 ACRH(adrenocorticotropin-releasin hormone)을 만들어 혈관으로 방출하면 이 호르몬은 뇌하수체로 가서 ACTH 분비를 촉진하고, 이 ACTH는 부신피질로 가서 코티솔의 분비를 자극하게 된다. 그밖에도 스트레스 반응은 카테콜아민, 성장호르몬, 티록신과 같은 여러 종류의 호르몬 분비를 증가시키며, 에너지원의 방출을 증가시키고 새로운 환경에 적응하게 한다고 볼 수 있다.

환경호르몬

환경호르몬이란 생물체에서 정상적으로 생성, 분비되는 물질이 아니라 인간의 산업활동을 통해서 자연계에 생성, 방출된 화학물질이 생물체에 흡수되면서 이러한 물질들이 생물체에서 호르몬처럼 작용하는 것으로 추정되는 물질이다. 환경호르몬은 호르몬의 작용을 억제하기도 하고 강화시키기도 하면서 극미량으로 생체의 발육과 성장 및 각종 기능에 중대한 영향을 미치기 때문에 최근에 심각한 문제가 되고 있다.

[호르몬] 문제해결 활동

- 이름 :
- 학번 :
- 팀명 :

- 중심키워드 :
- 중심키워드 한줄지식 :

정답을 맞힌 팀 :

[호르몬] 문제해결 활동

맞춤 선을 그어주세요.

중심키워드 •	• 한줄지식
•	•
•	•
•	•

정답을 맞힌 팀 :

▶▶▶ 문제해결을 위한 팀별 경쟁학습 방법

① 팀을 구성한다.(4~5명)

② 단원별 중심키워드로 팀명을 정한다.

③ 팀원이 협동학습으로 문제를 작성한다.

④ 교수자에게 확인받은 문제를 다른 팀에게 제시하고 정답 팀을 기록한다.

⑤ 질의응답 후, 교수자는 최종 피드백을 실시한다.

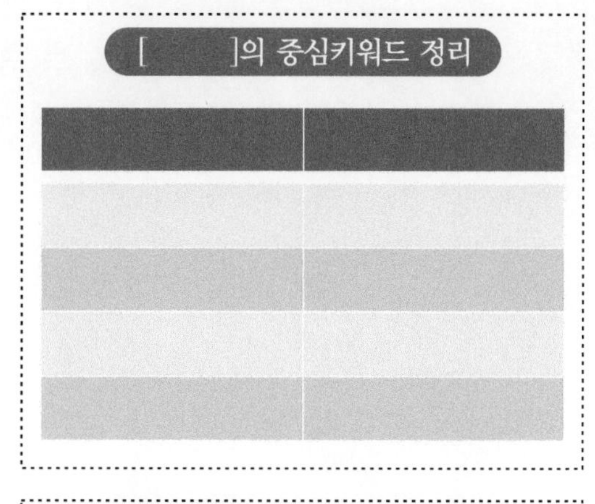

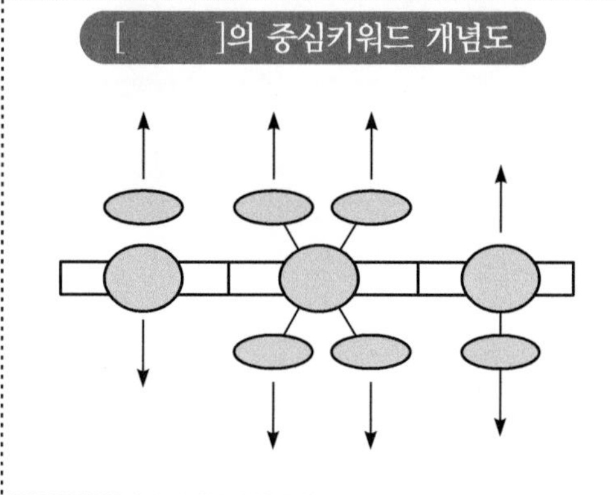

▶▶▶ 과제해결 방법

① 학습이 완료된 단원별 내용을 중심키워드와 한줄지식 중심으로 정리한다.
② 정리한 내용을 기초로 학습자만의 자유로운 중심키워드 개념도를 작성한다.
③ 우수한 과제를 학습자 간에 공유하고 교수자는 과제에 대한 피드백을 시행한다.

지용성 비타민

1. 비타민 A
2. 비타민 D
3. 비타민 E
4. 비타민 K

제6장
지용성 비타민

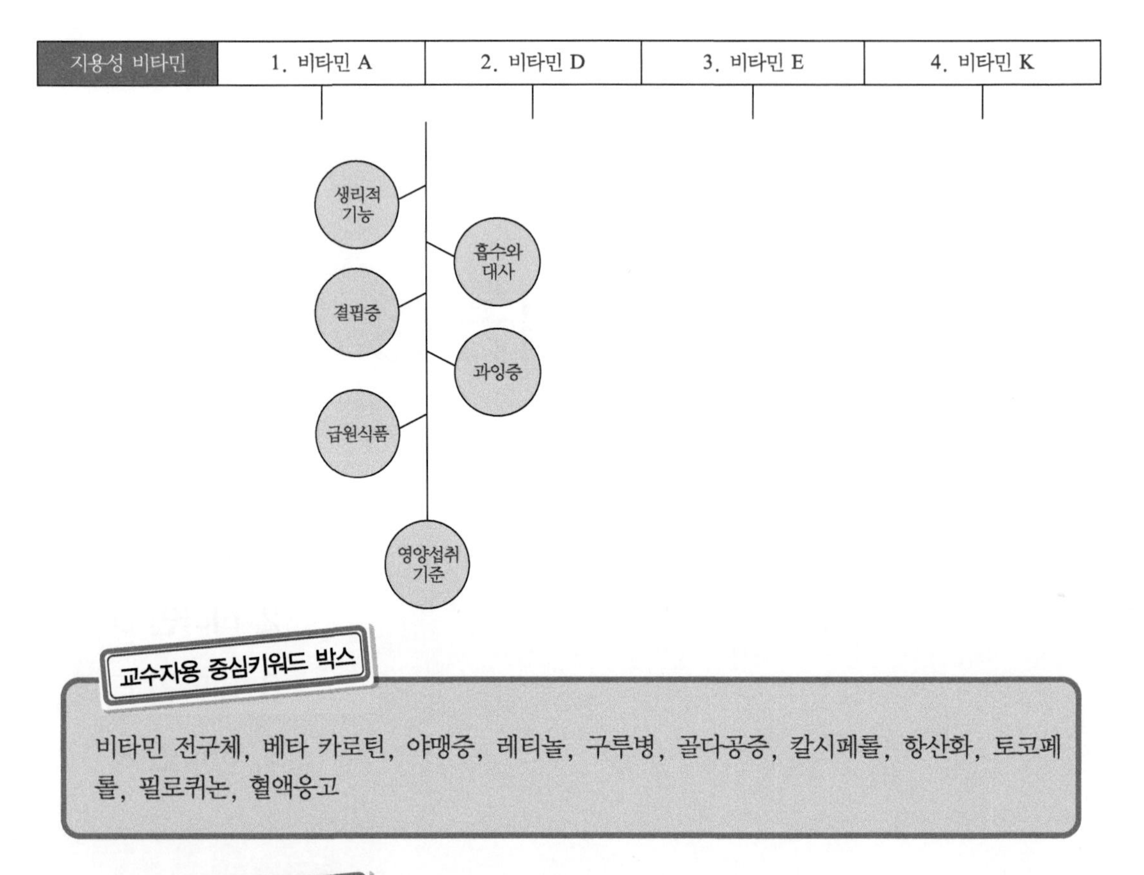

교수자용 중심키워드 박스

비타민 전구체, 베타 카로틴, 야맹증, 레티놀, 구루병, 골다공증, 칼시페롤, 항산화, 토코페롤, 필로퀴논, 혈액응고

학습자용 중심키워드 박스

중심키워드	한줄지식

제6장

지용성 비타민

비타민은 각종 영양소의 체내 대사 기능, 정상적인 성장과 발달 및 건강유지에 반드시 필요한 물질로 촉매작용, 조효소작용 등의 주요 기능을 한다.

비타민은 용해성에 따라 지용성 비타민과 수용성 비타민으로 분류하는데, 지용성 비타민은 비타민 A, D, E, K 4종류가 있고, 지질과 함께 흡수된 후 림프관을 거쳐 혈액으로 가서 간으로 운반되어 저장되며, 식이 지방의 양이나 형태, 지방 흡수 기전 및 대사에 크게 영향을 받으며 축적되기 쉬워서 과잉증을 유발하기 쉽다. 수용성 비타민은 물에 잘 용해되므로 과잉되면 소변 중으로 배출되어 결핍증을 일으키기 쉬우며, 혈액, 조직액 등의 체액 중에 용해되어 분포되어 있다.

1. 비타민 A

비타민 A(retinol)에는 레티노이드(retinoids)와 카로티노이드(carotenoids)가 있다. 레티노이드는 비타민 A의 기본 구조를 가진 화합물로 그 대표적인 것이 레티놀(retinol)이다.

카로티노이드(carotenoid)는 체내에서 레티놀로 변화해서 비타민 A 작용을 하는 물질이 있는데, 이와 같이 비타민 A의 전구체가 되는 카로티노이드를 프로비타민 A라고 하며, 대표적인 것이 베타카로틴이다.

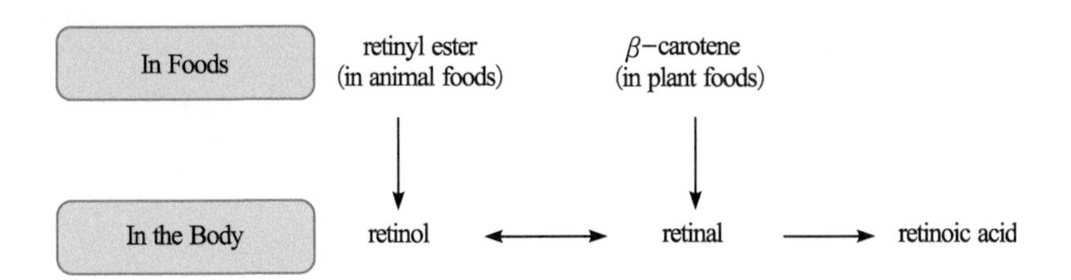

※ retinol : 생식 지원
retinal : 시각기능
retinoic acid : 성장 조절

【그림 6-1】 식품과 체내 비타민 A 및 전구체 형태

비타민 전구체와 항비타민

비타민 전구체

체내에 흡수된 후 어떤 특정한 비타민 효력을 가지게 되는 유기화합물을 비타민 전구체(provitamin)라 한다. 예를 들면 당근이나 호박에 함유된 황적색 색소인 카로틴(carotene)은 그 자체로 비타민 A의 효력을 가지지 않지만 체내에 흡수된 후 활성화되어 비타민 A의 효력을 갖게 된다. 이 외에 엘고스테롤(ergosterol)이나 7-디하이드로콜레스테롤(dehydrocholesterol) 등은 자외선에 의해 비타민 D로 전환되어 신장 내에서 활성화되는데 전자는 비타민 D_2, 후자는 비타민 D_3로 변화된다.

항비타민

비타민과 화학구조가 대단히 비슷하고 체내에서 비타민이 관여하는 효소계에 들어가 비타민과 경쟁하여 그 생리작용을 빼앗기 때문에 비타민 결핍증을 일으키는 성질을 가진 유기화합물이 있는데, 이와 같은 구조 유사물질을 항비타민(antivitamin) 또는 비타민 길항물질(antimetabolite)이라고 한다

1) 생리적 기능

(1) 시각작용

비타민 A는 정상적인 시각기능을 유지하는데 중요한 역할을 하며, 특히 빛에 대한 눈의 감각은 밝은 빛을 느끼는 원추세포와 어두운 빛을 느끼는 간상세포에 의한다. 비타민 A는 옵신과 결합해 간상세포에 함유된 색소단백질인 로돕신(rhodopsin, 시홍)을 생성하고, 빛의 자극을 받으면 로돕신의 11-cis retinal이 all-trans-retinal로 전환되어 옵신과 분리되면서 신경충동이 발생되어 이 충동이 대뇌의 시각중추로 전달된다. 로돕신의 생성량이 저하되면 어두운 빛에 대한 감수성이 약해져서 야맹증이 된다.

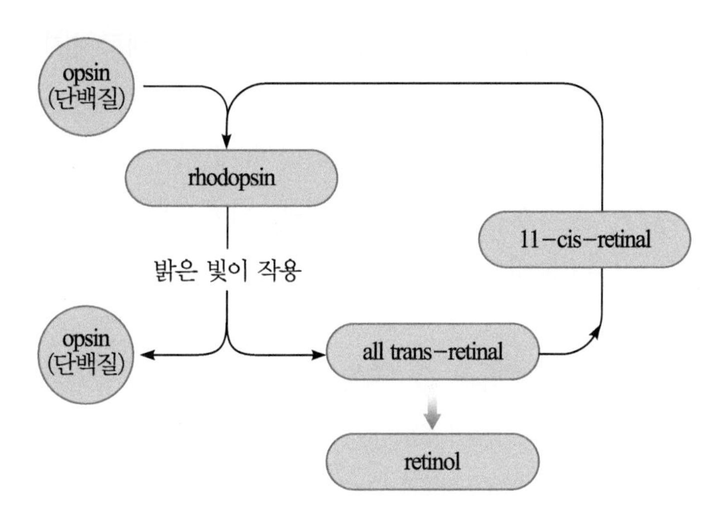

【그림 6-2】 로돕신의 생성과 레티날의 기능

(2) 세포 분화와 상피조직의 유지

비타민 A는 생체막의 지단백질과 복합체를 형성하여 막의 기능을 유지하며, 상피조직 세포 정상 분화를 조절하는 역할을 하지만 성장과 분화가 정상적으로 되기 위해서는 점액분비세포와 뮤코다당류의 합성이 중요하다. 점액은 당단백질로 만들어지고 비타민 A가 결핍되면 점액 분비 저하로 각막의 상피세포, 피부 장점막 등의 각질화가 발생한다.

(3) 항산화 및 항암작용

비타민 A 자체의 항암 효과보다는 프로비타민 A의 기능을 가진 카로티노이드들의 항암작용으로 특히 과일이나 채소을 통해 섭취되는 카로티노이드 섭취량과 암 발생률 간에 역관계가 있으며, 베타카로틴이 항산화제로서 심장혈관 질환, 암, 특히 폐암 등의 발병을 방지하는 역할을 한다.

2) 흡수와 대사

레티놀은 레티닐 에스테르(retinyl ester) 형태로 섭취되고 흡수된 레티놀은 장쇄지방산과 에스테르화(70~80%)된 다음 킬로미크론에 결합되어 림프관으로 들어가며 유리 형태의 레티놀은 문맥을 경유하여 간으로 운반된다. 건강한 사람의 경우 섭취한 비타민 A의 50% 이상이 레티닐 에스테르 형태로 간에 저장되고, 간에 저장된 레티닐 에스테르는 레티놀로 분해된 후 레티놀 결합 단백질(retinol binding protein, RBP)과 결합하여 레티놀-RBP 복합체를 이루어 혈액으로 유리되고 표적 조직으로 운반된다. 세포로 들어간 레티놀은 세포내 레티놀 결합 단백질(cellular retinol binding protein, CRBP)과 결합하여 저장되거나 산화효소의 작용으로 레티날로 되거나 레티노산이 되기도 한다.

카로티노이드인 베타카로틴의 흡수율은 레티놀보다 훨씬 낮으며, 모노옥시제나이제에 의해 레티날과 레티놀로 전환되며, 효소작용을 위해 담즙산염과 철이 필요하다. 비타민 A의 활성률은 1/6(무게비)로 추정된다. 레티놀은 글루쿠론산이나 타우린과 결합하여 담즙으로 제거되며, 대사산물의 70%는 대변을 통해, 나머지 30%는 소변으로 배설된다.

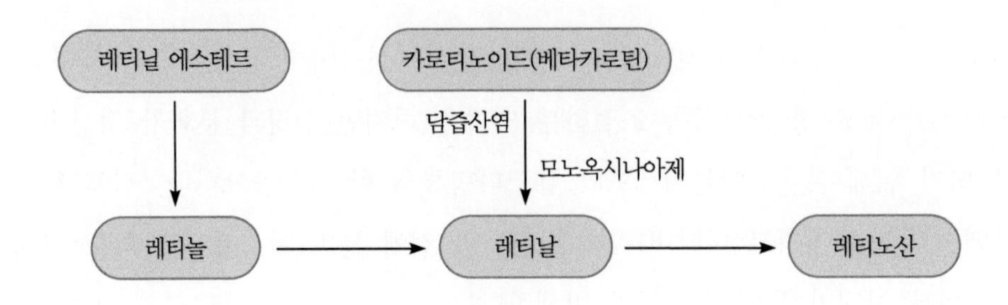

3) 결핍증

비타민 A 결핍의 주요 증상은 눈과 관련된 것으로 로돕신 재생 속도가 느려져서 나타나는 야맹증과 점액 분비가 감소되어 망막에 각질화가 진행되어 안질이 발생한다. 안질은 비토반점과 함께 안구건조증으로 나타나며, 심하면 실명을 초래하는 각막연화증이 되기도 한다. 피부에는 건조하고 거칠게 변하는 각화증이 나타나며, 그 외 식욕부진, 감염에 민감해지거나 호흡기나 다른 기관의 상피세포의 각질화 등이 나타난다.

비토반점(Bitot's spot)

결막의 상피세포가 퇴화되어 작은 삼각형의 은빛 반점이 나타나며 경우에 따라서는 결막 위에 거품과 같은 형태가 생긴다.

4) 과잉증

비타민 A를 과량 섭취하면 독성이 나타날 수 있으며 오심, 두통, 현기증, 무력감, 피부 건조 및 가려움증, 탈모증, 골관절 통증 등의 증세가 있다. 임산부가 과량 섭취하면 태아의 기형을 유발할 수 있다. 혈중 카로티노이드 농도가 증가하는 베타카로틴 혈증(β-carotenemia)이 나타난다. 이러한 착색 증상은 카로틴 섭취를 감소시키면 회복될 수 있다.

베타카로틴 혈증(β-carotenemia)

많은 양의 귤을 먹으면 귤에 들어 있는 베타카로틴이 체내에서 필요한 만큼만 레티놀로 전환되고 나머지는 그대로 남아 남은 베타카로틴이 피하지방조직에 축적되어 피부 색깔이 노랗게되며 이러한 현상을 카로티노시스(carotenosis)라 하며, 혈중 카로티노이드 농도가 증가하는 베타카로틴 혈증(β-carotenemia)이 나타난다. 이러한 착색 증상은 카로틴 섭취를 감소시키면 회복될 수 있다.

5) 급원 식품

레티놀은 육류나 어패류에 90%, 가금류와 난류에 70%가 분포되어 있어 풍부한 급원 식품으로 간과 생선간유가 있으며, 베타카로틴은 황색 채소에 85%, 녹색 채소에 75%가 분포되어 있어 깻잎과 당근, 풋고추, 시금치, 쑥갓 같은 녹황색 채소에 함유되어 있다.

【표 6-1】 1인 1회 분량(one serving size)의 비타민 A 급원 식품

식품명	1회 분량(g)	함량(㎍RE)	식품명	1회 분량(g)	함량(㎍RE)
소간	60	5700	메추리알	50	290
깻잎	70	1060	미역(생것)	30	95
당근	70	890	풋고추	70	40
쑥갓	70	440	난황	17	40
시금치	70	330	귤	100	30

6) 영양섭취기준

비타민 A의 1일 평균 필요량은 남자의 경우 19~29세는 540 ㎍RE, 30~49세는 520㎍RE, 여자의 경우 19~29세는 460 ㎍RE, 30~49세는 450 ㎍RE이다. 권장섭취량은 비타민 A의 40%의 저장 효율을 고려하여 연령 구분하지 않고 남자 750㎍RE, 여자 650㎍RE이다.

비타민 A의 단위는 국제 단위 IU 대신 레티놀 당량(retinol equivalent, RE) 또는 ㎍으로 표기한다. 식사 중 베타카로틴의 흡수율은 레티놀의 1/3이고 베타카로틴이 레티놀로 전환되는 비율을 1/2로 간주하여 베타카로틴의 이용률을 1/3×1/2 = 1/6로 하였으며, 기타 프로 비타민들은 베타카로틴의 1/2의 효율로 추정하여 식품에 함유된 총 비타민 A 값을 다음과 같이 계산한다.

1레티놀 당량(retinol equivalent : μgRE)

= 1μg(트랜스) 레티놀(all-trans-retinol)

= 2μg(트랜스) 베타-카로틴 보충제
  (supplemental all-trans-β-carotenoids)

= 6μg(트랜스) 베타-카로틴
  (dietary all-trans-β-carotene)

= 12μg 기타 식이 프로비타민 A 카로티노이드
  (other dietary provitamin A carotenoids)

2. 비타민 D

비타민 D(calciferol)는 체내에서 합성될 수 있는 유일한 비타민으로 작용 기전이 스테로이드 호르몬과 유사하여 프로호르몬으로 분류되기도 하며 비타민 D_2(ergocalciferol)와 비타민 D_3(cholecalciferol)의 두 가지 형태가 있다.

비타민의 전구체(provitamin)인 프로비타민 D_2(ergosterol)는 식물에서 얻을 수 있으며, 동물에서 얻을 수 있는 프로비타민 D_3(7-dehydrocholesterol)는 콜레스테롤 생합성의 중간체로 피부에서 햇빛 중의 자외선을 받아 활성화된다. 햇빛에 의해 합성되는 비타민 D의 양은 햇빛에 노출되는 시간 및 강도, 피부색, 나이 등에 의해 영향을 받는다

1) 생리적 기능

비타민 D는 칼슘대사 및 뼈의 대사에 관여하며 부갑상선호르몬(parathyroid hormone, PTH)과 더불어 혈장의 칼슘 항상성 유지에 관여한다. 혈액의 칼슘 농도가 감소하면 부갑상선 호르몬이 분비되어 신장에서 활성형 비타민인 1,25-$(OH)_2$ 비타민 D_3의 형성을 촉진하며, 소장 점막 세포에서 칼슘과 인의 흡수를 촉진 시킨다. 또한, 칼슘 결합 단백질(calcium binding protein, CaBP)의 생합성을 유도하며, 이 단백질은 소장의 칼슘 흡수를 촉진하며 세포막의 유동성을 증가시켜 칼슘과 인이 쉽게 세포막을 통과할 수 있게 한다.

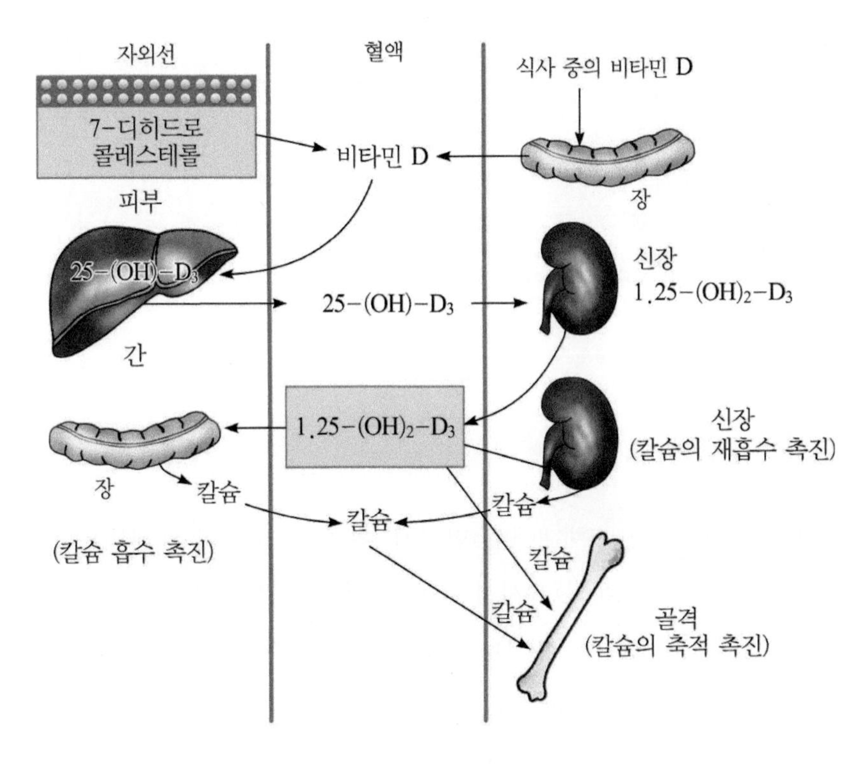

【그림 6-3】 비타민 D의 기능

2) 흡수와 대사

비타민 D는 담즙산염의 도움을 받아 수동 확산에 의해서 소장 점막으로 80% 흡수된 후 킬로미크론 형태로 림프계를 거쳐 간으로 수송된다. 간에서 25-(OH)-비타민 D_3로 전환되며, 신장에서 혈액 칼슘 농도의 변화에 반응하여 활성 형태인 1,25-(OH)-비타민 D_3로 다시 전환된다. 활성화된 비타민 D는 체내에서 이용된 후 대부분이 담즙의 형태로 배설되고 약 3% 정도는 소변으로 배설된다.

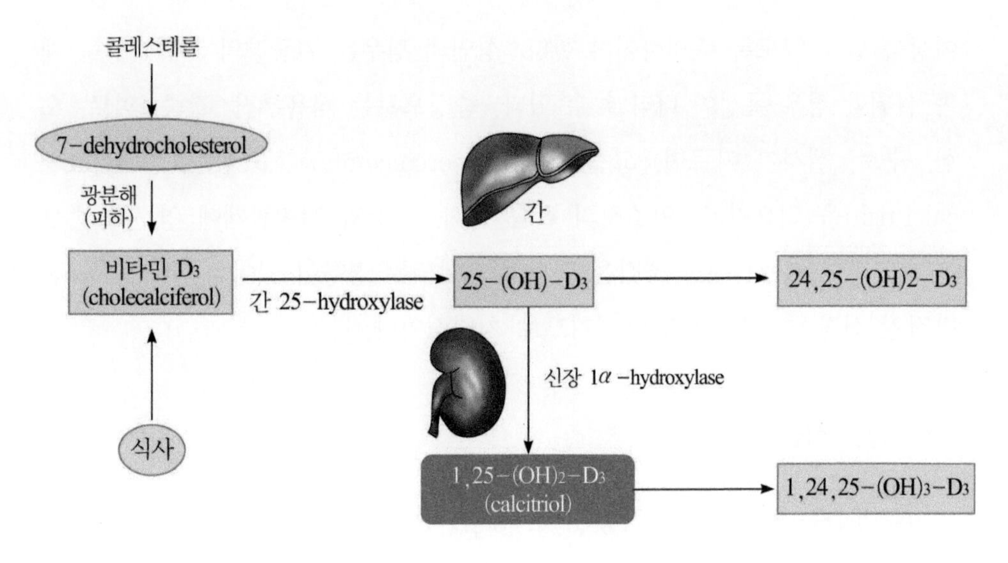

【그림 6-4】 비타민 D_3의 대사과정

3) 결핍증

비타민 D가 결핍되면 골격의 석회화가 충분히 이루어지지 않아 구루병과 골연화증이 나타난다. 구루병은 비타민 D 결핍으로 뼈가 연해지고 변형되기 쉬운 어린이에게 나타나며, 성인의 경우는 골연화증(osteomalacia)과 골다공증(osteoporosis)이 나타난다. 골연화증은 어른에게 발생하는 구루병으로 햇빛을 충분히 받지 않거나 부적절한 식사 섭취를 하는 임신부나 다산 여성에게 발생하며 수유 기간까지 이어질 수 있다. 이때 뼈의 총량은 정상이나 기질의 석회화가 감소하여 뼈의 조성이 비정상적이 된다. 골다공증은 폐경기 이후에 에스트로겐이 분비되지 않으면 신장에서 활성형 비타민 D가 생성되지 않아 칼슘의 흡수률이 떨어져서 골밀도가 저하되어 나타나며 뼈의 조성은 정상이지만 뼈의 총량이 감소한다. 또한, 이때 나타나는 저칼슘혈증(hypocalcemia)은 갑상선기능부전증을 수반하며, 심한 뼈 손실을 초래하기도 한다.

4) 과잉증

과량의 비타민 D 복용은 특히 영아의 경우 폐동맥과 폐포를 축소시키고 얼굴 형태를 변화시키며 어린이의 성장이 저해될 수 있다. 하루에 권장량의 2배 이상을 넘지 않도록 주의하여야 한다. 성인의 경우는 권장량의 5배 이상을 계속 섭취할 경우 독성이 나타날 수 있다. 증상으로는 식욕부진, 갈증, 피로, 오심, 구토, 설사가 따르며, 고칼슘혈증(hypercalcemia)과 고칼슘뇨증(hypercalciuria)을 일으키고, 연조직의 칼슘 축적, 신장과 심혈관계에 영구적 손상을 가져온다. 특히 신장 조직은 쉽게 칼슘화되는 경향이 있어 신장결석 등 전반적인 신장 기능에 영향을 미치므로 치명적이다.

5) 급원 식품

비타민 D는 동물성 식품인 고등어, 꽁치, 연어, 삼치에 들어 있으며, 우유에도 들어 있다. 식물성 식품에는 프로비타민 D(ergosterol)의 형태로 들어 있으며 버섯류에 들어 있다.

【표 6-2】 1인 1회 분량(one serving size)의 비타민 D 급원식품

식품명	1회 분량(g)	함량(㎍)	식품명	1회 분량(g)	함량(㎍)
고등어	60	6.0	삼치	60	1.7
꽁치	60	3.9	돼지간	60	1.6
강화우유	200㎖	2.0	소간	60	1.4
장어	60	1.9	난황	17	0.7
연어	60	1.9	표고버섯	30	0.6

6) 영양섭취기준

비타민 D의 충분섭취량은 19~49세 남녀 모두 성인의 경우 일광에 노출되는 시간이 비교적 많다고 보아 5 ㎍으로 설정하였으며, 50세 이상 남녀의 경우 햇볕에 노출되는 시간 감소, 폐경으로 인한 호르몬 변화, 피하에서 비타민 D 합성 능력 저하 등을 고려하여 모두 하루 10㎍(400IU)이다. 비타민 D의 필요량은 태양광선을 쪼이는 것만으로도 얻을 수 있지만, 야간 또는 지하 근무자인 경우에는 비타민 D의 체내 합성량이 부족할 것이므로 유의하여야 한다.

3. 비타민 E

비타민 E(tocopherol)는 항불임 인자로서 지용성 비타민 중에서 공기 중의 산소에 의해 가장 산화되기 쉬우며 광선이 비치면 더욱 빠르게 분해된다. 항산화성을 가지고 있어 비타민 A, 카로틴, 불포화지방산 등의 자동산화를 방지하는 작용이 있다.

1) 생리적 기능

비타민 E의 기능은 세포막의 다가불포화지방산들을 산화적 손상으로부터 보호하는 항산화작용을 하여 과산화작용이 진전되는 것을 막아주는 역할을 한다. 또한, 지질의 산화 반응의 원인이 되는 활성산소와 유리라디칼의 연쇄반응을 중단시키기 위해 셀레늄과 함께 항산화작용을 한다. 이외에도 비타민 E는 면역 기능, 특히 T 림프구 기능을 정상화하는 데 필요하며 이러한 면역증강 효과는 항암 효과와도 관련이 있다.

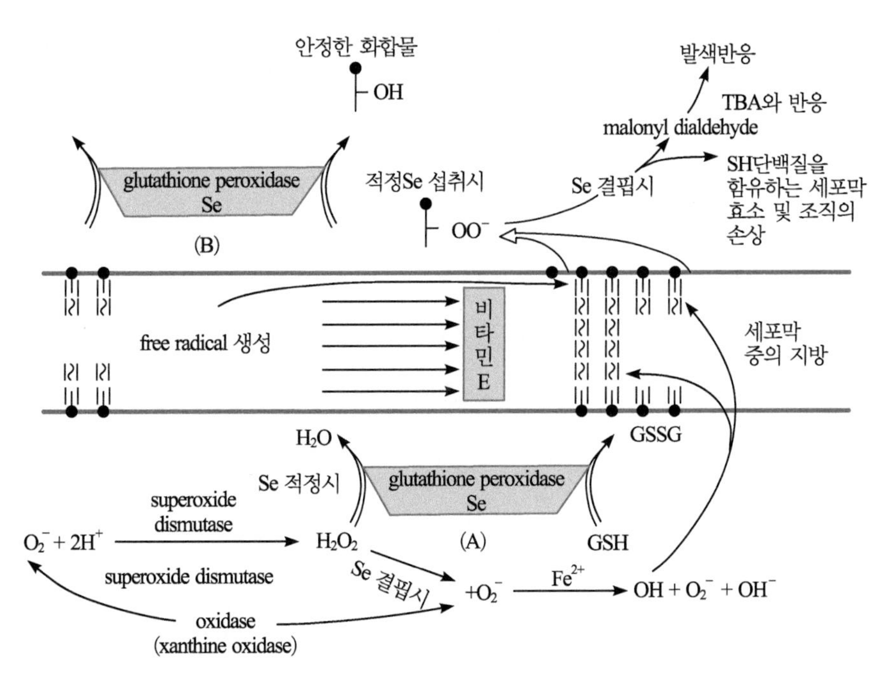

【그림 6-5】 비타민 E의 항산화 작용

2) 흡수와 대사

비타민 E는 담즙과 췌장액의 도움으로 지방산이나 중성지방과 함께 소장에 흡수된 후 소장 상피세포에서 킬로미크론에 함유되어 림프계와 흉관을 거쳐 흡수된다. 간에서 비타민 E는 지단백에 의해 중성지방이나 다른 지방과 함께 지방조직, 세포막, 세포내 막구조 등으로 간다. 따라서 몸 전체에 고루 분포하고 있으며 특히 혈장, 간, 지방조직에 다량 존재하고 인지질이 풍부한 세포막과 같이 다량의 지방산을 포함하는 구조에서 중요하다. 비타민 E는 섭취량의 30~50%가 흡수되며, 섭취량이 증가할수록 흡수율은 감소한다. 비타민 E는 퀴논(quinone)으로 산화되어 주로 담즙을 통해 배설되고 소량은 소변으로 배설된다.

3) 결핍증

비타민 E는 원래는 항불임성 인자로 발견되었지만 동물에 따라 결핍 증상이 다양하게 나타나서 생식불능, 근위축증, 신경질환, 빈혈 등을 들 수 있다. 사람에 대한 결핍증은 아주 드물게 발생하며, 섭취 부족보다는 지단백질대사에 문제가 있는 경우에 결핍증을 보이며 증상으로는 말초신경장애, 운동실조, 골격근증, 색소침착 망막증이 나타난다. 최근 들어 비타민 E가 부족한 사람과 동물에서 노화 증상이 빨리 나타난다는 보고도 있다.

4) 과잉증

비타민 E는 독성이 낮아서 식품을 통한 과량 섭취에 의한 독성은 보고된 바 없으나 치료 목적의 과량 비타민 E 보충제의 장기 복용의 경우 비타민 E가 비타민 K의 흡수를 방해하여 출혈을 초래할 수 있다.

5) 급원 식품

비타민 E가 풍부한 식품은 콩기름, 옥수수유, 해바라기씨 등의 식물성 기름과 녹차, 아몬드, 아보카도 등이다. 육류, 생선, 동물성 기름 그리고 대부분의 채소에는 거의 들어 있지 않으나 녹색 채소, 견과류, 해조류 등에는 소량의 비타민 E가 함유되어 있다.

【표 6-3】 1인 1회 분량(one serving size)의 비타민 E 급원 식품

식품명	1회 분량(g)	함량 (μg)	식품명	1회 분량(g)	함량 (μg)
콩기름	5	5.1	아보카도	10	1.3
옥수수유	5	4.1	말린땅콩	10	1.2
녹차	5	3.1	마요네즈	5	0.6
아몬드	10	2.4	호두	10	0.3
참기름	5	1.5	해바라기씨	10	0.2

6) 영양섭취기준

비타민 E는 다양한 활성형이 있어 권장량은 TE(tocopherol equivalent)로 정하고 있으며, 영양섭취기준의 충분섭취량은 성인 남자는 12 mg a-TE/일, 여자는 10mg a-TE/일이다. 비타민 E의 필요량 다가불포화지방산(PUFA) 섭취량에 비례하는데 비타민 E와 PUFA의 비율은 약 0.4~ 0.6(mg 비타민 E/g PUFA)인 것이 바람직하다. 특히 들깨기름은 알파-리놀렌산을 총 지방산의 약 60%나 함유하므로 많이 섭취할 경우 기름 자체에 함유된 비타민 E만으로는 PUFA의 산패를 막기 어려우므로 비타민 E의 섭취량을 증가시켜야 한다.

4. 비타민 K

비타민 K(menaquinone)는 혈액응고에 필수적인 비타민으로, 식물성 식품에 존재하는 필로퀴논(phylloquinone)을 비타민 K_1, 동물성 식품에 함유되어 있으며 사람의 장내 박테리아에 의해서 합성 가능한 메나퀴논(menaquinone)을 비타민 K_2, 수용성 화합물질로 비타민 K의 전구체인 메나디온(menadione)을 비타민 K_3라고 한다. 일부 장내에서 박테리아에 의해 합성되어 흡수되므로 건강한 사람이라면 식사를 통하여 섭취하는 비타민 K에만 의존하지 않고 장내에서 합성된 비타민 K도 이용한다.

1) 생리적 기능

비타민 K는 혈액응고 및 골격(뼈)대사에 관련된 단백질을 활성화시키는 작용을 갖는 영양소이다. 비타민 K는 혈장에 들어 있으면서 혈액응고에 관여하는 프로트롬빈(prothrombin, 혈액응고 인자 II) 및 여러 종류의 혈액응고인자(VII, IX, X)의 생합성에 필요하다. 특히 단백질의 글루탐산 잔기의 감마-탄소에 카복실기를 첨가시켜 감마-카복시 글루탐산으로 전환시키는 카복실화 반응의 필수 요소로 간에서 불활성형의 프로트롬빈은 비타민 K의 작용으로 활성형의 프로트롬빈으로 전환되고, 활성형의 프로트롬빈은 칼슘과 트롬보키나제(트롬보플라스틴)에 의해 트롬빈(thrombin)으로 활성화되며 트롬빈에 의해 혈장 피브리노겐(fibrinogen)이 피브린(fibrin)으로 변하여 혈액을 응고시킨다.

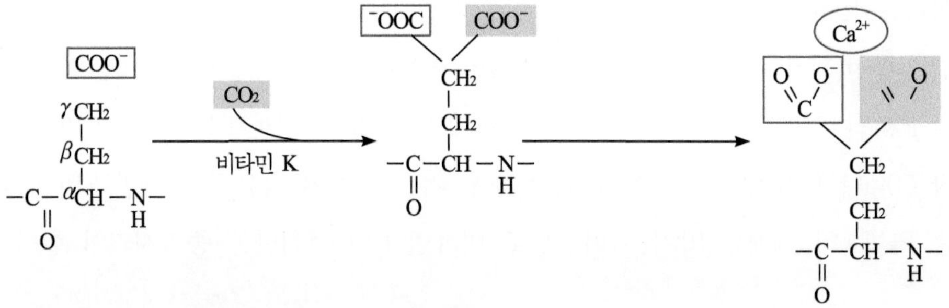

【그림 6-6】 글루탐산의 γ-carboxylation 과정

또한, 뼈단백질인 오스테오칼신(osteocalcin)의 합성에 관여하여 뼈대사에 작용한다. 오스테오칼신은 뼈에서 감마-카복시글루탐산 단백질로 활성형의 비타민 D는 조골세포를 자극하고 오스테오칼신의 형성과 분비를 촉진시키며, 이렇게 형성된 오스테오칼신은 카복실화 반응을 거친 후 칼슘과 결합하여 뼈 형성 및 발달에 관여한다.

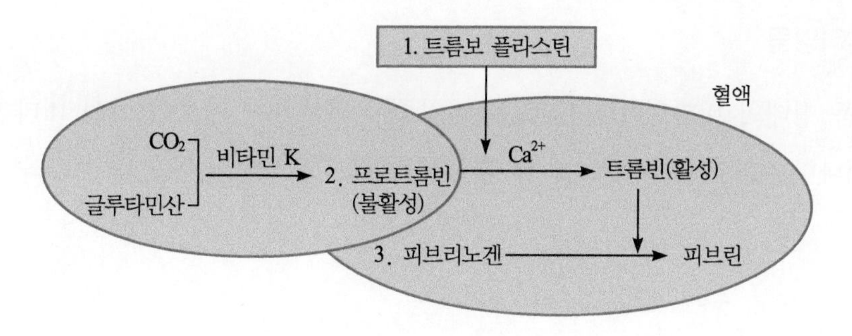

【그림 6-7】 비타민 K의 혈액응고 기능

2) 흡수와 대사

비타민 K는 담즙과 췌장액의 도움으로 공장과 회장에서 40~80% 정도 흡수되며, 흡수된 비타민 K는 림프계를 통해 간으로 이동한다. 간은 비타민 K의 주요 저장소이지만 전환 대사율은 빠르고 체내 저장량은 적다. 간에서 다른 지단백에 포함되어 신체 여러 조직으로 운반된다. 비타민 K는 주로 담즙으로 배설되나 일부는 소변으로 배설된다.

3) 결핍증

비타민 K는 대부분의 식품에 다량 함유되어 있고 장내 세균에 의해 합성되므로 성인에게는 결핍증이 거의 없으나, 담즙 생성이 불가능한 경우, 설사 등으로 지방 흡수가 감소되는 경우, 모유 영양아의 경우 신생아 출혈이 일어날 수 있다.

신생아 출혈

신생아는 출생 시 위장관은 무균 상태이므로 비타민 K를 합성하는 세균상이 없다. 따라서 박테리아가 정상적으로 성장하여 비타민 K가 합성할 때까지 생후 며칠간은 비타민 K가 합성될 수 없어 이 시기에 신생아 출혈이 야기될 수 있다.

4) 과잉증

식품 형태의 비타민 K 섭취로는 과잉증이 나타나지 않으나 합성 비타민 K인 메나디온을 유아에 주었을 때 출혈성 빈혈과 황달, 뇌손상 등이 나타날 수 있다.

5) 급원 식품

비타민 K는 순무, 시금치, 케일, 컬리플라워, 양배추, 간 등에 많이 함유되어 있다.

【표 6-4】 1인 1회 분량(one serving size)의 비타민 K 급원 식품

식품명	1회 분량(g)	함량(㎍)	식품명	1회 분량(g)	함량(㎍)
순무	70	455	양상추	70	78
시금치	70	186	소간	60	62
케일(생)	70	183	돼지간	60	53
컬리플라워	70	154	닭간	60	48
양배추	70	104	렌즈콩	20	44.6

6) 영양섭취기준

비타민 K의 성인 남녀 충분섭취량은 남자 75㎍/일, 여자 65 ㎍/일이며, 식이를 통해 하루에 체중 kg당 1㎍을 섭취하면 혈액응고시간을 정상으로 유지하는데 충분하다고 한다.

【표 6-5】 지용성 비타민 요약

비타민	화학물질명	생리적 기능	흡수와 대사	결핍증	과잉증	식품	권장량
비타민 A	retinol	시각의 정상화 상피조직의 정상 분화 항산화작용	• 흡수 : 약 80~90%, 담즙의 유화, 림프관을 통해 지방과 함께 흡수 • 이동 : 레티놀결합단백질(RBP) • 저장 : 간 • 배설 대변과 소변	암순응 저하, 야맹증 안구건조정, 실명 피부 각질화 성장부진, 생식불능, 감염에 대한 저항력 저하,	오심, 두통, 탈모, 현기증, 무력감	소간, 깻잎, 당근, 쑥갓, 시금치	성인(남, 여) 750, 650RE
비타민 D 비타민 D_2 비타민 D_3	calciferol ergocalciferol cholecalciferol	칼슘대사 및 뼈 대사	• 흡수 : 담즙의 유화작용으로 지방과 함께 림프관으로 흡수 • 이동 : 비타민 D 결합단백질(DBP)과 함께 이동 • 저장 : 간, 지방조직, 근육에 저장됨 • 배설 : 주로 대변, 소량 소변으로 배설됨	구루병 골연화증 골다공증	식용부진, 갈증, 피로, 오심, 구토	고등어 꽁치 연어 버섯 효모	성인(남, 여) 5㎍
비타민 E	tocopherol (α, β, γ, δ)	항산화제, 지질의 산화방지, 적혈구 세포막 보호작용	• 흡수 : 약20~40% 담즙의 유화로 지방과 함께 림프관으로 흡수 • 이동 : 지단백과 결합하여 이동 • 저장 : 간, 지방조직 근육 • 배설 : 주로 대변, 소량은 소변	신경기능 저하, 근무력증, 성인병의 항진, 불임, 적혈구 파괴(용혈성 빈혈)		콩기름 면실유 옥수수유 참기름 들기름	성인(남, 여) 10α-TE
비타민 K 비타민 K_2 비타민 K_3	phylloqulinone menaquinone menadion	혈액응고 촉진, 혈액 중의 응고인자중 γ-carboxyl-glu-tamate oxylgluta mate의 합성에 관여	• 흡수 : 약 10~70% 담즙의 유화, 지방과 함께 림프관으로 흡수 • 이동 : 지단백과 결합여 이동 • 저장 : 간 • 배설 대변과 소변	지혈시간의 연장, 신생아 출혈		순무 녹색채소 양배추 소간	성인(남) 75㎍ (여) 65㎍

[지용성 비타민] 문제해결 활동

- 이름 :
- 학번 :
- 팀명 :

- 중심키워드 :
- 중심키워드 한줄지식 :

정답을 맞힌 팀 :

[지용성 비타민] 문제해결 활동

맞춤 선을 그어주세요.

중심키워드 ·	· 한줄지식
·	·
·	·
·	·

정답을 맞힌 팀 :

▶▶▶ 문제해결을 위한 팀별경쟁학습 방법

① 팀을 구성한다.(4~5명)

② 단원별 중심키워드로 팀명을 정한다.

③ 팀원이 협동학습으로 문제를 작성한다.

④ 교수자에게 확인받은 문제를 다른 팀에게 제시하고 정답 팀을 기록한다.

⑤ 질의응답 후, 교수자는 최종 피드백을 실시한다.

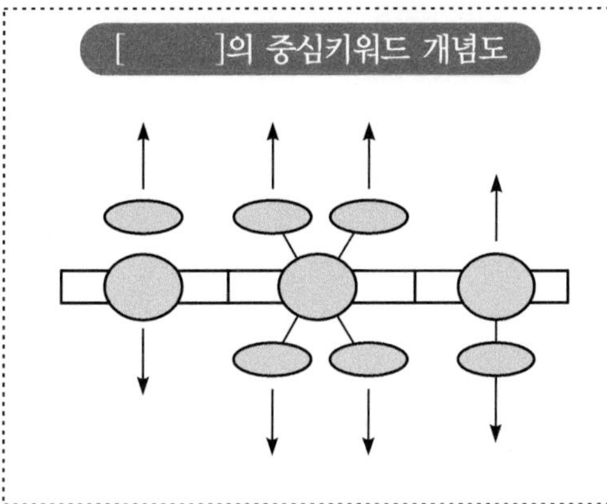

▶▶▶ 과제해결 방법

① 학습이 완료된 단원별 내용을 중심키워드와 한줄지식 중심으로 정리한다.
② 정리한 내용을 기초로 학습자만의 자유로운 중심키워드 개념도를 작성한다.
③ 우수한 과제를 학습자 간에 공유하고 교수자는 과제에 대한 피드백을 실시한다.

제 7 장

수용성 비타민

1. 비타민 B_1
2. 비타민 B_2
3. 니아신
4. 판토텐산
5. 비타민 B_6
6. 엽산
7. 비타민 B_{12}
8. 비오틴
9. 비타민 C

제7장

수용성 비타민

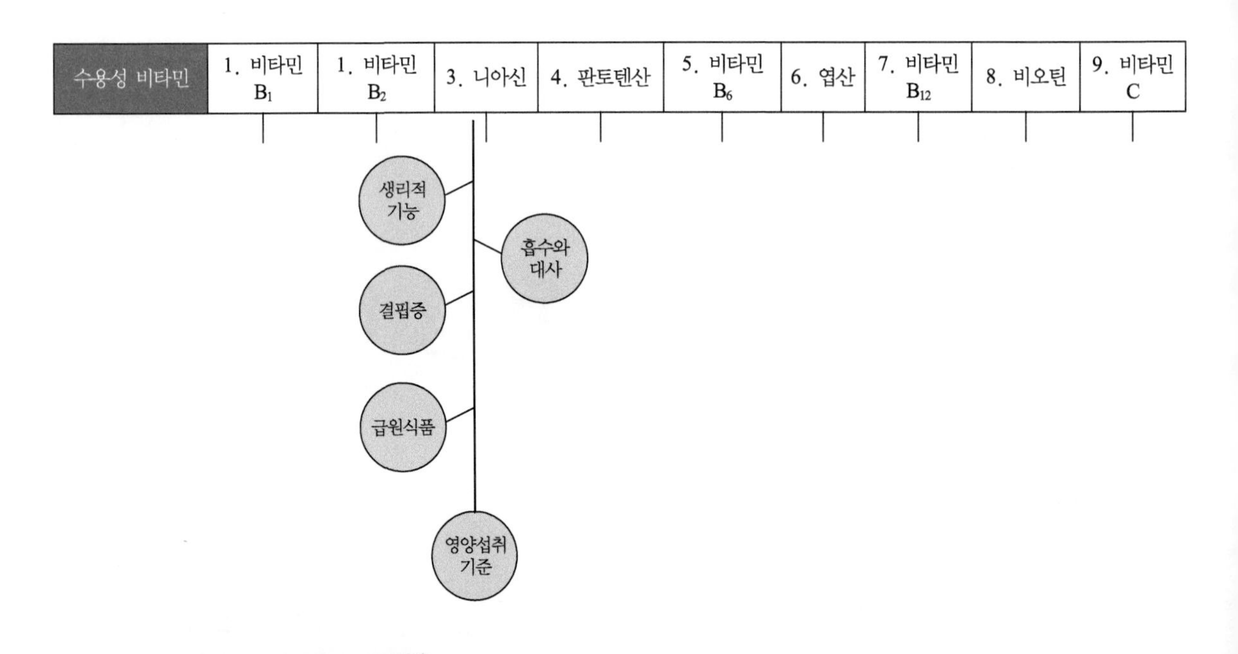

교수자용 중심키워드 박스

조효소, TPP, FAD, NAD, Co A, PLP, THF, 각기병, 설염, 악성빈혈, 아스코르빈산

학습자용 중심키워드 박스

중심키워드	한줄지식

제7장

수용성 비타민

수용성 비타민은 신체 세포의 대사와 성장, 유지를 위하여 그 필요량이 매우 소량이나 필수적인 유기물질로 체내에서 특수한 조효소로서 특정 이온이나 원자단을 옮겨주는 역할을 하여 세포 내 대사가 정상적으로 진행되도록 돕는다. 특히 비타민 B군 중에서 티아민, 리보플라빈, 니아신, 판토텐산, 비오틴 등 열량 영양소들로부터 에너지를 생성하는 효소들의 조효소로 작용하여 이들 없이는 체내에서 에너지를 생성할 수 없다. 또한, 엽산(folate)과 비타민 B_{12}는 적혈구 생성에 필요한 조혈 비타민이며, 비타민 B_6는 에너지 생성 반응에 참여하지는 않으나 단백질대사, 즉 아미노산대사 반응에 조효소로 작용한다. 비타민 C는 조효소의 형태는 아니지만 체세포 내에서 산화 · 환원 반응에 참여하면서 다양한 대사 과정에 관여한다. 수용성 비타민은 지용성 비타민보다는 더 쉽게 체외로 배설된다. 일반적으로 과량을 섭취해도 저장되지 않고 소변으로 배설되므로 매일 식사를 통하여 섭취하는 것이 중요하다. 또한, 물에 용해되기 때문에 식품 가공과 조리 과정 중 다량의 수용성 비타민이 손실될 수 있다.

그림 7-1는 수용성 비타민의 조효소들을 필요로 하는 신체의 대사 과정을 나타내고 있다.

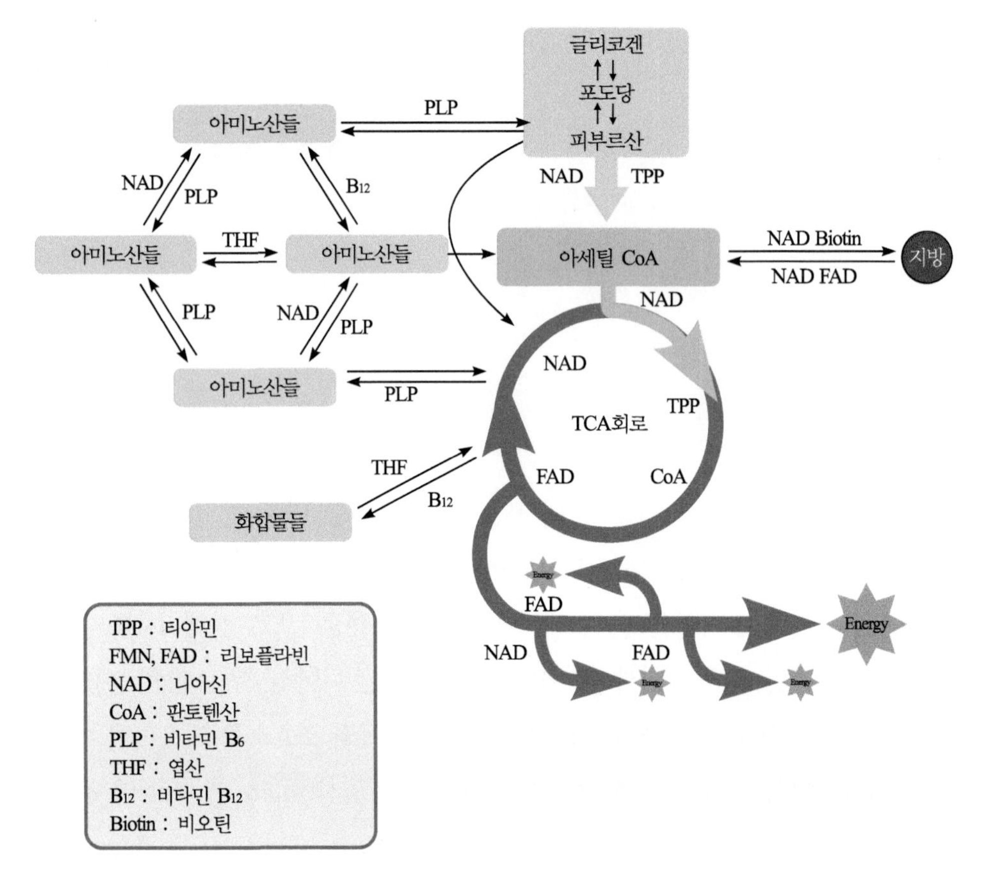

【그림 7-1】 비타민 B군을 필요로 하는 대사 과정

1. 비타민 B_1

비타민 B_1(thiamin)의 티아민이라는 이름은 유황을 의미하는 thi(o)와 분자 내에 들어 있는 질소 그룹인 아민(amine, $-NH_2$), 즉 thiamin이 된 것이다. 식품 중에는 주로 인산화된 형태로 존재하는데 가장 많은 것은 티아민에 두 분자의 인산이 결합한 티아민 피로인산(thiamin pyrophosphate, TPP)이다.

1) 생리적 기능

비타민 B_1은 주로 TPP 형태로 여러 대사 반응에 보조효소의 기능을 한다.

(1) 탈탄산 반응(에너지대사)

비타민 B_1은 TPP(thiamin pyrophosphate)로 전환된 후 당질, 지질, 단백질로 에너지를 생성하는 과정에서 중요한 역할을 하는 조효소로 산화적 탈탄산 반응(oxidative decarboxylation)과 케톨 전이 반응(transketolase)에서 기질로부터 이산화탄소를 제거하는 산화적 탈탄산 반응에 관여하는데, 당질대사 과정 중 피루브산(pyruvate)이 아세틸 CoA로 전환될 때, α-케토글루탐산(a-ketoglutarate)이 숙시닐 CoA(succinyl CoA)로 전환될 때 관여한다.

따라서 비타민 B_1이 부족하게 되면 포도당의 해당 과정에 장애가 발생하여 피루브산이 아세틸 CoA로 전환되지 못하고 혈액과 조직 내에 쌓이게 되며, 과량의 피루브산이 젖산으로 전환되어 인체에 유해한 수준에 도달할 수 있다. 이처럼 티아민은 에너지 대사에 관여하므로 티아민의 필요량은 에너지 소모량과 상관이 크다.

(2) 케톨전이 반응

TPP는 오탄당 인산회로(hexose monophosphate shunt, HMPS)에서 케톨기 전이효소(transketolase)의 조효소로서 작용한다. 이 대사 경로는 생체에서 DNA와 RNA를 합성하는데 사용되는 리보오스(ribose)와 디옥시리보오스(deoxyribse), 지방산이 합성될 때 필요한 조효소 NADPH를 제공한다. 따라서 비타민 B_1이 결핍되면 케톨기 전이 반응의 저하로 NADPH와 오탄당의 합성이 저하되기 때문에 지방산과 핵산 합성에 이상을 초래하고 신경전달 및 조절에 장애가 나타난다.

(3) 신경자극전달

TPP는 신경세포와 신경세포 사이에서 신경자극을 전달하는 아세틸콜린(acetylcholine) 합성 과정의 조효소로 작용하고 신경조직에 에너지를 공급하기 위해서 필요하며 카테콜라민(catecholamine)의 합성과 세로토닌(serotonin)을 시냅스로 유입하는 과정에 관여함으로써 정상적인 신경자극 전달이 이루어지도록 한다.

2) 흡수와 대사

비타민 B_1은 소장 상부에서 다량 섭취하면 수동적 확산에 의해 흡수되고, 적당량(5mg 이하/일)을 섭취할 때는 능동적인 운반에 의하여 흡수된다. 흡수된 비타민 B_1은 각 조직에서 바로 티아민 피로인산화 효소에 의해 인산화 반응을 일으켜 활성형인 TPP로 전환되며, 간문맥을 통해 간으로 이동한 후 순환계로 들어간다.

TPP 효과(thiamin pyrophosphate effect)

티아민의 영양상태를 평가하는 방법으로 TPP를 필요로 하는 효소의 활성도를 측정하는 것이다. 즉 적혈구 케톨기 전이효소(erythrocyte transketolase activity, ETK activity)와 TPP를 첨가했을 때 증가된 ETK 활성의 백분율을 이용하는 것으로 티아민의 영양상태가 저조해지면 16% 이상으로 상승된다

3) 결핍증

(1) 각기병(beriberi)

각기병은 뇌와 신경세포의 주요 연료인 포도당이 제대로 대사되지 못할 때 발생한다. 각기병에는 습성 각기(wet beriberi)와 건성 각기(dry beriberi) 등 두 가지 형태가 있다. 습성 각기는 사지에 심한 부종 현상이 나타나고 보행이 어려우며, 심근이 약화되고 심부전증이 나타나며 혈관벽의 평활근이 약화되어 말초혈관이 이완되어 심전도가 비정상적이며, 심장이 비대해지고 호흡곤란 등의 증세가 악화되어 사망하게 된다. 건성 각기는 말초신경계의 마비로 인해 사지의 감각, 운동 및 반사반응에 장애가 나타나며 체조직의 정상적인 손실로 마르고 쇠약해진다.

각기병

각기병(beriberi)은 도정률이 높은 백미를 주식으로 하며 당질 위주의 식사를 하는 사람들에게 많이 발생한다. 베리베리(beriberi)는 스리랑카어로서 영어의 'I can't, I can't' 라는 의미를 갖는다.

(2) 베르니케-코르사코프(Wernike-Korsakoff) 증후군

알코올 중독 증세를 가진 사람들에게 나타나는 비타민 B_1 만성 결핍증을 베르니케-코르사코프 증후군이라 하며, 알코올 섭취로 비타민 B_1의 흡수와 이용이 현저하게 감소되어 정신적 혼란과 기억상실, 안근육마비, 팔과 다리의 협동적 조절 기능이 잘 수행되지 않아 비틀거림 등이 나타난다.

4) 급원 식품

비타민 B_1이 풍부한 식품으로는 닭간, 돼지고기, 전곡류, 고춧잎, 쑥, 해바리기씨, 땅콩 등이 있다.

【표 7-1】 1인 1회 분량(one serving size)의 비타민 B_1 급원 식품

식품명	1회분량(g)	함량 (㎎)	식품명	1회 분량(g)	함량 (㎎)
닭간	60	0.63	쑥	70	0.26
돼지고기	60	0.55	해바라기씨	10	0.21
고춧잎	70	0.37	말린땅콩	10	0.10
현미	90	0.27	호두	10	0.05

5) 영양섭취기준

비타민 B_1 평균필요량은 성인 남자 1.0 mg/일, 성인 여자 0.9 mg/일이며

권장섭취량은 평균필요량의 120% 수준인 성인 남자 1.2 mg/일, 성인 여자 1.1 mg/일이다. 또한, 티아민이 에너지대사에서 중요한 역할을 하므로 열량섭취량이 감소하더라도 1일 1.0 mg 이상을 섭취하도록 해야 한다.

티아민 저하증을 진단하는 방법

① 혈액 속의 비타민 B_1의 양 측정
② 소변의 비타민 B_1의 양 측정
③ 혈액 속의 pyruvate의 양 측정
④ 젖산의 양 측정
⑤ α-케토글루탐산(a-ketoglutarate)의 양 측정

2. 비타민 B_2

비타민 B_2(riboflavin)는 당알코올인 5탄당 리비톨(ribitol)이 플라빈(flavin)과 연결된 구조이며, 비타민 B_2는 조효소인 FMN(flavin mononucleotide)과 FAD(flavin adenine dinucleotide)을 구성하여 체내에서 산화 · 환원 반응에 관여한다.

1) 생리적 기능

비타민 B_2는 여러 대사 과정에서 다른 비타민 B 복합체(비타민 B_1, 비타민 B_6, 나이아신, 엽산)와 함께 작용하며, FMN과 FAD의 두 가지 조효소를 생성하는데 사용된다.

(1) 에너지 생성에 관여

FMN과 FAD는 수소 이온을 쉽게 받아 다른 화학작용에 전달하여 주는 수소 운반체(hydrogen carrier) 역할로서 세포 중에서 일어나고 있는 산화 · 환원작용에 관여한다. 따라서 비타민 B_2는 당질, 단백질, 지질의 에너지 산화 과정에 모두 참여하므로 에너지를 생성하는 과정에 매우 중요한 역할을 한다.

FAD는 피루브산이 아세틸 CoA로 산화될 때, 지방산의 β-산화 과정과 아미노산의 탈아미노 반응에서 조효소로 작용하며, 전자전달계에서 수소 운반체로 작용한다. 특히 TCA 회로에서 숙신산(succinate)이 푸마르산(fumarate)으로 전환될 때 산화 반응의 조효소로 작용하며, $FADH_2$는 미토콘드리아의 전자전달계에서 수소 운반체로 작용한다.

(2) 니아신의 합성

비타민 B_2는 아미노산인 트립토판 60mg으로부터 니아신 1mg을 합성하는 반응에 관여하며, 비타민 B_6와 엽산를 활성화시키는데 필요하다. 비타민 B_6와 엽산은 DNA 합성에 필요한 비타민이므로 비타민 B_2는 세포 분열과 성장에 간접적으로 영향을 미치게 된다.

(3) 기타

그 외에도 부신피질에서 코르티코이드(corticoid) 형성, 골수에서 적혈구 형성, 글리코겐의 합성과 이화작용, 글루타티온 과산화 효소의 활성을 유지하는 과정에 관여한다.

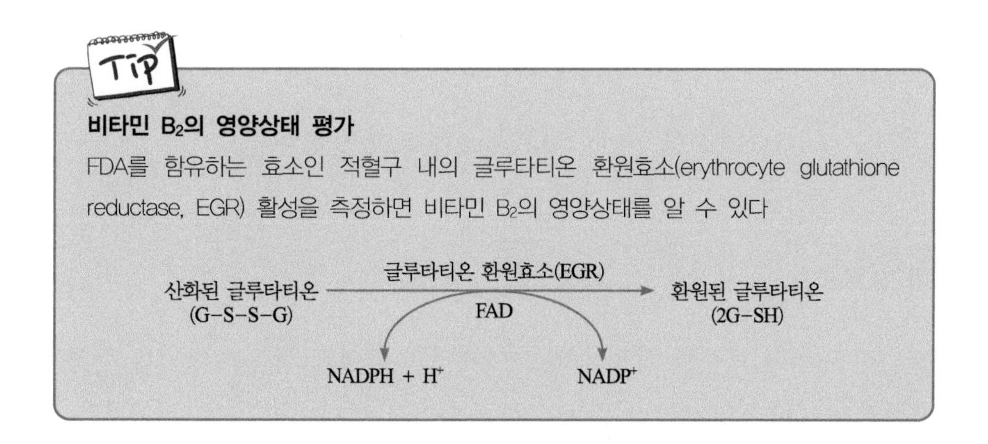

TIP
비타민 B2의 영양상태 평가
FDA를 함유하는 효소인 적혈구 내의 글루타티온 환원효소(erythrocyte glutathione reductase, EGR) 활성을 측정하면 비타민 B2의 영양상태를 알 수 있다
산화된 글루타티온
(G-S-S-G)
글루타티온 환원효소(EGR)
FAD
환원된 글루타티온
(2G-SH)
NADPH + H+
NADP+

2) 흡수와 대사

식사로 섭취한 비타민 B_2는 소장 점막의 미세융모막 외측에 있는 단백질 분해효소나 인산 분해효소에 의해 FMN과 FAD는 소장에서 흡수되기 전에 비타민 B_2로 유리된 후 소장 상부에서 능동적 운반 기전에 의해 약 70%가 흡수된다. 흡수된 비타민 B_2는 FMN으로 인산화 된 후 알부민과 결합한 상태로 간으로 운반되며, 간에서 ATP와 결합하여 FAD로 전환된다. 동물성 식품에 들어있는 것이 식물성 식품의 것보다 더 잘 흡수 이용된다.

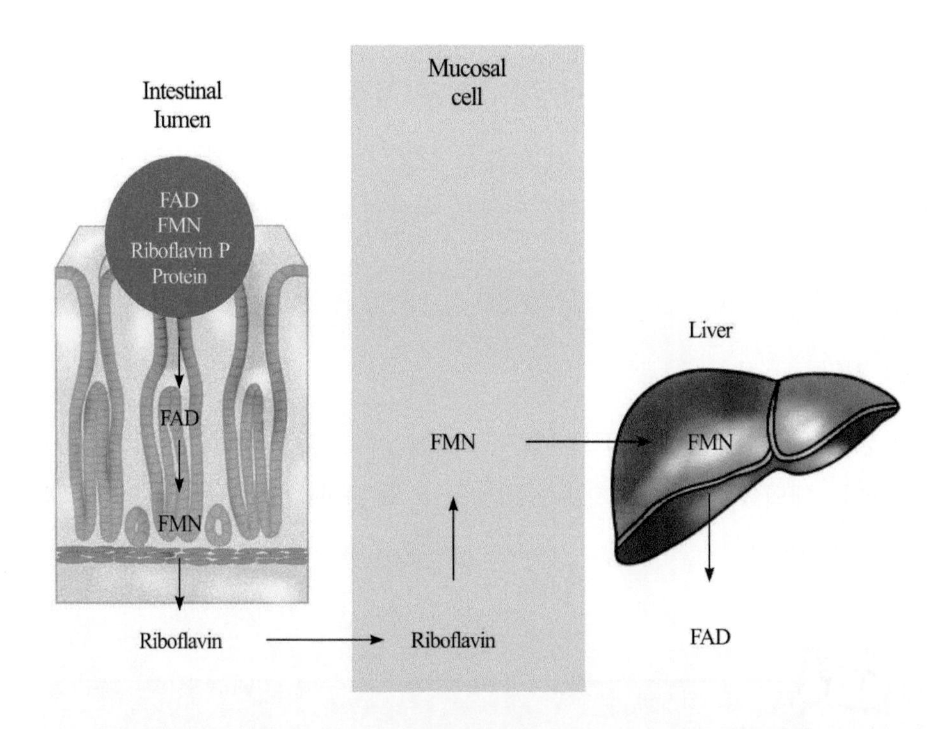

【그림 7-2】 비타민 B_2와 조효소 흡수

3) 결핍증

비타민 B_2의 결핍증은 입술과 입 가장자리의 균열과 염증이 생기는 구순구각염, 혀가 붉어지고 쓰라린 증세와 통증이 가장 먼저 나타나며, 심해지면 설염, 코와 눈 주변의 피부염증, 광선에 눈이 부시는 증세 등이 나타난다.

설염(glossitis)

설염은 혀에 염증이 생겨 통증이 심한 증세로서 나이아신, 리보플라빈, 비타민 B_6, 엽산, 비타민 B_{12}가 결핍되었을 때 나타나며, 영양 결핍 시에 다른 질병으로 인해 설염이 나타나기도 한다.

4) 급원 식품

리보플라빈의 급원 식품으로는 장어와 육류의 간과 같은 동물성 식품, 우유 및 유제품, 시금치, 아욱, 양송이 등이 있다.

【표 7-2】 1인 1회 분량(one serving size)의 비타민 B_2 급원 식품

식품명	1회 분량(g)	함량 (㎎)	식품명	1회 분량(g)	함량 (㎎)
장어	60	3.60	참도미	60	0.3
돼지간	60	1.38	시금치	70	0.26
소간	60	1.26	아욱	70	0.21
닭간	60	0.84	치즈	20	0.11
우유	200㎖	0.44	양송이	30	0.1

5) 영양섭취기준

한국인 영양섭취기준에서성인의 리보플라빈 평균필요량은 남자 1.3mg/일, 여자 1.0mg/일, 권장섭취량은 평균필요량의 120% 수준인 남자 1.5mg/일, 여자 1.2mg/일이다.

3. 니아신

니아신(niacin, 비타민 B_3)은 니코틴산(nicotinic acid)과 니코틴아미드(nicotinamide)를 포함하는 물질로서, 조효소 NAD(nicotinamide adenine dinuclotide)와 NADP(nicotinamide adenine dinucleotide phosphate)와 이들의 환원형인 NADH, NADPH의 구성 성분으로 체내에서 산화 · 환원 반응에 관여한다.

1) 생리적 기능

니아신은 NAD와 NADP의 구성 성분으로 탈수소효소(dehydrogenase)의 조효소로서 산화와 환원 반응에 작용하며, 전자전달계에서 수소 운반체로 작용한다. NAD는 해당 과정 중 피루브산이 아세틸 CoA로 전환될 때, TCA 회로와 전자전달계, 지방산의 β-산화, 알코올 산화, 아미노산들의 분해와 합성에 관여하며, 오탄당 인산경로에서 리보오스와 함께 생성된 NADP, NADP의 환원형인 NADPH는 지방산 합성, 스테로이드의 합성 등에 관여한다.

2) 흡수와 대사

식품 중에 들어 있는 니아신은 주로 조효소 형태인 NAD와 NADP로 존재하므로 가수분해된 후 소장 상부에서 저농도일 때는 촉진 확산에 의해서, 고농도일 때는 수동 확산에 의해서 흡수된다. 여분의 니아신은 최종 대사 산물로 전환되어 소변으로 배설된다. 니아신은 아미노산인 트립토판으로 생성되기도 한다. 트립토판 60mg이 니아신 1mg으로 전환되며 이 과정에서 티아민, 리보플라빈과 비타민 B_6의 조효소가 함께 관여한다.

3) 결핍증

단백질이 풍부한 식품을 섭취하면 결핍되지 않으나 그렇지 않으면 펠라그라

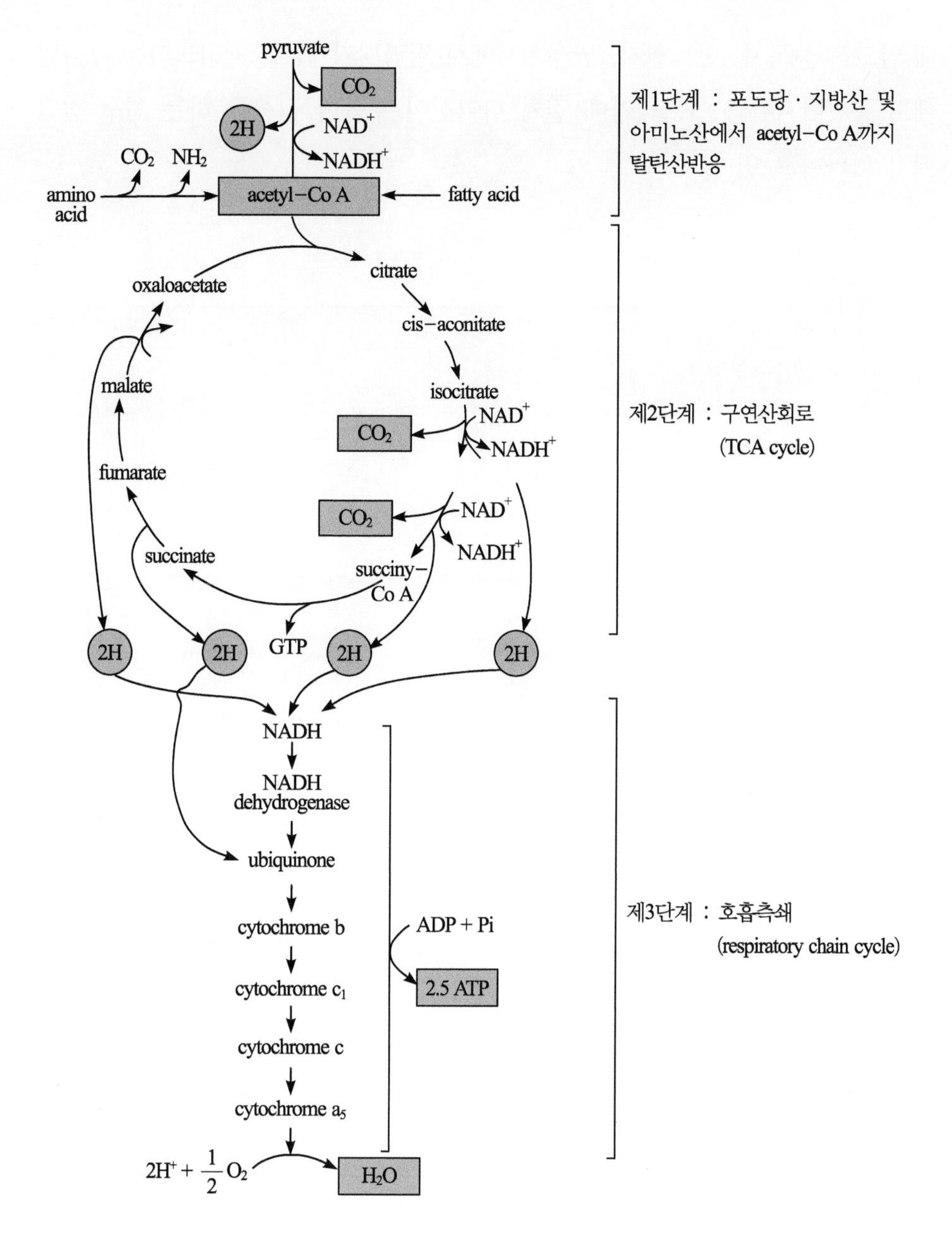

【그림 7-3】 세포 내 호흡 과정

(pellagra) 현상을 초래한다. 초기에는 식욕 감소, 체중손실, 허약증이 나타나다 증세가 심해지면 혀나 위 점막에 염증이 생기고 피로, 불면, 우울, 환각, 기억상실 등을 초래한다. 펠라그라의 증세는 대칭적 피부병(dermatitis), 설사(diarrhea), 정신이상(dementia), 사망(death)으로 '4D's disease'라고도 하는

데 알코올 중독자, 당뇨환자, 만성설사에서 결핍되기 쉽다. 펠라그라는 오늘날에도 동남아시아와 아프리카에 걸쳐 니아신이 부족한 식사를 하는 인구 집단에서 나타나고 있다.

펠라그라(pellagra)

펠라그라는 이탈리아어인 pell(피부, skin), agra(거친, rough)에서 나온 것으로 거칠고 고통스러운 피부를 의미한다.

옥수수와 펠라그라

펠라그라는 니아신의 성분이 적은 옥수수를 주식으로 하는 아프리카 · 유럽 · 이집트에서 많이 발병하였으나 니아신이 풍부한 곡식과 단백질 공급이 많아지면서 빠른 속도로 펠라그라가 사라졌다. 또한, 볶은 커피에 니코틴산이 많이 함유되어 있어서 커피의 소비량이 많은 지역에서는 펠라그라 발생률이 낮다고 한다.

니아신 독성

다른 수용성 비타민과 달리 권장섭취량의 5배 이상을 섭취하는 경우 모세혈관을 확장시키고 따끔거리는 증세를 나타내며, 손과 목, 얼굴에 혈액류를 증가시켜 붉게 상기시키거나 홍조를 띠게 되는데 이렇게 모세혈관으로 혈액이 모이는 현상을 니아신 홍조(niacin flush)라고 한다. 장기적인 과잉 섭취는 간 기능을 방해하여 혈액량을 비정상적으로 높이게 된다.

4) 급원 식품

니아신의 급원 식품은 육류(특히 간), 붉은살 참치, 연어, 현미, 은행 등이다. 우유나 난류는 니아신이 거의 들어 있지 않으나 이에 상당하는 트립토판을 충분히 함유하고 있다.

【표 7-3】 1인 1회 분량(one serving size)의 니아신 급원 식품

식품명	1회 분량(g)	함량(mgNE)	식품명	1회 분량(g)	함량(mgNE)
돼지간	60	8.9	연어	60	4.5
소간	60	7.2	쇠고기	60	3.2
돼지고기	60	7.0	돼지고기	60	3.0
붉은살 참치	60	6.0	닭고기	60	3.0
현미	60	4.6	은행	10	0.6

5) 영양섭취기준

니아신의 필요량은 '니아신 당량(niacin equivalent)'으로 나타내는데 니아신 당량(NE)는 니아신 1mg 이나 트립토판 60mg을 의미한다.

성인의 니아신 평균필요량은 성인 남자 12mgNE/일, 성인 여자 11mgNE/일이며 권장 섭취량은 성인 남자 16mgNE/일, 성인 여자 14mgNE/일이다. 에너지 섭취량이 감소하더라도 니아신 섭취량이 13mgNE 이하가 되지 않도록 해야 한다.

4. 판토텐산

판토텐산(pantothenic acid, 비타민 B_5)은 그리스어의 'panthos(everywhere)'에서 유래된 것으로 모든 동물성, 식물성 식품에 널리 분포되어 있으며 CoA의 구성 성분으로 에너지대사에 필수적이다.

1) 생리적 기능

판토텐산은 체내에서 CoA와 아실기 운반 단백질(acyl carrier protein, ACP)의 구성 성분으로 여러 대사에 관여한다.

(1) 에너지 생성

판토텐산은 CoA의 구성 성분으로 탄수화물, 단백질, 지방대사로부터 ATP를 생성하는데 필수적이다. CoA는 아세테이트와 결합하여 활성형 아세테이트인 아세틸 CoA를 형성한다. 아세틸 CoA는 옥살로아세트산과 결합하여 시트르산을 형성하여 TCA 회로로 들어갈 수 있도록 작용한다.

(2) 지방산, 콜레스테롤, 스테로이드 호르몬 합성

판토텐산은 아실기 운반 단백질의 구성 성분으로 지방산 합성, 콜레스테롤과 다른 스테로이드 화합물의 합성, 헤모글로빈의 색소 물질인 포르피린의 합성에 관여한다.

(3) 아세틸콜린 합성

판토텐산은 아세틸기를 운반하는 운반체로서 신경자극 전달 물질인 아세틸콜린 합성에 관여한다.

2) 흡수와 대사

판토텐산은 소장 점막을 통하여 능동소송이나 단순 확산에 의해 쉽게 흡수되어 문맥으로 들어가고 혈장 내에는 유리 상태로 존재하며 특히 적혈구, 간과 신장에 많이 존재하고 과잉 섭취 시 소변으로 배설된다.

3) 결핍증

판토텐산은 식품에 널리 분포되어 있어 결핍증은 생기지 않으나 실험적인 결핍증세로는 무관심, 피로, 두통, 수면장애, 메스꺼움, 손 통증, 복부 통증 등이다.

4) 급원 식품

판토텐산은 거의 모든 식품 속에 존재하며, 간류(소간, 돼지간, 닭간), 현미, 브로콜리, 난황이 좋은 급원 식품이다.

【표 7-4】 1인 1회 분량(one serving size)의 판토텐산 급원 식품

식품명	1회 분량(g)	함량(mg)	식품명	1회 분량(g)	함량(mg)
소간	60	4.62	브로콜리	70	0.77
돼지간	60	3.84	난황	17	0.72
닭간	60	3.6	아보카도	70	0.70
현미	90	0.99	대두	20	0.34

5) 영양섭취기준

성인에게 필요한 1일 충분섭취량은 5mg/일로 성별에 차이를 두지 않았다.

5. 비타민 B_6

비타민 B_6는 피리독신, 피리독살, 피리독사민의 3가지 형태로 구성되어 있으며 모두 간에서 인산화 과정을 거쳐 피리독살 인산(pyridoxal phosphate, PLP)이라는 조효소 형태가 되어 주로 단백질대사에 관여하는데, 강력한 활성을 지닌 조효소 형태는 PLP이다. 혈장 내 PLP 함량은 비타민 B_6의 영양 상태를 평가하는 가장 일반적인 지표로 사용되고 있다.

1) 생리적 기능

비타민 B_6는 조효소 형태인 PLP가 당질, 지질, 특히 단백질대사에서 매우 중요한 기능을 가지고 있다.

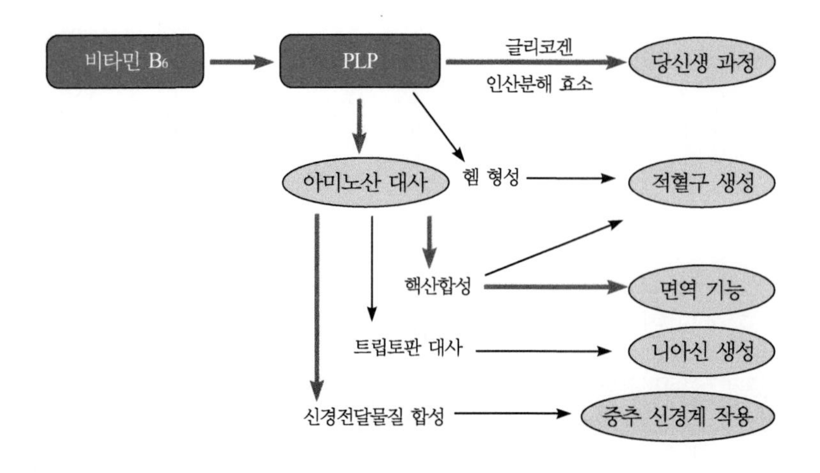

【그림 7-3】 생체 내 반응에 조효소 PLP 역할

(1) 단백질대사

비타민 B_6의 조효소 PLP는 아미노기 전이 반응, 탈탄산 반응, 탈아미노 반응에 관여한다. 아미노기 전이 반응은 아미노산에서 아미노기를 제거하여 케토산을 만들거나 또는 제거한 아미노기를 다른 케토산에 붙여 주어 비필수아미노산을 합성한다. 또한, 아미노산의 카르복실기를 제거하는 탈탄산 효소(decarboxylase)의 조효소로 신경전달물질 합성에 관여한다. 티로신에서 도파민을 합성할 때, 트립토판에서 세로토닌을 합성할 때 비타민 B_6가 탈탄산 반응에 관여한다.

(2) 탄수화물대사

아미노기를 전이시키고 남은 아미노산의 탄소 골격으로부터 포도당이 생성되는 당 신생에 관여하며, 글리코겐이 분해되어 포도당으로 전환되는 과정에 글리코겐 분해대사에 관여하는 글리코겐 가인산분해효소(glycogen phosphorylase)의 조효소로서 PLP가 관여한다.

(3) 지질대사

리놀레산이 아라키돈산으로 전환되는 과정에 PLP가 관여하며, 신경계를 덮어 절연체 역할을 하는 미엘린을 합성하는데 관여한다.

(4) 적혈구의 합성

비타민 B_6는 헤모글로빈의 포르피린 고리 구조를 합성하는데 필요하며 PLP는 헤모글로빈에 산소를 결합하도록 돕는다.

(5) 신경전달물질(neurotransmitter)의 합성

신경전달물질(세로토닌 serotonin, 감마 아미노부티르산 γ-aminobutyric acid(GABA), 도파민dopamin, 노에피네피린norepinephrine) 합성은 PLP의 작용을 필요로 한다. 트립토판으로부터 세로토닌을, 티로신으로부터 도파민과 노에피네피린을, 히스티딘으로부터 히스타민을 형성하는 등 신경전달물질의 합성 과정에 관여한다. 이 신경전달물질들은 신경세포들이 서로 상호작용할 수 있도록 하기 때문에 비타민 B_6가 결핍되면 우울증, 두통, 혼란, 발작 등과 같은 신경 기능의 장애를 일으킨다. 또한, 호모시스테인을 메티오닌으로 전환시키는 작용을 하며 동맥경화의 유발을 막아 심장병 예방에도 효과적이다. 비타민 B_6를 섭취하면 월경전증후군(premenstrual syndrome, PMS)에 도움이 된다는 보고도 있다. 월경 전 며칠 동안 나타나는 PMS의 증세는 우울증, 흥분, 근심, 두통, 기본 요동 등이 있으며, 비타민 B_6를 섭취하면 뇌에서 세로토닌의 합성이 증가하여 증상을 완화할 수 있다.

PMS(premenstrual syndromee, 월경전증후군)

월경 시작 2~3일 전에 나타나는 증세로 비타민 B_6를 섭취하면 감소되었다는 보고가 있으나 과용 시 초기에는 우울증, 두통, 피로, 민감성 등 증상이 나타나며 후기에는 마비증상, 팔다리가 쑤시고 근육이 무력해진다.

세로토닌과 우울증

세로토닌(serotonin)은 트립토판 유도체로 강력한 혈관 수축제이며 뇌와 신경기능, 위액분비 및 장의 연동운동에 관여하고 식욕 조절, 수면 조절 등의 역할을 하는 신경전달물질로, 긴장하면 많이 분비되어 흥분 상태를 만드는 아드레날린과 기분을 일시적으로 유쾌하게 하는 엔돌핀 등의 신경전달물질을 가라앉히는 역할도 한다. 세로토닌이 충분히 분비되면 스트레스, 불안, 우울증이 사라진다. 우울증도 세로토닌 수치가 떨어져 생기는 현상 중 하나이다.

2) 흡수와 대사

식품 중에 들어 있는 비타민 B_6는 수동적 확산에 의해 흡수된 후 간에서 인산과 결합된 형태인 PLP로 활성화 된 후 알부민과 결합하여 혈액을 통해 조직으로 운반된다. 근육은 비타민 B_6의 주된 저장소이며 과량으로 섭취한 경우 신장을 통하여 소변으로 배설된다. 열대성 흡수불량증, 만성 알코올 중독증이 있을 때에는 흡수가 현저히 감소된다.

3) 결핍증

비타민 B_6의 결핍증은 흔하지 않지만 구토, 빈혈, 피부염, 신경과민, 허약, 불면증을 나타내며 증세가 심해지면 성장 부진, 경련, 흥분 등을 나타낸다. 결핍증은 성인보다는 유아에게 현저하게 나타나며 근육경련, 경기, 복통, 체중감소 등을 보이며 고령자, 알코올 중독자, 경구피임약을 장기 복용한 환자에게 발생되기도 한다. 또한, 비타민 B_6가 결핍되면 헤모글로빈 함량이 부족하고 적혈구의 크기가 작아지고 산소 운반에 필요한 헤모글로빈도 부족해지는 철 결핍성 빈혈과 유사한 소구성 저색소성 빈혈(microcytic hypochromic anemia)이 생긴다.

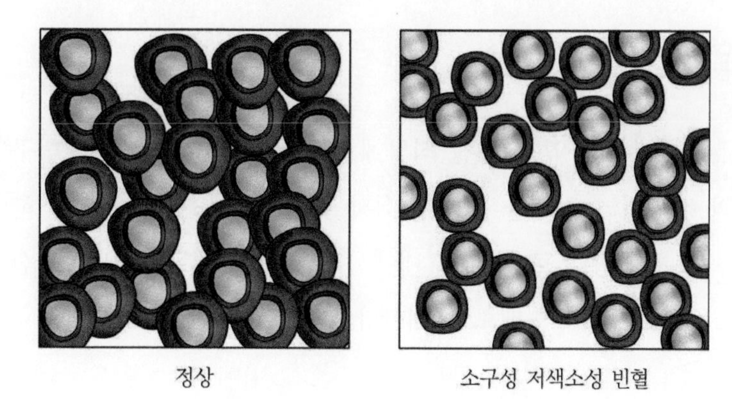

【그림 7-4】 비타민 B_6 결핍증

4) 급원 식품

비타민 B_6의 좋은 급원 식품은 소간, 닭가슴살, 참치 등 동물성 식품과 현비, 해바라기씨, 감자, 바나나 등 식물성 식품이다. 동물성 식품의 비타민 B_6가 식물성 식품의 비타민 B_6보다 더 쉽게 흡수된다.

【표 7-5】 1인 1회 분량(one serving size)의 비타민 B_6 급원 식품

식품명	1회 분량(g)	함량(mg)	식품명	1회 분량(g)	함량(mg)
소간	60	0.56	바나나	100	0.31
현미	90	0.55	참치	60	0.19
감자	130	0.51	해바라기씨	10	0.10
닭고기(가슴살)	60	0.42	땅콩	10	0.03

5) 영양섭취기준

비타민 B_6 권장섭취량은 성인 남자 1.5mg/일, 성인 여자 1.4mg/일 이다. 운동선수들은 효과적인 에너지원으로 글리코겐을 사용하며, 고단백 식사를 하게 되므로 비타민 B_6 요구량이 더 증가하게 된다.

6. 엽산

엽산(folate)은 녹색 잎을 가진 식물에 널리 분포되어 있으며, 혈구 생성과 세포대사의 정상적인 진행을 위하여 식사를 통해 반드시 섭취해야 하며 항빈혈작용을 하는 비타민으로 체세포 내에서 조효소인 테트라히드로엽산(tetra-hydrofolic acid, THF) 형태로 존재한다.

1) 생리적 기능

엽산은 조효소인 THF로 전환되어 메틸기($-CH_3$)와 같은 단일 탄소단위를 수송하는 것으로, 이들 단일 탄소단위의 수송 과정은 DNA 합성, 여러 종류의 아미노산과 그 유도체의 대사, 세포 분열, 적혈구 세포와 다른 세포들의 성숙에 이용된다.

(1) DNA 염기 합성

DNA, RNA 합성에 필요한 티미딜산(thymidylate, TMP)과 핵산의 구성 성분인 퓨린(purine ; 구아닌, 아데닌)과 피리미딘(pyrimidine ; 티민)의 합성에 관여한다.

THF는 세린에서 메틸기를 받아 메틸렌-THF가 되어 DNA의 전구체인 d-TMP 형성에 필요한 메틸기를 운반한다. 포밀 -THF는 퓨린 생합성에 필요한 단일 탄소를 제공한다.

(2) 메티오닌(methionine)의 합성

메티오닌대사에서 생성된 호모시스테인(homocysteine)은 메틸화되어 다시 메티오닌으로 전환되는데 이 반응에서 엽산과 비타민 B_{12}가 메틸기를 운반한다. 비타민 B_{12}은 메틸 THF에서 받은 메틸기를 호모시스테인에 전달한다. 이 반응으로 체내 메티오닌을 유지시켜주고 호모시스테인의 과다한 축적을 방지해준다.

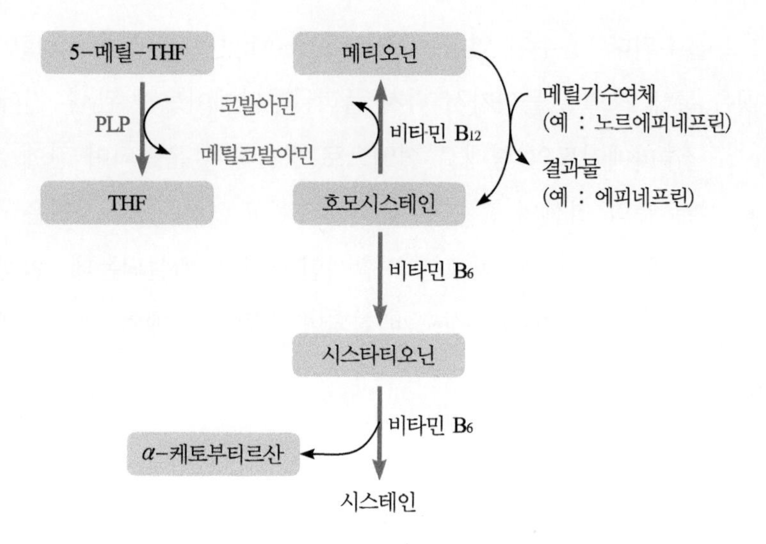

【그림 7-5】 호모시스테인으로부터 메티오닌 합성
(엽산대사 및 비타민 B_6, 비타민 B_{12}와의 상호관계)

고호모시스테인혈증과 심혈관질환

호모시스테인은 혈관 내피세포를 증가시키고 프로스타사이클린의 방출을 감소시켜 혈전을 증가시키는 동맥경화 유발 물질로서 엽산, 비타민 B_6, 비타민 B_{12}가 결핍되면 호모시스테인이 메티오닌으로 전환되지 못하고 고호모시스테인 혈증으로 심혈관질환 발생 위험이 높아진다.

(3) 포르피린, 콜린 합성

헤모글로빈의 포르피린(porphyrin)의 합성과 에탄올아민(ethanolamine)에서 생성되는 콜린(choline)의 합성에 관여한다.

2) 흡수와 대사

식품에 들어 있는 엽산은 흡수되기 전에 글루탐산(glutamate)이 γ-glutamylhydrolase(folate conjugase)에 의해 모노글루타메이트 형태로 되어 소장

세포벽으로 흡수된다. 흡수된 엽산은 주로 5-methyl-tetrahydrofolate의 형태로 문맥을 통해 간으로 들어가서 다시 폴리글루타메이트가 된 후 간에 저장되거나 모노글루타메이트의 형태로 혈액으로 방출되어 운반되며 간에 50%가 저장된다. 식품 중의 엽산의 흡수율은 약 50%이고, 대부분의 성인은 소변과 담즙을 통하여 생리적으로 활성 또는 비활성인 형태로 배설되는데, 활성 엽산은 담즙을 통해 매일 약 100㎍ 정도 배설되며 소변으로 매일 40㎍의 엽산을 배설한다.

3) 결핍증

엽산이 부족하면 적혈구가 DNA를 합성할 수 없기에 성숙한 적혈구로 분열되지 못해 비정상적으로 크고 미성숙한 거대적아구세포(megaloblasts) 형태가 되어 거대적아구성 빈혈(megaloblastic anemia)이 나타나며, 태아의 신경관 손상을 감소시키고, 임신 중의 엽산 결핍은 조산, 사산, 저체중아 등 임신에 나쁜 영향을 미치며, 엽산 결핍으로 인한 고호모시스테인혈증이 나타난다.

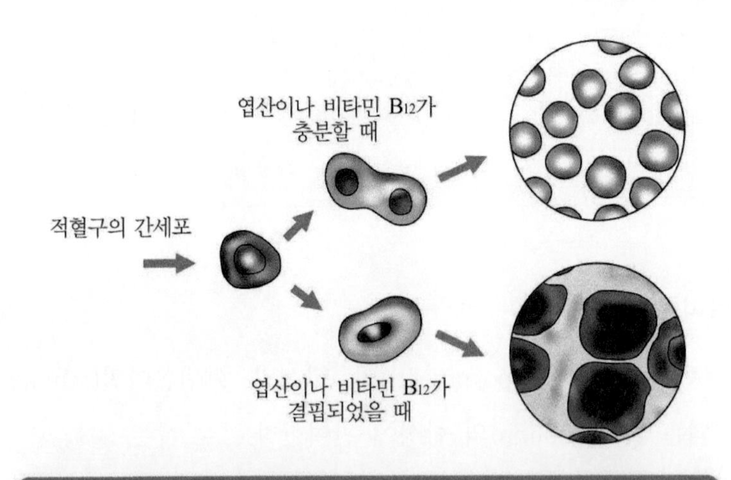

(엽산이나 비타민 B_{12} 결핍에 의해 정상적인 성숙 적혈구의 형성이 어려우며, 혈청 중의 두 비타민의 농도를 측정하여 빈혈의 원인을 확인할 수 있다)

【그림 7-6】 거대적아구 세포와 거대적아구성 빈혈

신경관 결손(손상)

태아의 신경관 손상은 엽산 결핍과 유전적 요인에 의한 것으로 초기 태아의 등쪽에 있는 신경조직이 태아가 성장 발달함에 따라 뇌, 척수 미차되는 과정에서 척추뼈가 서서히 척수를 둘러싼다. 이 과정에서 이상이 생기면 신경관 손상 증세가 나타난다. 신경관의 머리 부분이 손상되어 열려 있으면 무뇌증이 되어 태어나자마자 사망하게 되고 꼬리 부분이 열려 있는 경우는 전체 신경관 손상의 2/3를 차지하며 척추막 탈출증을 포함한 이분척추로서, 척추골이 척수를 보호할 수 있는 고리 구조를 형성하지 못하는 증세로 하반신 마비, 배변금실, 뇌수종, 지능장애 등이 나타난다.

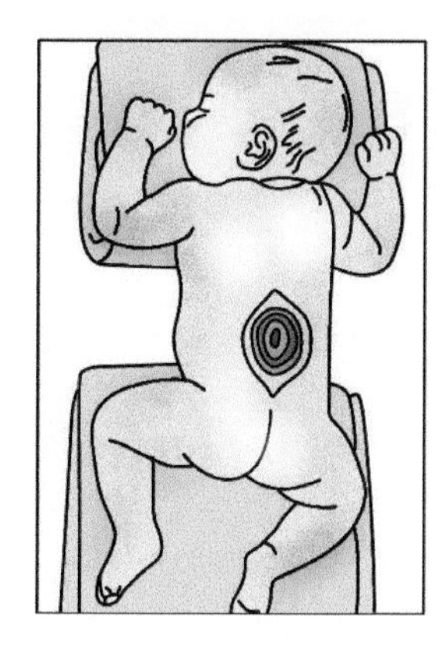
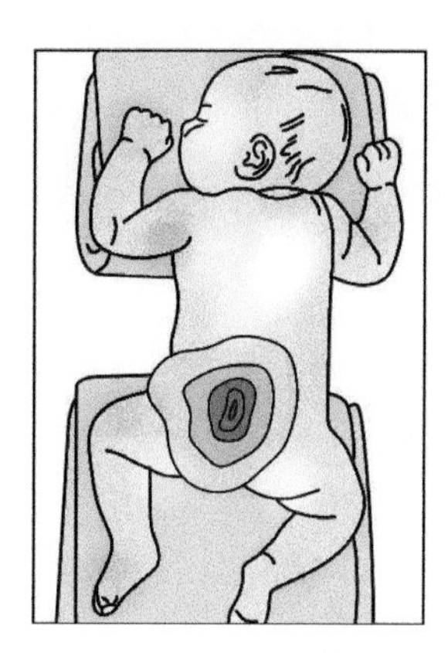
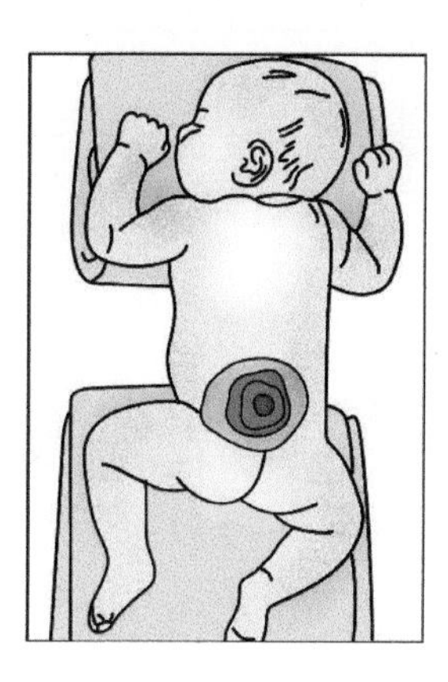

【그림 7-7】 태아의 신경관 손상

4) 급원 식품

엽산의 가장 좋은 급원은 닭간, 소간, 달걀 등 동물성 식품과 브로콜리, 시금치, 상추, 컬리플라워 같은 엽채류, 두류 및 콩으로 만든 장류 등이다.

【표 7-6】 1인 1회 분량(one serving size)의 엽산 급원 식품

식품명	1회 분량(g)	함량(㎍)	식품명	1회 분량(g)	함량(㎍)
닭간	60	456	달걀	60	38
브로콜리	70	260	컬리플라워	70	37
소간	60	129	오렌지	100	30
시금치	70	89	바나나	100	11
상추	70	61	완두콩	20	9.2

5) 영양섭취기준

엽산의 영양섭취기준은 남녀 모두 400㎍DFE(dietary folate equivalent)/일로 권장섭취량은 평균필요량의 120% 수준이다.

7. 비타민 B_{12}

비타민 B_{12}(cyanocobalamin)는 다른 비타민에 비해 매우 복잡하며 중심에 코발트를 함유하고 있는 가장 복잡한 구조를 가지고 있으며 악성 빈혈증의 치료에 효과를 가지고 있다. 비타민 B_{12}는 동물성 식품에만 함유되어 있으므로 채식주의자들은 건강을 유지하기 위해 보충 섭취해야 하는 비타민이다.

1) 생리적 기능

비타민 B_{12}의 조효소는 아데노실코발아민(adenosylcobalamin)과 메틸코발아민(methylcobalamin)으로, 아데노실코발아민(adenosylcobalamin)은 체세포에서 수소 운반체로 작용하며, 메틸코발아민(methylcobalamin)은 메틸기의 운반체로서 작용한다.

(1) 메티오닌 합성

비타민 B_{12}가 조효소로 작용하는 가장 중요한 반응은 호모시스테인이 메티오닌으로 메틸화되는 반응으로, 엽산과 함께 메틸기를 운반하는 중요 반응이다.

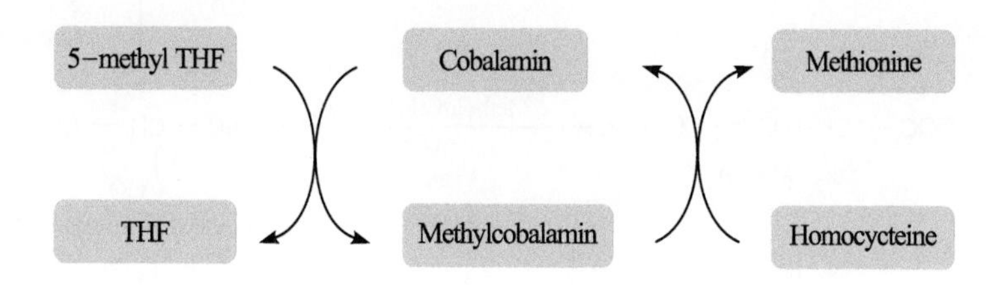

(2) DNA 합성

비타민 B_{12}는 엽산 조효소(THF)를 DNA 합성과 같은 중요한 대사작용에 필요한 활성형으로 전환시키는데 필요하다. THF는 DNA 합성에 필요한 단일 탄소 화합물을 제공할 메틸렌-THF로 전환된다. 엽산과 비타민 B_{12} 중 하나라도 부족하게 되면 정상적인 DNA 합성이 어렵게 된다.

(3) 신경세포 정상 유지

비타민 B_{12}는 신경세포의 축삭돌기를 감싸고 있는 미엘린(수초) 합성에 필요한 메틸기를 공급하여 신경계를 정상적으로 유지시키며, 뇌에 독성을 나타내는 호모시스테인 수준을 감소시킨다.

(4) 홀수 지방산 산화와 포도당 신생

비타민 B_{12}는 메틸말로닐 CoA를 숙시닐 CoA로 전환시키는 반응 과정에서 디옥시아데노실 코발아민이 필요하다. 홀수 지방산 산화 시 생성되는 프로 피오닐 CoA(propionyl CoA)는 메틸말로닐 CoA(methylmalonyl CoA)로 전환되고, 다시 메틸말로닐 CoA는 숙시닐 CoA로 전환되어 프로피온산이 TCA 회로의 중간 산물인 숙시닐 CoA로 전환되므로 비타민 B_{12}는 당 신생에 관여한다.

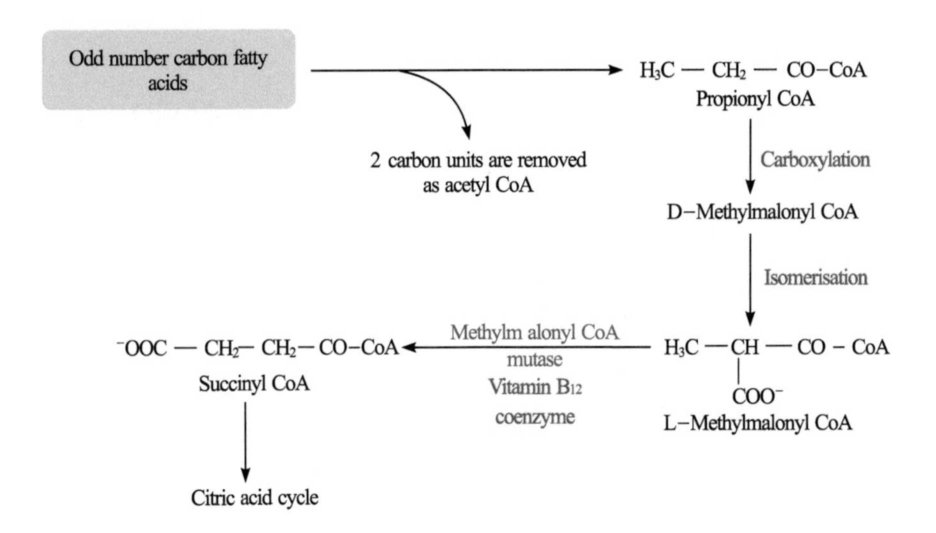

【그림 7-8】 홀수 지방산 산화

2) 흡수와 대사

식품에 들어 있는 비타민 B_{12}는 다른 물질과 결합한 형태이며 위로 들어가서 위액의 소화작용에 의해 유리되어 R-단백질(침샘에서 분비되는 단백질)이라는 물질과 결합하고 복합체를 형성하여 소장으로 이동한다. R-단백질은 소장 내의 박테리아가 비타민 B_{12}를 흡수하여 이용하지 못하도록 방지해 주는 역할을 하며, 소장에서 단백질 분해효소인 트립신이 R-단백질로부터 비타민 B_{12}를 분리시킨다. 분리된 유리형 비타민 B_{12}는 위의 점막 세포에서 생성되는 일종의 당단백질인 내적 인자(intrinsic factor, IF)와 결합한다. 이 내적 인자와 비타민 B_{12} 복합체는 회장에 있는 수용체까지 이동하여 회장점막 표면에 있는 수용체에 접착한 후 회장 세포에서 비타민 B_{12}를 흡수하여 특정한 비타민 B_{12} 수송 단백질인 트랜스코발아민 II(transcobalamin II, TCII)에 의하여 비타민 B_{12}를 간과 다른 조직으로 운반한다.

혈장과 간에는 트랜스코발아민 I과 같은 또 다른 비타민 B_{12} 결합 단백질들이 존재하는데, 이것이 수용성 비타민 중에서는 유일하게 비타민 B_{12}를 간에 효율적으로 저장시키는 수단이 된다.

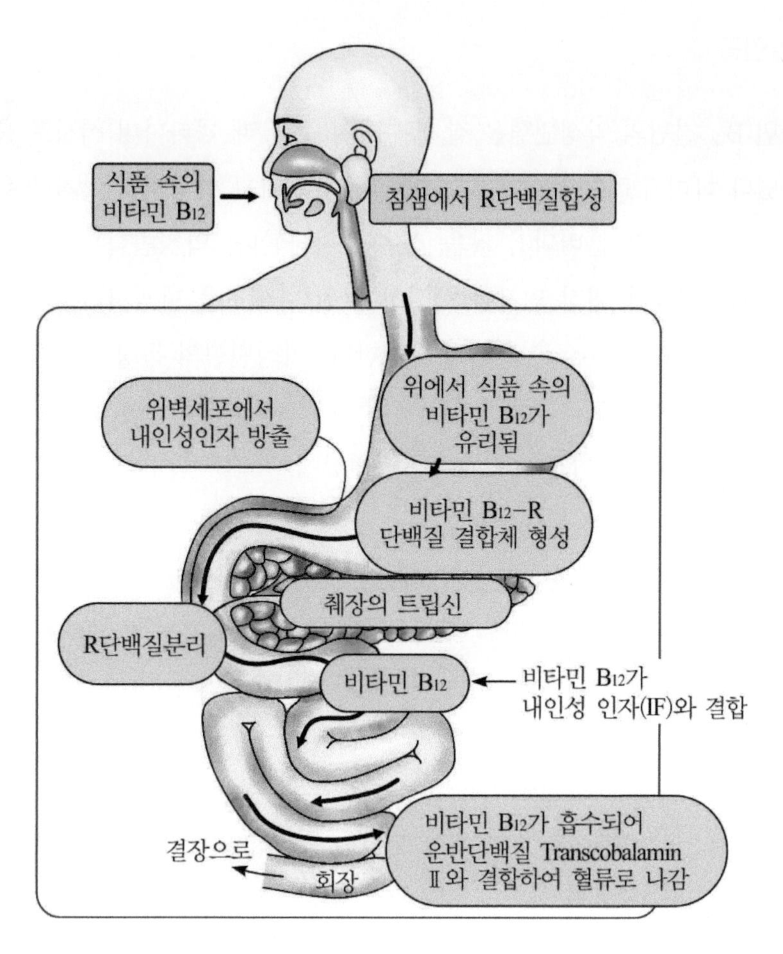
식품 속의
비타민 B12
침샘에서 R단백질합성
위에서 식품 속의
비타민 B12가
유리됨
위벽세포에서
내인성인자 방출
비타민 B12-R
단백질 결합체 형성
췌장의 트립신
R단백질분리
비타민 B12
비타민 B12가
내인성 인자(IF)와 결합
비타민 B12가 흡수되어
운반단백질 Transcobalamin
Ⅱ와 결합하여 혈류로 나감
결장으로
회장

【그림 7-9】 비타민 B_{12}의 흡수 경로

R-단백질

타액선에서 분비되는 단백질로서 비타민 B_{12}가 위를 통과할 때 보호해 줌으로써 비타민 B_{12}의 장내 흡수를 증진시키는 기능이 있는 단백질

내적 인자(intrinsic factor, IF)

위의 벽세포에서 분비되는 물질로서 비타민 B_{12}의 흡수를 증진시키며, 회장까지 안전하게 도달하도록 보호하는 물질

3) 결핍증

비타민 B_{12} 결핍의 악성빈혈은 잘 흡수하지 못할 때 나타나며 식사로 충분히 섭취하였다 하더라도 유전적인 결합으로 내적 인자가 합성되지 않거나 위절제 수술로 내적 인자가 분비되지 않을 경우에 나타난다. 악성빈혈은 일반적으로 신체의 면역 체계가 내적 인자를 생산하는 위의 세포를 파괴시키는 자가면역 질환(autoimmune disease)에 의해 발생한다. 악성빈혈의 특징은 거대 적혈구가 혈액 내에 나타나고, 적혈구 수의 감소로 인한 헤모글로빈 함량이 부족하게 되어 빈혈이 된다. 이 외에도 피로, 수면장애, 무감각, 기억상실, 심각한 신경성 장애 등의 증세를 나타낸다.

비타민 B_{12} 결핍은 특히 노인 시기에 많이 나타나서 약 15% 정도가 영향받는다. 이것은 비타민 B_{12} 결핍의 부족한 섭취, 내적 인자의 합성감소, 위산의 분비저하, 흡수불량 등 다양한 요인에 의해 영향받는다.

비타민 B_{12}, 엽산과 빈혈

비타민 B_{12} 결핍과 관련된 빈혈이 실제적으로 2차성 엽산 결핍에 의해 야기된다는 것에 주목해야 한다. 비타민 B_{12} 결핍은 엽산 섭취가 충분한 경우에도 THF 결핍을 야기할 수 있다. 그 이유는 비타민 B_{12}가 결핍되면 5-메틸 THF가 THF로 전환되지 못하기 때문이다. 과량의 엽산 섭취가 빈혈과 같은 비타민 B_{12}의 결핍 증상을 완화시킬 수 있기 때문에 임상의들은 때로 엽산 결핍이 비타민 B_{12} 결핍증을 가릴 수 있다고 한다. 그러나 다른 비타민 B_{12} 결핍 증세들은 과량의 엽산을 보충해도 완화되지 않는다.

악성빈혈과 거대적아구성빈혈

악성빈혈은 거대적아구성빈혈에 신경장애가 나타나는 빈혈로, 비타민 B_{12} 부족에 의한 악성빈혈은 엽산결핍증과 같은 거대적아구성빈혈이 발생한다. 이를 단순히 엽산 결핍증으로 여기고 엽산만 보충할 경우 빈혈은 치유되지만 신경계 손상은 치유되지 않으므로 영구적인 신경 손상을 초래할 수 있다. 거대적아구성빈혈은 비타민 B_{12} 결핍이나 엽산 결핍 및 그 외의 원인으로 세포 내 DNA 합성에 장애가 발생하여 세포질은 정상적으로 합성되지만 핵의 세포분열이 정지하거나 지연되어 적혈구 세포의 거대화로 인해 초래되는 빈혈이다.

4) 급원 식품

비타민 B_{12}가 함유되어 있는 중요한 급원은 조개나 대합과 같은 패류, 돼지간, 닭간, 쇠고기 등 육류(내장육)이다. 육류를 섭취하는 사람들은 결핍 우려가 없으며, 철저한 채식주의자들에게는 비타민 B_{12}가 강화된 식품이나 비타민 B_{12} 영양제 등이 필요하다.

【표 7-7】 1인 1회 분량(one serving size)의 비타민 B_{12} 급원 식품

식품명	1회 분량(g)	함량(㎍)	식품명	1회 분량(g)	함량(㎍)
대합	60	58	청어	60	6.0
돼지간	60	39	멸치(생것)	60	3.8
닭간	60	16	난황	17	1.0
굴	80	16	쇠고기	60	0.8

5) 영양섭취기준

우리나라를 대상으로 한 연구 자료가 부족하여 미국과 캐나다 섭취기준 설정방법을 참고하여, 성인 남녀 평균필요량을 2㎍/일, 권장섭취량은 2.4㎍/일이다.

8. 비오틴

비오틴(biotin, 비타민 B_7)은 식품에 유리형 비오틴(biotin)과 비오시틴(biocytin)의 두 가지 형태로 존재하며, 비오시틴은 비오틴의 카르복시기에 아미노산인 리신이 결합되어 있는 비오틴의 활성형 유도체이다.

1) 생리적 기능

비오틴은 어떤 화합물에 CO_2를 첨가하는 카르복실화 반응에 관여하는 조효

소로서 역할을 하며, 카르복실화 반응은 탄수화물, 지질, 단백질의 대사를 정상적으로 유지시키는데 매우 중요한 역할을 한다.

(1) 카르복실화 반응으로 옥살로아세트산, 말로닐 CoA 생성

비오틴은 피루브산을 카르복실화시켜 옥살로아세트산으로 전환하는 피루브산 카르복실효소(pyruvate carboxylase)의 조효소로 작용하여, TCA 회로의 첫 단계에 관여하는 중요한 물질이며 당 신생에서도 중요한 옥살로아세트산을 생성한다. 또한, 아세틸 CoA 카르복실화효소의 조효소로 작용하여 아세틸 CoA를 카르복실화시켜 말로닐 CoA를 생성한다.

(2) 아미노산의 탈아미노 반응에 관여

아미노산의 탈아미노 반응에 관여하며, 소화효소인 췌장 아밀라제 합성, 면역 체계의 기능 유지에 관여한다.

2) 흡수와 대사

비오틴은 소장에서 흡수되는 반면, 비오시틴은 소장 내에 존재하는 비오틴 분해효소(biotinidase)에 의해 유리된 후 소장세포로 흡수되어 문맥을 통하여 혈액으로 들어간다. 십이지장과 공장에서 소디움(Na^+) 의존성 능동수송에 의해서 흡수하며 소량 섭취 시에는 단순 확산으로 흡수된다. 생 난백을 다량 섭취한 경우에는 난백의 아비딘과 결합하여 흡수를 방해한다. 일단 체내에서 사용되던 비오틴은 소변을 통하여 배설된다.

3) 결핍증

선천적으로 비오틴 분해효소(biotinase) 또는 카르복실화효소(caboxylase)가 분비되지 않거나 섭취가 심하게 부족할 때 원형탈모, 탈색, 피부발진 등의 증상이 나타나며, 증상이 악화되면 경련과 뇌손상을 가져오기도 하나 비오틴을 보충하면 완전 회복이 가능하다.

4) 급원식품

비오틴의 급원 식품은 소간, 달걀, 닭고기, 오트밀, 시금치 등이다.

【표 7-8】 1인 1회 분량(one serving size)의 비오틴 급원 식품

식품명	1회 분량(g)	함량(㎍)	식품명	1회 분량(g)	함량(㎍)
소간	60	57.6	시금치	60	4.83
달걀	60	13.8	땅콩버터	10	3.8
닭고기	60	6.78	쇠고기	60	1.56
오트밀	30	5.4	치즈	20	0.72

5) 영양섭취기준

비오틴의 평균필요량을 산출할 근거 자료가 불충분하여 권장섭취량 대신 충분섭취량을 설정하였다. 성인 남녀의 충분섭취량은 30㎍/일이다.

9. 비타민 C

비타민 C(ascorbic acid)의 아스코르빈산 명칭은 항괴혈병 성질 때문에 붙여진 것으로, 단당류의 구조와 유사한 6개의 탄소를 갖고 있는 간단한 화합물로서 체내에서 비타민 C의 활성을 나타내는 물질에는 환원형인 아스코르빈산(ascorbic acid)과 산화형인 디히드로아스코르빈산(dehydroascorbic acid)이 있으며, 항산화제로서의 기능을 갖는 환원제이기 때문에 산화에 매우 민감하다.

1) 생리적 기능

(1) 콜라겐(collagen)의 합성

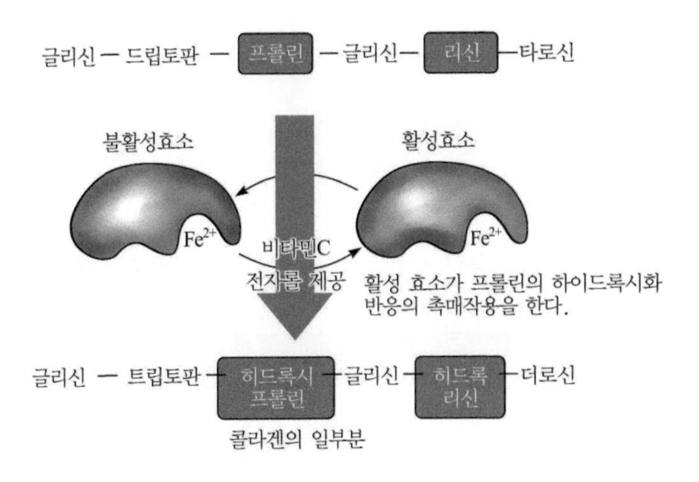

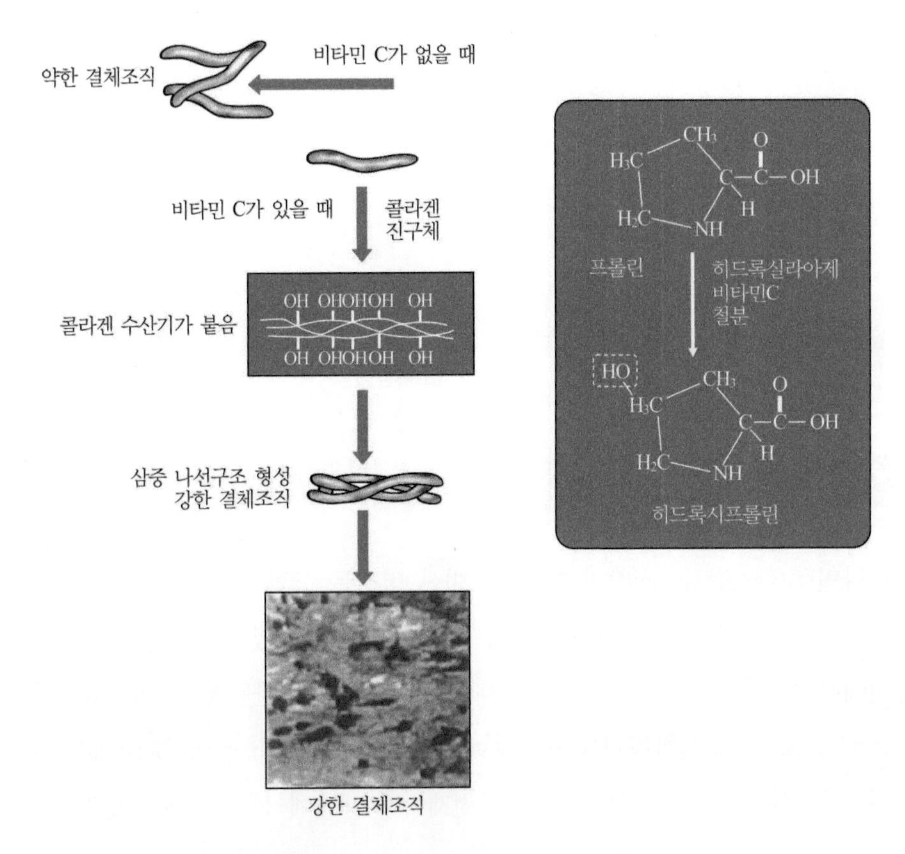

【그림 7-10】 비타민 C의 역할

비타민 C는 세포들과 조직들을 서로 결합시키는 결체 조직의 주요 성분인 콜라겐 형성에 필요하다. 콜라겐은 결체 조직, 골격, 치아, 연골, 피부, 상처

조직의 주요한 구조 단백질로 콜라겐 합성에 필요한 효소인 수산화효소를 활성화하는 작용을 한다. 아미노산인 프롤린과 리신이 수산화되어서 히드록시프롤린(콜라겐 세 개의 나선 구조 안정화), 히드록시 리신(콜라겐 섬유를 안정화시키는 상호결합 형성)을 형성하는데 이 과정에서 비타민 C가 수산화 반응에 관여한다.

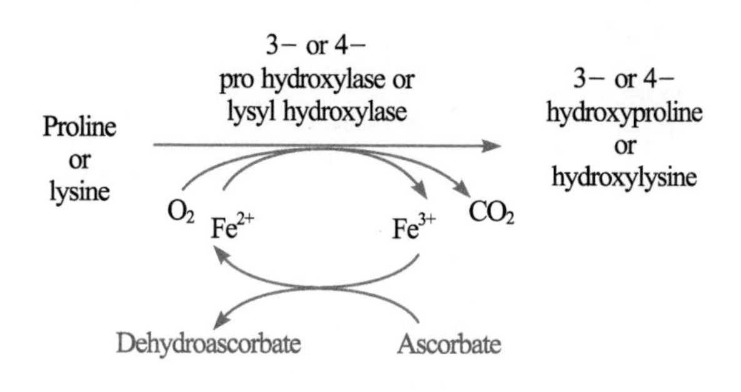

【그림 7–11】 콜라겐 합성 과정

(2) 카르니틴(carnitine) 합성

비타민 C는 카르니틴이 생합성 되는 데 필요하다. 카르니틴은 에너지 생성을 위해서 지방산을 세포질로부터 미토콘드리아로 운반하는 역할을 하며 카르니틴의 생합성이 저하되면 혈액에 중성지방이 축적된다.

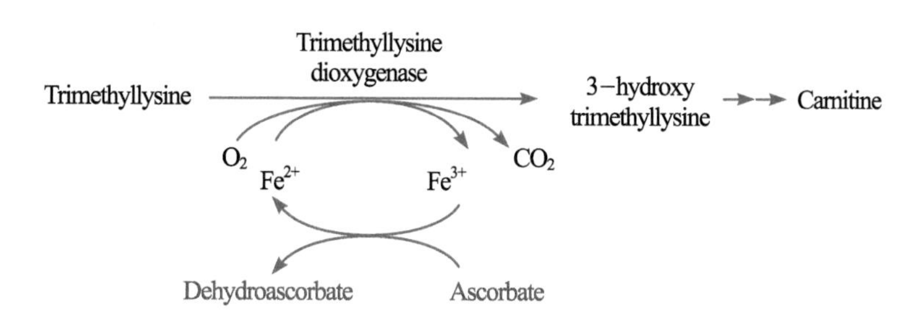

【그림 7–12】 카르니틴 합성

(3) 신경전달물질 합성

비타민 C는 뇌 중추신경에서 티로신(tyrisine)으로 형성된 도파민이 수산화 반응을 거쳐서 노르에피네프린이 되는 과정과 트립토판이 수산화 반응에 의해 신경전달물질인 세로토닌으로 생합성 되는 과정에서 필요하다.

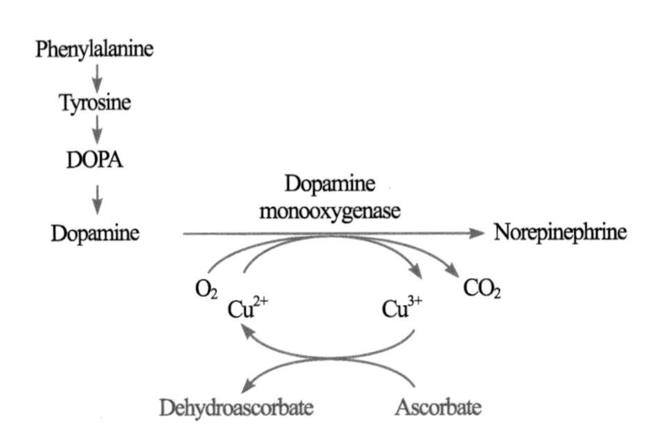

【그림 7-13】 신경전달물질 합성

(4) 항산화작용

비타민 C는 쉽게 산화되는 성질이 있기 때문에 항산화제로서 작용할 수 있다. 항산화제는 산화될 수 있는 조직에서 자신이 먼저 산화하여 다른 물질의 산화를 방지하고 억제하는 물질이다. 따라서 세포 내에서 생성되는 활성산소를 제거하여 세포를 보호해주는 역할을 한다. 또한, 비타민 C는 비타민 E, β-카로틴, 리놀레산 등이 산화되는 것을 막는 것으로 생각되고 있다. 특히 비타민 E나 다가불포화지방산은 세포막의 정상적인 유지에 필수적인 성분이므로 비타민 C의 항산화 기능은 생리적으로 매우 중요하다.

(5) 철, 칼슘 흡수

비타민 C는 철이 소장벽에서 흡수될 때 산화형인 제2철(Fe^{+++})이 환원형인 제1철(Fe^{++})로 환원되어 흡수되는 과정을 돕는다. 또한, 칼슘이 불용성 염을 형성하는 것을 방지하여 칼슘 흡수를 돕는다. 엽산이 활성 형태인 THF로 전환하는 과정에서도 비타민 C가 필요하다.

2) 흡수와 대사

비타민 C는 소장 상부의 점막에서 쉽게 흡수되어 문맥을 통해 간으로 가서 각 조직으로 운반된다. 비타민 C의 흡수율은 섭취량에 따라 달라져서 비타민 C를 30~120mg/일 섭취하면 70~90%가 흡수되지만 하루 1g 이상 섭취하면 50% 이하로 흡수율이 감소한다. 과도하게 비타민 C를 섭취하게 되면 수산염을 함유하는 신장결석으로 발전될 수 있다.

3) 결핍증

비타민 C가 결핍되면 세포 간 물질과 콜라겐의 합성이 부족하게 되어 모세혈관이 쉽게 파열되고 피부가 거칠어지고 피하출혈, 잇몸에서 출혈이 일어나며 심하면 상처회복 지연, 면역기능 감소, 고지혈증, 빈혈 등이 나타나며, 심리적 증세로 히스테리와 우울증도 나타난다.

4) 급원식품

비타민 C가 풍부한 식품에는 피망, 풋고추, 아스파라거스, 고춧잎, 시금치 등의 채소와 딸기, 오렌지, 키위, 토마토 등의 과일이 있다.

【표 7-9】 1인 1회 분량(one serving size)의 비타민 C 급원 식품

식품명	1회 분량(g)	함량(㎎)	식품명	1회 분량(g)	함량(㎎)
딸기	200	198	고춧잎	70	56
피망	70	101	시금치	70	46
풋고추	70	65	브로콜리	70	38
아스파라거스	70	63	귤	100	30
오렌지	100	60	키위	100	27

5) 영양섭취기준

성인 비타민 C 평균필요량은 75mg/일, 권장섭취량은 100mg/일이다. 비타민 C의 요구량을 증가시키는 것은 감염, 화상, 납·수은·카드뮴 같은 독성 중금속 섭취, 아스피린, 경구피임약, 흡연 등이다.

비타민 C의 과잉 섭취

비타민 C의 과잉 섭취는 메스꺼움, 복부 경련, 설사 등을 초래하고 혈액응고방지제의 약효를 감소시키며, 유전적으로 비타민 C의 분해가 안 되는 환자나 통풍환자의 경우 신장 결석이 나타난다.

파이토케미칼

파이토케미칼은 과일과 채소 같은 식물성 식품에서 발견되는 비영양소 화합물로서 식품에 맛과 색, 향기를 주고 체내에서 항산화 역할 및 질병 발생을 억제하는 생리적 활성을 지닌 물질이다. 파이토케미칼이 풍부한 전곡류, 콩류, 채소와 과일들은 특히 암과 심장질환 등을 예방하며 건강을 증진시키므로 매일 다양한 식품을 섭취하는 것이 바람직하다.

흡연과 비타민 C

흡연 시 담배에 함유되어 있는 니코틴이 혈액 내에서 비타민 C를 소비하기 때문에 손실된 비타민 C를 보충하기 위해 비흡연자보다 2배 이상의 비타민 C가 필요하나 비타민 C를 많이 섭취한다 해도 흡연으로 인한 해를 막을 수 없다.

【표 7-10】 수용성 비타민의 일반적 기능

기능	티아민 (B_1)	리보플라빈(B_2)	니아신 (B_2)	판토텐산 (B_5)	비타민 (B_6)	비오틴 (B_7)	엽산	비타민 (B_{12})	비타민 C
조효소	○	○	○	○	○	○	○	○	
에너지 대사	○	○	○	○	○	○		○	
혈액 건강					○		○	○	○
DNA, RNA 합성	○		○				○		
신경・근육기능	○	○			○		○		○
항산화 및 방어기능		○							○
호모시스테인대사					○		○	○	
단백질 대사	○				○		○		○

【표 7-11】 비타민과 비타민의 상호작용

비타민	비타민	상호작용
비타민 A	비타민 D	① 상호 독성 효과를 감소시킴 ② 비타민 A를 과잉섭취했을 때 비타민 D의 결핍을 초래
	비타민 E	① 비타민 A는 산화에 약하므로 비타민 E가 항산화작용으로 비타민 A를 보호 ② 비타민 E를 과잉섭취했을 때 프로비타민 A가 비타민 A로의 전환율과 저장률이 모두 감소
	판토텐산	비타민 A의 합성을 촉진
비타민 E	비타민 K	혈액응고작용에서 서로 상승 효과를 나타냄
	비타민 C	항산화제 역할
	비타민 B_{12}	① 비타민 B_{12}가 조효소로 전환될 때 필요한 인자 ② 악성빈혈 치료에 효과 상승
	PUFA (다불포화지방산)	항산화제 역할

비타민	비타민	상호작용
비타민 B_1	비타민 B_{12}	서로 상승작용
	엽산	흡수 촉진
비타민 B_2	비타민 B_6	조효소(PALP)로 전환할 때 관여
	엽산	조효소(THF)로 전환할 때 관여
	니아신	트립토판이 니아신으로 전환할 때 관여
니아신	비타민 B_1 비타민 B_2 비타민 B_6	트립토판이 니아신으로 전환할 때 관여
비타민 B_6	비타민 E	불포화지방산대사에 관여
비타민 B_{12}	엽산	빈혈에 서로 보완작용
	판토텐산	CoA로 전환할 때 관여
비타민 C	비타민 E	지방의 과산화작용에 관여

【표 7-12】 수용성 비타민 요약

종류	조 효소	생리적 기능	결핍증	급원 식품
비타민 B_1	TPP	당질대사의 보조효소 (thiamine pyrophosphate, transketolase)	식욕저하, 메스꺼움, 구토, 부종, 심장 비대, 각기병(beriberi)	닭간, 돼지고기, 고춧잎, 현미
비타민 B_2	FAD FMN	당질, 지질, 단백질의 에너지대사의 보조효소 형태로 작용, 전자전달계에 작용	구순구각염(cheilosis), 설염(glossitis) 눈이 부시는 현상(photophobia) 피부염	장어, 돼지간, 소간, 우유
니아신	NAD NADP	당질 산화, 지방산 생합성 전자전달계에 작용	심한 설사, 피부염, 신경장애, 전신쇠약, 펠라그라	육류, 붉은살 참치, 연어, 현미

종류	조 효소	생리적 기능	결핍증	급원 식품
판토텐산	CoA	아실기전달 (아세틸화 반응)	피로, 두통, 수면장애, 메스꺼움	간, 브로콜리, 난황, 현미
비타민 B_6	PLP	아미노산대사의 보조 효소 트립토판에서 니아신 전환	유아발작, 지루피성 피부염, 빈혈, 신경염	소간, 현미, 감자, 닭가슴살
엽산	THF	DNA염기 합성 메티오닌 합성	거대아구성 빈혈 (megaloblastic anemia) 위장계 혼란	닭간, 브로콜리, 시금치 상추
비타민 B_{12}		메티오닌 합성 DNA 합성 신경세포 정상유지	거대아구성 빈혈, 악성 빈혈, 신경계질환	대합, 돼지간 닭간, 굴
비오틴		카르복실화 반응	원형탈모, 탈색, 피부 발진	소간, 달걀, 닭고기, 오트밀
비타민 C		콜라겐 합성, 카르니틴 합성 신경전달물질 합성	괴혈병, 쇠약, 상처회복 지연, 면역체계 손상	딸기, 피망, 풋고추, 아스파라거스

[수용성 비타민] 문제해결 활동

- 이름 :
- 학번 :
- 팀명 :

- 중심키워드 :
- 중심키워드 한줄지식 :

정답을 맞힌 팀 :

[수용성 비타민] 문제해결 활동

맞춤 선을 그어주세요.

중심키워드 •	• 한줄지식
•	•
•	•
•	•

정답을 맞힌 팀 :

▶▶▶ 문제해결을 위한 팀별 경쟁학습 방법

① 팀을 구성한다.(4~5명)

② 단원별 중심키워드로 팀명을 정한다.

③ 팀원이 협동학습으로 문제를 작성한다.

④ 교수자에게 확인받은 문제를 다른 팀에게 제시하고 정답 팀을 기록한다.

⑤ 질의응답 후, 교수자는 최종 피드백을 실시한다.

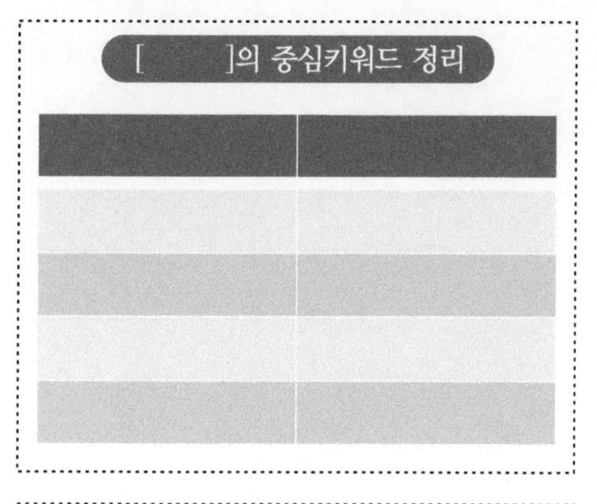

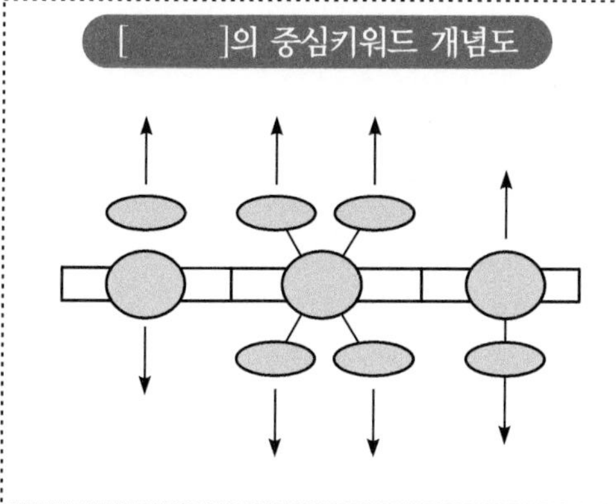

▶▶▶ 과제해결 방법

① 학습이 완료된 단원별 내용을 중심키워드와 한줄지식 중심으로 정리한다.
② 정리한 내용을 기초로 학습자만의 자유로운 중심키워드 개념도를 작성한다.
③ 우수한 과제를 학습자 간에 공유하고 교수자는 과제에 대한 피드백을 시행한다.

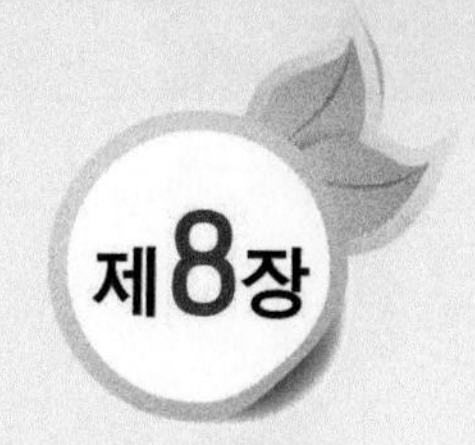

다량 무기질

1. 칼슘
2. 인
3. 마그네슘
4. 황
5. 나트륨
6. 칼륨
7. 염소

제8장

다량 무기질

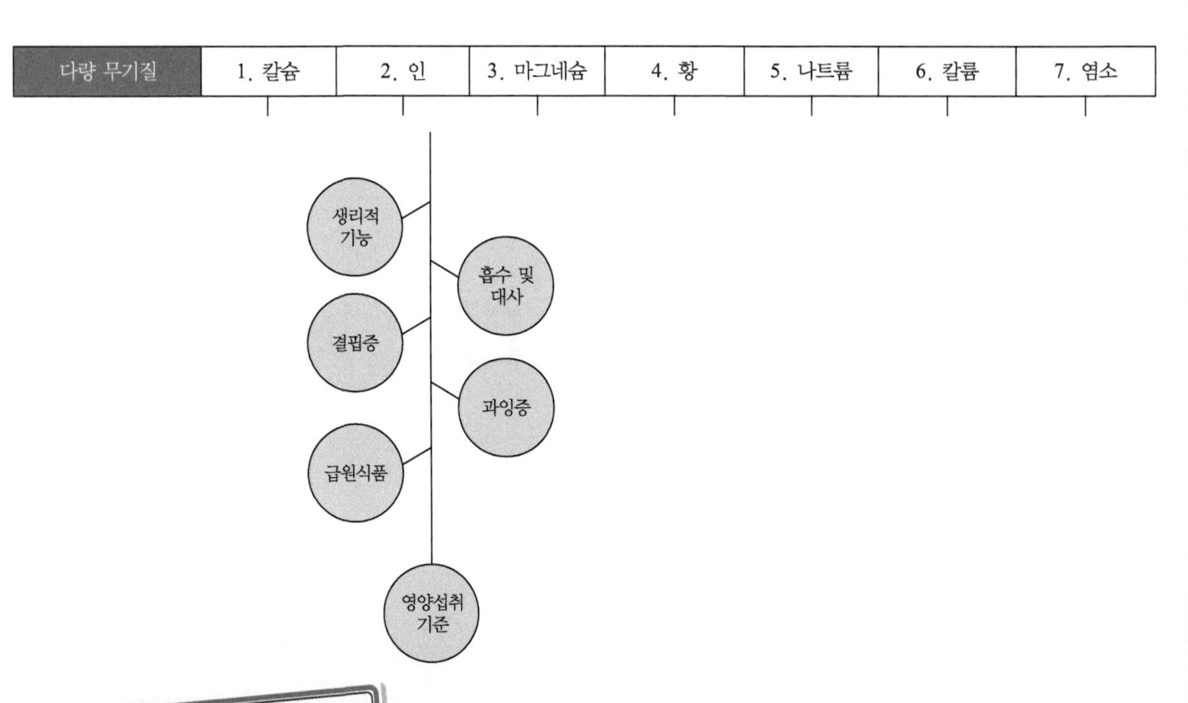

교수자용 중심키워드 박스

피브린, 폐경, 부갑상선호르몬, 칼슘항상성, 비타민의 활성형, 신부전, 삼투압, Na^+–K^+ pump, 생체 이용률, 글루타치온, 나트륨저감화, 제지방측정

학습자용 중심키워드 박스

중심키워드	한줄지식

제8장

다량 무기질

인체를 구성하는 원소 중 탄소, 질소, 산소, 수소로 되어 있는 유기질이 체중의 96% 정도이며, 4~5%는 무기질이다. 무기질은 그 양은 적으나 체내 대사 등 생리기능을 조절하고 유지하는데 중요한 단일 원소이며 인체 내에서 합성되지 않아 음식물로 섭취해야 한다. 1일 필요량과 체내 함량 정도에 따라 다량 무기질과 미량 무기질로 구분된다. 다량 무기질은 1일 필요량이 100mg 이상이고 체중의 0.01% 이상 존재한다. 다량 무기질에는 단위 체중당 함유 비율이 높은 순으로 칼슘(Ca, Calcium), 인(P, Phosphorus), 칼륨(K, Potassium), 황(S, Sulfur), 나트륨(Na, Sodium), 염소(Cl, Chloride), 마그네슘(Mg, magnesium) 등이 있다.

무기질은 뼈, 치아, 연조직 등의 구성 성분이 되며, 산·알칼리 균형과 삼투압조절, 비타민, 효소, 호르몬의 구성 성분과 신체 내 여러 대사의 촉매 및 신경과 근육의 정상적인 기능을 조절한다. 무기질은 식품 중에 함유된 양도 중요하지만 생체 이용률(bioavailability)에 의해 흡수되는 양이 다르다.

무기질의 생체 이용률

섭취한 무기질이 체내에 실제로 흡수되어 이용되는 비율을 말하며, 이것은 생리적 요구, 비타민, 다른 무기질, 식이섬유 등과의 상호작용에 영향을 받아 결정된다.

1. 칼슘

칼슘은 체중의 1.5~2% 정도 존재하며, 인체가 가장 많이 함유하고 있는 금속원소로, 대부분은 골격과 치아에 들어 있다. 골격 중 칼슘은 수산화 인회석(hydroxyapatite, $Ca10(PO_4)_6(OH)_2$) 형태로 들어 있고, 혈중 칼슘 농도는 갑상선호르몬인 칼시토닌(calcitonin), 부갑상선호르몬(parathyroid hormone), 비타민 D에 의해 9~11mg/㎖ 정도로 유지된다.

1) 생리적 기능

(1) 골격과 치아 구성

칼슘은 99% 이상이 골격과 치아에 저장된다. 골격은 치밀골 약 80%와 해면골 약 20%로 구성된다(그림 8-1). 치밀골은 긴 뼈의 골간부에 주로 존재하고 해면골은 짧은 뼈에 존재한다. 치밀골은 단단해진 콜라겐으로 차 있고, 무기질 함량이 높아 단단하며 대사율이 낮다. 해면골은 스펀지같이 다공질이며 무기질 함량이 낮은 반면 대사율은 높다. 따라서 칼슘 섭취가 부족하면 해면골의 칼슘 함량이 치밀골보다 빠르게 감소한다.

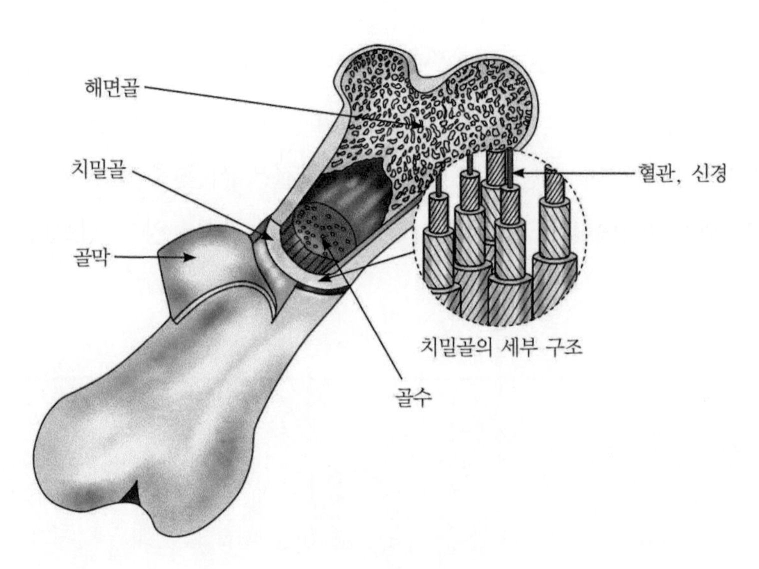

【그림 8-1】 뼈의 구성

(2) 대사 조절 기능

칼슘 이온은 혈관과 근육의 수축과 이완, 골격근의 수축, 신경 흥분 전달, 세포막 투과성 조절, 효소와 호르몬대사에 관여한다. 칼슘 이온은 혈액응고 기전에 관여하는 프로트롬빈을 트롬빈으로 활성화하는데 중요한 역할을 한다 (그림 8-2). 트롬빈은 혈액응고 물질인 피브린을 피브리노겐으로부터 생성하는데 필수적이다. 칼슘은 세포 내 단백질인 칼모듈린(calmodulin)대사에 관여하며 세포 내에서 칼모듈린과 결합하여 칼모듈린-칼슘 복합체를 만들어 효소나 호르몬 활성에 영향을 미친다.

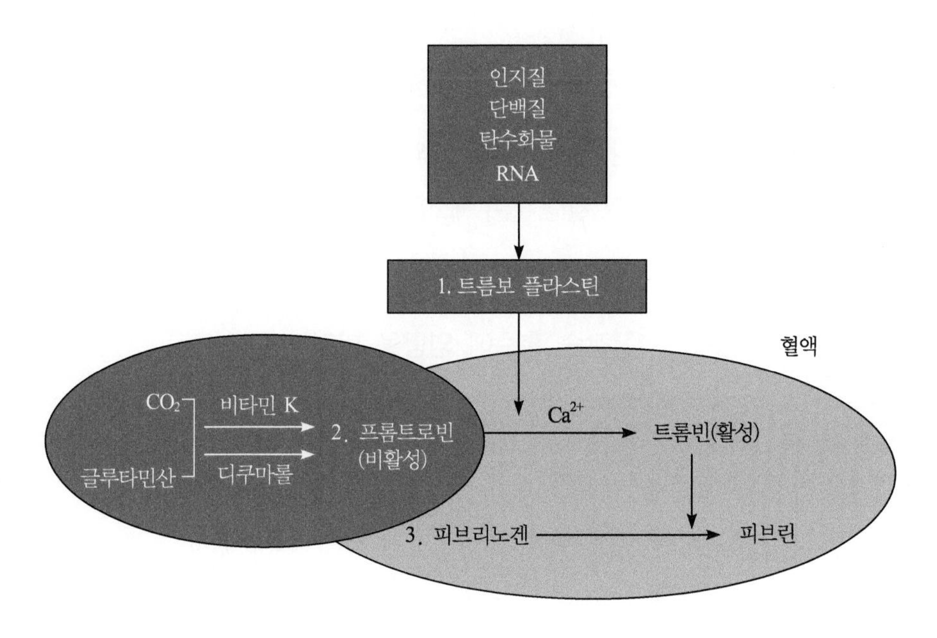

【그림 8-2】 칼슘과 혈액응고 기전

3) 흡수와 대사

(1) 흡수

식품이나 칼슘 제제 내의 칼슘은 불용성 염으로 존재하며 칼슘염은 위액에 의해 용해되어 이온화된 유리 상태로 소장으로 이동한다. 칼슘의 흡수는 소장 상부에서 이루어지며 섭취량이 적을 때는 능동수송으로, 섭취량이 많으면 능동수송과 단순 확산으로 흡수되며 소장 상부의 능동수송일 때는 비타민 D에 의해 흡수가 조절된다. 능동수송에 의한 칼슘의 흡수는 십이지장과 공장의 상부에서 이루어지고 칼슘 결합 단백질인 칼빈딘(calbindin)에 의해 조절된다. 칼슘은 소장막에서 칼빈딘과 결합하여 막을 통과하여 장막 쪽으로 이동하여 기저막을 거쳐 세포외액으로 배출된다. 이때 에너지를 필요로 하는 Ca^{2+}−Mg^{2+} 펌프가 관여한다. 단순 확산은 공장과 회장에서 주로 일어난다. 청소년과 성인의 경우 칼슘섭취량의 20~40% 정도 흡수되나 성장기 어린이는 약 75%가량이 흡수된다. 노년기, 특히 폐경 후의 여성은 흡수율이 떨어진다. 음식물 섭취 시 칼슘량이 많으면 적게 흡수되고, 적으면 흡수율은 증가한다. 위산 분비가 적당할 때 칼슘 흡수가 증가하는데, 이는 칼슘염이 산성 환경에서 쉽게 용해되기 때문이다. 비타민 D는 소장 점막에서 칼빈딘 합성을 도와 칼슘의 흡수를 좋게 한다. 장내 pH, 비타민 D, 제산제 등은 칼슘 흡수에 영향을 미친다(표 8-1).

【표 8-1】 칼슘 흡수에 영향을 미치는 인자

흡수를 증진시키는 인자	흡수를 방해하는 인자
산성 환경	알칼리성 환경
정상적인 소화관 운동 및 활성	제산제 복용
칼슘과 인의비율 1:1	다량의 인, 철, 아연
비타민 D	피틴산, 수산, 흡수되지 않은 지방산
체내 칼슘 요구량이 증가될 때	비타민 D 결핍
칼슘 섭취 부족	폐경
부갑상선 호르몬	노령
여성호르몬(에스트로겐)	탄닌
체중이 실리는 운동	과량의 식이 섬유
비타민 C	운동부족
유당	스트레스

(2) 대사

혈중 칼슘의 약 45% 정도는 이온화된 유리 상태로 존재하며, 약 45%는 혈장단백질인 알부민, 글로불린과 결합해 존재하고 약 10%는 황산 칼슘염, 인산 칼슘염 등 다른 무기질과 결합한 복합체로 존재한다.

체내에 흡수되지 않은 칼슘은 1일 약 500mg, 내인성 칼슘은 1일 100~150mg 정도가 대변으로 배설되며 소변으로 1일 약 130mg이 배설된다. 소변으로 배설되는 칼슘량은 칼슘 섭취가 많으면 배설량도 많은데, 성장기에는 배설량이 감소하고 폐경기 여성은 증가한다. 인, 칼륨, 마그네슘, 부갑상선호르몬 등은 배설량을 감소시킨다. 단백질, 나트륨, 카페인은 칼슘 배설량은 증가시킨다.

칼모듈린(calmodulin)

칼슘과 결합하는 단백질로 동식물의 조직에 널리 분포하고 효소의 활성을 지배하며 세포의 기능을 조절한다.

(3) 칼슘의 항상성

혈액에는 9~11mg% 정도의 칼슘 농도를 유지한다. 칼슘 항상성에 관여하는 호르몬은 갑상선의 칼시토닌, 부갑상선호르몬과 비타민 D가 관여한다. 갑상선 호르몬인 칼시토닌은 혈액 칼슘 농도가 증가되었을 때 혈중 칼슘을 골격으로 가져가 혈중 칼슘 농도를 낮추고 반대로 부갑상선호르몬은 혈중 칼슘 농도가 저하되었을 때 뼈에서 칼슘이 용출되어 혈액의 칼슘 농도를 일정하게 유지한다(그림 8-3). 혈액 중 칼슘의 항상성은 대사 시 칼슘이 필요한 곳에 즉각 공급되어 대사가 원활히 일어나도록 한다.

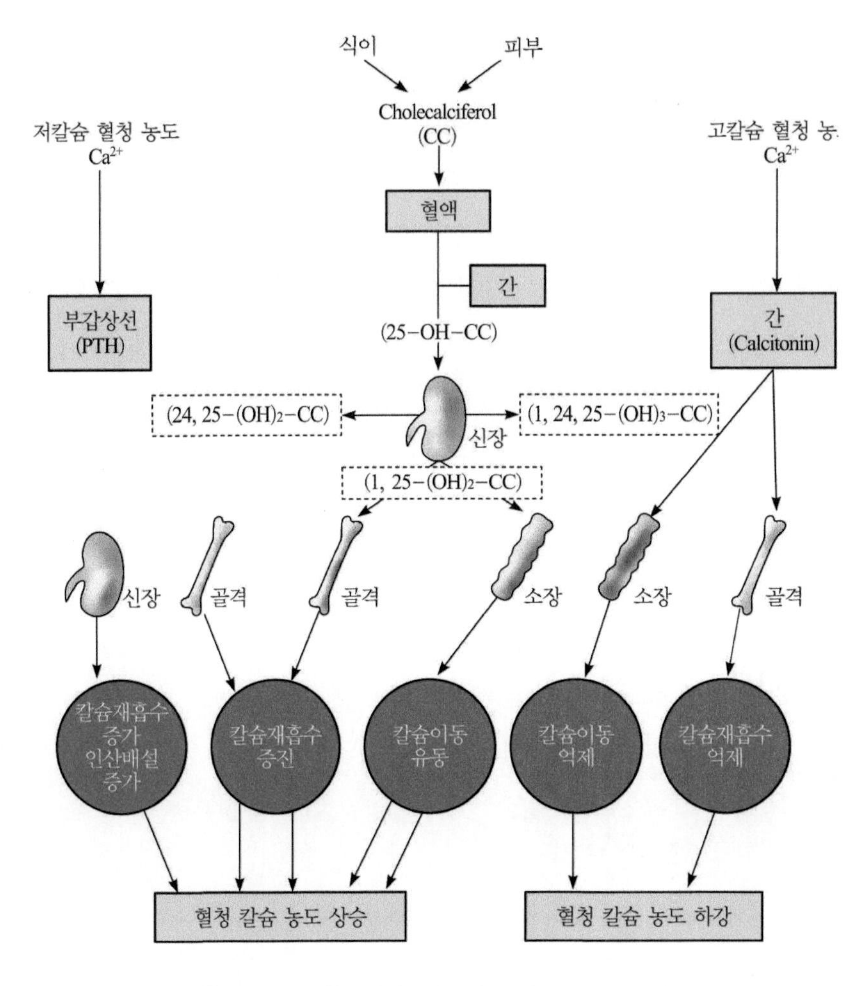

【그림 8-3】 혈장 내 칼슘의 농도 조절

3) 결핍증

(1) 골감소증

뼈에는 합성 세포인 조골세포와 분해 세포인 파골세포가 존재하며 항상 합성과 분해의 활발한 대사가 일어난다. 골감소증은 골질량의 감소로 발생하며 진행되면 골다공증으로 발전한다. 골감소증은 치료하지 않으면 골다공증으로 진행이 된다. 생애 중 최대 골 질량이 35세 전후로 형성되는 데 그 시기에 최대 골질량을 형성하지 못했거나 폐경, 스테로이드호르몬제 사용, 비타민 D 섭취 부족 등이 원인이 된다(그림 8-4).

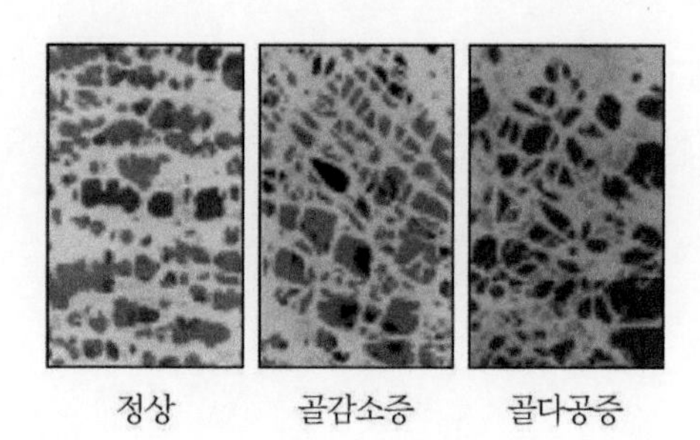

【그림 8-4】 골감소증

출처 : www.healthinfo.amc.seoul.kr

(2) 골다공증

골밀도검사로 T값이 -1 이상이면 정상, -2.5 이하이면 골다공증이다. 골다공증은 대퇴골 골절, 척추 변형 등을 유발하므로 삶의 질을 떨어뜨린다. 골다공증은 폐경기 여성과 노인에게 많이 발생하며 나이가 들어가면서 척추 변형으로 인해 신장이 줄어든다(그림 8-5).

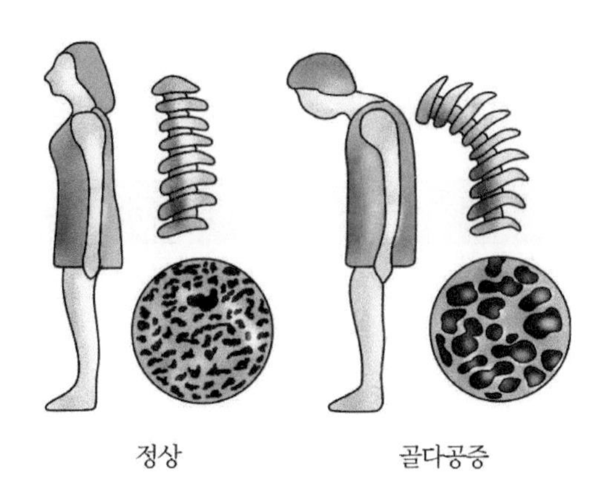

【그림 8-5】 골다공증

[출처 : www.healthinfo.amc.seoul.kr]

(3) 기타

칼슘 섭취가 부족하면 혈중 칼슘 농도가 감소하여 혈중 비타민 D와 부갑상선호르몬이 증가하고 칼슘이 지방세포로 들어가 지방 합성을 촉진하고 분해가 저해된다. 따라서 체중증가나 비만이 유도될 수도 있다. 칼슘의 섭취 부족이 장기간 지속되면 고혈압 유병률도 증가한다. 그 이외 근육강직, 근경련(테타니) 등을 유발한다.

4) 과잉증

한국인 영양섭취기준에 의하면 칼슘의 상한섭취량은 2,500mg이다. 고칼슘혈증은 심장, 신장혈관에 칼슘을 침착하게 하여 기능 손상이 생기며 변비, 복통, 결석 등을 유발하며 신장 기능 저하를 가져온다.

5) 급원 식품

칼슘의 급원으로 우유, 유제품, 뼈를 먹을 수 있는 생선, 굴 등이 있으며 우유는 유당을 함유하고 있어 칼슘의 흡수를 좋게 하고 체내 이용률도 증가시킨다. 쑥, 깻잎 등 녹색 채소에도 칼슘 함량은 높으나 흡수율은 낮다(표 8-2).

【표 8-2】 1인 1회 분량(one serving size)의 칼슘 급원 식품

식품명	1회 분량(g)	함량(mg)
미꾸라지, 생것	60	441.6*
멸치, 자건품	15	285.8
우유(㎖)	200	210.0
무청	70	174.3
쑥	70	161.0
깻잎	70	147.7
아이스크림	100	140.0
치즈**	20	126.6
깨, 흰깨**	10	115.6
두부	80	100.8

* 1회 분량당, ** 0.5회 분량당

6) 영양섭취기준

한국인 영양섭취기준에서 칼슘의 평균필요량은 성인 남자 620mg/일, 여자 530mg/일, 권장섭취량은 성인 남자 750mg/일, 여자 650mg/일이다.

2. 인

인은 칼슘과 함께 골격과 치아에 약 85% 정도, 근육과 같은 연조직에 약 14%, 혈액과 체액 내에 약 1% 존재하여, 세포를 구성하거나 체내에서 여러 가지 대사에 관여한다.

1) 생리적 기능

칼슘과 함께 골격과 치아를 구성한다. 골격의 형성 과정에서 인산칼슘염 형태로 저장되고 재흡수된다. 혈액과 세포 내에서 인산과 인산염의 형태로 산염기 평형 조절에 관여한다. 체액에서 완충제 역할을 한다. 소장점막에서 포도당이 흡수될 때 인산화되어 흡수가 촉진된다. 영양소가 산화되어 ATP를 생성하는 과정에서 관여하며 에너지를 저장하는 크레아틴 인산화 과정, 에너지를 이용할 때 등 에너지대사에 필요하다. 또한, 인은 인지질의 구성 성분이며, 핵산도 인을 함유한다. 인은 비타민 B_1, 니아신, 비타민 B_6 등의 비타민이 조효소로 활성화하는데 요구된다. 효소와 호르몬이 대사 과정에서 인산화되어 활성화되는 과정에 요구된다.

2) 흡수와 대사

성인의 경우 식사로부터 섭취된 인의 50~70%가 흡수되고 생리적 요구가 많을 때는 흡수가 증가한다. 칼슘과 인의 섭취 비율이 1 : 1일 때 인의 흡수율이 증가한다. 혈청 내 칼슘과 인의 정상 수준 유지에 신장이 중요한 역할을 한다. 혈청 내 인의 수준이 증가하면 부갑상선호르몬이 분비되어 신장에서 인의 재흡수가 저해되고 감소하면 신장에서 인의 재흡수가 촉진되어 혈청 내 칼슘과 인의 항상성이 유지된다. 비타민 D는 인의 흡수를 증가시키며 칼슘, 마그네슘, 피틴산 등은 흡수를 저해한다. 인의 배설은 주로 소변으로 이루어지며, 섭취한 인의 70% 정도는 신장을 통해 배설된다.

3) 결핍증

인은 여러 식품 중에 골고루 분포되어 있어 결핍증은 거의 없다. 부족하게 되면 근육과 뼈의 약화, 무력감 등이 나타난다. 인과 결합하는 물질을 함유하는 제산제, 신장질환자의 고인산혈증인 경우 사용되는 인결합제 등을 사용할 시 저인산혈증이 발생한다.

4) 과잉증

신부전, 부갑상선 기능 저하인 경우 인 과잉증이 나타나며, 이때 신장의 석회화가 동반되어 기관을 손상한다. 식사에 인이 너무 많으면 칼슘 배설을 촉진한다.

5) 급원 식품

인은 우유, 치즈, 육류 등 낙농제품에 많이 함유되어 있으며 난황, 멸치, 오징어, 김 등에 많이 들어 있다. 탄산음료 등에 인이 함유되기도 한다(표 8-3).

6) 영양섭취기준

한국인 영양섭취기준에서 인의 평균필요량은 성인 남녀 모두 580mg/일, 권장섭취량은 성인 남녀 모두 700mg/일이다.

【표 8-3】 1인 1회 분량(one serving size)의 인 급원 식품

식품명	1회 분량(g)	인 함량(mg)
미꾸라지, 생것	60	262.2*
현미	90	251.1
메밀국수/냉면국수(건)	100	230.0
오징어, 생것	80	218.4
멸치, 자건품	15	214.4
꽁치	60	140.4
고등어	60	139.2
오징어, 말린 것	15	123.2
대두	20	115.2
명태, 말린 것	15	87.3

* 1회 분량 당

3. 마그네슘

마그네슘은 엽록소의 구성 원소이므로 녹색 채소에 많이 함유되어 있다. 체내에서 약 60%는 골격과 치아를 구성하고 약 1%는 세포외액, 그 외에는 연조직과 근육 등에 존재한다.

1) 생리적 기능

칼슘, 인과 함께 골격과 치아를 구성한다. 뼈에는 수산화마그네슘이나 인산마그네슘 등의 형태로 들어 있다. 근육의 수축과 이완 조절에 관여한다. 신경 흥분의 전달과 근육의 기능 정상화에 중요한 역할을 한다. 또한, 근육의 긴장을 이완시키고 신경을 안정시킨다. 효소의 보조 인자로 작용하여 에너지 생성 과정의 효소를 활성화한다. 헥소키나아제(hexokinase), 포스포프락토기나아제(phosphofructokinase)는 마그네슘을 요구한다. 체내 대사의 효소 체계에 보조 인자로 작용하며 에너지 생성 과정에서 Mg-ATP 복합체의 일부로서 또는 직접효소를 활성화시켜 작용한다. 체내 칼슘과 마그네슘의 비는 약 3:1 정도이다.

2) 흡수와 대사

마그네슘의 흡수는 소장의 공장 끝 부분과 회장에서 주로 일어난다. 식사 중 마그네슘 함량이 낮으면 능동수송, 많으면 단순 확산에 의해 흡수된다. 흡수율은 약 40~60%이나 섭취 비율이 낮으면 75%까지 증가한다. 반면 섭취 비율이 높으면 10%까지 감소한다. 비타민 D, 단백질, 유당은 마그네슘의 흡수를 증가시키고 식이섬유, 피틴산, 칼슘, 과다 지방산, 인 등은 흡수를 감소시킨다. 신장사구체에서 여과된 마그네슘은 대부분 재흡수되고 일부만 소변으로 배설된다. 알도스테론, 부갑상선호르몬은 마그네슘의 배설을 감소시킨다. 마그네슘의 항상성은 신장에 의해 조절된다.

3) 결핍증

녹색 채소에 많이 함유되어 있어 결핍증은 거의 없으나 칼슘을 다량 섭취하면 결핍증을 나타내어 근육통, 심장 기능 약화가 온다. 또한, ATP 생성이 잘 안되어 쉽게 피로하다.

4) 과잉증

정상적인 식사를 하는 사람은 거의 과잉증이 발생하지 않는다. 그러나 신장 기능 문제로 고마그네슘혈증이 올 수 있으며 호흡곤란, 혼수상태를 초래한다.

5) 급원 식품

마그네슘은 거의 모든 식품에 분포되어 있으며 엽록소의 구성 성분이므로 녹색 채소가 주요 급원 식품이다. 전곡, 두류, 견과류에도 많이 함유되어 있다. 커피나 코코아에도 많이 들어 있다(표 8-4).

【표 8-4】 1일 1인 1회 분량(One serving size)의 마그네슘 급원 식품

식품명	1회 분량(g)	마그네슘 함량(mg)
현미	90	99*
통밀	100	80
바지락	80	80
시금치	70	61
대두(마른 것)	20	44
깨, 흰깨**	10	37
미역(생 것)	30	33
커피	5	21
코코아	5	22
땅콩(볶은 것)	10	20

* 1회 분량당, ** 0.5회 분량당

6) 영양섭취기준

마그네슘의 필요량에 영향을 주는 요인은 체내 이용률과 다른 영양소와의 상호작용 등이 있다. 한국인 영양섭취기준에서 평균필요량은 성인 남자 385mg/일, 여자 235mg/일, 권장섭취량은 성인남자 340mg/일, 여자 280mg/일이다.

4. 황

황은 체내에서 주로 비타민이나 아미노산의 구성 성분으로 작용하고 대사에 관여한다. 생리적 기능은 항산화제로 작용하는 글루타치온(glutathione)의 구

성 성분으로 체내에서 산화·환원 반응에 관여한다. 시스테인, 시스틴, 메티오닌 등 함황아미노산을 구성한다. 산, 염기 평형에 관여한다. 헤파린, 인슐린의 성분으로 작용하고 비타민 B_1, 판토텐산, 비오틴 등의 구성 성분이다.

식품 중의 무기물로 있는 황은 체내에서 거의 흡수되지 않고 함황아미노산의 유기물의 형태로 소장에서 흡수된다. 함황아미노산은 황산을 생산하며 칼슘과 같은 알칼리를 필요로 하여 중화되어 무기염의 형태로 배설한다.

메티오닌, 시스테인이 풍부한 단백질을 섭취하면 결핍증은 거의 없으며 일상 식사에서 과잉증은 거의 나타나지 않는다. 급원 식품으로는 육류와 생선, 달걀, 콩, 양배추, 부추, 브로콜리 등에 많이 들어 있다. 황의 영양섭취기준은 정해져 있지 않다.

글루타치온

글루타치온은 신체 내 세포에서 합성되는 트리펩티드로서 글리신, 글루타메이트, 시스테인로 구성되어 있다. 강력한 항산화작용을 한다.

5. 나트륨

나트륨은 세포외액의 주요 양이온이다. 체내에 함유된 나트륨의 50%가 세포외액, 40%는 골격에, 10%는 세포 내에 존재한다. 생리적 기능은 세포외액의 주요 양이온으로 수분평형 및 삼투압 유지에 관여한다. 근육의 흥분성을 정상으로 유지하며 신경자극전달에 중요한 영향을 미친다. Na^+-K^+ pump는 소장에서 포도당과 아미노산의 흡수를 도운다. 산과 염기의 균형을 유지한다.

나트륨은 염소와 같이 염화나트륨 형태로 섭취하여 대부분이 소장에서 흡수되며 소변으로 배설되며 땀과 대변으로도 약간 배설된다. 부신피질의 알도스테론과 신장의 레닌에 의해 재흡수된다. 체내 나트륨이 부족하게 되면 신장의 근위세뇨관에서 레닌 분비가 촉진되어 안지오텐신 Ⅰ, Ⅱ 분비가 촉진되고 신장에서 나트륨의 재흡수가 증가하게 되어 체내 나트륨이 증가되므로 나트륨의 평형을 유지한다(그림 8-6).

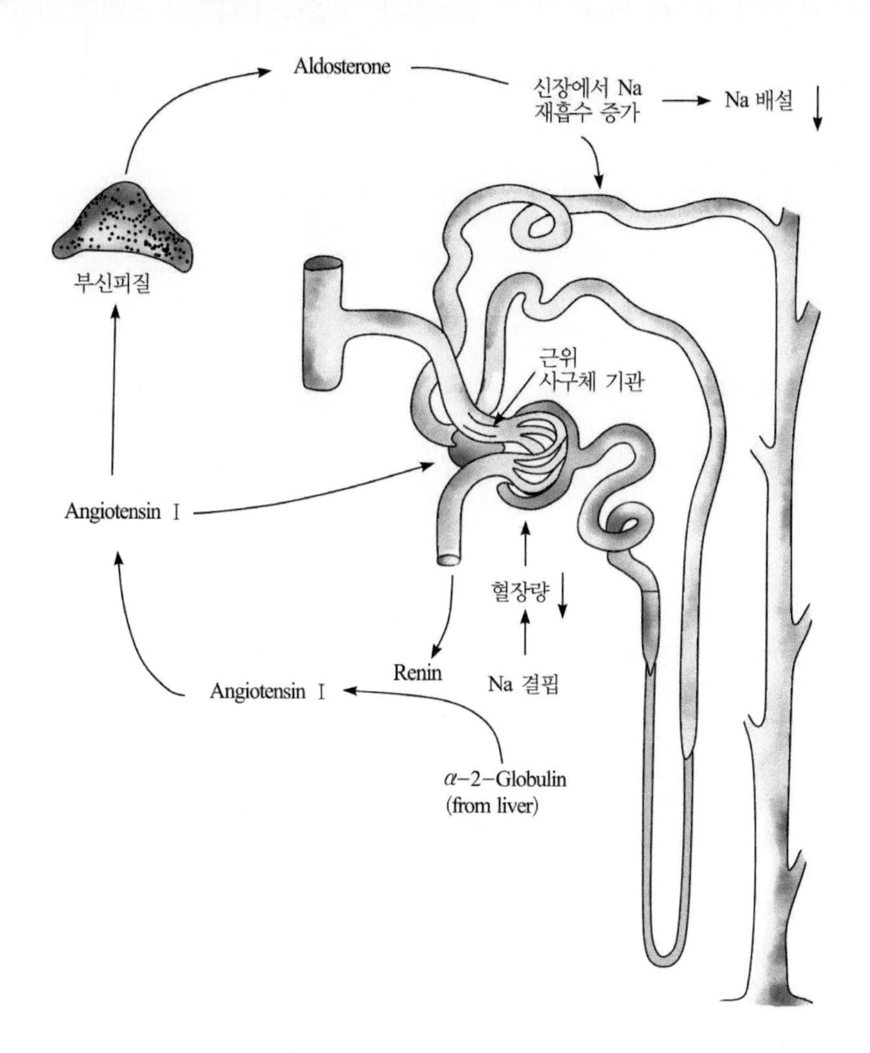

【그림 8-6】 나트륨 평형

땀을 많이 흘렸거나 설사, 탈수현상으로 나트륨이 부족하면 근무력증, 메스꺼움, 식욕부진 증상이 나타난다. 심부전, 신부전, 고혈압환자의 경우 저염증후군이 나타난다.

우리나라 사람들은 나트륨 섭취를 WHO 권장섭취량의 2.4배 정도 섭취하고 있다. 보건복지부와 식품의약품안전처에서 나트륨 줄이기 운동본부가 만들어지기도 했으며, 영양 관련 기관에서는 나트륨 섭취 줄이기 대국민 홍보를 하고 있다. 나트륨은 고혈압과 밀접한 관련이 있으며 고혈압환자의 경우 저나륨식으로 혈압 조절이 된다. 그 외 심장질환, 뇌졸중이 나트륨 섭취와 관련이 있다.

Na^+-K^+ pump

Na^+-K^+ pump는 세포 내외의 이온의 농도 차이로 인하여 Na 이온은 세포 안으로, K 이온은 세포 밖으로 단순 확산에 의해 이동한다. 세포 안으로 들어간 나트륨 이온은 세포 밖으로, 세포 밖으로 나간 칼륨 이온은 세포 안으로 농도 차이를 역행해 보내져 이온 농도 차이가 일정하게 유지된다. 이온 농도 차이가 일정하게 유지되기 위해서는 Na^+-K^+ pump에 의행 능동적 이동이 필요하다.

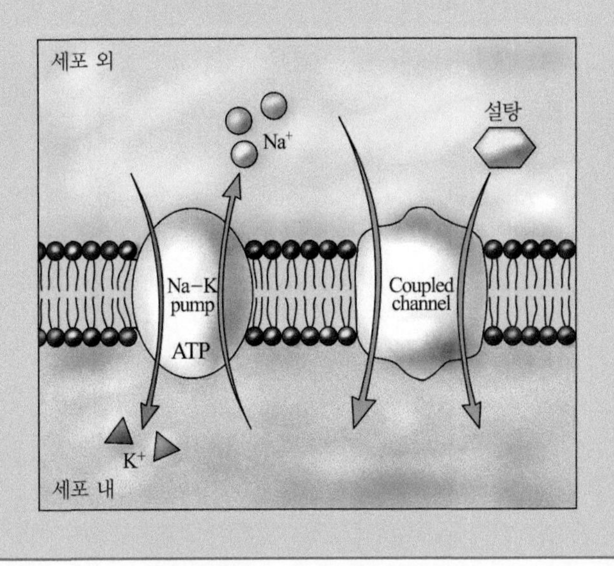

한국인 영양섭취기준에 의하면 나트륨은 충분섭취량과 목표섭취량이 설정되어 있으며, 충분섭취량은 성인 남녀 모두 1.5g/일, 목표섭취량은 2.0g/일이다.

우리나라 사람들이 즐겨 먹는 음식 중 나트륨이 많이 들어 있는 것이다. 국물 음식에 나트륨의 함량이 많으며 국수류, 김치류에 많이 들어 있다(표 8-5, 8-6).

【표 8-5】 나트륨이 많이 들어 있는 음식 순(1인분 기준)

순번	음식명	분류	1인분 중량(g)	1인분 나트륨(mg)
1	짬뽕	면류	1,000	4,000
2	우동(중식)	면류	1,000	3,396
3	간장게장	장아찌류	250	3,221
4	열무냉면	면류	800	3,152
5	김치우동	면류	800	2,875
6	소고기육개장	국류	700	2,853
7	짬뽕밥	밥류	900	2,813
8	울면	면류	1,000	2,800
9	기스면	면류	1,000	2,765
10	삼선우동	면류	1,000	2,722
11	간자장	면류	650	2,716
12	삼선짬뽕	면류	900	2,689
13	부대찌개	찌개류	600	2,664
14	굴짬뽕	면류	900	2,662
15	알탕	탕류	700	2,642
16	감자탕	탕류	900	2,631
17	삼선자장면	면류	700	2,628
18	물냉면	면류	800	2,618
19	동태찌개	찌개류	800	2,576
20	선짓국	국류	800	2,519

출처 : www.mfds.go.kr

【표 8-6】 1인 1회 분량(one serving size)의 나트륨 급원 식품

식품명	1회 분량(g)	나트륨 함량(mg)
국수(마른 것)	100	2197.0*
총각김치	40	1383.6
메밀국수/냉면국수(건)	100	850.0
나박김치	60	753.6
돼지고기가공품, 햄	60	648.0
배추김치	40	458.4
어묵	60	449.4
단무지	40	447.6
동치미	60	365.4
김치, 갓김치	40	364.4

*) 1회 분량당

6. 칼륨

칼륨은 체내에 나트륨의 2배 정도 함유되어 있으며 세포내액의 주요 양이온이다. 체내의 칼륨량은 일정하므로 제지방량(lean body mass, LBM) 측정 시 지표로 이용된다.

칼륨의 생리적 기능은 세포내액의 주요 양이온이며 세포외액의 나트륨 이온과 같이 삼투압 유지와 수분 평형에 관여한다. 심장근육에 이온 형태로 존재하며 심장에 에너지를 공급(전기신호)한다. 당질대사와 단백질 합성에 관여한다.

칼륨 이온은 능동수송을 하므로 흡수율(85%)이 높다. 혈중 칼륨 농도가 증가하면 부신피질에서 알도스테론이 분비되어 칼륨 배설을 증가시킨다. 칼륨 결핍증인 저칼륨혈증(hypokalemia) 시에는 심부정맥, 구토, 설사, 복수 등이 동반된다. 고칼륨혈증은 신부전환자에서 나타날 수 있으며 혈중 칼륨 농도가 5.5mg/ℓ 이상으로 증가한 상태로 오심, 구토, 피로감, 근무력감을 동반한다.

칼륨은 쑥, 감자, 밤, 머위 등 채소류에 특히 많이 함유되어 있다(표 8-7). 한국인 영양섭취기준에서 칼륨은 충분섭취량만 각 연령별로 제시되어 있다. 성인 남녀 모두 1일 3.5g/일이다.

【표 8-7】 1인 1회 분량(one serving size)의 칼륨 급원 식품

식품명	1회 분량(g)	칼륨 함량(mg)
쑥	70	772.1*
감자**	130	630.5
생밤**	100	573.0
머위	70	385.0
다시마, 생것	30	372.6
시금치	70	351.4
부추	70	336.0
취나물	70	328.3
가지	70	309.4
민물장어, 생 것	60	294.0

* 1회 분량당, ** 0.5회 분량당

7. 염소

염소는 나트륨과 칼륨과 함께 존재한다. 뇌척수액에 많이 함유되어 있다. 위액 중 염산의 구성 성분이다. 염산은 비타민 B_{12}, 철 흡수에 필요하다. 염소의 생리적 기능은 세포외액의 주요 음이온으로 수분 평형과 삼투압 유지에 관여한다. 위산의 구성 성분이며 산과 염기 평형에 관여한다.

염소는 주로 염화나트륨 형태로 섭취하며 소장에서 흡수된다. 염산을 형성하여 소화효소와 같이 위에서 분비되어 단백질 소화를 도운다. 대부분 신장을 통해 배설되고 미량이 대변으로도 배설된다. 염소가 결핍되는 경우는 거의 없으나 나트륨과 마찬가지로 땀을 많이 흘렸거나 심한 구토, 설사, 심한 알칼리

혈증일 때 결핍이 발생한다.

염소 이온을 과잉 섭취하면 체내에 저장되어 나트륨 이온과 작용하므로 고혈압을 유발할 수 있다. 염소는 나트륨과 함께 체내로 들어오므로 나트륨이 풍부한 모든 식품이 급원 식품이다.

염소는 한국인 영양섭취기준에서 충분섭취량만 각 연령별로 제시되어 있다. 성인 남녀 모두 2.3g/일이다.

【표 8-8】 다량 무기질의 생리적 기능

생리적 기능	요구되는 무기질
골격구성	칼슘, 인, 마그네슘
근육 수축 · 이완	칼슘
혈액응고	칼슘
위산의 구성 성분	염소
산 · 염기 평형	황, 나트륨, 염소
삼투압 유지, 수분 조절	나트륨, 칼륨, 염소
산화 · 환원 반응	황
신경자극 전달	나트륨

【표 8-9】 다량 무기질 요약

종류	생리적 기능	대사	급원식품	결핍증	과잉증	권장섭취량
칼슘	골격과 치아 구성 혈관과 근육의 수축 · 이완 신경흥분 증가 혈액응고 대사조절	20~40% 흡수, 소장상부에서 흡수되며 배설은 주로 대변이며 그 외 소변, 피부로 배설	우유, 유제품, 뼈채 먹는 생선	골감소증 골다공증 체중증가	심장, 신장, 혈관손상, 변비, 결석	남 : 750mg 여 : 650mg

종류	생리적 기능	대사	급원식품	결핍증	과잉증	권장섭취량
인	골격과 치아구성 산염기평형조절 인지질 구성성분 포도당흡수, 에너지대사에 관여	50~70% 흡수되며칼슘과 동량일 때 흡수가 잘됨 주로 소변으로 배설	우유, 치즈, 육류, 난황, 멸치	근육과 뼈의 약화, 무력감	신부전환자의 신성골이영양 증	남 : 700mg 여 : 700mg
마그네슘	골격과 치아구성근육 수축 · 이완 에너지생성과정 의 효소활성화	40~60% 흡수 대부분 재흡수되고 일부만 소변으로 배설	녹색채소, 전곡류, 두류, 견과류	근육통, 피로, 신장 기능 약화	호흡 곤란, 혼수	남 : 340mg 여 : 280mg
황	글루타티온 구성성분 산화환원반응 함황아미노산 구성 산염기 평형	함황아미노산 형태로 소장에서흡수	육류, 생선, 달걀, 굴, 양배추, 부추	-	-	-
나트륨	세포외액의 주요양이온 수분평형/삼투압 유지 포도당과 아미노산 흡수 신경자극 전달	소장에서 흡수 소변으로 배설	소금, 국수, 김치, 가공품	근무력증, 메스꺼움, 식욕부진	고혈압, 심장질환, 뇌졸중	충분섭취량 남 : 1.5g 여 : 1.5g
칼륨	세포내액의 주요양이온 삼투압/수분평형 신경자극전달 당대사, 단백질합성에 관여	85% 흡수 혈중농도가 높으면 알도스테론에 의해 배설 증가	감자, 쑥, 생밤, 머위, 취나물	심부정맥, 구토, 설사	오심, 구토, 근무력감	충분섭취량 남 : 3.5g 여 : 3.5g
염소	위산의 구성성분 수분평형/삼투압 유지 산 · 염기 평형	소장에서 쉽게 흡수되며 신장을 통해 배설	나트륨과 동일	나트륨과 동일	고혈압	충분섭취량 남 : 2.3g 여 : 2.3g

[다량 무기질] 문제해결 활동

- 이름 :
- 학번 :
- 팀명 :

- 중심키워드 :
- 중심키워드 한줄지식 :

정답을 맞힌 팀 :

[다량 무기질] 문제해결 활동

맞춤 선을 그어주세요.

중심키워드 •	• 한줄지식
•	•
•	•
•	•

정답을 맞힌 팀 :

▶▶▶ 문제해결을 위한 팀별 경쟁학습 방법

① 팀을 구성한다.(4~5명)

② 단원별 중심키워드로 팀명을 정한다.

③ 팀원이 협동학습으로 문제를 작성한다.

④ 교수자에게 확인받은 문제를 다른 팀에게 제시하고 정답 팀을 기록한다.

⑤ 질의응답 후, 교수자는 최종 피드백을 실시한다.

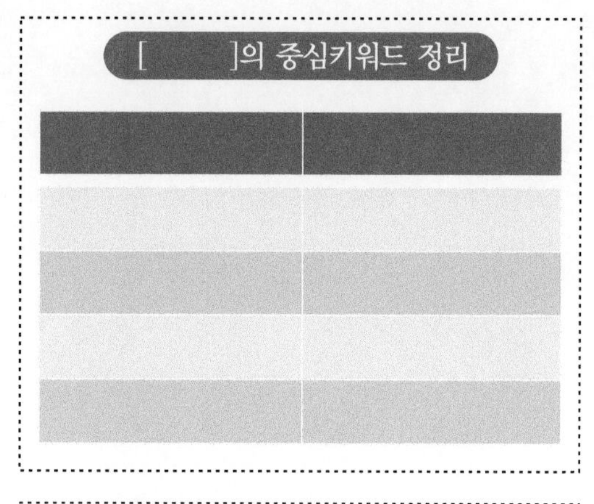

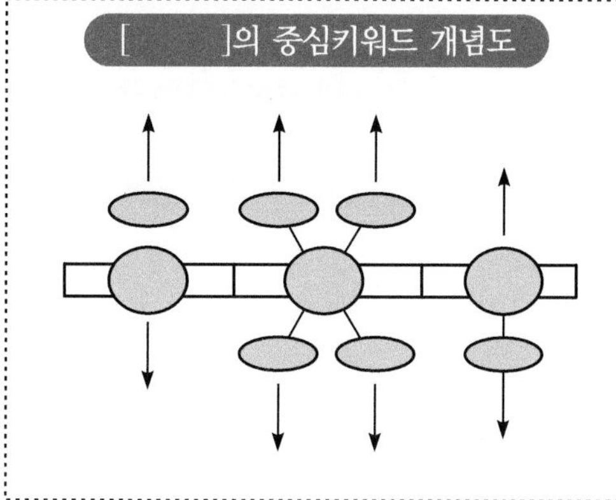

▶▶▶ 과제해결 방법

① 학습이 완료된 단원별 내용을 중심키워드와 한줄지식 중심으로 정리한다.
② 정리한 내용을 기초로 학습자만의 자유로운 중심키워드 개념도를 작성한다.
③ 우수한 과제를 학습자 간에 공유하고 교수자는 과제에 대한 피드백을 실시한다.

미량 무기질

1. 철
2. 아연
3. 구리
4. 요오드
5. 셀레늄
6. 크롬
7. 망간
8. 코발트
9. 몰리브덴
10. 불소

제9장

미량 무기질

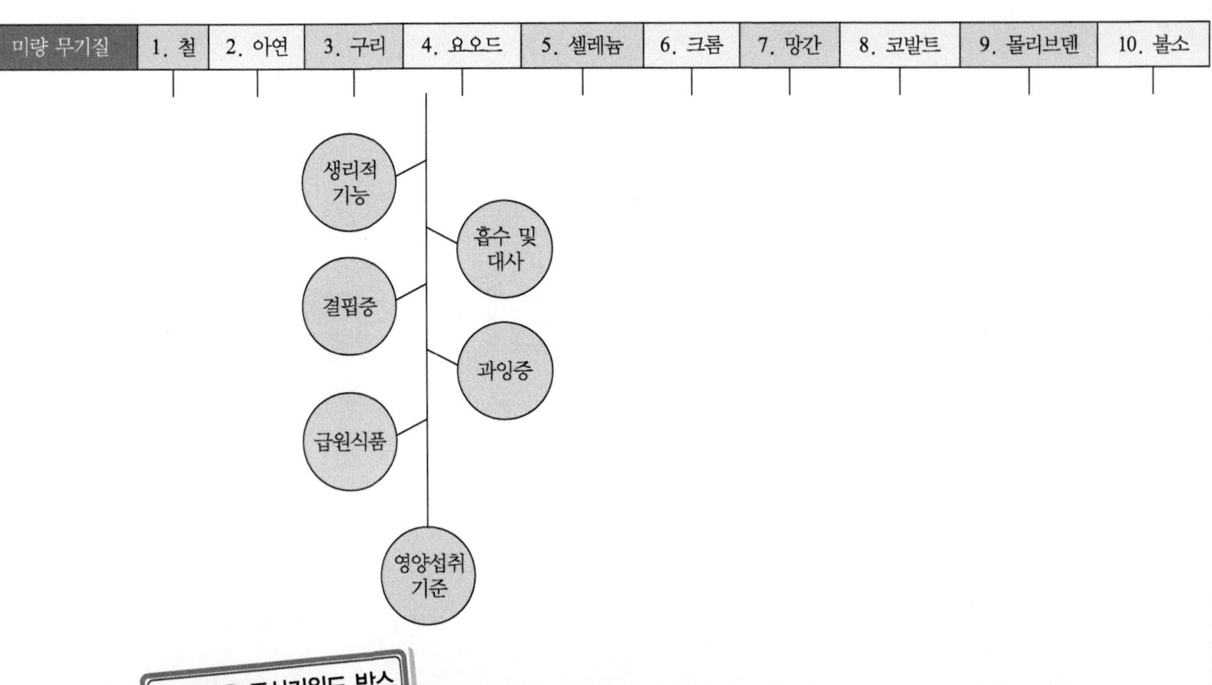

교수자용 중심키워드 박스

헴철, 비헴철, 트랜스페린, 페리틴, 헤모글로빈, 셀룰로플라즈민, 크레틴증, 갑상선저하증, 당내성인자, 사이토크롬산화효소

학습자용 중심키워드 박스

중심키워드	한줄지식

제9장

미량 무기질

미량 무기질은 1일 필요량이 100mg 이하이고 체중의 0.01% 이하 존재한다. 미량 무기질은 인체 내 여러 가지 화학 반응에 보조인자로 작용한다. 미량 원소이므로 영양 상태나 다른 성분 존재에 의해 이용률에 영향을 받는다. 미량 무기질 중 체내 가장 많이 존재하는 것은 철(Fe, iron)이며 아연(Zn, Zinc), 구리(Cu, Copper), 요오드(I, Iodine), 망간(Mn, Manganese), 셀레늄(Se, selenium), 크롬(Cr, Chromium), 몰리브덴(Mo, Molybdenum), 불소(F, Fluoride) 코발트(Co, Cobalt) 등이 있다.

1. 철

철은 산소와 이산화탄소를 전달하며 인체 내에서 생성된 유리기를 제거하고, 에너지대사와 핵산 합성에 필요하다. 헴단백질인 헤모글로빈, 미오글로빈, 시토크롬이 철을 함유하고 헴이 없는 비헴철은 주로 철을 보조인자로 사용하는 효소단백질이 있다.

1) 생리적 기능

철은 성인의 체내에 약 3~4g 존재하며 헤모글로빈은 산소와 이산화탄소를 운반한다. 미토콘드리아의 전자전달계에서 산화환원반응에 관여하는 헴단백질의 복합체인 시토크롬(cytochrome)의 구성 성분이다. 면역 기능, 신경전달물질의 합성과 기능에 관여하므로 두뇌 기능에도 중요한 역할을 한다. 근육세포에 있는 미오글로빈은 근육 수축 시 ATP가 필요할 때 산소를 공급한다.

2) 흡수와 대사

철은 10~20% 정도 흡수된다. 헴철과 비헴철 형태로 존재하며 헴철은 동물성 식품에 많이 함유되어 있고 비헴철의 비해 흡수율이 높다. 대개 비헴철은

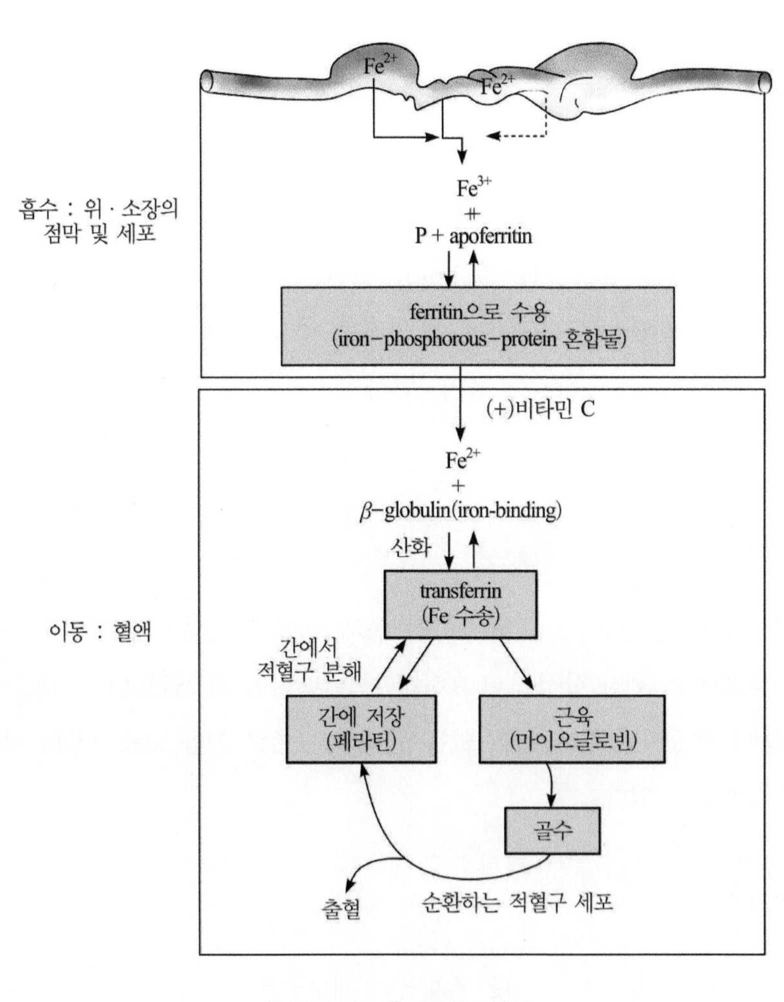

【그림 9-1】 철의 대사

식품 중에 제2철($Fe3^+$) 형태로 존재하는데 위산에 의해 제1철($Fe2^+$)로 환원되어 소장 상부에서 흡수된다. 그러나 헴철은 식품 중에 제1철 형태로 존재하므로 흡수가 빠르다(그림 9-1).

흡수는 신체 철 요구량이 높을 때, 위산, 비타민 C, 유기산이 존재할 때 흡수율이 높아지고 피틴산, 수산, 탄닌산, 식이섬유소 등이 많거나 위의 염산분비 적으면 흡수율은 감소한다.

철은 트랜스페린 형태로 이동되고 아포페리틴(apoferritin)과 결합하여 페리틴(ferritin)으로 저장된다. 헤모시데린(hemosiderin)으로 저장되기도 한다. 대변, 소변, 땀 등을 통해 배설된다.

3) 결핍증과 과잉증

소구성 저색소성 빈혈이 대표적인 철결핍성빈혈이며 혈중 헤모글로빈 농도와 헤마토크릿치가 정상보다 낮다(그림 9-2, 9-3). 성인 남자의 경우 헤모글로빈 농도가 13g/dℓ 이하, 성인여자는 12g/dℓ 이하이면 철결핍성빈혈로 판정한다(표 9-1, 그림 9-4).

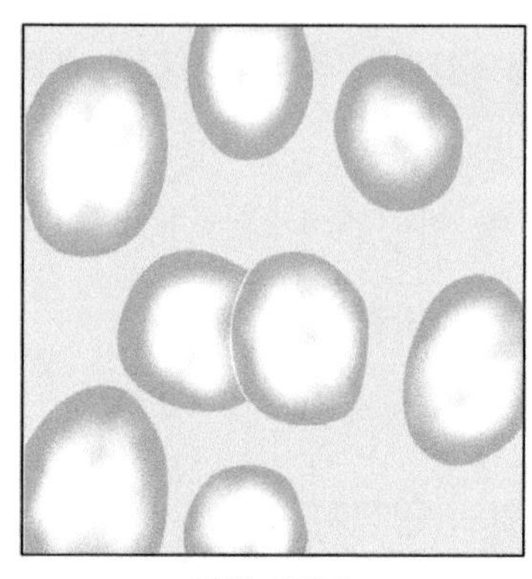

정상 적혈구

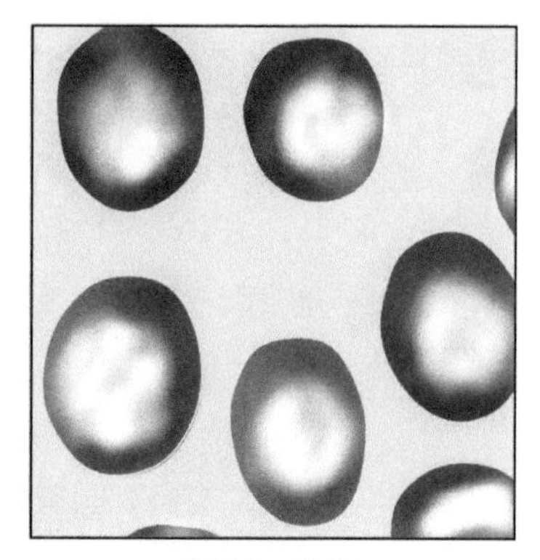

철결핍 적혈구

【그림 9-2】 정상 적혈구와 철 결핍 적혈구

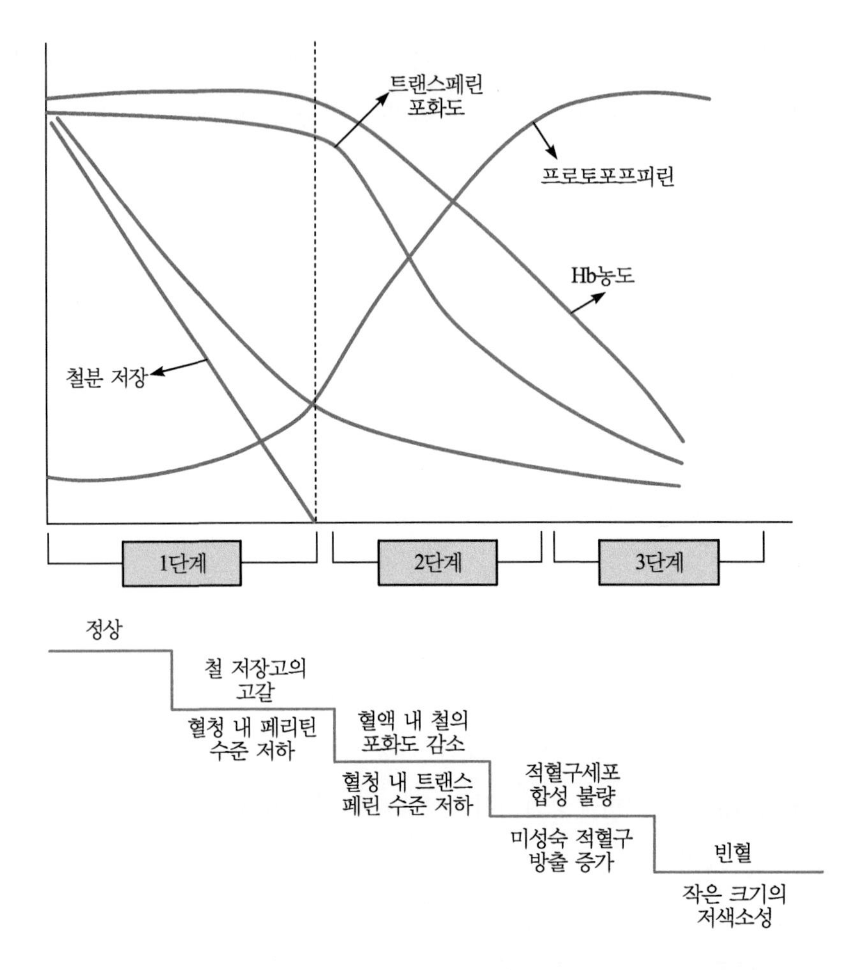

【그림 9-4】 철 부족으로 인한 철결핍 단계의 영양상태 판정 지표

철 과잉증은 철제나 영양제 과잉 섭취로 철 과잉증이 나타날 수 있으며, 혈색소증은 유전적으로 철이 과다하게 흡수되는 경우다.

【표 9-1】 철결핍성빈혈의 판정지표

지표	성인의 정상 범위
헤모글로빈 농도(g/dℓ)	남 : 14~18 여 : 12~16
헤마토크릿(%)	남 : 40~54 여 : 37~47

지표	성인의 정상 범위
혈청 페리틴 농도(μg/ℓ)	100 ± 60
혈청 철 함량(μg/ℓ)	115 ± 50
총 철결합능(μg/ℓ)	300~360
트랜스페린 포화도	35 ± 15
적혈구 프로토포르피린(μmol/ℓ)	0.62 ± 0.27

4) 급원 식품과 영양섭취기준

철이 많이 함유된 식품은 어패류, 도라지, 육류, 간, 순대, 쑥, 파래, 말린 대추, 씨리얼 등이다(표 9-2). 동물성 식품에 들어 있는 철이 헴철이므로 흡수율이 높다. 한국인 영양섭취기준에 의하면 철은 평균필요량이 성인 남자는 7.7mg/일, 여자는 10.8mg/일, 권장섭취량은 성인 남자 10mg/일, 여자 14mg/일이다.

【표 9-2】 1인 1회 분량(one serving size)의 철 급원 식품

식품명	1회 분량(g)	철 함량(mg)
바지락조개	80	10.6*
도라지	25	10.3
다랑어/참치(통조림)	60	4.8
미꾸라지, 생것	60	4.8
파래	30	4.1
굴	80	3.1
쑥	70	3.0
쇠고기	60	2.8
게	80	2.4
멸치, 자건품	15	2.4

* 1회 분량당

2. 아연

아연은 체내에 다양하게 존재하고 있으며 효소의 구성 성분, 영양소의 대사 과정, 피부재생, 상처회복, 성장 촉진 인자이다. 조리 시 상당량 파괴된다.

1) 생리적 기능

면역에 중요하며 T-세포의 발달과 림프세포의 분화에 관여한다. 생체막의 구조와 기능 유지에도 관여한다. 아연은 성장 인자이며 상처의 회복을 도운다. 또한, 금속효소, 인, 알코올, 탈수소효소, 탄산 탈수소효소, 알칼린 포스파타아제 등의 구성 성분이기도 하고 이들 효소의 촉매역할을 한다.

2) 흡수와 대사

성인인 경우 아연의 흡수율은 10~30% 정도로 낮으며 섭취된 아연은 공장에서 많이 흡수된다. 소장점막세포에 존재하는 아연을 함유하는 금속효소인 메탈로티오네인(metallothionein)과 결합하여 흡수되고 췌장에서 Zinc binding ligand에 결합되어 장점막으로 이동된다. 아연은 섭취량이 낮으면 흡수율이 높아지고 체내저장량이 낮아지면 내인성 아연의 손실량은 감소된다.

3) 결핍증과 과잉증

아연 결핍증은 드물며, 장기적인 결핍 시 면역 기능이 저하된다. 어린이의 경우, 아연은 성장 인자이므로 부족 시 성장이 지연된다. 아연 과잉증은 구리 대사를 방해하여 구리 결핍으로 빈혈이 올 수 있다. 식욕부진, 설사, 구토, 면역기능 저하 등을 유발한다.

4) 급원 식품과 영양섭취기준

아연이 많이 함유된 식품은 굴, 게, 새우, 돼지고기, 쇠고기 등이다. 한국인 영양섭취기준에 의하면 아연은 평균필요량이 성인 남자는 8.1mg/일, 여자는 7.0mg/일, 권장섭취량은 성인 남자 10mg/일, 여자 8mg/일이다.

3. 구리

구리는 효소의 성분으로 체내에 존재하며 뇌, 신장, 간에 많이 들어 있다. 철과 함께 헤모글로빈 합성에 관여하며 적혈구의 숙성을 도우며 상처 회복에도 도움이 된다.

1) 생리적 기능

여러 가지 효소(시토크롬산화효소, SOD)의 구성 요소이며 철의 흡수를 도운다. 구리를 함유하는 세룰로프라스민(ceruloplasmin)은 2가철을 3가철로 전환시켜 철의 흡수를 용이하게 한다. 철뿐만 아니라 비타민 C의 산화와 흡수에 필요하다.

2) 흡수와 대사

구리는 메탈로티오네인(metallothionein)과 결합하여 소장 상부에서 주로 흡수되며 섭취량이 적으면 능동적으로 흡수되고 섭취량이 많으면 확산에 의해 흡수된다. 흡수된 후에는 알부민과 결합하여 간으로 들어가 세룰로프라스민을 합성하여 이동한다. 배설은 담즙을 통해 대변으로 한다.

3) 결핍증과 과잉증

구리 결핍증은 멘케스병(Menkes disease)으로 유전질환이며 빈혈, 백혈구 감소증, 성장 지연 등을 유발한다. 구리 과잉증의 대표적인 것이 유전적으로 나타나는 윌슨병(Willson's disease)이며 뇌기능 손상, 간경화 등을 유발한다.

4) 급원 식품과 영양섭취기준

구리가 많이 함유된 식품은 패류, 내장, 두류, 견과류, 초콜릿, 버섯, 말린 과일 등이다. 한국인 영양섭취기준에 의하면 구리는 성인 남녀 모두 평균필요량 600㎍/일, 권장섭취량 800㎍/일이다.

4. 요오드

요오드는 요오드 이온의 형태로 식품 중에 존재한다. 체내에서는 갑상선에 대부분 존재하고 근육, 피부 등에도 존재한다. 갑상선호르몬의 구성 성분이며 부족하면 갑상선종을 유발한다.

1) 생리적 기능

요오드는 갑상선호르몬의 구성 성분이다. 갑상선호르몬은 준필수아미노산인 티로신에서 합성되는데 활성형으로 되기 위해서 요오드가 필요하다. 갑상선호르몬은 세포 내 물질의 산화를 촉진하고 기초대사율을 조절한다.

2) 흡수와 대사

식품 중에 요오드 이온 형태로 존재하며 소장에서 이온 형태로 흡수되어 단백질과 결합하여 갑상선으로 이동한다. 소장에서 대부분 흡수되고 소변, 땀으로 배설된다.

3) 결핍증과 과잉증

요오드가 부족하면 갑상선기능저하증으로, 크레틴병, 갑상선종 등을 유발한다(그림 9-5). 과잉증은 갑상선기능항진증, 바세도우병, 그래브스병을 유발한다.

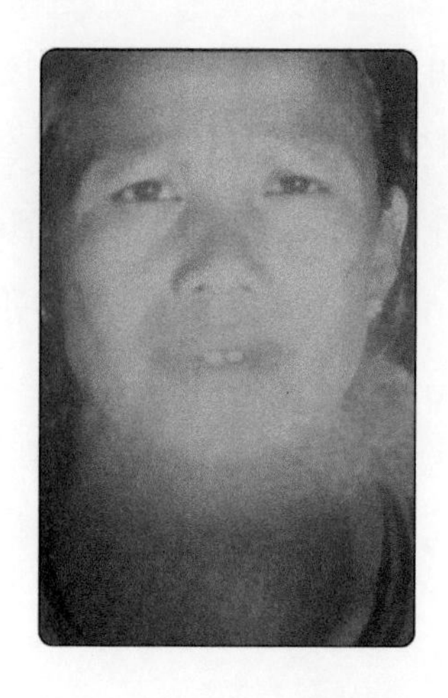

【그림 9-5】 갑상선종

[출처 : Frances sizer, Eleanor Whitney, Nutrition, 7th ed., West Wadsworth, 1997. p. 304]

4) 급원 식품과 영양섭취기준

요오드는 바닷물에 특히 많이 들어있으므로 미역, 다시마, 김 등의 해조류가 좋은 급원이다. 한국인 영양섭취기준에 의하면 요오드는 성인 남녀 모두 평균필요량 95㎍/일, 권장섭취량 150㎍/일이다.

5. 셀레늄

셀레늄은 효소의 일부분으로 작용한다. 다불포화지방산의 산화를 방지하고 항산화제로 작용, 비타민 E 대용으로 쓰인다. 셀레늄은 세포막 손상을 막아 세포를 보호한다.

셀레늄의 생리적 기능은 글루타티온 과산화 효소의 구성 성분으로 항산화작용에 관여한다. 비타민 E와 같이 황산화작용을 하므로 비타민 E를 절약할 수 있다.

식품 중의 셀레늄은 메티오닌과 시스테인 유도체(셀레노메티오닌, 셀레노시스테인)와 결합되어 있으며 흡수도 쉽다. 십이지장에서 80% 흡수된다. 배설은 주로 소변을 통해 배설되며, 셀레늄 항상성에 관여한다.

셀레늄 결핍은 중국의 케산 지역에서 발생한 심근질환으로 케산병, 심혈관질환, 면역력 저하, 감염 증가, 빈혈 등을 유발한다. 셀레늄의 과잉 섭취로 구토, 피로, 탈모, 치아 부식, 피부 손상, 신경장애 등이 유발한다. 셀레늄은 육류와 생선, 조개류, 마늘, 효모 등에 많이 함유되어 있다. 한국인 영양섭취기준에 의하면 셀레늄은 성인 남녀 모두 평균필요량 45㎍/일, 권장섭취량 55㎍/일이다.

6. 크롬

크롬은 체내에 매우 소량 존재하고 당질대사에 관여한다. 당내성 인자이며 세포막을 통한 포도당의 이동을 도운다. 핵산의 안정성에도 작용한다. 흡수는 소장에서 아연과 함께 이루어지며 옥살산이 존재하거나 철이 부족한 상태에서 흡수가 잘되며 신장을 통해 소변으로 배설된다.

크롬은 결핍증이 드물다. 장기간 결핍 시 포도당 내성 손상으로 고혈당증, 인슐린 저항 등이 나타난다. 보통의 식사로 과잉 증세가 나타나는 것은 드물며 산업현장에서 크롬에 과다 노출되면 피부질환, 기관지 종양 등이 발생한다. 크롬은 전곡류, 육류에 많이 함유되어 있다. 우리나라 사람의 경우 영양섭취기준이 설정되어 있지 않다.

7. 망간

망간은 간, 골격, 췌장 등 모든 조직에 골고루 분포되어 있다. 금속효소의 구성 성분이다. 망간은 금속효소인 아르기나아제(arginase), 피루빈산 탈탄산효소(pyruvate carboxylase) 등의 구성 성분이다. 글루타민 합성효소(glutamine synthase), 인산화효소(phosphatase) 등을 활성화한다.

망간 2가 이온 상태로 소장에서 확산에 의해 흡수된다. 흡수율은 매우 낮다. 페리틴 농도가 높으면 흡수율이 높다. 따라서 남자의 흡수율이 높다. 담즙 분비를 통해 대변으로 배설된다. 사람의 경우 결핍증이 드물다. 망간 결핍 시 혈액 응고가 지연되고, 신경장애 등이 동반된다.

산업현장에서 망간에 오랫동안 노출되면 정신적 장애, 과행동장애 등이 나타난다. 곡류, 두류, 엽채소, 과일 말린 것에 많이 함유되어 있다.

한국인 영양섭취기준에 의하면 망간은 충분섭취량 성인 남자 4.0mg/일, 여자 3.5mg/일이다.

8. 코발트

코발트는 비타민 B_{12}의 구성 성분이며 적혈구 형성에 필요하다. 신장에서 생성되는 조혈 인자인 에리트로포이에틴 생성을 증가시킨다. 신경세포의 수초 형성에도 작용한다.

주로 소장에서 흡수되며 대부분 소변으로 배설된다. 코발트의 흡수는 철의 흡수와 같다. 흡수되지 않은 코발트는 대변으로 배설된다. 흡수율은 약 25%이며 간과 신장에 저장된다.

사람의 경우 결핍증이 거의 없으나 비타민 B_{12}의 결핍과 상관이 있다. 비타민 B_{12}의 결핍은 악성빈혈을 유발한다. 코발트에 과잉 노출되거나 약제로 과잉 복용했을 경우 적혈구 생성 과잉, 수초 형성 이상들을 초래한다.

주로 비타민 B_{12}를 많이 함유하고 있는 동물성 식품인 굴, 우유, 달걀, 간 등에 많이 함유되어 있으며 두류, 녹색 채소에도 많이 들어 있다. 우리나라 사람의 경우 영양섭취기준이 설정되어 있지 않다.

9. 몰리브덴

몰리브덴은 골격, 간, 신장에 존재하며 금속효소의 구성 성분이다. 잔틴 탈수소효소(xanthine dehydrogenase), 잔틴 산화효소(xanthine oxidase)의 구성 성분이다.

체내에 약 30~80% 정도 흡수되며 식사 중 함량이 낮을수록 흡수가 잘된다. 주로 소변으로 배설한다. 몰리브덴의 결핍증은 거의 없다. 정맥 영양을 하는 사람에게는 결핍증이 나타나 빈맥, 호흡곤란, 부종 등을 동반한다. 몰리브덴은 독성은 거의 없으나 과잉 시 주로 요산이 증가되어 통풍을 유발한다. 몰리브덴은 전곡류, 밀의 배아, 우유나 유제품에 많이 함유되어 있다.

한국인 영양섭취기준에 의하면 몰리브덴은 상한섭취량만 정해져 있으며 성인 남녀 모두 600㎍/일이다.

10. 불소

불소는 골격과 치아에 주로 존재하며 부족하면 충치를 유발한다. 불소는 충치를 발생하게 하는 박테리아나 효소작용을 억제하여 충치를 예방한다. 또 뼈에서 무기질 용출을 막아 골다공증을 방지한다.

주로 소장에서 흡수되며 신장을 통하여 대부분 소변으로 배설된다. 마그네슘은 불소의 흡수를 방해하며 체내 이용률도 감소시킨다. 불소는 새로운 골격 형성을 도우며 골다공증 발생을 감소한다.

불소는 충치를 일으키는 미생물작용을 저해하여 부족할 경우 충치를 유발하며 과잉 시 불소 침작증으로 치아 색이 검게 변한다. 차, 뼈째 먹는 생선 등에 많이 함유되어 있고 한국인 영양섭취기준에 의하면 불소는 성인 남녀 모두 충분섭취량 3.0mg/일이다.

【표 9-3】 미량 무기질의 생리적 기능

생리적 기능	요구되는 무기질
금속효소의 구성 성분	철, 아연, 망간, 몰리브덴
당질대사에 관여	크롬
항산화작용	아연, 셀레늄
충치 예방	불소

생리적 기능	요구되는 무기질
적혈구 형성 도움, 조혈인자 생성	철, 코발트
성장인자, 상처회복	아연
면역기능	철, 아연

【표 9-4】 미량 무기질 요약

종류	생리적 기능	대사	결핍증	과잉증	급원식품	권장 섭취량
철	골수의 조혈작용도움, 헤모글로빈, 미오글로빈의 구성성분	10~20%흡수 헴철의 흡수율이 높음 대변으로 주로 배설	철 결핍 빈혈	혈색소증	육류, 간, 순대, 어패류, 가금류, 시리얼, 도라지, 쑥, 파래, 말린대추,	남 : 10mg 여 : 14mg
아연	효소의 구성요소 면역 기능 성장인자 상처 회복	메탈로티오네인과 결합하여공장에서 흡수 대변으로 배설	생장 지연, 상처 회복 지연, 식욕부진, 면역력 저하	혈액 기능 억제, 철·구리 흡수 저하	굴, 게, 새우, 돼지고기, 소고기	남 : 10mg 여 : 8mg
구리	효소의 구성요소 철의 흡수와 이용를 도움	메탈로티오네인과 결합하여 12지장에서 흡수 이동은 세룰로플라즈민 담즙을 통해 대변으로 배설	빈혈, 성장지연, 멘케스 병	오심, 구토, 복통, 윌슨병	패류, 내장, 두류, 견과류, 초콜릿, 버섯, 말린 과일	남 : 800μg 여 : 800μg
요오드	갑상선호르몬의 구성성분	소장에서 대부분 흡수 소변, 땀으로 배설	갑상선 기능 저하 크레틴 병 갑상선증	-	미역, 다시마, 김 등의 해조류	남 : 150μg 여 : 150μg
셀레늄	항산화작용 효소의 구성성붐	십이지장에서 80%흡수 주로 소변의 배설	구토, 오심, 설사, 신경계 손상	케산병, 심혈관질환, 면역력 저하, 감염 증가, 빈혈	육류와 생선, 조개류, 마늘, 효모	-
크롬	당내성인자 핵산의 안정화	소장에서 아녕과 함께 흡수, 소변으로 배설	당 대사 이상, 생장 지연	고혈당증, 인슐린 저항	전곡류, 육류	-

종류	생리적 기능	대사	결핍증	과잉증	급원식품	권장 섭취량
망간	금속효소의 구성 성분 효소의 활성화	소장에서 흡수 대변으로 배설	혈액응고 지연 신경장애	정신적 장애 과행동증	곡류, 두류, 엽채소, 과일 말린 것	충분섭취량 남 : 4.0mg 여 : 3.5mg
코발트	비타민 B_{12}의 구성 성분 적혈구 형성	25% 흡수	비타민 B_{12} 결핍과 관련	적혈구 과잉생성	굴, 우유, 달걀, 간, 두류, 녹색채소	-
몰리브덴	효소의 구성 성분	소변으로 배설	빈맥, 호흡곤란, 부종(정맥영양 시)	통풍	전곡류, 밀의 배아, 우유나 유제품	-
불소	충치 예방 골다공증 방지	소변으로 배설	충치, 골다공증	치아 불소침착증	차, 뼈째 먹는 생선	충분섭취량 남 : 3.0mg 여 : 3.0mg

[미랑 무기질] 문제해결 활동

- 이름 :
- 학번 :
- 팀명 :

- 중심키워드 :
- 중심키워드 한줄지식 :

정답을 맞힌 팀 :

[미랑 무기질] 문제해결 활동

맞춤 선을 그어주세요.

중심키워드 •	• 한줄지식
•	•
•	•
•	•

정답을 맞힌 팀 :

▶▶▶ 문제해결을 위한 팀별 경쟁학습 방법

① 팀을 구성한다.(4~5명)

② 단원별 중심키워드로 팀명을 정한다.

③ 팀원이 협동학습으로 문제를 작성한다.

④ 교수자에게 확인받은 문제를 다른 팀에게 제시하고 정답 팀을 기록한다.

⑤ 질의응답 후, 교수자는 최종 피드백을 실시한다.

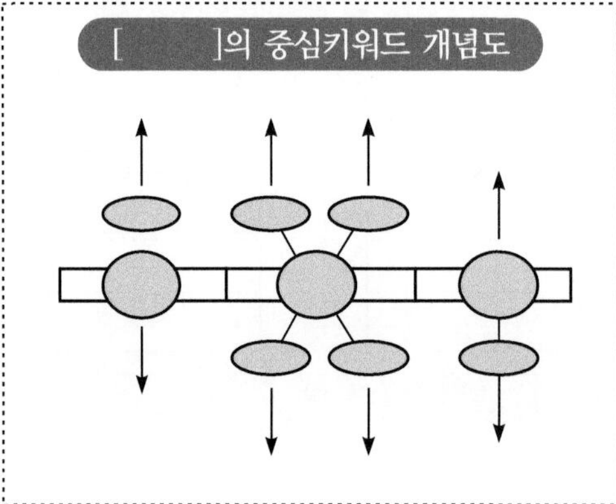

▶▶▶ 과제해결 방법

① 학습이 완료된 단원별 내용을 중심키워드와 한줄지식 중심으로 정리한다.

② 정리한 내용을 기초로 학습자만의 자유로운 중심키워드 개념도를 작성한다.

③ 우수한 과제를 학습자 간에 공유하고 교수자는 과제에 대한 피드백을 실시한다.

제10장

수분

1. 수분의 체내 분포
2. 수분의 기능
3. 체액의 균형
4. 수분의 대사 이상
5. 수분 섭취

제10장

수분

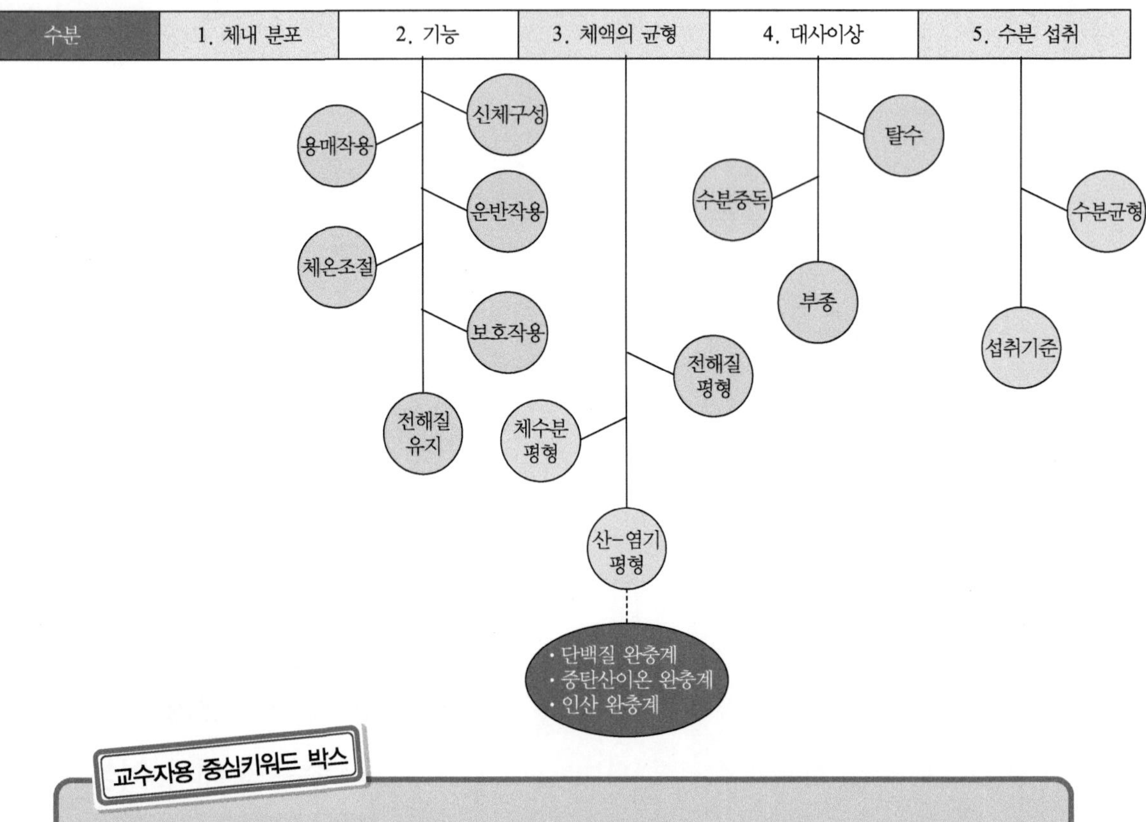

교수자용 중심키워드 박스

세포내액, 세포외액, 간질액, 전해질, 단백질완충계, 중탄산이온완충계, 인산완충계, 호흡성산증, 호흡성알카리증, 대사성산증, 대사성알카리증, 부종, 탈수

학습자용 중심키워드 박스

중심키워드	한줄지식

제10장 수분

물은 세포 전체 중량의 70~90%를 차지하는 생물체에 가장 많이 함유되어 있는 물질로 생명유지에 필수적이다. 물은 생체계 시스템의 용매로 작용하며 세포가 소비하는 영양물질들의 이화대사, 대사 과정에 필요한 산소의 운반, 결과물로 발생하는 노폐물의 운송 등은 모두 수분을 필요로 한다.

생체에 존재하는 성분들의 대부분은 물에 용해된 채로 산이나 염기로 작용하는 원자단을 갖고 있으며, 이러한 생물학적 활성은 물의 존재하에서만 작용 가능하다. 특히 혈액과 세포 내에 들어 있는 수분에는 산과 염기로 작용할 수 있는 여러 가지 성분들이 포함되어 있어 대사활동에서 발생하는 H^+의 농도 변화에 영향을 주고 생체 내 pH의 항상성을 유지하려는 완충계로 기능한다. 만약 이러한 완충계 작용이 멈추게 된다면 항상성(homeostasis)의 파괴로 생체 기능 유지에 심각한 지장을 초래하게 된다.

1. 수분의 체내 분포

체수분은 인체세포를 기준으로 하여 세포 안의 세포내액(ICF, intracellullar fluid)과 세포외액(ECF, extracellular fluid)으로 구분한다. 세포내액은 체수분의 2/3를 차지하며 근육, 지방, 골격 등 모든 형태의 조직 세포내액을 포함한다. 세포외액은 혈관내액(intravascular fluid), 간질액(interstitial fluid), 세포횡단액(transcellular fluid)으로 다시 구분되며 체내 수분의 약 1/3에 해당한다.

체중이 약 70kg인 남자 성인의 평균 체수분량은 약 40ℓ로, 그중 세포내액이 약 25ℓ, 세포외액이 약 15ℓ 정도이다. 세포외액의 대부분에 해당하는 4/5는 간질액으로 약 12ℓ 정도이며 세포와 세포사이의 공간에 존재하고 세포 주위를 둘러싸고 있다. 간질액이 림프관으로 유입되어 림프액을 형성하며, 과잉의 간질액은 조직 간극에 분포한 림프관으로 들어가 조직에서 제거되기도 한다. 세포외액의 1/5인 혈장내액은 혈구세포를 제외한 맑은 혈장액을 말하며 약 3ℓ 정도이다. 세포외액에는 이외에도 세포횡단액이 있지만, 그 양은 극히 적으며 뇌척수액, 안구액, 관절액, 복막액, 위장소화분비액 등이 해당한다(표 10-1).

【표 10-1】 세포내액과 세포외액

성인의 체내 수분 (약 40ℓ)			
세포내액 (25ℓ)	세포외액 (15ℓ)		
모든 조직세포 내액 : 혈구세포 골격세포 근육세포 지방세포 등	혈관내액(혈장) (3ℓ)	간질액, 림프액 (12ℓ)	세포횡단액 (소량) 위장관액, 뇌척수액, 복막액, 안구액, 관절액 등

2. 수분의 기능

수분은 생체내 수백 가지 화학작용의 정상적인 반응을 위해 필수적인 요소이고 인체가 적정 체온을 유지하도록 도우며, 물질 용해와 영양소 및 노폐물 운송 등의 중요한 기능을 담당한다.

1) 신체 구성

인체 구성 성분 중 가장 많은 부분을 차지하는 것이 수분으로 성인의 경우 체중의 약 57% 정도를 수분이 차지한다. 그러나 이 구성 비율은 연령에 따라 달라지며 갓 태어난 신생아의 경우 체중의 약 75% 정도가 수분이고, 연령 증가에 따라 수분이 차지하는 비율은 점차 낮아져 노인의 경우 45~50% 정도로 체수분 함량이 낮아진다.

체수분 함량은 성별에 따라서도 달라지는데 성인 남성은 약 60%, 성인 여성은 약 55% 정도의 수분을 갖게 된다. 이는 성별에 따라 다른 체조성이 미치는 영향 때문으로 남성은 여성에 비해 근육이 많고 여성은 지방조직이 많다. 근육조직은 약 75%의 수분을 함유하고 있지만 지방조직은 10~15%에 불과한 수분만을 갖고 있다. 마찬가지로 마른 사람과 비만인 사람을 비교할 경우 지방조직 구성 비율이 높은 비만인의 수분함량이 더 낮게 나온다. 기타 신체 조직을 구성하는 대부분의 세포들은 70~80% 정도의 수분을 함유하고 있으며, 지방조직과 마찬가지로 골격세포의 수분함량도 매우 낮은 20% 정도이다.

2) 용매작용

물 분자의 결합각 104.3°는 전하가 고루 분포하지 않게 하여 부분적 음전하와 부분적 양전하를 형성한다(그림 10-1). 물 분자의 구조적 특성은 용매로서 물의 성격을 결정짓는데 중요하게 작용한다. 물 분자를 구성하는 산소(O)와 수소(H)의 결합에서 전기음성도 차이로 인하여 O-H 결합 간에 극성이 형성되고, 생체 구성 용매인 물 분자의 극성 성질은 인체의 다양한 화학적 결합과 생리적 반응에 영향을 미친다. 극성 화합물과 이온 성분들이 물에 녹아 생체 구성 성분을 이루게 되고 다양한 화합물 중 친수성 경향을 갖는 물질들에도 물이 반응 매개체가 된다.

극성인 물 분자 간에는 수소결합으로 연결되어 있고, 이에 반해 물에 녹지 못하는 비극성 분자들은 소수성 성질을 갖게 되어 소수성 결합을 형성하게 된다. 생체 생화학 반응의 대부분은 세포 내 수분 환경에서 이루어지며 물은 세포 기능의 유지와 물질대사에 없어서는 안 될 중요한 성분이다.

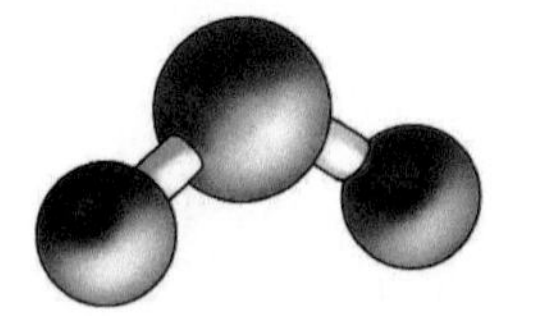

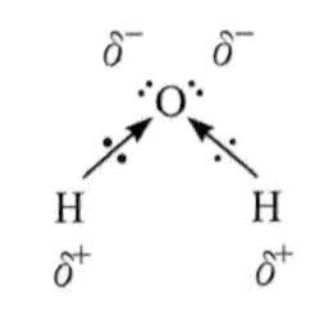

물 분자는 104.3°의 결합각으로 구부러져 있어 산소 부분은 부분적인 음전하를, 수소 부분은 부분적인 양전하를 가짐

【그림 10-1】 물 분자의 구조

3) 운반작용

식이 섭취 후 저분자로 분해된 영양소들은 모세혈관의 혈액이나 림프관의 림프액을 따라 체내로 운반되며, 수분이 운반 매체로 작용하여 필수양양소인 무기질, 비타민, 포도당, 아미노산들을 신체 각 필요 조직으로 전달하는 중요한 역할을 한다.

체내 에너지 대사 과정에서 발생한 이산화탄소의 상당량은 물과 혈액에 녹아 중탄산 이온을 형성한 후 폐로 운반되어 날숨 호흡으로 배출된다. 단백질 대사의 폐기물인 요소 등 질소화합물의 제거와 체외 배출에도 수분이 중요한 매개체가 된다. 요소는 신장을 통해 배출되며 소변 중 함유된 요소량을 통해 단백질 섭취량과 체내 필요량의 균형을 가늠하기도 한다. 과잉 섭취된 나트륨의 제거에도 소변을 통한 나트륨과 수분의 동시 배출이 필요하다.

4) 체온조절

수분의 열수용량(heat capacity)은 매우 커서 고온이나 저온으로의 체온의 급격한 변화에 효율적으로 대처할 수 있다. 즉 열 변화에 저항성이 있어 체온의 갑작스런 상승과 저하가 일어나지 않도록 방지해준다. 또한, 주변 환경 온도가 체온보다 높은 경우 수분을 방출하여 체온을 효과적으로 낮춰준다. 신체는 열을 방출할 수 있도록 땀을 흘리게 되며 피부 표면에서의 수분 증발은 효율적으로 신체를 냉각시키는 기능을 한다. 그러나 발한작용이 장시간 지속되어 탈수가 발생한 경우 체온 조절 능력은 상실되고 고열 증세가 나타난다. 따라서 땀으로 수분 손실이 많을 때는 적절한 수분 공급을 통하여 체온 조절 기능이 상실되지 않도록 주의하여야 한다.

5) 보호작용

관절 사이의 관절액은 효과적인 윤활유로 뼈 사이의 마찰과 충격을 흡수하여 원활한 관절 기능이 유지될 수 있도록 돕는다. 뇌와 척추에 있는 뇌척수액의 주요 기능은 중추신경계의 기계적 보호작용으로 외부 충격으로부터 신경계를 보호한다. 태아를 둘러싼 양막 안에 차 있는 액체인 양수는 임신기 동안 외부자극으로부터 태아를 보호하며 태아의 운동을 자유롭게 하여 사지 발달도 돕는다. 안구액은 안구의 움직임을 원활하게 하고 눈꺼풀의 자극으로부터 수정체를 보호하는 윤활유의 역할을 한다.

6) 전해질 유지

전해질이란 수분에 녹아 양이온과 음이온의 전기적 성질을 띠는 생체 성분으로, 산이나 염기로 작용하여 체내 pH 항성성 유지와 세포내외의 체액 균형에 중요한 역할을 한다(표 10-2).

【표 10-2】 주요 체내 전해질

[양이온 : Na, K, Ca, Mg]

종류	역할, 특징	조절 기전
Na^{+}	ECF에 가장 풍부한 양이온 수분의 균형유지 신경자극전도와 근육수축에 관여	▲ : 염분의 섭취, 알도스테론 ▼ : 소변 배설

종류	역할, 특징	조절 기전
K^+	ICF에 가장 풍부한 양이온 세포 내외의 효소 활성도, 조직의 흥분성, 산·염기 균형에 관여 체내에 보존 안 됨 : 매일 섭취	▲ : 식품(바나나, 감자, 육류 등)으로부터 섭취, 기타 기전으로 보존 불가 ▼ : 소변 배설, 알도스테론 체계에서 배설됨 ※ 신경, 근세포의 안정막 전압(resting membrane potential)은 세포 내외의 칼륨 농도비율에 의해 결정됨
Ca^+	뼈, 혈장, 신체세포에 저장 신경자극전달, 근수축에 관여, 혈액응고에 관여, 비타민 B_{12} 흡수에 관여	▲ : PTH(부갑상선호르몬 : 뼈, 칼슘 방출 증가, 비타민 D 활성화로 소장에서 Ca 흡수 증가, 신장에서 Ca 재흡수 촉진) ▼ : 칼시토닌(혈장 내 Ca 농도 감소)
Mg^{++}	효소의 활동 신경화학적 활동 심장, 골격근 흥분에 관여	▲ : 식품으로 섭취(특히 식물성 식품), 신장에서 재흡수 ▼ : 소변 배설

[음이온 : Cl, HCO_3, PO_4]

종류	역할, 특징	조절기전
Cl^-	혈액의 삼투압 산·염기 균형에 관여	▲ : 나트륨과 함께 보유 ▼ : 나트륨과 함께 소변 배설
HCO_3^- 중탄산염	산·염기 균형에 필수적 완충제	▲ : 재흡수 증가 ▼ : 소변 배출
PO_4^- 인산염	ICF, ECF에서의 완충 음이온 신경근육활동 증가 탄수화물 대사에 관여 산·염기 균형에 관여	▲ : 식이섭취(육류, 콩류) 기타 : 신장, PTH, vit D에 의해 조절

3. 체액의 균형

인체의 수분은 나트륨을 비롯한 여러 종류의 무기질에 의존하여 수분량이 조절되고 또한 알부민 등의 혈장 단백질에 의존하여 혈관과 각 기관의 세포조직 사이에 체액 균형을 유지한다.

1) 전해질 평형

나트륨(Na^+)은 세포외액에서 가장 많은 양을 차지하는 양이온이고 음이온 중에는 염소이온(Cl^-)이 가장 많이 존재한다. 세포내액의 양이온 중에는 칼륨이온(K^+), 그리고 음이온 중에는 인산 이온(PO_4^-)이 가장 많이 존재한다. 생체 대사 과정 중에 이러한 전해질의 균형이 깨지게 되면 세포막을 사이에 두고 안과 밖으로 이동하는 수송 체제를 통해 전해질 평형을 이루게 된다.

나트륨과 칼륨 이온은 나트륨펌프(Na^+–K^+ ATPase)라는 세포막의 운반 단백질을 통하여 세포 안, 밖으로 이동하며 이때 에너지인 ATP 소모가 필요 하므로 이를 능동수송이라 한다(그림 10-2).

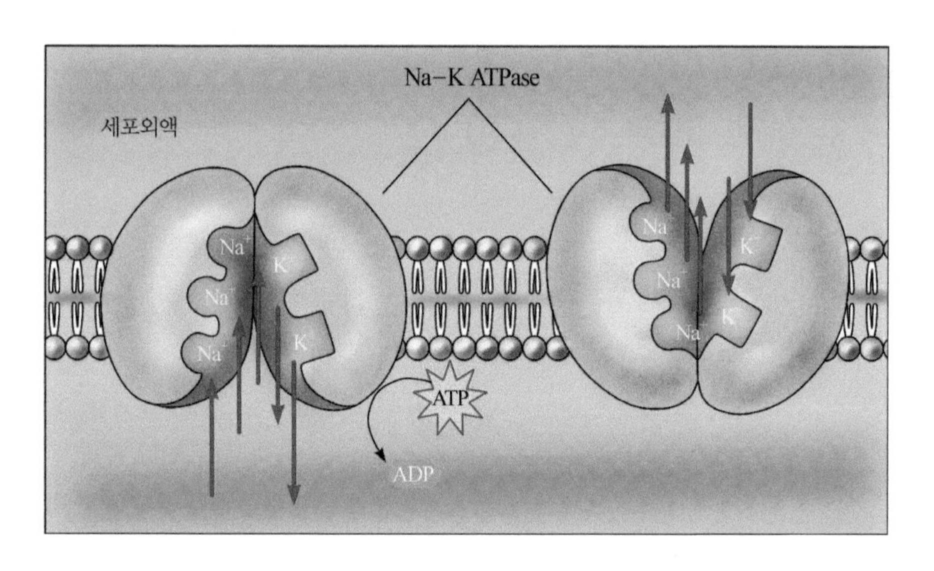

【그림 10-2】 전해질의 능동수송, Na^+–K^+ ATPase

2) 체수분 평형

전해질의 이동에 운반체와 에너지 소모가 필요한 반면에 물 분자의 세포막 통과는 자유롭다. 물은 수동확산에 의해 세포막을 통과하고 확산의 방향과 양은 세포 내외 전해질 균형으로 나타나는 삼투(osmosis)에 의해 조절된다. 체액은 삼투압 300mOsm/ℓ 정도로 일정하게 평형 상태를 유지한다.

삼투 현상은 용질 농도가 옅은 쪽에서 짙은 쪽으로 수분이 이동하는 현상으로 세포 안, 밖의 어느 한쪽의 용질 농도가 높아지면 수분은 용질 농도가 높은 쪽으로 수분 균형을 맞추기 위하여 이동한다. 이러한 수분의 이동은 세포 안, 밖 양쪽의 농도가 같아질 때까지 계속된다. 따라서 삼투압의 유지는 체액의 평형을 위해 매우 중요하며, 인체에서는 전해질 이온들이 이러한 삼투압에 크게 작용하며 혈장의 알부민 단백질 등도 수분 평형에 기여한다(그림 10-3).

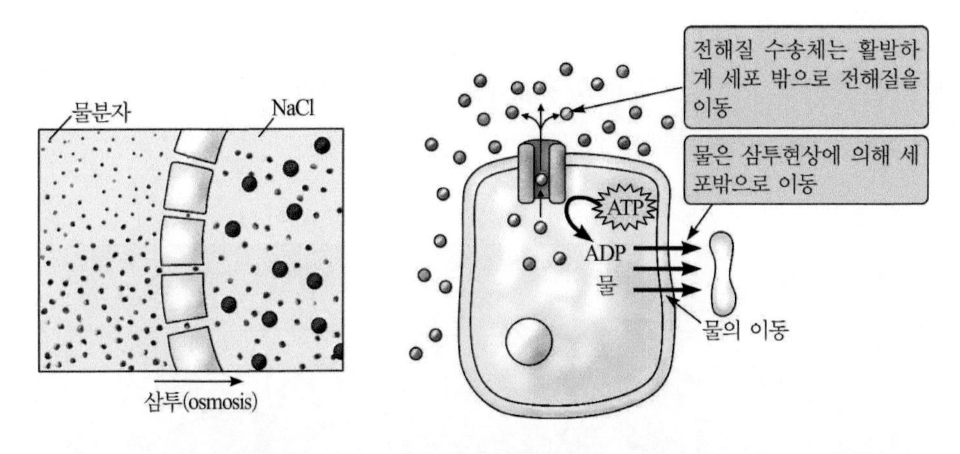

【그림 10-3】 수분의 수동확산, 삼투

3) 산-염기 평형

정상적인 생체 이화 대사 과정에서는 산화에 의해 끊임없이 유기산이나 이산화탄소가 발생하기 때문에 세포나 체액이 산성으로 기울게 되지만, 생명체 내에서는 지속적인 생리적, 화학적 조절작용을 통하여 극단적 pH 변화를 저지하고 일정하게 유지하려는 항상성 유지 조절 기전이 있다. 세포외액의 중탄산이온에 의한 완충작용이 가장 먼저 즉각적으로 일어나며, 이후 수 분에서 수 시간 정도 호흡 증가에 의한 이산화탄소 배출로 완충작용이 유지된다. 신장에 의한 완충 조절 기전은 수 시간에서 여러 날에 걸쳐 서서히 일어난다.

(1) 체액 완충계에 의한 조절

세포 내외의 다양한 완충계들이 화학적 또는 생리적 조절에 의해 pH 유지에 기여하고 있으며, 생체 내에서는 단백질계, 중탄산계, 인산계 등의 완충작용에 의해 화학적으로 pH를 조절하는 것이 가능하다.

단백질계에 의한 완충작용 $protein^- + H^+ \longrightarrow H\text{-}protein$

중탄산계에 의한 완충작용 $HCO_3^- + H^+ \longrightarrow H_2CO_3 \longrightarrow H_2O + CO_2$

인산계에 의한 완충작용 $HPO_4^{2-} + H^+ \longrightarrow H_2PO_4^-$

pH

6.8 ←— 7.4 —→ 8.0

acidosis　　　alkalosis

■ 호흡의 완충작용

$Na_2CO_3 + CO_2 + H_2O \rightleftharpoons 2NaHCO_3$

■ 신장의 완충작용

① $CO_2 + NH_2 \longrightarrow (NH_4)_2CO_3 \longrightarrow NH_3\text{-}COO\text{-}NH_4 \longrightarrow NH_2\text{-}CO\text{-}NH_2$

② $NaH_2PO_4 \longrightarrow Na_2HPO_2 + H^+ \longrightarrow NaH_2PO_4 + Na$

■ 혈액의 완충작용

① H_2CO_3(탄산)　Na_2HCO_3(중탄산)

② NaH_2PO_4(제1인산염) : 신장에서 배설

③ Na_2HPO_4(제2인산염) : 이온과 중화

① 단백질 완충계

모든 아미노산이 기본적으로 갖고 있는 염기성기인 아미노기와 산성기인 카르복실기의 양성적 특성 때문에 아미노산 완충계는 필요에 따라 산 또는 염기로의 작용이 가능하며 단백질 완충계로 불리기도 한다. 음전하의 단백질과 적혈구의 혈색소 등이 과도한 수소 제거에 효율적으로 작용한다. 생체

에서의 대표적인 pH 조절 기전으로 작용하는 것이 아미노산 완충계로 체액 내 화학적 완충 능력의 70% 정도는 세포 내 단백질에 의해 유지되고 있다.

② 중탄산 완충계

약 pH 7.4 정도를 유지해야 하는 사람 혈액에서 주로 작용하는 중탄산 완충계는 탄산의 해리에 기인한다. 적혈구 속 헤모글로빈 단백질은 폐에서 각 기관과 조직 사이를 오가며 산소와 이산화탄소를 운반한다. 이산화탄소는 물과 혈액에 용해될 수 있으므로 용해된 이산화탄소가 탄산을 형성하고 이어서 중탄산 이온(HCO_3^-)을 생성하도록 반응한다.

$$H_2CO_3 \rightleftharpoons H^+ + HCO_3^-$$

$$CO_2 + H_2O \longleftrightarrow H_2CO_2 \longleftrightarrow H + HCO_3$$

날숨을 위해 폐로 운반되어진 CO_2는 HCO_3^-형으로 존재하며 폐 속의 이산화탄소 가스 압력과 혈액 pH 사이에는 직접적 상관성이 존재한다.

③ 인산 완충계

대부분의 세포 내에서 가장 효과적으로 작용하는 것이 인산 이온 완충계로 인산은 혈중에서 다음과 같은 평형 상태를 유지한다. 보통 Na과 결합한 형태로 존재하며 NaH_2PO_4는 약산으로, Na_2HPO_4는 약염기로 작용한다.

$$H_2PO_4^- \underset{}{\overset{pka'}{\rightleftharpoons}} H^+ + HPO_4^{2-}$$

$$HCl + NaHCO_3 \longrightarrow NaCl + H_2CO_3\text{(강산의 완충)}$$

$$NaOH + H_2CO_3 \longrightarrow NaHCO_3 + H_2O\text{(강염기의 완충)}$$

(2) 폐에서의 조절

생체 내의 pH는 화학적 완충계가 아닌 호흡을 통한 생리적 탄산가스 분압의 조절작용을 통해서도 어느 정도 조정 가능하다. 혈중 H^+ 농도가 과도하게 높아지는 경우 뇌의 화학적 감수성 영역이 호흡중추를 자극하고 과호흡을 발생시켜 CO_2 분압이 내려가 과도한 H^+농도가 내려가도록 한다.

(3) 신장에서의 조절

또 다른 생리적 조절 기전인 신장은 체내 산성, 알카리성 변화에 따라 산성뇨 또는 알칼리성뇨를 만들어 배설함으로써 혈액 pH의 급격한 변화를 예방한다. 대사 과정에서 발생하는 비휘발성 산인 젖산, 인산, 황산 등의 무기산 등의 일부 음이온은 Na^+에 의해 중화되어 있기는 하지만 세뇨관에서 재흡수 시에 H^+와 치환되면 요가 산성화된다. 이외에 케톤체 단백질의 배설물도 요를 통해 배설된다.

TIP

산-염기 평형 이상증

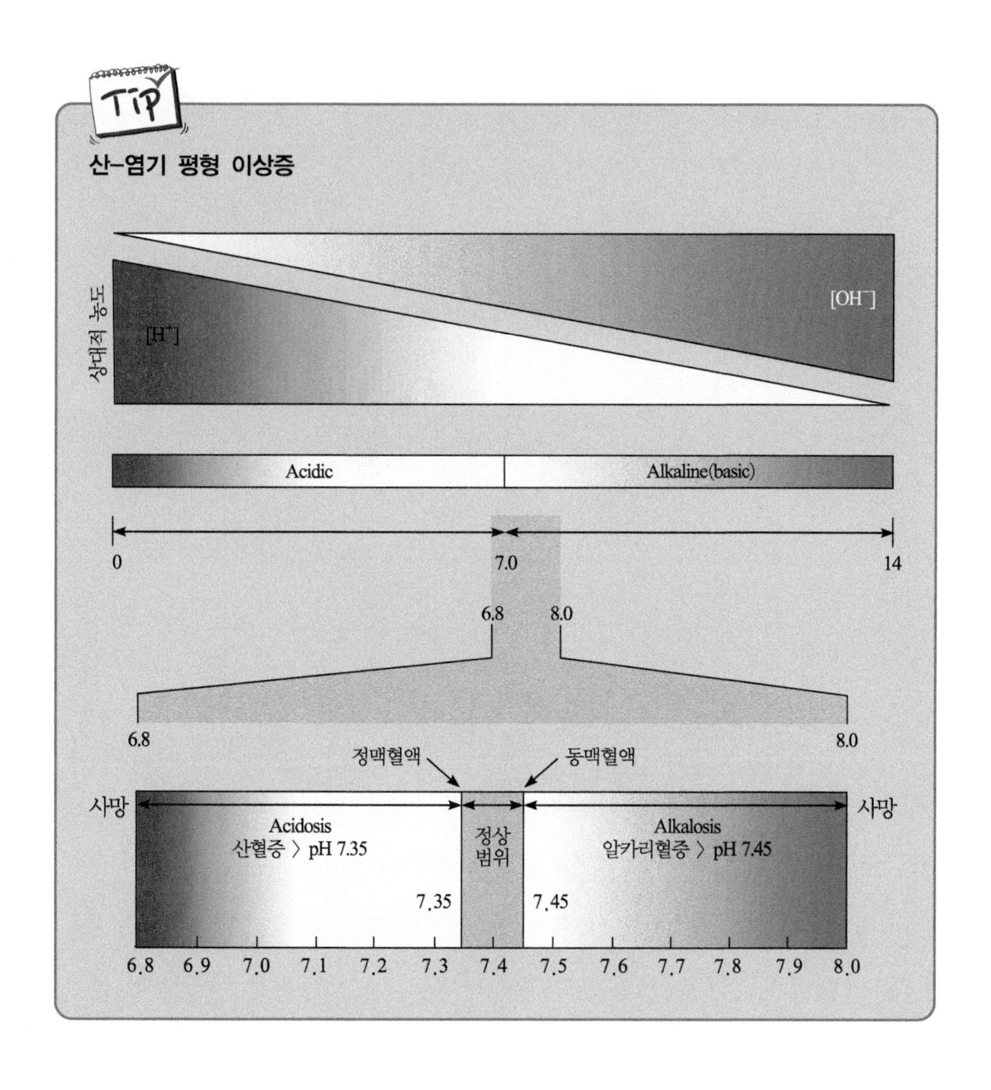

TIP

인체의 pH는 여러 가지 완충작용에 의해 일정하게 유지되고 있으며 혈액의 적정 pH는 7.4 정도이다. 혈액에는 일정한 비율로 H_2CO_3 : HCO_3^- = 1 : 20 또는 $H_2PO_4^-$: HPO_4^{2-} = 1 : 4 이 유지되고 있다. 그러나 이 평형이 무너지면 산증(acidosis)이나 알칼리증(alkalosis)이 발생하게 되고 혈액 pH의 급격한 변화로 의식장애나 혼수상태가 발생한다.

호흡성 산증

호흡을 통해 폐로 배출되는 이산화탄소가 감소하는 경우 발생한다.

혈장 이산화탄소 증가로 탄산(H_2CO_3) 농도가 높아져 혈중 pH가 낮아진다. 주로 폐의 가스교환 저하, 폐렴, 폐기종, 기관지천식 등이 원인이 된다.

호흡성 알칼리증

호흡 과다로 이산화탄소 배출이 과도한 경우 발생한다.

탄산(H_2CO_3) 감소에 의한 것으로 폐의 가스교환 상승, 과호흡, 뇌염, 발열, 체온상승, 고산지대에 노출된 환경 등이 원인이다.

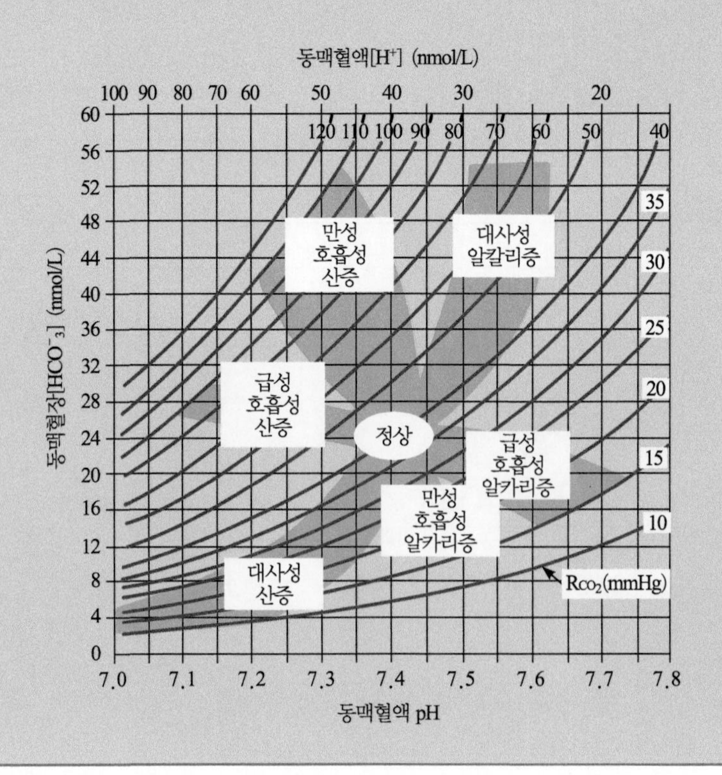

대사성 산증

구토나 설사로 장액 손실이 발생하여 중탄산 이온(HCO_3^-)이 감소한 경우이다.
체내 산의 상대적 증가가 원인으로 당뇨병, 기아 상태에서의 케톤체와 젖산 증가, 세뇨관 이상에 의한 HCO_3^-의 재흡수 부전 등으로 발생하기도 한다.

대사성 알칼리증

중탄산 이온(HCO_3^-)이 특별히 증가한 상태로 체내 상대적 염기의 증가, 제산제의 과도한 복용 등이 원인이다.

4. 수분의 대사 이상

신체 수분의 적절한 수준 유지는 생명유지를 위한 필수 불가결한 요소이다. 식품 섭취 없이도 인체는 수 주간 생명을 유지할 수 있지만, 수분 섭취 없이는 2~3일 정도밖에 견디지 못한다. 그러나 단시간에 과도한 양의 수분을 섭취하는 것도 탈수 못지않게 위험하여 발작, 혼수 등이 유발되고 심한 경우 사망하기도 한다.

1) 탈수

수분의 공급이 원활하지 않거나 다량의 수분을 잃게 되면 세포외액의 감소로 삼투압이 증가하고, 세포 내의 수분이 세포 외부로 이동하면서 갈증을 느끼게 된다. 이런 경우 수분의 공급만으로도 어느 정도 갈증 해소가 가능하지만, 더운 날 극심한 운동 등으로 인하여 수분과 염류를 동시에 상실한 때에는 수분과 전해질을 동시에 공급하여야 한다. 물만 마시게 되면 세포외액 삼투압의 저하로 신장이 여분의 수분을 배설하게 되고 세포외액이 급격히 감소하는 탈수증을 유발하게 된다.

발열 · 설사 · 구토 등으로 인해 체내 수분 부족이 발생하기 쉬우며, 체중의 약 2% 수분 손실은 가벼운 갈증을 느끼게 되고, 체중의 6~9%가 감소하는 탈수의 경우 저혈압이 발생할 수 있으며 맥박이 빨라진다. 감각에 대한 반응이 느려지고 소변량도 감소한다. 체중의 10% 이상을 손실하는 중증 탈수의 경우 쇼크 상태에 이르러 의식을 잃게 되기도 한다. 물이나 스포츠 이온 음료 등을 공급하여 체액과 전해질을 보충하기도 하지만, 의식을 잃은 탈수 환자의 경우 수분 공급으로 기도가 막혀 위험한 경우가 많으므로 병원으로 이송하여 전해질 정맥주사를 처방하도록 한다. 체중의 20% 이상 수분 손실 시에는 사망에 이른다.

건조한 기후가 지속되는 환경에서는 피부를 통한 수분 증발량이 많아져 탈수 현상이 종종 발생하게 되므로 상시 충분한 음료수를 섭취하여 탈수를 방지하도록 하여야 한다. 특히 스스로 수분섭취를 할 수 없는 영 · 유아의 경우 단위체중당 체표면적이 넓어 수분 증발량이 많고 소변 농축 정도도 낮기 때문에 탈수가 쉽게 발생하는 고위험군이다. 노인들의 경우에도 탈수 감지 기능이 약해져 자신의 몸에 발생하는 탈수 증상을 자각하지 못하는 경우가 많으므로 수분 부족이 일어나지 않도록 주의한다. 탈수의 주요 증상은 요량 감소, 피부와 점막 건조, 의식 저하, 혈압 저하, 혼수상태 등이다.

2) 수분 중독

전해질 공급 없이 수분만 과도하게 섭취하는 경우 발생한다. 수분 중독(water intoxication)으로 세포외액의 전해질 농도가 낮아지면 세포내액의 칼륨이 세포외액으로 이동하게 되고 근육 세포 내 칼륨 농도가 낮아지면서 근육 경련과 발작 등이 일어난다.

낮아진 세포외액 전해질 농도로 인하여 세포외액의 수분은 세포내액으로 확산 이동하여 뇌세포 팽창 등을 유발하게 되고, 대뇌부종, 혼수 등으로 나타나며 심한 경우 사망에 이른다. 따라서 단시간에 과도한 양의 수분을 섭취하는 것은 매우 위험하며 마라톤 선수에게 수분을 공급할 때나, 외과적 수술 등으로 대량의 수분 공급이 필요한 경우 전해질 공급이 동반되도록 주의하여야 한다.

3) 부종

부종(edema)은 세포 간질액에 누적된 수분으로 인하여 피부가 푸석하게 부풀어 오르고 탄력을 잃은 상태이다. 손으로 누른 자국이 회복되지 않고 움푹 파인 채로 장시간 유지된다. 부종의 발생 원인은 다양하지만 영양불량에 의한 단백질 결핍이나 나트륨 과잉 섭취에 의한 경우가 대부분이다.

혈중에 존재하는 단백질은 혈액 삼투압을 유지하는데 기여하지만 장기간 단백질 섭취가 부족한 경우 혈장 단백질 농도 저하로 삼투압이 저하되고 혈중에 있어야 할 수분이 세포간질액으로 이동하여 비정상적 축적이 나타난다. 혈장 단백질의 정상적 공급이 불가능한 간 기능 저하 질환자나 신장 기능 상실 환자에게서도 부종이 나타날 수 있다.

체내 나트륨 과다 보유인 경우에도 세포외액의 삼투압 증가로 부종이 발생한다. 나트륨 과다 식품을 섭취하고 요 배출 없이 수 시간이 경과하면 체내에서는 증가한 세포외액의 삼투압을 저하시키기 위하여 뇌하수체 후엽에서 항이뇨호르몬을 분비하도록 조절하고 수분 배출을 억제시켜 부종을 유발하게 된다.

5. 수분 섭취

인체는 매일 땀, 호흡, 소변, 대변 등의 배설을 통하여 일정량의 수분을 잃게 되므로 탈수 증상이 일어나지 않도록 지속적으로 수분을 섭취하여야 한다. 하루에 필요한 수분은 마시는 음료수 형태 이외에도 식품 섭취를 통해서도 공급되며 체내 대사 중에 발생하는 대사 수도 생체 기능 유지에 활용된다.

1) 수분 균형

체내 수분 균형에 관여하는 호르몬은 항이뇨호르몬(ADH, antidiuretic hormone)으로 탈수 상태가 되면 체수분 항상성 유지를 위해 뇌하수체 후엽에서 항이뇨호르몬이 분비되고 신장에서 여과되는 수분의 재흡수를 촉진하여 요 배설을 억제하고, 갈증 반응을 촉진하여 수분 섭취를 유도한다. 이 호르몬은 탈수로 낮아진 혈압을 혈중 수분 증가로 정상화시켜 주므로 혈관 압력을 의미하는 바소프레신(vasopressin)이라고도 불린다.

혈중 저나트륨으로 인해 발생한 저혈압을 고혈압으로 전환시키는데 관여하는 알도스테론(aldosterone) 호르몬도 수분 보유량 증가에 기여한다. 알도스테론은 부신피질에서 분비되어 신장에 작용하며 나트륨과 염소의 재흡수를 촉진하여 혈중 삼투압을 높여주고 체수분 보유량 증가에 기여한다.

일반적으로 성인의 평균 수분 필요량은 하루에 2,200mℓ 정도이다. 인체에 공급되는 수분은 주로 식품(700mℓ)과 음료(1,200mℓ)의 형태이며 일부는 체내 열량 영양소 연소 과정에서 발생하는 대사 수(300mℓ) 형태로 공급된다.

탄수화물, 지질, 단백질 100g이 대사될 때 각각 55mℓ, 107mℓ, 41mℓ의 대사 수가 배출된다. 따라서 지질식품 섭취가 많은 경우 지질 연소로 발생하는 대사 수가 증가하면서 체수분 공급 필요량이 감소하기도 한다. 영양소 이화 과정에서 생산된 대사 수는 이산화탄소와 함께 폐를 통한 호흡으로 배출되기도 한다.

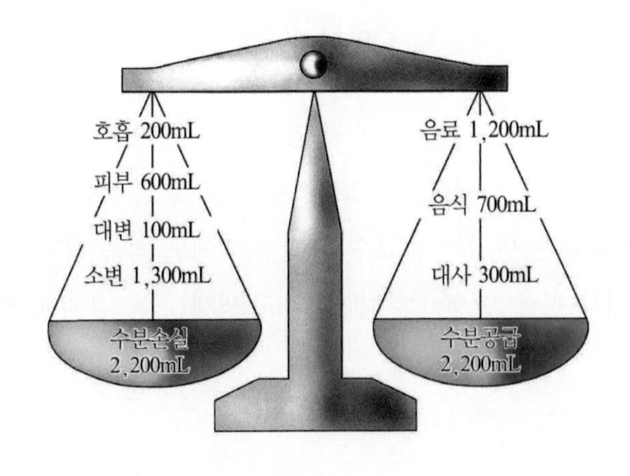

【그림 10-4】 **체내 수분공급과 손실의 균형**

체수분 손실은 피부를 통한 불감 수분 증발(600mℓ), 폐호흡(200mℓ), 대변(100mℓ), 소변(1,300mℓ)을 통해 발생하며, 폐를 통한 수분손실도 우리가 느끼지 못하는 불감 수분 증발량에 해당한다. 정상인의 경우 수분의 공급과 손실은 항시 균형을 이루어 탈수 또는 수분 중독이 일어나지 않은 상태이다(그림 10-4).

수분필요량은 연령, 활동정도, 환경온도, 체표면적, 식품섭취 유형 등에 따라 달라진다. 상대적으로 체표면적이 넓은 영 · 유아의 경우 피부를 통한 수분 증발량이 많아 수분 필요성이 커진다. 고온 또는 건조한 곳에 노출된 환경에서도 수분 필요량이 증가하며, 활동량이 많은 운동 등으로 수분 손실이 많은 경우에도 필요량이 증가한다. 카페인 섭취, 이뇨제 복용 등의 경우에도 수분 필요량은 증가하고 고단백, 고염식이의 경우에도 각각 요소 배설과 나트륨 배설을 위해 충분한 수분공급이 요구된다.

2) 섭취기준

정상인이라면 섭취한 수분만큼 배설하게 되므로 임상적으로 24시간의 소변량을 측정하고, 불감 수분 증발 손실에 해당하는 약 800mℓ을 더하면 수분 섭취기준을 추정할 수 있다. 수분은 환경적 요인, 활동 정도, 개인 간 대사 차이 등이 크게 작용하므로 평균필요량을 결정하지 않고 충분섭취량으로 설정하였다.

총 수분섭취량(total water intake)은 액체 수분 섭취와 식품에 함유된 수분 섭취량을 합한 것으로 미국인을 위한 수분 섭취기준 설정 시에 적용되었다. 2010년 한국인의 영양섭취기준에서도 국민건강영양조사를 통해 얻은 총 수분 섭취량 데이터를 적용하여 수분섭취기준을 정하였으며, 산출된 결과는 대사에너지 1kcal당 약 1mℓ의 수분이 필요하도록 설정한 수분섭취기준과 매우 근접한 수치를 보여준다.

연령별, 성별로 수분의 충분섭취량이 19~29세 남자 성인의 경우 2,600mℓ, 여자 성인은 2,100mℓ로 책정하였다. 총 수분은 액체 형태의 수분섭취와 식품을 통한 수분섭취량을 합한 것으로 괄호 안의 숫자는 액체 형태로 섭취하는 수분의 양을 의미한다(표 10-3).

【표 10-3】 수분의 충분섭취량(2010 한국인 영양섭취기준)

연령	충분섭취량 총수분(액체)	
영아		
0~5(개월)	700 (700)	
6~11	800 (500)	
유아		
1~2(세)	1,100 (800)	
3~5	1,400 (1,000)	
아동, 청소년, 성인, 노인	남자	여자
6~8(세)	1,800 (900)	1,700 (900)
9~11	2,000 (1,000)	1,800 (900)
12~14	2,300 (1,000)	2,000 (900)
15~18	2,600 (1,000)	2,100 (1,000)
19~29	2,600 (1,200)	2,100 (1,000)
30~49	2,500 (1,200)	2,000 (1,000)
50~64	2,200 (1,000)	1,900 (900)
65~74	2,100 (1,000)	1,800 (900)
75 이상	2,100 (1,000)	1,800 (900)
임신부		+200
수유부		+700(+500)

[수분] 문제해결 활동

- 이름 :
- 학번 :
- 팀명 :

- 중심키워드 :
- 중심키워드 한줄지식 :

정답을 맞힌 팀 :

[수분] 문제해결 활동

맞춤 선을 그어주세요.

중심키워드 ·	· 한줄지식
·	·
·	·
·	·

정답을 맞힌 팀 :

▶▶▶ 문제해결을 위한 팀별 경쟁학습 방법

① 팀을 구성한다.(4~5명)

② 단원별 중심키워드로 팀명을 정한다.

③ 팀원이 협동학습으로 문제를 작성한다.

④ 교수자에게 확인받은 문제를 다른 팀에게 제시하고 정답 팀을 기록한다.

⑤ 질의응답 후, 교수자는 최종 피드백을 실시한다.

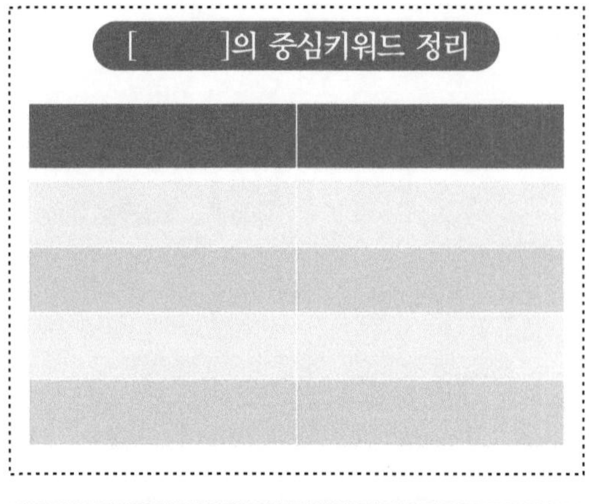

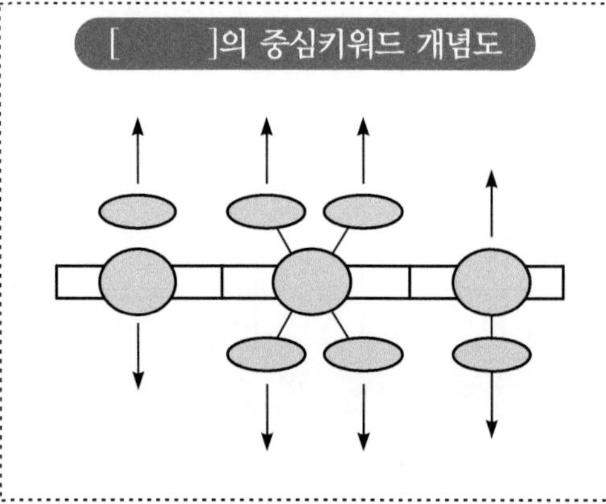

▶▶▶ 과제해결 방법

① 학습이 완료된 단원별 내용을 중심키워드와 한줄지식 중심으로 정리한다.

② 정리한 내용을 기초로 학습자만의 자유로운 중심키워드 개념도를 작성한다.

③ 우수한 과제를 학습자 간에 공유하고 교수자는 과제에 대한 피드백을 실시한다.

제11장

에너지

제11장
에너지

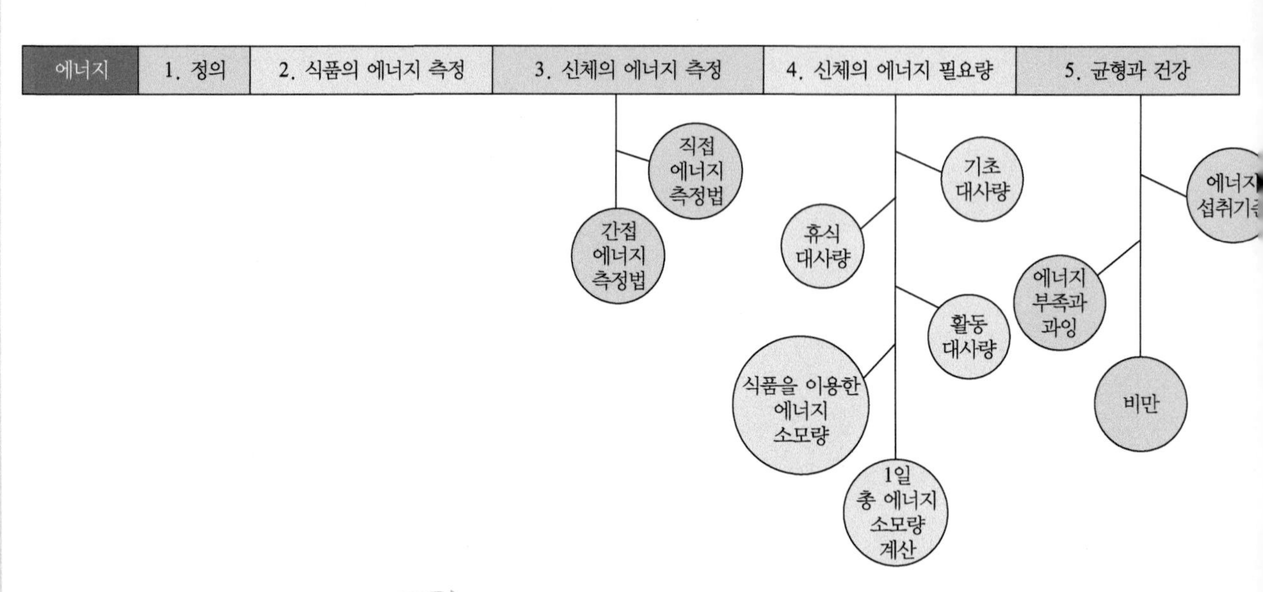

교수자용 중심키워드 박스

ATP, 생리적열량가, 기초대사량, BMI, 호흡계수, 활동대사량, 식품을 이용한 에너지 소모량, 필요추정량, 비만, 피하지방

학습자용 중심키워드 박스

중심키워드	한줄지식

제11장 에너지

신체가 생명을 유지하고 활동하는 데 있어서 식품을 섭취하면 체내에서 영양소로부터 아데노신 삼인산(adenosine triphosphate, ATP) 형태로 에너지를 생산한다(그림 11-1). 에너지는 일을 할 수 있는 능력으로 생명유지에 필수적이다. 생체 내에서의 식품의 에너지는 식품에 존재하는 탄수화물, 지질, 단백질 등이 산화되어 만들어지고, 이 에너지는 ATP 등의 고에너지 화합물을 거쳐 체내 여러 가지 기능에 사용된다.

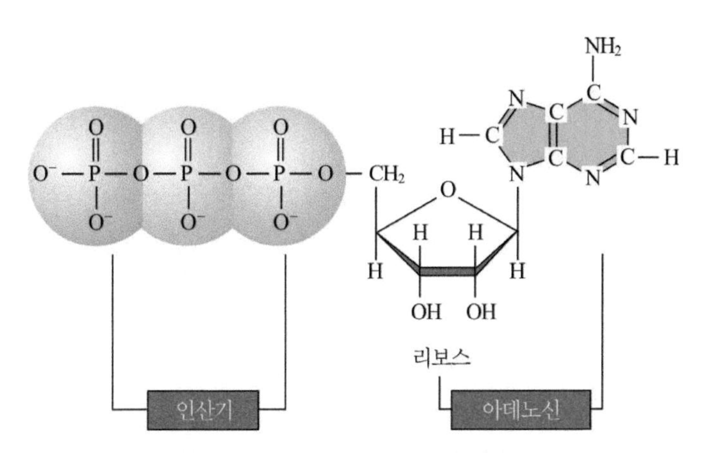

ATP는 인산기 3개와 당인 리보스, 염기인 아데닌으로 구성

【그림 11-1】 ATP 구조식

1. 에너지의 정의

에너지란 인간이 생명을 유지하기 위해 필요한 힘이다. 신체는 끊임없이 활동하면서 성장과 함께 체내 신진대사 유지를 위해서 에너지를 필요로 한다. 섭취한 에너지가 체내에서 화학반응을 통해 합성 및 분해되는 상호 과정을 에너지대사라고 한다. 체내에서 탄수화물, 지질, 단백질의 에너지대사 과정은 세 단계로 나누어진다(그림 11-2). 첫 단계는 소화관에서 소화흡수되기 위해 각각 기본 성분으로 분해되는 과정이고, 둘째 단계는 이들이 흡수되어 세포 속에서 다시 탄수화물, 지질, 단백질로 동화되거나 공통 중간대사 산물인 아세틸-CoA로 되는 과정이다. 셋째 단계는 TCA 회로와 호흡연쇄반응을 통해 에너지를 유리시키며 ATP의 재합성에 이바지하는 과정이다. ATP의 농축 에너지는 체온조절을 위해서 열 에너지로, 근육을 움직이기 위해서 기계적 에너지로, 신경과 뇌의 자극 전달을 위해서는 전기 에너지로, 그리고 새로운 세포

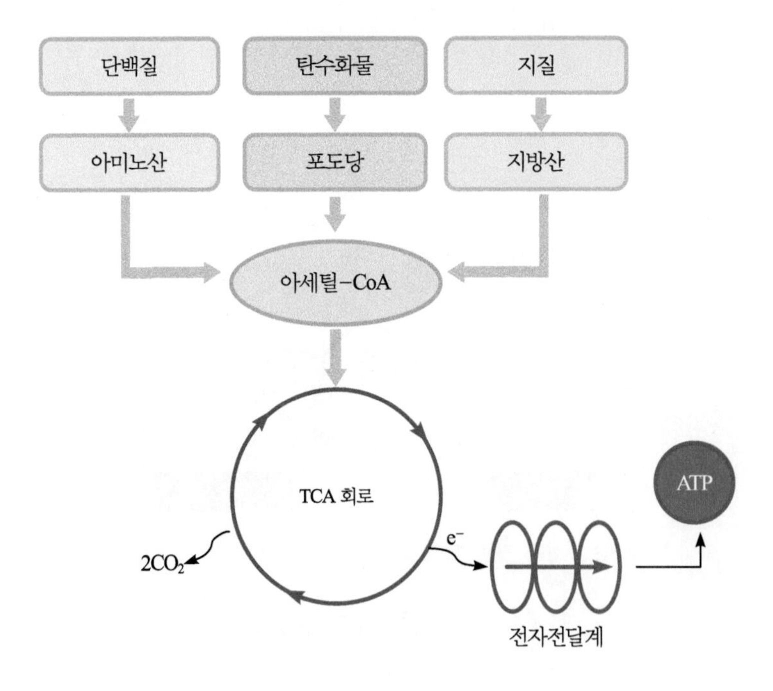

【그림 11-2】 에너지대사

의 합성 및 체내 대사를 위해서는 화학적 에너지로 상호전환이 가능하다. 식품에 존재하는 에너지는 이러한 전환 과정 중 약 40%가 ATP로 저장되고 일부는 열로써 손실되며 각 영양소마다 ATP 합성에 필요한 에너지는 다르다.

식품이 가지고 있는 잠재 에너지와 신체 내에서 일어나는 에너지대사에 사용되는 에너지의 단위는 칼로리(calorie)와 주울(joule)로 나타낸다. 1칼로리는 물 1mℓ를 14.5℃에서 15.5℃로 올리는 데 필요한 열량을 의미한다. 일반적으로 영양학에서는 대단위인 킬로칼로리(kilocalorie)를 사용하며, kcal나 cal로 표시한다. 주울(joule, J)은 미터법에 근거를 둔 열의 측정단위이다. 1주울은 1kg의 물체를 1m 움직일 수 있는 힘을 1 N(newton)이라 할 때, 이때 필요한 기계 에너지의 양을 말한다. 칼로리를 주울로 환산하려면 칼로리에 환산계수 4.18을 곱하면 된다. 즉, 1kcal=4.184kJ로 환산할 수 있다.

2. 식품의 에너지 측정

식품의 에너지가는 신체가 실제 식품을 섭취했을 때 식품 속에 함유된 에너지를 측정하기 위해서 각종 음식물을 연소시켜 발생되는 열량을 칼로리로 환산하여 나타낸다. 식품 속에 함유된 에너지를 측정하는 방법으로 폭발열량계(bomb calorimeter)가 가장 많이 이용된다. 폭발열량계의 중심을 bomb이라 하며, 이 안에 일정량의 식품 시료를 밀폐된 용기에서 태우면 식품은 완전 연소하게 된다. 이때 발생되는 연소열은 외부와 절연된 bomb 주위의 물로 전달되어 온도를 상승시킨다(그림 11-3).

폭발열량계는 음식이 연소될 때, 에너지는 열의 형태로 방출되고 열에너지는 칼로리로 측정된다. 따라서 식품을 태우기 전후의 물의 온도를 측정함으로써 식품의 연소열을 측정할 수 있다. 이때 방출되는 에너지는 식품 내의 탄소와 산소의 양에 따라 달라지는데 다음과 같이 간단히 표현될 수 있다.

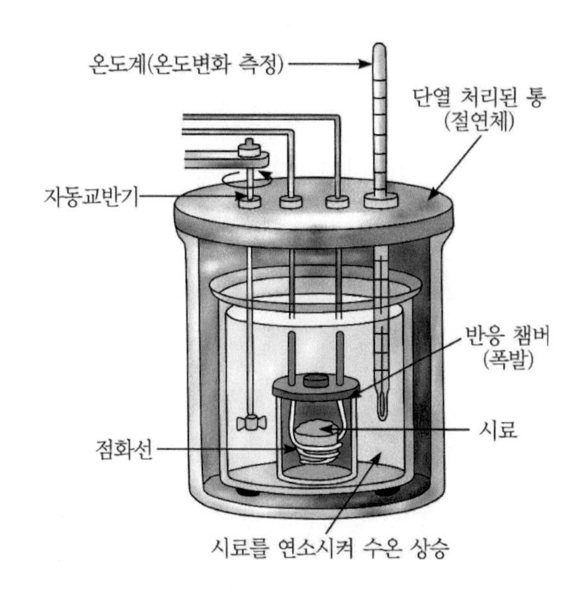

【그림 11-3】 폭발열량계(bomb calorimeter)

탄수화물(단백질 또는 지질) + O_2 ⟶ 에너지 + H_2O + CO_2

탄수화물, 지질, 단백질, 알코올 등 폭발열량계로부터 나오는 각 에너지 영양소의 연소 에너지는 일반적으로 탄수화물 1g에 4.15kcal, 지질은 9.45kcal, 단백질 5.65kcal, 알코올 7.1kcal로 실제 인체에서 이용되는 에너지보다 높다(표 11-1, 표 11-2).

인체에서 식품을 섭취할 때에도 폭발열량계에서와 같은 과정이 일어나는데 인체 내에서는 폭발열량계에서 연소할 때 나오는 에너지보다 적다. 그 이유는 인체 내에서 식품이 완전히 소화, 흡수되지 않거나 단백질의 경우 질소가 인체 내에서 연소되지 않기 때문이다. 따라서 이와 같이 흡수율과 불연소율을 감안한 열량가를 생리적 열량가(Atwater factor)라고 한다. 탄수화물과 단백질은 각 1g당 4.0kcal, 지질 1g은 9.0kcal로 환산된다. 따라서 식품 중 탄수화물, 지질, 단백질의 함량을 알면 생리적 열량가를 곱한 다음 모두를 더해줌으로써 그 식품의 열량가를 계산할 수 있다.

【표 11-1】 생리적 열량가

	탄수화물	지질	단백질
a. 폭발열량계에서의 열량가(kcal/g)	4.15	9.45	5.65
b. 질소의 불연소로 인한 손실(kcal/g)	0	0	1.25
c. 체내에서의 소화율(%)	98	95	92
d. 생리적 열량가*(kcal/g)	4	9	4

*d = (a−b)×c/100

Merrill AL and Watt BK, Energy Value of Foods, Basis and Derivation, Agricultural handbook, No74, US Goverment Printing Office, 1995

【표 11-2】 대사 연료 산화에서 산소 소비량과 이산화탄소 생성량

	에너지 (kcal/g)	에너지 양 (kJ/g)	소비된 산소양 (L/g)	생성된 이산화탄소양 (L/g)	호흡계수 (CO_2/O_2)	에너지/산소소비량 (kJ/L oxygen)
탄수화물	4	17	0.829	0.829	1.0	
단백질	4	16	0.966	0.782	0.809	~20
지방	9	37	2.016	1.427	0.707	

1kcal = 4.184kJ 또는 1kJ = 0.239kcal

3. 신체의 에너지 측정

인체의 에너지 필요량을 직접 에너지 측정법(direct calorimetry)과 간접 에너지 측정법(indirect calorimetry)으로 측정할 수 있다.

1) 직접 에너지 측정법

직접 에너지 측정법은 폭발열량계로 식품의 에너지가를 측정하는 방법과 유사하다. 사람을 완전히 절연된 공간 안에 있게 하면 에너지를 방출하게 함으로써 방 주위의 물 온도를 상승시키고, 이 온도차를 측정함으로써 특정 실험이나 활동 시 신체에서 발산되는 에너지를 구할 수 있다. 인체에 사용된 에너지는 궁극적으로 모두 열로 발산되기 때문에 직접 에너지 측정법으로 에너지 필요량을 측정하는 것이 가능하다. 그러나 일반적으로 직접 에너지 측정을 위한 특수설비가 필요하며 비용이 많이 들고 복잡하기 때문에 직접 에너지 측정법을 사용하는 경우는 드물다.

2) 간접 에너지 측정법

간접 에너지 측정법은 인체가 음식물을 산화하여 에너지를 낼 때 일정량의 산소를 소모하고 이산화탄소를 생성한다는 사실에 근거한다. 베네딕트(Benedict-Roth) 호흡장치를 이용하는 방법과 휴대용 호흡기를 이용하는 더글라스 백(Douglas-bag) 방법으로 에너지 소모량을 측정할 수 있다(그림 11-4).

간접 에너지 측정법은 호흡계수 또는 호흡상(respiratory quotient, RQ)을 측정하여 신체에서 대사되는 에너지 영양소의 조성비를 예측할 수 있다. RQ는 일정 시간에 생성된 이산화탄소의 양을 그 기간 동안에 소모된 산소량으로 나눈 값으로 어떤 영양소가 산화되느냐에 따라 그 값이 다르다.

호흡계수(respiratory quotient, RQ)

호흡 시 소모된 산소와 생성된 탄산가스의 비

$$RQ = \frac{\text{생성된 } CO_2\text{의 양}}{\text{소모된 } O_2\text{의 양}}$$

RQ 방식은 에너지 영양소의 종류에 따라 소모된 산소의 양과 생성된 이산화탄소의 양이 다르기 때문에 가능하다. 탄수화물의 RQ는 1.0인데 탄수화물이 산화될 때는 6분자의 산소가 소모되고 6분자의 이산화탄소가 생성되기 때문이다. 지질의 RQ는 원료를 적게 연소시키므로 0.7이고, 단백질의 RQ는 소변으로 배설되는 질소 화합물이 많으므로 정확하게 계산하기는 어렵지만, 소변으로 배설되는 질소량을 제외하고 계산하면 약 0.8이다. 영양소를 골고루 섭취하는 일반적인 식사에서의 RQ는 0.85 정도이다.

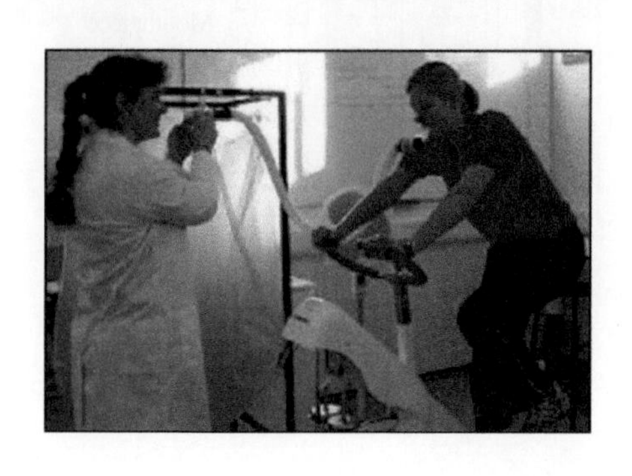

【그림 11-4】 간접 에너지 측정법

4. 신체의 에너지 소모량

인체는 기초대사량, 활동대사량, 그리고 식품을 이용한 에너지 소모량 등의 형태로 에너지를 소모하며, 이를 근거로 신체의 1일 에너지 소모량을 구하게 된다.

1) 기초대사량

기초대사량(basal metabolic rate, BMR)은 인체에서 기본적인 생체 기능을 유지하기 위해 필요한 최소한의 에너지를 말한다. 주로 심장박동, 두뇌활동, 호흡작용, 혈액순환의 유지, 근육과 신경의 전달 작용 등에 필요한 에너지를 포함한다. 단지, 식품의 소화와 흡수작용 및 근육 활동에 필요한 에너지는 제외한다.

기초대사량의 측정은 식후 적어도 12시간 이상 지난 후, 잠에서 깬 직후, 또는 아침 식사 전의 공복 상태에서 감정적인 흥분과 걱정이 전혀 없는 누워 있는 편안한 상태에서 정상 체온일 때 측정해야 한다(그림 11-5).

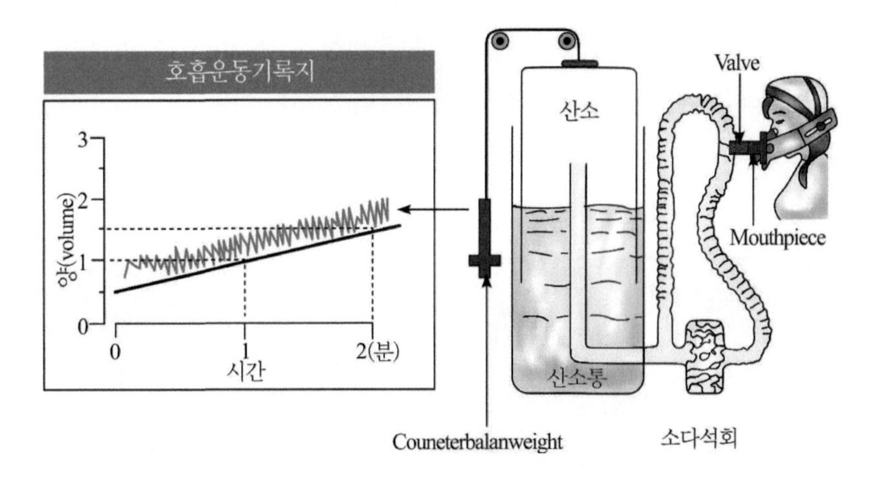

【그림 11-5】 기초대사량 측정

기초대사량에 영향을 미치는 요인으로는 연령, 성별, 체구성 성분, 체표면적, 임신, 영양 상태, 호르몬 상태, 체온, 기후 등이 있다.

- 연령 : 출생 후부터 생후 2년까지의 기초대사율이 가장 높으며, 2년 후부터는 급속히 감소했다가 사춘기 이후 약간 상승하는 듯하다가, 20세 이후 노년에 이르기까지 계속 저하된다. 이는 연령의 증가와 함께 체지방이 서서히 증가하는 것과 관련이 있다(그림 11-6).

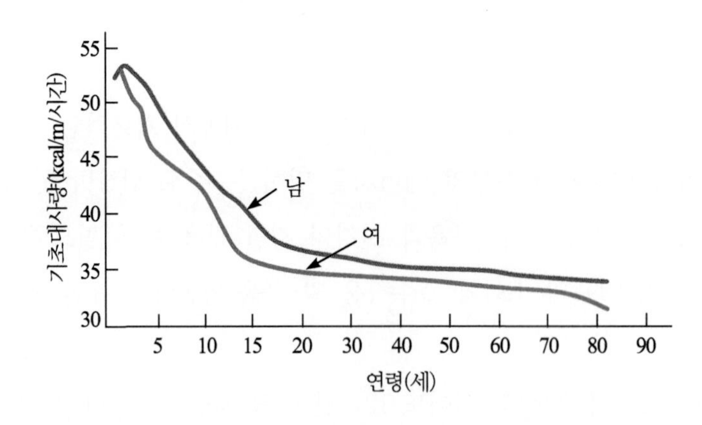

【그림 11-6】 연령에 따른 기초대사량의 변화

- **성별** : 여성의 기초대사량은 남성보다 약 5~10% 낮은데, 이는 남성에 비해 근육조직은 적은 반면 지방조직은 더 많기 때문이다.
- **체구성 성분** : 근육조직은 대사작용이 활발하여 지방조직보다 더 높은 기초대사량을 갖는다. 그러므로 근육이 매우 발달된 운동선수들의 기초대사량은 보통 사람들보다 6%나 높다고 한다.
- **체표면적** : 체표면적이 넓을수록 피부를 통해 발산되는 에너지가 커진다. 같은 연령과 키를 가진 사람이라도 체표면적이 크면 피부를 통하여 발산하는 에너지 손실이 크기 때문에 기초대사량이 높다. 같은 체중이라도 키가 작은 사람보다 키가 큰 사람은 체표면적이 커서 단위 체중에 대한 기초대사량이 커진다. 체표면적을 알아내는 방법으로는 체중과 신장을 연결하여 지나는 눈금을 읽어서 쉽게 이용할 수 있도록 체중과 신장을 이용한 노모그램(nomogram)이 있다(그림 11-7).

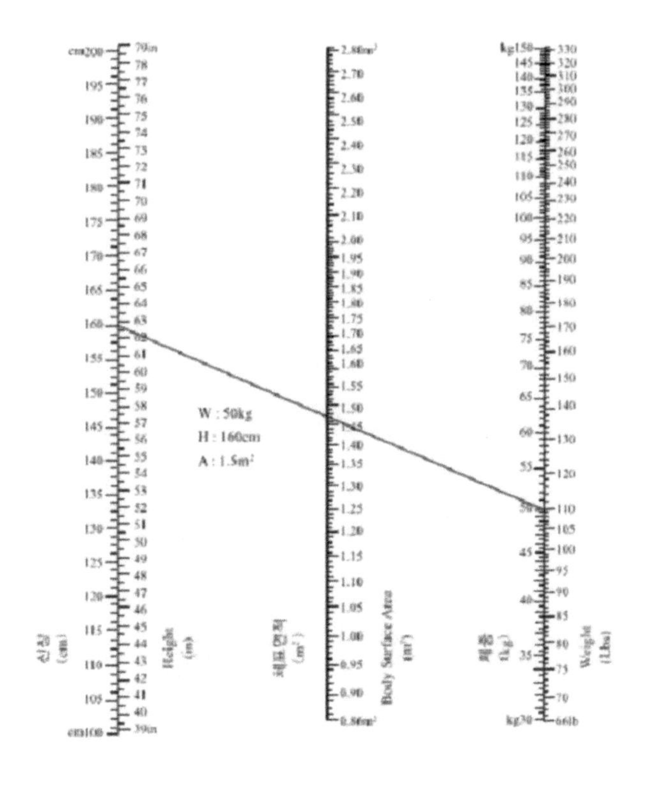

【그림 11-7】 **체표면적 노모그램**

- 임신 : 임신기 동안 여성의 기초대사량은 계속 증가하는데, 이는 태아 및 태반과 모체 조직 등의 대사작용 증가로 인한다.
- 영양 상태 : 기아 상태와 같이 영양 섭취가 부족할 때에는 대사 조직의 활동저하로 기초대사량이 감소되는데 신체가 다시 충분한 영양을 섭취하지 않는 한 저하된 상태가 그대로 유지된다. 이는 에너지섭취량의 감소에 대한 신체의 적응 현상이다.
- 수면 : 수면하는 동안은 깨어 있을 때보다 기초대사량이 약 6~10% 정도 낮아지는데 이는 근육이 이완되며 교감신경계의 활동이 감소하기 때문이다.
- 내분비선 : 갑상선호르몬인 티록신은 체내 에너지대사에 영향을 미친다. 갑상선 기능 저하로 티록신 분비가 적어지면 기초대사량은 감소하고, 반대로 갑상선 기능 항진 시 기초대사량은 증가한다. 부신호르몬인 에피네프린은 놀라거나 흥분 등의 자극에 의해 분비가 증가되어 기초대사량을 증가시킨다.
- 체온 : 발열 시와 같이 체온이 상승하면 기초대사량은 증가하여 정상 체온 36.5℃에서 매 1℃ 상승할 때마다 약 13%의 비율로 증가한다.

TIP

기초대사량의 계산 방법

종류	계산식
체중을 이용한 산출 방법	남자 : 1.0kcal/시간×체중(kg)×24시간
	여자 : 0.9kcal/시간×체중(kg)×24시간
해리스와 베네딕트 공식 (10세 이상)	남자 : 66.5+13.5×체중(kg)+5.0×신장(cm)−6.8×나이
	여자 : 65.1+9.6×체중(kg)+1.8×신장(cm)−4.7×나이

- 기후 : 환경의 온도 변화에 따라 기초대사량이 달라진다. 여름보다 겨울에 대사량이 증가하는데, 이는 낮은 기온에 대해 체온조절 작용의 일환

인 떨림 등으로 근육작용을 증가시켜 열생산을 함으로써 기초대사량이 상승되기 때문이다. 또한, 추운 지방의 사람들은 더운 지방 사람들에 비해 오랫동안 추위를 막기 위해 갑상선 기능이 항진되어 티록신의 분비가 증가하여 기초대사량이 높아진다.

2) 휴식대사량

휴식대사량(resting metabolic rate, RMR)은 식후 몇 시간이 지난 휴식 상태에서 에너지 사용량을 측정하므로 기초대사량보다 측정하기에 편리하고 실제 기초대사량보다 에너지 소모량이 약간 크나 그 차이가 3% 이내이므로 혼용하며 사용하기도 한다.

사람은 하루의 1/3가량을 휴식 상태에서 보내게 된다. 그러므로 실제로 활동을 하는 데 필요한 에너지를 계산하는 데 있어 기초대사량을 기본으로 하는 것보다 휴식 상태에서의 에너지대사를 사용하는 것이 더욱 편리하다. 휴식대사량은 식품을 이용한 에너지 소모량을 포함하므로 기초대사량보다 증가할 때의 대사도 포함하며, 또는 수면할 때와 같이 기초대사량보다 감소할 때의 대사도 포함하게 된다. 따라서 휴식대사량은 기초대사량을 정하는 같은 조건에서 식후 4시간 경과했을 때 측정한 값과 근사하게 나타난다.

3) 활동대사량

활동대사량(thermic effect of exercise, TEE)은 에너지 요구량 중 기초대사량 다음으로 많은 양을 차지하는 것으로 주로 의식적인 근육 활동에 필요한 에너지를 말한다.

우리의 일상생활 중 10~15시간은 걷거나 운동을 하거나 일상적인 활동들을 하면서 보낸다. 근육을 움직이면서 이루어지는 신체 활동 시의 에너지대사는 일반적으로 호흡 측정기(respirometer)를 이용하여 산소 소모량을 측정할 수 있다. 중등 활동을 하는 사람의 활동 대사량은 일반적으로 하루 필요 에너지의 약 15~30%를 차지한다.

활동대사량은 활동의 종류나 활동 강도에 따라 차이가 나는데 예를 들면 앉거나, 달리거나 수영할 때의 활동대사량은 모두 다르며, 달리기도 어느 정도의 속력으로 달리는가에 따라 대사량이 달라질 것이다. 또한, 활동 시간에 따라 달라져 지속 시간이 길수록 활동대사량은 커지게 된다. 만약 수영을 2시간 동안 계속하면 1시간에 소비하는 대사량의 두 배가 소비될 것이다. 그리고 신체의 크기에 의해서도 영향을 받는데 체중이 무거운 사람은 체중이 가벼운 사람에 비해 같은 활동을 같은 속도로 진행해도 더 많은 에너지를 소모하게 된다(표 11-4, 표 11-5).

【표 11-4】 하루의 다양한 활동대사량

활동 상태	활동의 예	kcal/kg/hr
온종일 휴식하고 있는 상태	앉아서 독서나 바느질, 느리게 걷기나 서 있기 등	0.50
아주 가벼운 노동 및 활동 상태	앉아서 온종일 일하기, 2시간 걷기나 서 있기 등	0.59
가벼운 노동 및 활동 상태	앉아서 컴퓨터하기, 걸어다니는 업무 등	0.79
중간 노동 및 활동 상태	서 있거나 걸어다니며 집안일, 마당 손질하기 등	1.10
심한 노동 및 활동 상태	걷거나 서서 운동하기, 춤추기 등	1.69
아주 심한 노동 및 활동 상태	수영, 테니스, 농구, 달리기 등	2.40

Taylor, C.M. and O.F.Pye, Foundation of Nutrition(New York: The MaCmillan Compant)

【표 11-5】 다양한 활동량에 따른 에너지 소모량

활동량	kcal/kg/hr	활동량	kcal/kg/hr
누워서 휴식	1	서있기	0.5
앉아서 먹기	1.2	걷기	2.0

활동량	kcal/kg/hr	활동량	kcal/kg/hr
대화하기	1.6	빨리걷기	3.4
운전	2	댄스	4
계단내려가기	6	축구	8.2
계단오르기	15	달리기(러닝머신)	13

Taylor, C.M. and O.F.Pye, Foundation of Nutrition(New York : The MaCmillan Compant)

4) 식품을 이용한 에너지 소모량

식품을 이용한 에너지 소모량(thermic effect of food, TEF)은 식품을 섭취한 직후 식품을 소화시키거나 흡수 · 대사 · 이동 · 저장을 위해 필요한 에너지를 말한다. 실제 식사 후 몇 시간 동안 휴식대사량 이상으로 에너지가 소모되며 주로 에너지가 열로 발산되므로 체온 상승 효과를 가져온다. 식사를 하면 신체는 열이 나면서 훈훈한 기가 도는 것을 경험하게 되는데, 이는 TEF에 의해 발생된 열 때문이다. 이처럼 발생된 열로 인해 기초대사량이 5~30% 증가하는데 이 대사의 증가를 TEF라고 한다.

TEF은 식품이 소화, 흡수, 대사될 때 에너지를 필요로 하기 때문에 일어나며 섭취한 영양소의 종류에 따라 다르다. 단백질의 경우는 다른 영양소에 비해 많은 양의 에너지를 필요로 하는 복잡한 대사 과정을 거치므로 TEF의 증가가 가장 커서 30% 정도이다. 탄수화물의 경우는 6% 증가하고, 지질은 5% 수준이다. 일반적으로 혼합 식사의 경우는 총 에너지 섭취량의 약 10%에 해당한다. TEF는 하루 총 에너지 소모량의 약 10% 정도를 차지한다.

5) 1일 총 에너지 소모량 계산

사람의 몸에서 1일 동안 소요되는 총 에너지량을 측정하는 데에는 목적에 따라 여러 가지 방법이 있을 수 있으나 기본적으로 기초대사량, 활동대사량, 식품을 이용한 에너지 소모량으로 인한 대사량을 합하여 구할 수 있다(그림 11-8).

개인의 1일 총 에너지 권장량을 구하는 방법은 다음과 같다.

- 기초대사량 : 신장과 체중에 근거한 체표면적을 구한 후 하루 동안의 기초대사량을 구함
- 활동대사량 : 하루 동안 각 활동의 종류와 시간별 소모한 에너지의 합
- 식품을 이용한 에너지 소모량 : 기초대사량과 활동대사량 합의 1/10을 구함
- 1일 총 에너지 소모량 : 기초대사량 + 활동대사량 + 식품을 이용한 에너지 소모량

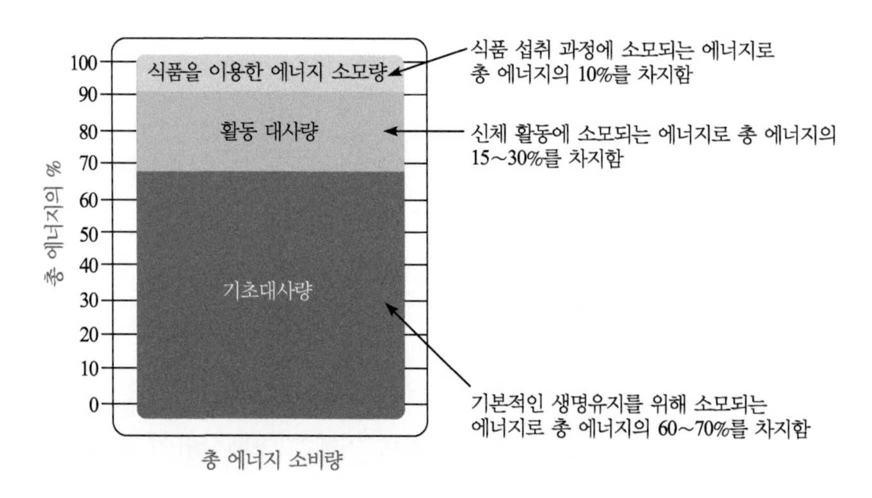

【그림 11-8】 총 에너지 소모량의 구성

■ **1일 총 에너지 소모량 계산**

〈계산 예〉

- 남자(만 19세), 체중 65kg, 가벼운 노동 및 활동 상태, 수면 8시간, 수면을 제외한 16시간의 활동 시간
- 기초대사량 : 체중을 이용한 산출방법 적용
  1.0 kcal/kg/hr×65 kg×24 hr/day = 1,560 kcal/day
- 활동대사량 : 하루의 다양한 활동대사량 적용
  0.79 차미/kg/hr×65 kg×16hr = 821.6 kcal
- 식품을 이용한 에너지 소모량 : (기초대사량 + 활동대사량)의 10%
  (1,560 + 821.6)×0.1 = 238.2 kcal
- 1일 총 에너지 소모량 : 기초대사량 + 활동대사량 + 식품을 이용한 에너지 소모량
  1,560 + 821.6 + 238.2 = 2619.8 kcal

5. 에너지의 균형과 건강

에너지의 균형은 섭취하는 에너지와 소비하는 에너지 사이의 균형을 말한다. 섭취되는 에너지와 소비되는 에너지가 균형을 이룰 때 신체는 균형적인 체중을 유지하게 된다(그림 11-9). 그러나 섭취한 열량이 소비한 에너지보다 많을 때를 양의 균형, 반대인 경우를 음의 균형이라 하여 체중의 변화를 초래하고 건강에 영향을 받게 된다.

【그림 11-9】 에너지의 균형

1) 에너지 섭취기준

에너지 섭취기준은 모든 연령층의 평균 필요량에 해당하는 에너지 필요추정량(Estimated Energy Requirement, EER)을 제시하였다.(표 11-7) 에너지 필요추정량은 적정 활동을 하는 정상 체격의 사람이 1일 에너지 균형을 유지하는데 적합한 에너지량이다. 필요량을 초과한 여분의 에너지는 체지방으로 축적되어 비만을 초래하고 각종 질병의 직간접 원인이 되기 때문에 권장섭취량과 상한섭취량을 정하지 않았다.

【표 11-7】 한국인 영양섭취기준의 에너지 필요추정량

	연령	신장(cm)	체중(kg)	에너지(kcal/일) 필요추정량
영아	0~5(개월)	60.3	6.2	550
	6~11	72.2	8.9	700
유아	1~2(세)	86.1	12.2	1000
	3~5	107.0	17.2	1400
남자	6~8(세)	122.2	25.0	1600
	9~11	139.6	35.7	1900
	12~14	158.8	50.5	2400
	15~18	171.4	62.1	2700
	19~29	173	65.8	2600
	30~49	170	63.6	2400
	50~64	166	60.6	2200
	65~74	164	59.2	2000
	75이상	164	59.2	2000
여자	6~8(세)	121.0	24.6	1500
	9~11	140.0	34.8	1700
	12~14	155.9	47.5	2000
	15~18	160	53.4	2000
	19~29	160	56.3	2100
	30~49	157	54.2	1900
	50~64	154	52.2	1800
	65~74	151	50.2	1600
	75이상	151	50.2	1600
임신부*				+0
				+340
				+450
수유부				+320

한국영양학회, 한국인영양섭취기준위원회, 2010

Tip

■ **에너지 필요추정량 공식**

- 성인 남자

662 − 9.53 ×연령(세) + PA[15.9]×체중(kg) + 539.6 × 신장(m)]

PA = 1.0(비활동적), 1.11(저활동적), 1.25(활동적), 1.48(매우 활동적)

- 성인 여자

354 − 6.91 ×연령(세) + PA[9.36]×체중(kg) + 726 × 신장(m)]

PA = 1.0(비활동적), 1.11(저활동적), 1.25(활동적), 1.48(매우 활동적)

2) 에너지 부족과 과잉

에너지가 부족한 경우는 에너지 섭취가 소비보다 적은 '음의 균형'을 이루어 신체는 기초대사량과 식품을 위한 에너지 소모량을 감소시키는 생리적인 적응 현상이 일어난다. 만일, 장기간으로 지속되면 영양 부족 현상과 함께 체중이 감소하며 면역능력 감소로 감염과 같은 질병 위험이 증가하게 된다. 한편, 에너지 과잉의 경우는 에너지 섭취가 소비보다 많은 '양의 균형'이 되어 이 상태가 장기간 지속되면 체중증가와 함께 비만이나 대사증후군 같은 여러 질병의 위험을 높이게 된다. 따라서 건강을 유지하기 위해서는 에너지의 섭취와 소비간에 균형을 맞추도록 힘써야 한다.

체중을 평가하는 기준으로 체질량지수(Bodymass index, BMI)가 있다. BMI는 체중(kg)을 신장(m) 제곱으로 나눈 값으로 계산된다. 비록 BMI가 직접적 체지방의 백분율은 평가하지 못하지만, BMI 값은 대부분 사람의 체지방량과 연관관계가 깊고 체중만 측정하는 것보다 체지방을 추정하는 것이 더 정확하다.

$$\text{BMI} = \frac{\text{체중(kg)}}{\text{신장(m)}^2}$$

예를 들어 162cm 키에 68kg 체중을 가진 사람은 BMI = 25.9

대한비만학회와 세계보건기구(WHO)에서 아시아 태평양 지역을 구분하여 마련한 지침에 따르면 건강한 BMI 범위는 18.5~22.9이며, 과체중에 따른 건강상 위험은 BMI 23부터 시작된다(표 11-8). BMI는 체지방을 대략 측정한 것으로 BMI 기준은 어린이, 10대 청소년, 약한 노인, 임산부, 수유부에는 적용되지 않으며 남자들 특히 운동선수들은 근육이 많다는 것을 고려하여 우리가 섭취하는 에너지와 소비하는 에너지의 균형을 맞추도록 해야 한다.

【표 11-8】 체질량지수에 평가 기준

분류	대한비만학회 / WHO – 아시아	WHO
저체중	< 18.5	< 18.5
정상	18.5 ~ 22.9	18.5 ~ 24.9
과체중	23 ~ 24.9	25 ~ 29.9
비만	≥ 25	≥ 30

3) 비만

비만은 체내에 지방조직이 과다한 상태를 말한다. 일반적으로 체중이 많이 나가는 경우를 비만이라고 하지만, 근육이 많은 경우도 체중이 많이 나갈 수 있기 때문에 비만은 지방조직이 건강한 사람의 이상 체중보다 20% 이상 초과하는 경우이고, 과체중은 10~20% 초과한 경우이다. 비만은 지방세포의 증가에 의하여 초래되는데 지방세포 수가 증가된 비만과 지방세포 크기가 증가된 비만이 있다(그림 11-10). 지방세포 수가 증가된 비만은 소아기에 주로 일어나며 한 번 증가되면 다시 감소되기 어렵기 때문에 소아비만은 성인 비만보다 치료가 어렵다. 청소년기 비만은 체중이 과다하게 증가되지는 않지만 체중감소가 어렵다. 그 이유는 청소년 비만은 성인 비만보다 지방세포 수가 훨씬 더 많이 증가되어 있어 체중감소를 하게 되는 경우, 지방세포 수 대신에 지방세포 크기만 감소시키기 때문이다. 정상인은 대사될 수 있는 에너지의 15~20%를 간과 근육에 축적하며 나머지를 지방조직에 중성지방으로 축적하는데, 비만인은 중성지방으로의 축적 비율이 정상인보다 훨씬 크다. 비만을 측정하는 방법을 피하지방 측정, 수중체중밀도법, 생체전기임피던스 측정법, 공기전위 부피변동 측정법, 이중에너지 방사선 흡수계측법 등이 있다(그림 11-11).

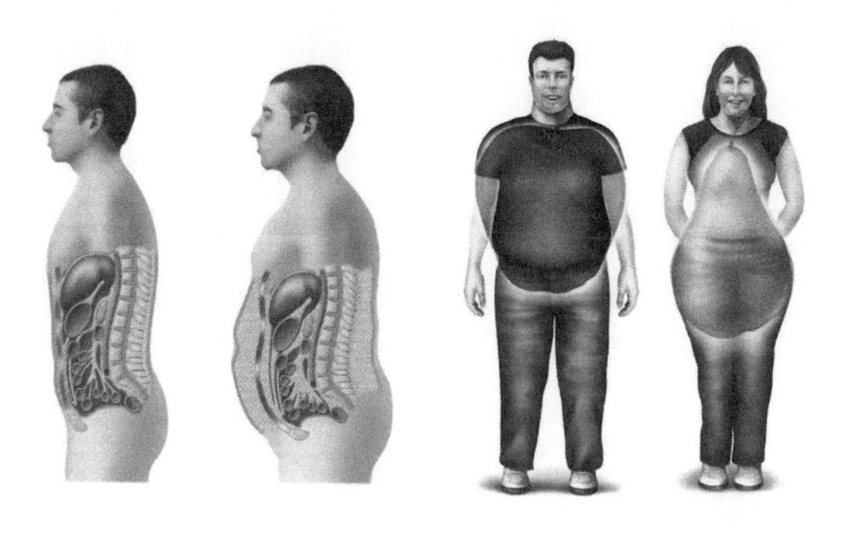

【그림 11-10】 비만의 형태

(1) 피하지방 측정

피하지방 측정은 신체 지방을 사용하는데 두께를 팔 뒤쪽의 삼두근 위와 어깨 아래의 견갑골 밑 그리고 하체의 피하지방의 측정값과 기준값을 서로 비교한다.

(2) 수중체중밀도법

수중체중밀도법은 신체의 밀도를 이용하는데 실제 사람의 무게와 물속에서의 무게를 측정한 차이를 활용하여 그 사람의 부피를 수학적 등식을 사용하여 실제 부피와 실제 체중을 알아낸다.

(3) 생체전기임피던스 측정법

생체전기임피던스는 신체 지방을 사용하여 낮은 강도의 전류를 활용한 전기적 저항을 통해 수학적 등식으로 신체 지방 비율을 측정한다.

(4) 공기전위부피변동 측정법

공기전위부피변동 측정법은 신체 구성을 이용하여 한 사람이 공간에 앉음으로써 컴퓨터가 센서가 결정하면 그 사람의 신체에 의해 옮겨진 공기의 양을 이용하여 측정한다.

(5) 이중에너지 방사선 흡수계측법

이중에너지 방사선 흡수계측법은 두 개의 소량의 X선을 통하여 무지방조직과 지방조직, 그리고 뼈조직을 구별하여 명확한 측정값을 알아낸다.

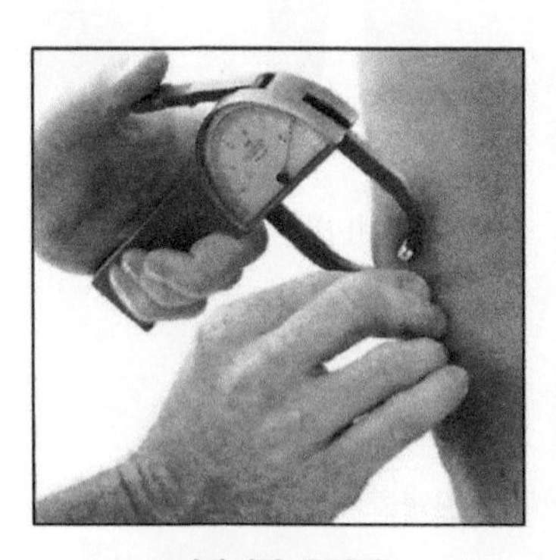

피하지방 측정법

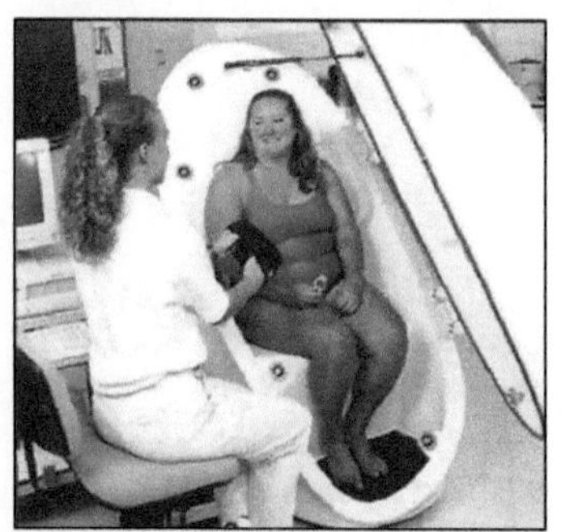

수중체중밀도법

공기전위부피변동 측정법

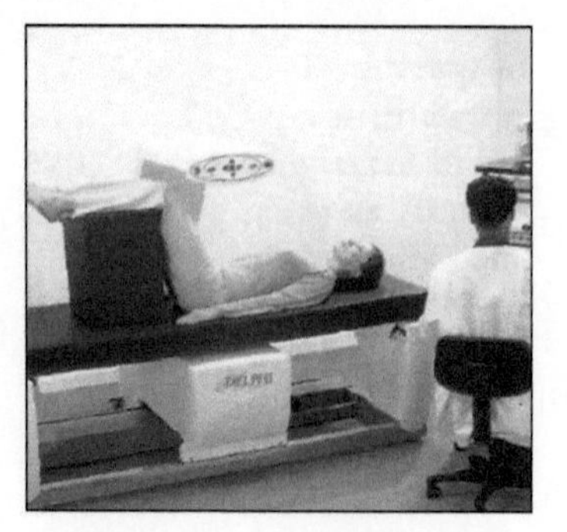

이중에너지 방사선 흡수계측법

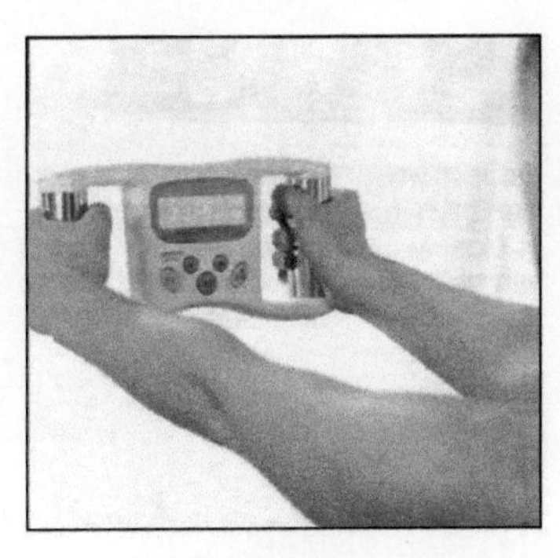

생체전기임피던스 측정법

【그림 11-11】 다양한 비만 측정 방법

[에너지] 문제해결 활동

- 이름 :
- 학번 :
- 팀명 :

- 중심키워드 :
- 중심키워드 한줄지식 :

정답을 맞힌 팀 :

[에너지] 문제해결 활동

맞춤선을 그어주세요.

중심키워드 ·	· 한줄지식
·	·
·	·
·	·

정답을 맞힌 팀 :

▶▶▶ 문제해결을 위한 팀별 경쟁학습 방법

① 팀을 구성한다.(4~5명)

② 단원별 중심키워드로 팀명을 정한다.

③ 팀원이 협동학습으로 문제를 작성한다.

④ 교수자에게 확인받은 문제를 다른 팀에게 제시하고 정답 팀을 기록한다.

⑤ 질의응답 후, 교수자는 최종 피드백을 실시한다.

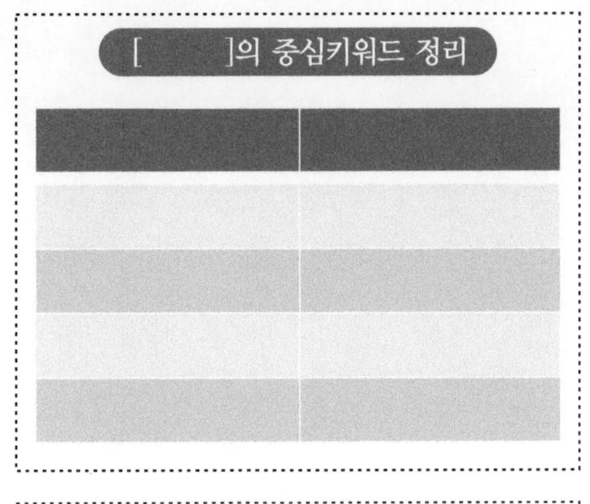

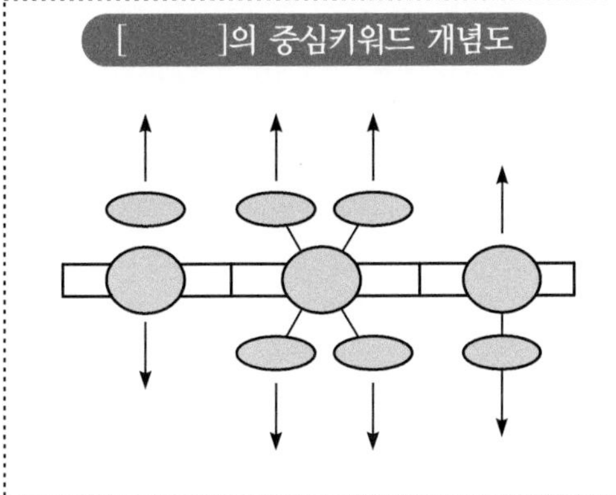

▶▶▶ 과제해결 방법

① 학습이 완료된 단원별 내용을 중심키워드와 한줄지식 중심으로 정리한다.

② 정리한 내용을 기초로 학습자만의 자유로운 중심키워드 개념도를 작성한다.

③ 우수한 과제를 학습자 간에 공유하고 교수자는 과제에 대한 피드백을 실시한다.

찾아보기

찾아보기

찾아보기

찾아보기

찾아보기

찾아보기

참고문헌

강정호, 오세원. 생리학. 홍. 2001

국민건강영양조사. http://knhanes.cdc.go.kr

김기환, 엄융의, 김전. 생리학. 의학문화사. 2004

김미경, 왕수경, 신동순, 권오란. 생활속의 영양학. 라이프사이언스. 2010

김숙희, 김선희, 김장선, 김주현, 윤군애, 이다희, 이상선, 장혜경, 고급영양학, 라이프사이언스, 2006

김숙희, 김선희, 이상선, 정진은, 강명희, 김혜영, 김우경, 이다희. 건강한 삶을 위한 영양학. 신광출판사. 2011

김우겸. 인체생리학. 생명의 이치. 1987

김재호 역, 생물화학, 청문각. 2001

김정진. 생리학. 고문사. 1986

김정혜, 이혜순. 인체생리학. 고문사. 2005

김혜영. 식이요법. 지구문화사. 2011

문수재, 김혜경, 홍순명, 이경혜, 이명희 이영미, 이경자, 안경미, 이만준, 김정연, 김정현, 개정판 알기 쉬운 영양학. 수학사. 2012

민혜선, 장경자, 권요란, 이선영, 이홍미, 김현아. 인체생리학. 양서원. 2011

박태선, 김은경, 현대인의 생활영양. 교문사. 2011

서광희, 서정숙, 이복희, 이승교, 최미숙. New 임상영양사를 위한 고급영양학. 지구문화사. 2011

서광희, 서정숙, 이승교, 정현숙, New 영양학, 지구문화사. 2011

서광희, 서정숙, 이승교, 정현숙. 영양학. 지구문화사. 2012

서울아산병원. http://www.healthinfo.amc.seoul.kr

손숙미, 임현숙, 김정희, 이종호, 서정숙, 손정민, 임상 영양학. 교문사. 2012

식품의약품안전처. http://www.mfds.go.kr

오정원. 우리나라 성인의 당질 서부치가 혈청 중성지방 수준에 미치는 영향. 한국영양학회지 37(6) : 448-454. 2004.

이명천, 김명기, 김영수, 윤병곤, 이건재, 이대택, 차광성 역. 스포츠영양학. 라이프사이언스. 2012

이상선, 정진은, 강명희, 신동순, 정혜경, 장문정, 김양하, 김혜영, 김우경 역, 영양과학. 지구문화사. 2008

이양자, 김수연, 김은경, 김혜경, 김혜영, 박연희,박영심, 박태선, 안홍석, 염경진, 오경원, 이기완, 이종호, 정은정, 정혜연, 황진아, 황혜진. 고급영양학. 신광출판사. 2012.

이연숙, 구재옥, 임현숙, 강영희, 권종숙. 이해하기 쉬운 인체생리학. 파워북, 2012

이형주, 장해동, 이기원, 이홍진, 강남주. 기능성식품학. 수학사. 2011
조양혁. 기초생리학. 범문에듀케이션. 2011
채기수, 박상기, 심창환, 김재근, 김광호, 서정식. 생명과학을 위한 생화학. 지구문화사 1998
최명애, 김주현, 박미정, 최수미, 이경숙. 생리학. 현문사. 2004
최영선, 박혜련, 김혜영, 장순옥, 이혜성, 최신 영양학. 효일출판사. 2006
최혜미, 김정희, 이주희, 김초일, 송경희, 장경자, 민혜선, 임경숙, 변기원, 송은승, 여의주, 이홍미, 김경원, 김희선, 김창임, 윤은영, 김현아. 21세기 영양학. 교문사. 2012
한국영양학회. 식품 영양소 함량자료집. 중앙출판사. 2009.
한국영양학회. 영양학 용어집. 한아름기획. 2006
한국영양학회. 한국인 영양섭취기준 개정판. 도서출판 한아름기획. 2010
한국영양학회. 한국인영양섭취기준. 2010
한국해부생리학교수협의회. 생리학 4판. 정담미디어. 2012
현화진, 송경희, 최미경, 손숙미, 대한지역사회영양학회. 식품 칼로리와 영양성분표. 교문사. 2009
(사)대한영양사협회. 임상영양관리지침서. 제3판. ㈜메드랑. 2010
Andrew Well, M.D.. Eating well for optimum health : The essential guide to food, diet, and nutrition. A Borzoi book Published by Alfred A. Knopf, New York. 2000
Anne M. Etgen, Donald W. Ptaff. Molecular mechanisms of hormone actions on behavior. pp. 849-902. Published by Academic Press is an imprint of Elsevier. 2009
Babasaheb B. Desai. Handbook of nutrition and diet. Published by Marcel Dekker, Inc. 2000.
David A Bender. Introduction to nutrition and metabolism. Third edition. pp. 293-305. Published by Taylor & Francis. 2002
Eleanor R. Williams, Mary Alice Caliendo. Nutrition. McGraw-Hill Book Company. 1984.
Frances Sizer, Eleanor Whitney, Nutrition. 7th ed., West Wadsworth, 1997.
http://ko.wikipedia.org/wiki/
http://www.google.co.kr/search
Institute of medicine of the national acamemies. Dietary reference intakes for energy, carbohydrate, fiber, fat, fatty acids, cholesterol, protein, and amino acids. Published by the national academies press, Washington, D.C. 2005
James F. Balch, M.D., Phyllis A. Balch, C.N.C.. Prescription for Nutritional healing second edition, Published by Avery Publishing Group, Garden City Park, New York, Printed in the United States of America. 1997
Martha H. Stioanuk, PhD. Biochemical and physiological aspects of human nutrition.

Published by W.B. Saunders Company. 2000

Robert E.C., Wildman Denis M. Medeiros. Advanced human nutrition. Published by Press, Boca Raton London, New York, Washington, D.C. 2000

Ruth A. Roth, Carolynn E. Townsend. Nutrition & Diet Therapy. Published by Thomson Learning Inc. 2003

Sharon Rady Rolfes, Kathryn Pinna, Ellie Whitney. Understanding Normal and Clinical Nutrition, Ninth Edition, Published by Wadsworth, Cengage Learning. 2012

Sharon Rady Rolfes, Kathryn Pinna, Ellie Whitney. Understanding Normal and Clinical Nutrition, Ninth Edition, Published by Wadsworth, Cengage Learning. 2012

Tom Brody. Nutrirional Biochemistry. pp. 212–215 Published by Academic press. 1999

특허출원번호 : 10-2012-0124269

【고급 영양학】 학습교수용 카드

	________학년 ________교시 ________학점		
【취미 or 특기】	■ 폰 : ______ ■ 멜 : ______ ■ 주소 : ______		【희망직업】

주(날짜)	출 석				확인
	1교시		2교시		
	입실시간	퇴실시간	입실시간	퇴실시간	
1(　　)					
2(　　)					
3(　　)					
4(　　)					
5(　　)					
6(　　)					
7(　　)					
8(　　)	중간고사				
9(　　)					
10(　　)					
11(　　)					
12(　　)					
13(　　)					
14(　　)					
15(　　)					
16(　　)	기말고사				

주	스마트 키	한줄 지식 쌓기	확인
1			
2			
3			
4			
5			
6			
7			
8	중간고사		
9			
10			
11			
12			
13			
14			
15			
16	기말고사		

주	1인 1문제		확인
1			
2			
3			
4			
5			
6			
7			
8	중간고사		
9			
10			
11			
12			
13			
14			
15			
16	기말고사		

주	수업 후 느낌 or 질문		확인
1			
2			
3			
4			
5			
6			
7			
8	중간고사		
9			
10			
11			
12			
13			
14			
15			
16	기말고사		

【고급 영양학】 학습교수용 카드

_____학년 _____교시 _____학점

【취미 or 특기】

■ 폰 : ______________________
■ 멜 : ______________________
■ 주소 : ______________________

【희망직업】

주(날짜)	출 석				확인
	1교시		2교시		
	입실시간	퇴실시간	입실시간	퇴실시간	
1( )					
2( )					
3( )					
4( )					
5( )					
6( )					
7( )					
8( )	중간고사				
9( )					
10( )					
11( )					
12( )					
13( )					
14( )					
15( )					
16( )	기말고사				

주	스마트 키	한줄 지식 쌓기	확인
1			
2			
3			
4			
5			
6			
7			
8	중간고사		
9			
10			
11			
12			
13			
14			
15			
16	기말고사		

주	1인 1문제		확인
1			
2			
3			
4			
5			
6			
7			
8	중간고사		
9			
10			
11			
12			
13			
14			
15			
16	기말고사		

주	수업 후 느낌 or 질문		확인
1			
2			
3			
4			
5			
6			
7			
8	중간고사		
9			
10			
11			
12			
13			
14			
15			
16	기말고사		

저자 소개

- 최향숙 : 경인여자대학교 식품영양과 교수
- 이영순 : 계명문화대학교 식품영양조리학부 교수
- 이현옥 : 연성대학교 식품영양과 교수
- 김미옥 : 대구보건대학교 호텔외식조리학부 식품영양전공 교수
- 김서현 : 장안대학교 식품영양과 교수

중심키워드를 활용한

고급 영양학

2014년 8월 22일 1판 1쇄 발 행
2014년 8월 29일 1판 1쇄 발 행

지은이 : 최향숙 · 이영순 · 이현옥 · 김미옥 · 김서현

펴낸이 : 박 정 태

펴낸곳 : **광 문 각**

413-120
파주시 파주출판문화도시 광인사길 161
광문각빌딩 4층
등 록 : 1991. 5. 31 제12-484호
전화(代) : 031) 955-8787
팩 스 : 031) 955-3730
E-mail : kwangmk7@hanmail.net
홈페이지 : www.kwangmoonkag.co.kr

• ISBN : 978-89-7093-750-2 93590

값 28,000원